최신판

2025
건축기사·산업기사 필기

건축
설비

4

박상현·김만국 저

건축기사·산업기사 **필기**

건축설비

2025년   1월   15일   초판 1쇄 인쇄
2025년   1월   20일   초판 1쇄 발행

편 저 자   박상현 · 김만국
발 행 처   기문당
주　　소   서울 성동구 무학봉28길 4-1
전　　화   02)2295-6171~2
팩　　스   02)6971-8188
홈페이지   http://www.kimoondang.com
I S B N   979-11-94504-04-7   13540

※잘못 만들어진 책은 구입처에서 교환해 드립니다.
※불법복제물은 (사)한국과학기술출판협회 불법복제신고처
　(kstpa.or.kr/community/report.html)
　또는 발행처(kmd@kimoondang.com)로 신고해 주세요.

머리말

건물유형에 따라 차이가 있지만 일반적으로 건물 전체공사에서 차지하는 비중을 보면, 기계설비 약 15~25%, 건축공사 약 50~60%, 전기공사 약 10~15%, 통신공사 약 5~10%, 토목 등 부대공사 약 5~10% 정도로, 건축설비 분야가 최소 30 ~ 50% 이상을 차지하고 있다.

공장 건물이나 데이터센터 같은 경우에는 대부분 설비가 차지할 정도로 그 중요도는 커지고 있다. 또한 건축설비는 AI 및 최신 기술의 융합가능성이 가장 높은 분야이기도 하다. 이는 건축설비가 다루어야 할 분야가 점점 더 넓어지고 깊어지고 있는 점을 반증한다.

이 책은 건축(산업)기사를 준비하는 수험생에게 초점을 맞추어 범위와 내용 수준을 설정하여 집필하였다. 과년도 기출 문제를 분석하여 출제빈도가 높은 문제 위주로 이론적인 내용과 문제를 구성하였다.

이 책의 특징은 다음과 같다.

> 첫째, 환경·위생·공기조화설비와 전기·운송설비의 저자를 달리하여 내용의 전문성을 기하였다.
> 둘째, 각 챕터별 초입부에 있는 빈출 KEY WORD는 출제 빈도가 높은 가장 핵심이 되는 단어로서 수험생들의 학습 시간 관리에 도움을 주고자 하였다.
> 셋째, 이론 내용 중간에 개념체크 문제를 포함하여 이론의 이해도를 높이도록 하였다.
> 넷째, 최근 과년도 기출 문제를 비롯하여 수록된 문제들은 충분한 해설을 첨부하여 학습의 마무리가 잘 이루어지도록 구성하였다.
> 다섯째, 이해가 더 필요한 내용이나, 이론적 내용과 문맥에는 맞지 않지만 과년도 기출 문제에서 자주 언급되는 내용들은 Tip과 사이드 부분에 별도로 구성하여 설명하였다.

검토 및 수정을 하였으나 미비한 점이 많다. 지속적으로 미비점을 보완하고 시험의 출제경향과 최신 설비기술 동향을 파악하여 수험생의 성장과 요구에 걸맞은 건축 수험교재가 되게 할 것임을 약속한다. 이 책이 향후 전문가로 성장하는 데 밑거름이 되기를 바란다.

끝으로 기문당 임직원 여러분과 편집부에 감사의 말씀을 드린다.

공저자　박상현·김만국

건축기사 수험정보

과 목	1. 건축계획 2. 건축시공 3. 건축구조 4. 건축설비 5. 건축법규
문 제 수	객관식 100문제(과목당 20문제)
시 험 시 간	2시간 30분

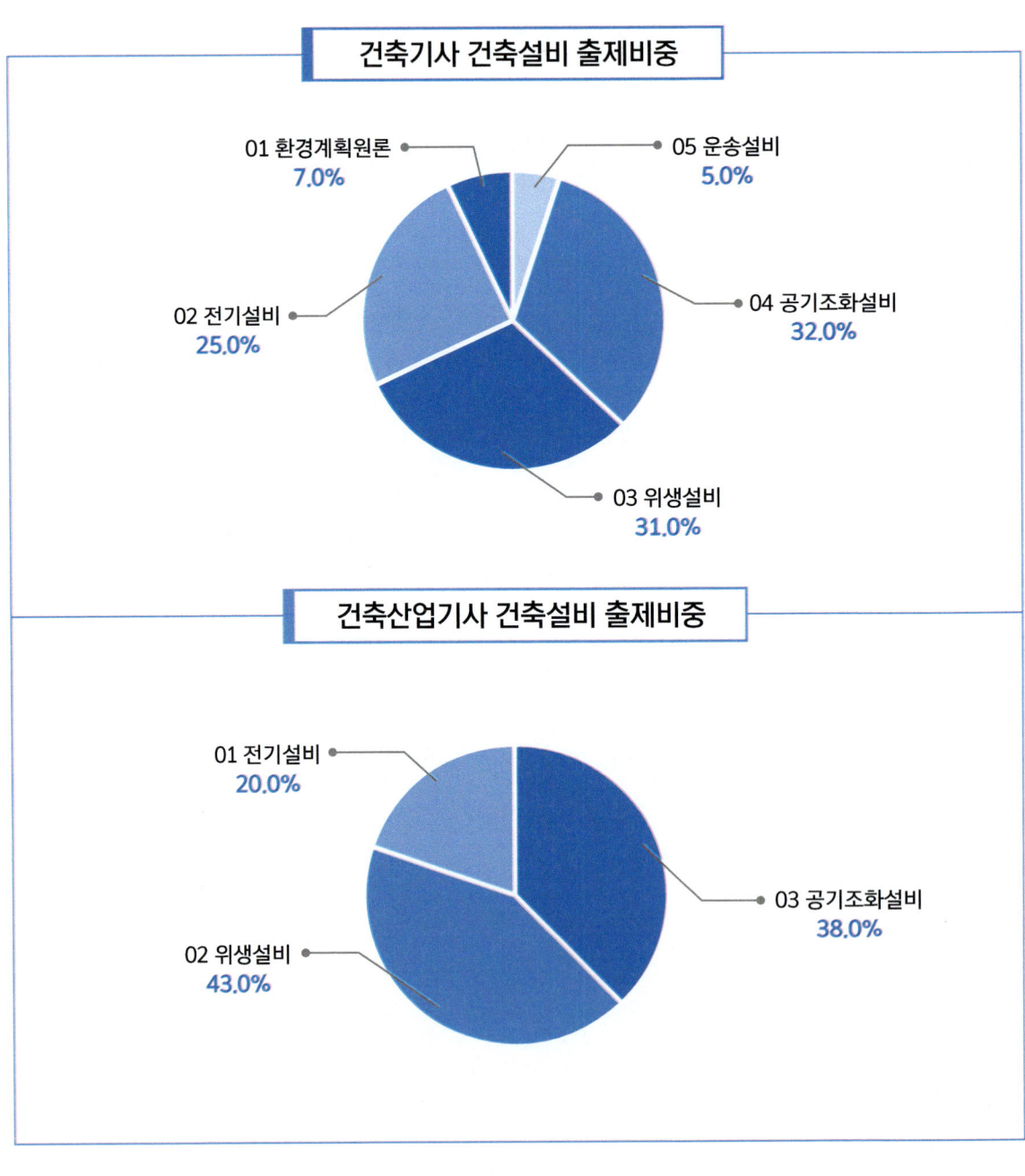

건축기사 건축설비 출제비중

- 01 환경계획원론 7.0%
- 02 전기설비 25.0%
- 03 위생설비 31.0%
- 04 공기조화설비 32.0%
- 05 운송설비 5.0%

건축산업기사 건축설비 출제비중

- 01 전기설비 20.0%
- 02 위생설비 43.0%
- 03 공기조화설비 38.0%

건축기사 건축설비 필기 출제기준

적용기간: 2025.1.1~2029.12.31

필기 과목명	문제수	주요항목	세부항목	세세항목	
건축설비	20	1. 환경계획 원론	1. 건축과 환경	1. 건축과 풍토 3. 일조와 일사 5. 친환경건축	2. 건축과 기후 4. 건축과 바람 6. 신재생에너지
			2. 열환경	1. 전열이론 3. 습기와 결로	2. 단열 및 보온계획 4. 건물에너지 해석
			3. 공기환경	1. 공기의 오염인자 및 영향 3. 필요환기량 산정	2. 환기와 통풍
			4. 빛환경	1. 빛 이론 3. 인공조명	2. 자연채광
			5. 음환경	1. 음향이론 3. 실내음향	2. 흡음과 차음 4. 소음과 진동
		2. 전기설비	1. 기초적인 사항	1. 전류와 전압 3. 전자력, 정전기	2. 직류와 교류
			2. 조명설비	1. 조명의 기초사항 3. 조명방식 및 특징	2. 광원의 종류
			3. 전원 및 배전, 배선설비	1. 수변전설비 및 예비전원 3. 동력 및 콘센트설비	2. 전기방식 및 배선설비
			4. 피뢰침설비	1. 피뢰설비	2. 항공장애등설비
			5. 통신 및 신호 설비	1. 전화설비 3. TV공동수신설비 5. 정보화설비	2. 인터폰설비 4. 표시설비
			6. 방재설비	1. 방범설비	2. 자동화재탐지설비

필기 과목명	문제수	주요항목	세부항목	세세항목	
건축설비	20	3. 위생설비	1. 기초적인 사항	1. 유체의 물리적 성질 3. 관의 접합 및 용도	2. 위생설비용 배관 재료 4. 펌프의 종류 및 용도
			2. 급수 및 급탕 설비	1. 급수ㆍ급탕량 산정 3. 급탕방식 및 특징	2. 급수방식 및 특징
			3. 배수 및 통기 설비	1. 위생기구의 종류 및 특징 3. 통기방식 5. 우수배수	2. 배수의 종류와 배수방식 4. 배수ㆍ통기관의 재료 및 특징
			4. 오수정화설비	1. 오수의 양과 질	2. 오수정화방식 및 특징
			5. 소방시설	1. 소화의 원리 3. 경보설비 5. 소화용수설비	2. 소화설비 4. 피난구조설비 6. 소화활동설비
			6. 가스설비	1. 도시가스 및 액화석유가스 3. 가스설비용기기	2. 가스공급과 배관방식
		4. 공기조화 설비	1. 기초적인 사항	1. 공기의 기본 구성 3. 공기조화(냉ㆍ난방) 부하	2. 습공기의 성질 및 습공기 선도 4. 공기조화계산식과 공조프로세스
			2. 환기 및 배연 설비	1. 오염물질의 종류 및 필요 환기량 3. 배연설비 기준	2. 환기설비의 종류 및 특징
			3. 난방설비	1. 난방설비의 종류 및 특징	2. 난방설비의 구성요소 및 특징
			4. 공기조화용 기기	1. 중앙 및 개별 공기조화기 3. 취출구ㆍ흡입구와 기류 분포 5. 전열교환기 7. 공기조화배관	2. 덕트와 부속기구 4. 열원기기 6. 펌프와 송풍기
			5. 공기조화방식	1. 공기조화방식의 분류 3. 조닝계획과 에너지절약계획	2. 각종 공조방식 및 특징
		5. 승강설비	1. 엘리베이터 설비	1. 엘리베이터의 종류 및 특징 3. 엘리베이터의 배치	2. 엘리베이터의 대수 산정 4. 엘리베이터 설치시 고려사항
			2. 에스컬레이터 설비	1. 에스컬레이터의 구조 및 특징 3. 에스컬레이터의 배열	2. 에스컬레이터의 대수 산정
			3. 기타 수송설비	1. 덤웨이터 3. 컨베이어	2. 이동보도

건축산업기사 건축설비 필기 출제기준

적용기간: 2025.1.1~2029.12.31

필기 과목명	문제수	주요항목	세부항목	세세항목	
건축설비	20	1. 전기설비	1. 기초적인 사항	1. 전류와 전압 3. 전자력, 정전기	2. 직류와 교류
			2. 조명설비	1. 조명의 기초사항 3. 조명방식 및 특징	2. 광원의 종류
			3. 전원 및 배전, 배선설비	1. 수변전설비 및 예비전원 3. 동력 및 콘센트설비	2. 전기방식 및 배선설비
			4. 피뢰침설비	1. 피뢰설비	2. 항공장애등설비
			5. 통신 및 신호설비	1. 전화설비 3. TV공동수신설비 5. 정보화설비	2. 인터폰설비 4. 표시설비
			6. 방재설비	1. 방범설비	2. 자동화재탐지설비
		2. 위생설비	1. 기초적인 사항	1. 유체의 물리적 성질 3. 급탕방식 및 특징	2. 위생설비용 배관 재료
			2. 급수 및 급탕설비	1. 급수·급탕량 산정 3. 관의 접합 및 용도	2. 급수방식 및 특징
			3. 배수 및 통기설비	1. 위생기구의 종류 및 특징 3. 통기방식 5. 우수배수	2. 배수의 종류와 배수방식 4. 배수·통기관의 재료 및 특징
			4. 오수정화설비	1. 오수의 양과 질	2. 오수정화방식 및 특징
			5. 소방시설	1. 소화의 원리 3. 경보설비 5. 소화용수설비	2. 소화설비 4. 피난구조설비 6. 소화활동설비
			6. 가스설비	1. 도시가스 및 액화석유가스 3. 가스설비용기기	2. 가스공급과 배관방식
		3. 공기조화설비	1. 기초적인 사항	1. 공기의 기본 구성 3. 공기조화(냉·난방) 부하	2. 습공기의 성질 및 습공기 선도 4. 공기조화계산식과 공조프로세스
			2. 환기 및 배연설비	1. 오염물질의 종류 및 필요환기량 3. 배연설비 기준	2. 환기설비의 종류 및 특징
			3. 난방설비	1. 난방설비의 종류 및 특징	2. 난방설비의 구성요소 및 특징
			4. 공기조화용 기기	1. 중앙 및 개별 공기조화기 3. 취출구·흡입구와 기류 분포 5. 전열교환기 7. 공기조화배관	2. 덕트와 부속기구 4. 열원기기 6. 펌프와 송풍기
			5. 공기조화방식	1. 공기조화방식의 분류 3. 조닝계획과 에너지절약계획	2. 각종 공조방식 및 특징

차 례

PART 1 환경계획원론

CHAPTER
- 01 건축과 환경 — 14
- 02 열환경 — 18
- 03 공기환경 — 23
- 04 빛환경 — 25
- 05 음환경 — 28
- PART 1 핵심 기출 문제 — 33

PART 2 전기설비

CHAPTER
- 01 전기 기본이론 — 38
- 02 빌딩 수·변전 시스템 — 50
- 03 빌딩 부하설비 — 75
- 04 빌딩 정보통신설비 — 91
- 05 접지 및 전기방재 설비 — 101
- PART 2 핵심 기출 문제 — 117

PART 3 위생설비

CHAPTER
- 01 기초적인 사항 — 136
- 02 급수 및 급탕 설비 — 147
- 03 배수 및 통기 설비 — 165
- 04 오수정화설비 — 179
- 05 소방시설 — 184
- 06 가스설비 — 194
- PART 3 핵심 기출 문제 — 200

PART 4 공기조화설비

CHAPTER
- 01 기초적인 사항 — 234
- 02 환기 및 배연 설비 — 244
- 03 난방설비 — 252
- 04 공기조화용 기기 — 264
- 05 공기조화방식 — 276
- PART 4 핵심 기출 문제 — 288

PART 5 운송설비

CHAPTER
- 01 엘리베이터 — 322
- 02 에스컬레이터 — 334
- PART 5 핵심 기출 문제 — 339

부록 최근 과년도 기출 문제

- 2024 건축기사 — 348
- 2023 건축기사 — 363
- 2022 건축기사 — 375
- 2021 건축기사 — 387
- 2020 건축기사 — 399
- 2020 건축산업기사 — 411

이 책의 구성과 특징

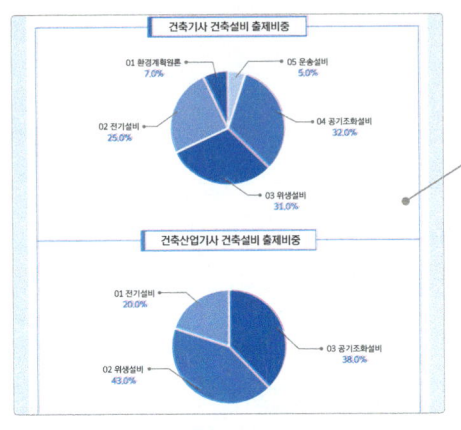

전단원 출제비중
최근 5개년 기출 문제를 철저히 분석하여 단원별 출제비중을 한눈에 파악할 수 있도록 하였습니다.

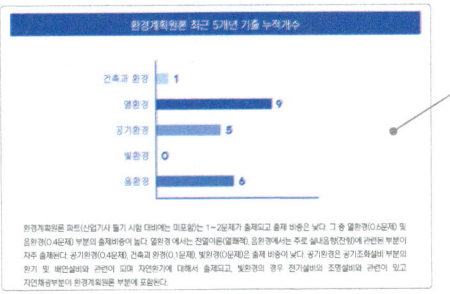

최근 5개년 출제비중과 출제경향
단원별로 출제비중을 한눈에 볼 수 있도록 하였으며 최근 출제경향을 파악할 수 있습니다.

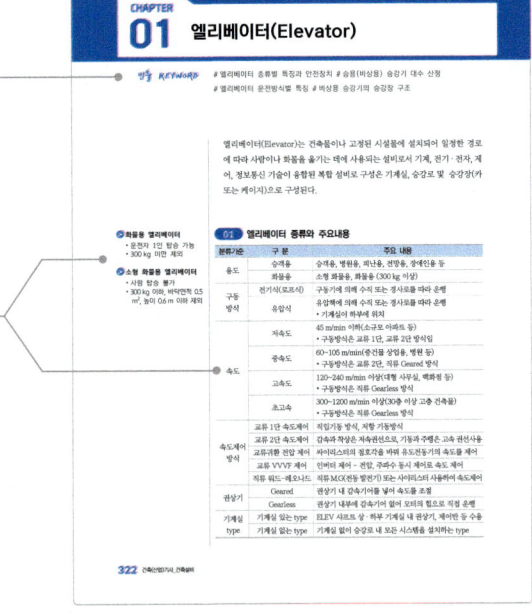

빈출 KEY WORD
출제 빈도가 높은 핵심 키워드로 주요 내용을 미리 파악할 수 있도록 하였습니다.

핵심 이론
시험에서 자주 나오는 중요 용어와 Tip을 따로 정리하여 구성하였고 본문의 내용은 잘 정리하여 직관적으로 이해할 수 있도록 표나 도표, 그림 등과 함께 구성하였습니다.

단계적 문제구성

개념 체크 문제 ➡ 필수 확인 문제 ➡ 핵심 기출 문제 ➡ 최근 과년도 기출 문제로 구성하여 완벽하게 실전에 대비할 수 있도록 하였습니다.

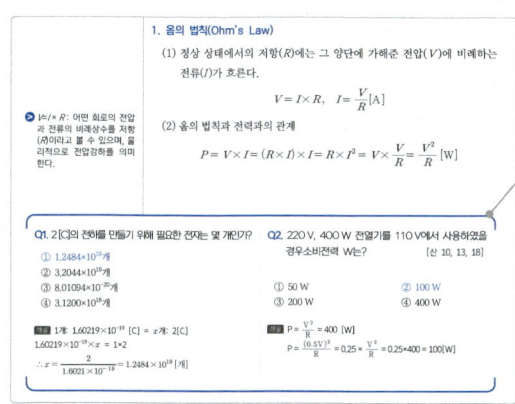

개념 체크 문제
본문 내용에 연계하여 관련 문제를 바로바로 풀어봄으로써 이론을 학습할 수 있도록 하였습니다.

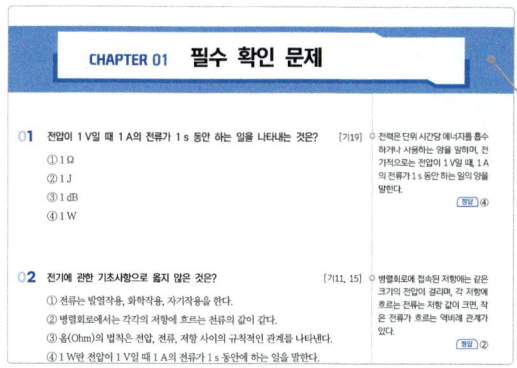

필수 확인 문제
해당 단원을 공부한 후 가장 필수적인 문제를 풀어봄으로써 핵심내용을 확인할 수 있도록 하였습니다.

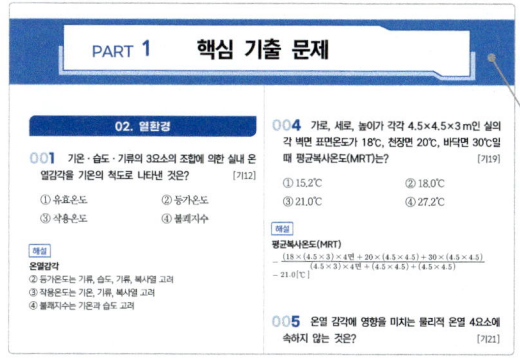

핵심 기출 문제
PART 전체 단원에 대한 과년도 기출 문제 중 중요도가 높은 문제들로 구성하여 문제유형을 파악하고 실력을 다질 수 있도록 하였습니다.

환경계획원론

CHAPTER
01 건축과 환경
02 열환경
03 공기환경
04 빛환경
05 음환경

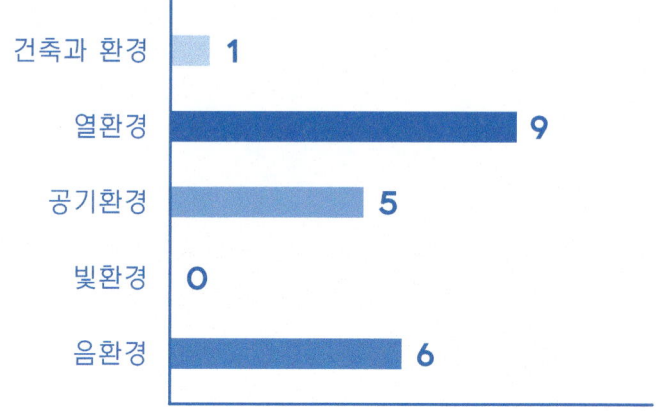

환경계획원론 최근 5개년 기출 누적개수

- 건축과 환경: 1
- 열환경: 9
- 공기환경: 5
- 빛환경: 0
- 음환경: 6

환경계획원론 파트(산업기사 필기 시험 대비에는 미포함)는 1~2문제가 출제되고 출제 비중은 낮다. 그 중 열환경(0.6문제) 및 음환경(0.4문제) 부분의 출제비중이 높다. 열환경 에서는 전열이론(열쾌적), 음환경에서는 주로 실내음향(잔향)에 관련된 부분이 자주 출제된다. 공기환경(0.4문제), 건축과 환경(0.1문제), 빛환경(0문제)은 출제 비중이 낮다. 공기환경은 공기조화설비 부분의 환기 및 배연설비와 관련이 되며 자연환기에 대해서 출제되고, 빛환경의 경우 전기설비의 조명설비와 관련이 있고 자연채광부분이 환경계획원론 부분에 포함된다.

CHAPTER 01 건축과 환경

빈출 KEY WORD
\# 건축기사 출제 빈도는 아주 낮음(0.1문제)
\# 최근 5년간 일조와 일사 관련 2문제가 출제됨
\# 자연형조절기법과 설비형 조절기법 \# 전천일사량

01 건축과 풍토

세계 주요 기후지역별 풍토 건축을 통하여 자연형 조절기법을 배울 수 있다.

1. 자연형 조절기법(Passive control)

건물의 형태, 구조, 공간구성, 외피구성 등 건축계획을 통하여 기계적 장치 없이 실내환경조건을 조절하는 방법

극지방 / 아열대 기후
아한대기후 / 열대 기후
온난기후 / 적도 기후

[World Climate Zone]

(1) 한랭기후
① 용적에 대한 표면적비 적도록(예, 에스키모 이글루)
② 최소한의 개구부를 풍향에 대해 직각으로 설치
③ 건물 외피 고단열 시공

(2) 온난기후
① 동절기에는 한랭기후와 거의 같은 환경조절방법이 요구
② 계절에 따른 일사차단과 일사유입
③ 동절기 난방을 위한 온돌과 하절기 냉방을 위한 마루가 함께 발달

(3) 고온건조기후
① 18~22℃에 이르는 큰 일교차
② 주 개구부가 중정을 향하는 형태의 건물 선호
③ 긴 타임랙(time-lag)을 위한 높은 열용량의 중량 벽체 및 지붕을 적용
④ 건물표면은 밝은 색(백색과 같은)으로 마감

 타임랙(time-lag)
외표면 벽체에서 발생하는 열류의 피크에 대하여 주어진 구조체에서 일어나는 피크의 지연시간

(4) 고온다습기후
① 반사성이 큰 지붕마감재 사용, 지붕속 완충공간의 자연환기
② 열대야 현상을 대비하여 열용량이 작은 경량형 구조 적용
③ 개구율을 높여 통풍효과 극대화

2. 설비형 조절기법(Active control)

환경조절을 위하여 에너지를 소모하는 기계적 장치를 이용하는 방법

02 건축과 기후

1. 기후와 기상

(1) 기후(Climate)

특정지역에 있어서 일정기간에 걸친 기상의 평균상태를 의미

(2) 기상(Weather)

시시각각 변하는 대기의 상태

2. 기후요소와 기후인자

(1) 기후요소
① 기후의 특성을 나타내는 요소
② 기온, 습도, 풍속, 풍압, 운량, 일조, 일사, 강수량과 그 연간 분포

(2) 기후인자
① 기후요소의 지리적 분포를 지배하는 인자
② 해륙의 분포, 위도, 표고, 해류 또는 고기압이나 저기압의 위치

3. 미기후(microclimate)

대기가 위치한 곳의 국지적인 특성으로 인해 지역기후와 다른 특성을 보이는 기후

(1) 결정 요소
① 해발고도와 방위
② 대지의 방향과 경사도
③ 수원의 크기, 모양, 근접성
④ 토양구조
④ 식생(나무, 관목, 목초, 곡물)
⑥ 인공구조물(건물, 길, 주차장 등)

03 일조와 일사

1. 일조

(1) 빛이 들어오는 것을 의미하며 태양의 열을 대상으로 하는 일사와는 구분됨
(2) 충분한 일조권을 확보하기 위하여 인동간격을 크게하는 것이 바람직

2. 일사

파장에 따른 태양광선(자외선, 가시광선, 적외선) 중에서 적외선에 의한 태양 복사열을 의미

(1) 일사 조절
① 여름: 냉방부하를 저감시키기 위하여 차양장치를 설치
② 겨울: 난방부하를 저감시키기 위하여 창 면적비를 크게 하여 일사획득

3. 일사량

- 단위시간에 단위면적당 받는 열량 [W/m^2]
- 직달일사 + 확산일산(천공일사) = 전천일사량

(1) 직달일사(Direct radiation)
대기의 산란 및 흡수 없이 태양으로부터 직접 지표면에 도달하는 태양복사

(2) 확산일사(Diffuse radiation, 천공일사)
일사가 대기 중의 입자에 의하여 산란되어 천공전체로부터 복사하여 지면에 도달하는 일사

(3) 반사일사
직달일사와 확산일사가 지면이나 주변건물로부터 다시 반사되어 받는 일사

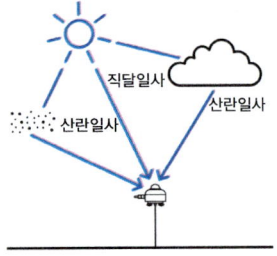

[직달일사와 산란일사]

04 건축과 바람

1. 빌딩풍

(1) 고층지대의 바람이 도시지역의 고층빌딩에 부딪혀 소용돌이를 만들거나 지상으로 내려오는 현상
(2) 최근 고층빌딩 사이에 일어나는 풍해(風害)로 인식됨

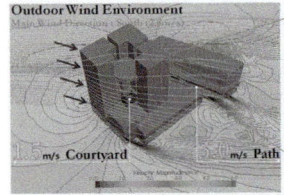

[건물 주위의 빌딩풍]

05 친환경건축

1. 친환경건축

환경 보존과 에너지 절약, 자원 절약 및 재활용, 쾌적한 주거환경 제공을 목적으로 한 건축자재의 생산, 건축물의 설계 및 시공, 유지·관리, 폐기의 건축물의 전 생애주기 동안 환경에 미치는 영향을 최소화하는 모든 건축과정

2. 제로에너지 빌딩

고성능 단열재와 고기밀성 창호 등을 채택하여 에너지 손실을 최소화하는 패시브(Passive) 기술과 고효율기기와 신재생에너지를 적용한 액티브(Active) 기술 등으로 건물의 에너지 성능을 높여 사용자가 외부로부터 추가적인 에너지 공급 없이 생활을 영위할 수 있도록 건축한 빌딩

[제로 에너지 빌딩 – TESCO 연수원]

06 신재생에너지(New & Renewable Energy)

신재생에너지는 한국만 쓰는 용어로, 재생 가능한 에너지에 신에너지를 추가한 개념이다.

1 신에너지

(1) 화석연료를 변환시켜 이용하거나 수소, 산소 등의 화학 반응을 통하여 열을 이용하는 에너지

(2) 수소, 연료전지, 석탄을 액화·가스화한 에너지 및 중질잔사유(원유를 정제한 후 남은 최종 부산물)를 가스화한 에너지, 그 밖에 대통령령으로 정하는 에너지

2. 재생에너지

(1) 재생 가능한 에너지를 변환시켜 이용하는 에너지

(2) 태양(태양광 발전, 태양열 발전), 풍량, 수력(양수발전, 소수력발전), 해양(조력발전), 지열, 바이오(바이오매스, 바이오에탄올, 바이오디젤), 폐기물

Q1. 다음의 어떤 수조면의 일사량을 나타낸 값 중 그 값이 가장 큰 것은? [기18]

① 전천일사량　　　② 확산일사량
③ 천공일사량　　　④ 반사일사량

해설 ① 전천일사량 = 직달일사량 + 확산일사량
② 확산일사(③ 천공일사)
입자에 의하여 산란되어 천공전체로부터 복사하여 지면에 도달하는 일사

Q2. 일사에 관한 설명으로 옳지 않은 것은? [기18]

① 일사에 의한 건물의 수열은 방위에 따라 차이가 있다.
② 추녀와 차양은 창면에서의 일사조절 방법으로 사용된다.
③ 블라인드, 루버, 롤스크린은 계절이나 시간, 실내의 사용 상황에 따라 일사를 조절할 수 있다.
④ 일사조절의 목적은 일사에 의한 건물의 수열이나 흡열을 작게 하여 동계의 실내기후의 악화를 방지하는 데 있다.

해설 ④ 일사조절의 목적은 하계의 실내기후의 악화를 방지하는 데 있다.

CHAPTER 02 열환경

빈출 KEY WORD

\# Part 1 환경계획원론에서 출제비중이 제일 높음
\# 전열이론(60%)의 출제비중이 가장 높고 단열과 보온(20%), 습기와 결로(20%) 순으로 출제됨
\# 열관류율 \# 열쾌적지표 \# 내단열과 외단열 \# 결로의 원인

01 전열이론

1 열전달

- 열이 높은 온도에서 낮은 온도로 흐르는 현상
- 두 물체 사이에 온도차이가 있을 때 발생한다.

(1) 열전달의 종류

① 전도(Conduction)
 - 고체 또는 정지한 유체(공기, 물 등)에서 분자 또는 원자의 열에너지 확산에 의해 열이 전달되는 형태

② 대류(Convection)
 - 유체(공기, 물 등)의 이동에 의해 열이 전달되는 형태

③ 복사(Radiation)
 - 고온의 물체 표면에서 저온의 물체표면으로 공간을 통해 전자파에 의해 열이 전달되는 형태

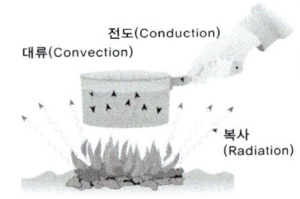

[전도, 대류, 복사]

(2) 열전도율과 열관류율

① 열전도율(Thermal conductivity)
 - 물체의 고유성질로서 전도에 의한 열의 이동정도를 표시
 - 두께 1m 재료의 양쪽 온도차가 1℃일 때 단위시간 동안에 흐르는 열량[W]
 - 단위 [W/m·K]

② 열관류율(Heat transmission coefficient)
 - 공기층-벽체-공기층으로의 연전달을 나타낸 것
 - 벽체를 사이에 두고 공기온도차 1℃일 경우 $1m^2$의 벽면을 통해 단위시간에 흐르는 열량[W]
 - 단위 [W/m²·K]

$$K = \frac{1}{R} = \frac{1}{\frac{1}{\alpha_i} + \sum \frac{d}{\lambda} + \frac{1}{\alpha_o}}$$

재료	열전도율 [W/m·K]
단열재 (비드법 보온판 2종1호)	0.031
석고보드	0.180
시멘트벽돌	0.600
타일	1.118
시멘트몰탈	1.400
콘크리트	1.600

[대표적 재료의 열전도율]

▶ 여기서 α_i, α_o: 실내외 표면 열전도율[W/m²K]
 d: 각 재료의 두께[m]
 λ: 각 재료의 열전도율

2. 열쾌적지표

(1) 온열요소
온열요소는 물리적 온열요소와 주관적 온열요소로 구성
① 물리적 온열요소(4요소)
- 기온, 습도, 기류, 복사열(주위 벽의 열방사)

② 주관적 온열요소
- 성별, 나이 등 주관적이고 개인적인 온열요소
- 착의량 [clo], 활동량 [MET]

(2) 쾌적도
① 유효온도(ET, Effective Temperature)
- 기온, 습도, 기류를 조합한 감각지표
- 복사열이 고려되지 않고, 습도의 영향이 저온역에서 과대, 고온역에서 과소 평가되는 단점

② 수정유효온도(CET, Corrected Effective Temperature)
- 건구온도 대신 흑구온도(Globe Temperature)를 사용하여 복사열을 고려한 쾌적 지표

③ 신유효온도(ET*, New Effective Temperature)
- 유효온도(ET)의 습도에 대한 과대 평가를 보완
- 상대습도 100% 대신 50%선과 건구온도의 교차로 표시한 쾌적지표

④ 표준유효온도(SET, Standard Effective Temperature)
- 신유효온도를 발전시킨 쾌적지표로서 세계적으로 널리 사용
- 상대습도 50%, 풍속 0.125 m/s, 활동량 1 MET, 착의량 0.6 Clo 동일한 조건
- 환경조건, 활동량, 착의량에 따라 달라지는 온열감을 평가할 때 유용

> **clo**
> 1 clo는 0.155[m^2K/W]의 열저항값이다. 양복은 약 0.7~0.8 clo, 쿨비즈(여름철 간편한 옷차림으로 근무)는 0.6~0.5 clo 정도이다.

> **1MET**
> 의자에 앉아 안정된 상태의 대사량으로 58.2 W/m^2이다. 사무실 작업에서는 1.1~1.2 met 정도이다.

[쾌적도 고려요소 비교]

	기온	습도	기류	복사
유효온도	○	○	○	
수정유효온도	○	○	○	○
신유효온도	○	○	○	
표준유효온도	○	○	○	○
작용온도	○		○	○
불쾌지수	○	○		
등온지수	○	○	○	

Q1. 의복의 단열성을 나타내는 단위로서, 그 값이 클수록 인체에서 발생되는 열이 주위 공기로 적게 발산되는 것을 의미하는 것은? [기12, 15, 21]

① clo　　　　　② dB
③ NC　　　　　④ MRT

해설　② dB: 소음의 측정단위
③ NC: 실내소음기준(Noise Creteria)
④ MRT: 평균복사온도(Mean Radiant Temperature)

Q2. 실내열환경 지표 중 공기의 습도가 고려되지 않은 것은? [기17]

① 작용온도　　② 유효온도
③ 등온지수　　④ 신유효지수

해설　① 작용온도는 기온, 기류, 주변표면온도(복사)가 고려된다.
② 등온지수(등가온도)
기온, 습도, 기류에 더하여 복사열을 영향을 고려

> 일반적으로 불쾌지수가 70~75인 경우에는 약 10%, 75~80인 경우에는 약 50%, 80 이상인 경우에는 대부분의 사람이 불쾌감을 느낀다.

[저항형 단열]

[반사형 단열]

[용량형 단열]

⑤ 작용온도(OT, Operative Temperature)
- 기온과 주위벽의 복사열 및 기류의 영향을 조합시킨 쾌적지표
- 습도의 영향은 고려되지 않음

⑥ 불쾌지수(DI, Discomfort Index)
- 온도와 습도를 조합시킨 지표로 생활상의 불쾌감을 느끼는 수치
- 불쾌지수(DI) = (건구온도 + 습구온도) × 0.72 + 40.6

02 단열 및 보온계획

1. 단열의 원리

원리	내용
저항형	• 다공질 또는 섬유질의 열전도율이 낮은 기포성 단열재 • 현재 대부분의 단열재에 해당 • 유리섬유, 스티로폼, 폴리우레탄
반사형	• 복사형태로 열이동이 이루어지는 공기층에 유효함 • 방사율과 흡수율이 낮은 광택성 금속박판에 해당 • 알루미늄 호일, 알루미늄 시트
용량형	• 중량 구조체의 열용량을 이용하는 단열방식 • 열 전달을 지연시키는 성질(time-lag)이 뛰어남 • 두꺼운 흙벽, 콘크리트 벽

Q3. 다음과 같은 벽체의 열관류율은? [기12, 15, 21]

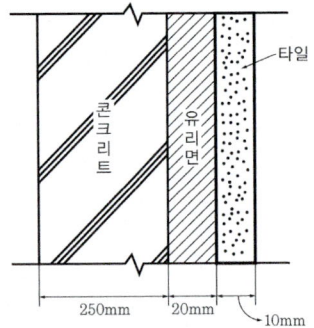

① 약 0.90 W/m²·K ② 약 1.05 W/m²·K
③ 약 1.20 W/m²·K ④ 약 1.35 W/m²·K

㉠ 내표면 열전달률: 8 W/m²·K
㉡ 외표면 열전달률: 20 W/m²·K
㉢ 재료의 열전도율
- 콘크리트: 1.2 W/m·K
- 유리면: 0.036 W/m·K
- 타일: 1.1 W/m·K

해설

$$K = \dfrac{1}{\dfrac{1}{\alpha_i} + \sum\left(\dfrac{d}{\lambda}\right) + \dfrac{1}{\alpha_o}}$$

$$= \dfrac{1}{\dfrac{1}{8} + \left(\dfrac{0.25}{1.2} + \dfrac{0.02}{0.036} + \dfrac{0.01}{1.1}\right) + \dfrac{1}{20}}$$

$$= \dfrac{1}{0.965} = 1.05\,[\text{W/m}^2\text{K}]$$

2. 단열효과의 특징

① 공기층의 단열효과는 밀도가 작을수록 커진다.
② 공기층의 두께는 2 cm까지 두께에 비례하여 단열효과가 좋다.
③ 재료의 열전도율이 작을수록 단열효과가 크다.
④ 재료의 두께가 두꺼울수록 단열효과가 크다.
⑤ 단열재에 습기가 있을 경우 열전도율의 상승으로 단열효과가 저하된다.
⑥ 결로를 방지하기 위해서는 단열재는 저온부, 방습재는 고온부에 설치

3. 내단열과 외단열

단열위치	특 징
내단열	• 구조체 내부 쪽에 단열재 설치 • 간헐난방을 필요로 하는 강당이나 집회장에 유리 • 내부결로가 발생하기 쉽다. • 결로방지를 위해 고온측 방습막을 설치 • 열교현상 발생가능성이 높아 국부열손실이 발생
외단열	• 구조체 외부쪽에 단열재 설치 • 내부측의 열관성이 높기 때문에 연속난방에 유리 • 내부결로 위험 감소 • 벽체 습기뿐만 아니라 열적 문제에 있어서도 유리 • 단열재를 건조한 상태로 유지시켜야 하고, 내구성과 외부충격에 견딜 뿐만 아니라 외관의 표면처리도 보기 좋아야 한다.

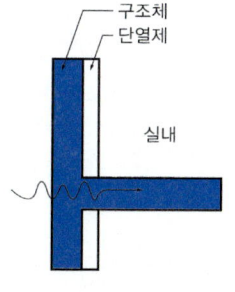

[내단열]

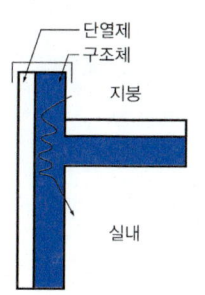

[외단열]

03 습기와 결로

결로란 구조체의 표면온도가 주위공기의 노점온도보다 낮아 표면에 이슬이 맺히는 현상을 말한다.

1. 결로의 원인

원 인	특 징
실내의 온도차	실내의 온도차가 클수록 많이 생긴다.
실내 습기의 과다발생	가정에서 호흡, 조리, 세탁 등으로 하루 약 12 kg의 습기 발생
환기부족	대부분의 주거활동이 야간(창문을 닫은 상태)에 이루어진다.
구조체의 열적 특징	단열이 어려운 보, 기둥, 수평지붕
시공불량	불완전한 단열시공
시공직후의 미건조	콘크리트, 모르타르, 벽돌 등에서 습기 방출

> **열교(Thermal Bridge)현상**
> 외벽이나 바닥, 지붕 등의 건물 부위 단열이 연속되지 않는 부분이 있을 때 또는 건물 외벽의 모서리 부분, 구조체의 일부분에 열전도율이 큰 부분이 있을 때 열이 집중적으로 흐르게 되는 현상

2. 결로의 종류 및 방지법

(1) 표면결로

- 건물의 표면온도가 접촉하고 있는 공기의 노점온도보다 낮을 때 표면에 발생
- 벽체, 창틀, 유리 등의 표면상의 결로

방지대책	• 표면 온도를 실내공기의 노점온도보다 높게 할 것 • 실내의 수증기 발생 억제 및 환기를 통한 발생된 습기의 배제

(2) 내부결로

- 벽체 내의 어느 부분의 건구온도가 그 부분의 노점온도보다 낮을 때 발생

방지대책	• 단열재
	  - 벽체 내부온도를 그 부분의 노점온도보다 높게 하기 위하여 가능한 벽의 외측에 설치
	• 방습층(투습저항 가짐)
	  - 벽체 내부의 수증기압을 포화수증기압보다 작게 하기 위하여 벽의 내측에 설치

> 내부 결로의 경우 겉으로 드러나지 않고, 단열재가 수분을 흡수하면 단열기능을 상실하므로 표면결로도 유발하게 된다. 따라서 내부 결로가 발생하지 않도록 유의해야 한다.

04 건물에너지 해석

에너지와 관련된 건물의 특성들을 바탕으로 건물이 필요로 하는 에너지 양(난방부하, 냉방부하)과 건물에서 소비되는 에너지 양(냉난, 난방, 조명, 기기, 공조 등)을 분석하는 것으로 이를 통하여 에너지 효율적 건물을 구현하는 것을 말한다.

[Energy Simulation-eQuest]

Q4. 다음 중 실내에 결로 현상이 발생하는 원인과 가장 거리가 먼 것은? [기13, 20]

① 실내외 온도 차
② 실내의 완전건조
③ 구조재의 열적 특성
④ 생활 습관에 의한 환기 부족

해설 실내가 완전건조되면 절대습도가 낮아져 결로 발생 가능성이 낮아진다.

Q5. 습공기가 냉각되어 포함되어 있던 수증기가 응축되기 시작하는 온도를 의미하는 것은? [기17]

① 노점온도
② 습구온도
③ 건구온도
④ 절대온도

해설 ② 습구온도계를 이용하여 측정한 온도
③ 건구온도계를 이용하여 측정한 온도
④ 물질의 특이성을 의존하지 않고 눈금을 정의한 온도

CHAPTER 03 공기환경

빈출 KEY WORD　# Part 4 공기조화설비의 02 환기 및 배연설비와 관련 자연환기에 관련된 문제가 출제

01 공기의 오염인자 및 영향

1. 실내공기 오염인자

발생원	오염물질
인체 및 사람의 활동	체취, CO_2, 암모니아, 수증기, 비듬, 먼지, 세균 등
연소	CO_2, CO, NO, NO_2, SO_2, 탄화수소, 매연 등
흡연	타르, 니코틴 등의 분진과 CO, CO_2, 암모니아, NO, NO_2 및 각종 발암물질
건축재료	석면, 라돈, 포름알데히드 및 벤젠, 톨루엔, 아세톤, 크실렌 등의 휘발성 유기용제
사무기기 및 유지관리용 세제	암모니아, 오존, 용제, 세제, 진균 등

> 실내공기의 오염척도는 이산화탄소 농도(1,000 ppm) 이하로 판단

2. 건축재료에 의한 인체 영향

발생원	인체 영향
석면	• 단열재, 흡음재로 사용 • 폐암, 기관지암 등을 일으킴
라돈	• 암반, 토양, 석고보드 등에서 발생되는 방사성 물질 • 폐암 유발, 무색, 무미, 무취
포름알데히드	• 합판, 가구 등의 접착제에서 발생 • 구토, 두통, 어지러움 유발, 자극성 냄새 남
휘발성유기용제(VOCs)	• 페인트, 접착제에서 발생 • 폐암을 일으킴

> **새집 증후군(sick building syndrome)**
> 새집으로 이사한 뒤 두통, 피로, 호흡곤란, 천식, 비염, 피부염 등의 증상이 나타나는 것으로 마감자재나 건축자재에서 배출되는 포름알데히드 휘발성 유기 화합물이 주요인이다.

> **화학물질 과민증(multiple chemical sensitivity)**
> 극미량의 화학물질에 대해 민감한 반응을 일으켜 신경증이나 갱년기장애와 유사한 증상이 나타나는 상태 대표적인 예로 건축자재 등에서 방출되는 포름알데히드 등이 있다.

02 환기와 통풍

1. 환기의 역할

- 신성한 공기의 공급을 통한 실내공기질(IAQ, Indoor Air Quality)의 향상
- 공기 교체로 인한 열과 습기의 이동을 이용한 실내 온열환경의 조절

2. 환기의 종류

(1) 환기의 종류

구분	특징
강제환기	• 환기팬과 기계장치를 이용 • 가장 효과적인 환기
자연환기	• 창과 같은 개구부를 통한 환기 • 재실자가 조절가능한 환기
극간풍(침기)	• 풍압과 온도차에 의한 압력으로 발생 • 재실자가 조절 불가능

> $Q = \alpha A \sqrt{2gh\left(1 - \dfrac{273 + t_o}{273 + t_i}\right)}$
>
> 여기서
> Q : 환기량 [m³/s]
> α : 유량계수(개구부의 저항)
> A : 개구부의 면적 [m²]
> g : 중력가속도 [9.8m/s²]
> h : 중성대에서의 거리[m]
> t_i, t_o : 실내, 실외의 기온 [℃]

(2) 자연환기의 특징

① 풍력환기는 외부풍속이 커지면 환기량이 많아진다.
② 중력환기는 실내외의 온도차에 의한 공기의 밀도차가 원동력이 되어서, 실내외의 온도차가 크면 환기량은 커진다.
③ 중력환기량은 개구부의 면적이 클수록 증가한다.
④ 자연환기량은 중성대(중력환기에서 실내외의 압력이 같아지는 위치)로부터 공기유입구 또는 유출구까지의 높이가 커질수록 커진다.

3. 필요환기량 산정

(1) 이산화탄소(CO_2) 농도에 필요한 환기량

① 재실인원에 대한 필요환기량을 산정 시 흔히 CO_2 농도가 사용된다.

$$Q = \dfrac{K}{C_i - C_o}$$

여기서, Q : 필요환기량 [m³/h]
K : 실내에서의 CO_2 발생량 [m³/h]
C_i : CO_2 허용농도 [m³/m³]
C_o : 외기의 CO_2 농도 [m³/m³]

> 실내 CO_2의 허용농도 1000ppm을 환산하면 0.001 [m³/m³] 외기의 일반적인 CO_2 농도 400ppm을 환산하면 0.0004[m³/m³]값을 가진다.

(2) 실온상승에 의한 필요환기량

실내에서 H의 발열[W]이 있고 실외온도 t_o℃ 일 때, 실온 t_i℃로 유지하기 위해 필요한 환기량 [m³/h]

$$Q = \dfrac{H}{0.34 \times (t_i - t_o)}$$

CHAPTER 04 빛환경

빈출 KEY WORD
Part 3 전기설비의 조명설비와 관련
환경계획원론에서는 자연채광에 대해서 다룸
최근 5년간 빛환경에 관련하여 출제되지 않음

01 빛 이론

1. 빛의 정의

빛의 전자파 에너지 방사 중에서 자외선과 적외선 사이에 있는 약 380~760 [nm(10^{-9}m)] 파장범위의 가시광선을 말한다.

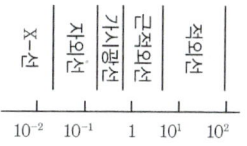

2. 빛의 성질

(1) 투과(Transmission)

① 투명체(Transparence): 어느 정도 빛을 투과하는 물질
② 불투명체(Opaque): 빛을 투과하지 못하는 물질
③ 반투명체(Translucence): 빛을 통과시키기는 하나 빛의 직진을 교란시켜 확산광을 형성하는 물질

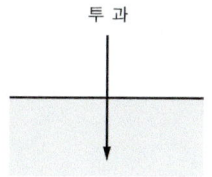

(2) 반사(Reflection)

① 경면반사: 빛의 방향을 한 방향으로만 변화시키는 것(입사각 = 반사각)
② 확산반사: 빛의 반사광선이 여러 방향으로 확산되는 것

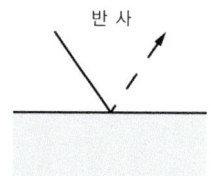

(3) 굴절(Refraction)

빛이 하나의 투명매체에서 다른 매체로 들어갈 때 빛의 방향이 바뀌는 것

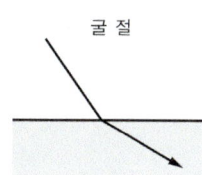

3. 빛의 단위

Part 2 전기설비의 Chapter 03 빌딩부하설비 중 02조명기초
1. 조명용어와 개념 참조

02 자연채광

- 태양광(주광)을 이용하여 시작업에 필요한 밝기를 제공하자는 개념이다.
- 빛은 직사일광이 아닌 산란광인 천공광을 사용한다.

1. 주광률

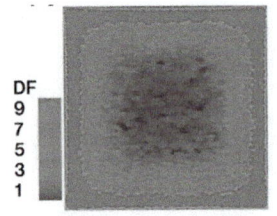
[Daylight Factor simulation]
(IES Radience 사용)

- 실내의 조도를 채광에 의하여 얻는 경우, 야외의 주광률은 계절이나 시각, 날씨에 따라 변화하므로 실내의 조도도 이에 따라 변한다.
- 변화하는 조도(단위: lux)를 실내밝기의 기준으로 하는 것은 불합리하므로 대신하여 주광률이 사용된다.
- 주광률(DF)은 담천공으로부터의 전천공조도(E_s)에 대한 실내 한 지점의 작업면 조도 E의 백분율[%]로 정의된다.

$$DF = \frac{E}{E_s} \times 100 \, [\%]$$

2. 채광방식의 분류 및 특성

(1) 측광채광(Side lighting)
벽면에 설치된 연직인 창에 의한 채광

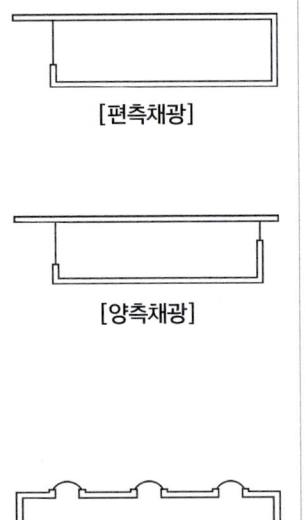
[편측채광]

[양측채광]

[천창채광]

종 류	특 징
편측채광	• 벽의 1면만 채광 • 방구석의 조도가 부족하며 조도분포가 불균형 • 방구석의 주광선 방향이 저각도인 문제점 • 실내상시보조 인공조명으로 위의 문제점 해결가능 • 외부조망 및 통풍가능
양측채광	• 벽의 2면을 채광 • 채광량면에서 유리 • 주광선이 두 개로 나누어져 그림자가 나누어짐과 동시에 분위기도 둘로 나누어지는 단점 • 모서리를 낀 2면 채광으로 다소 향상 가능
고창채광	• 창높이가 2.1 m 이상에 위치한 창에 의한 채광 • 방구석에 빛을 공급하는 데 유리 • 천장이 높은 건축물에서만 가능 • 고미술관이나 공장 등에서 이용

(2) 천창채광
① 지붕면에 있는 수평 또는 수평에 가까운 창에 의한 채광
② 균일한 조도 분포 및 작은 창 면적으로 채광가능(측창의 3배 효과)
③ 일사유입 우려 및 조망이 어려워 폐쇄된 느낌

(3) 정측창채광

① 지붕면에 있는 수직 또는 수직에 가까운 창에 의한 채광
② 전시에 가장 효과적인 채광방식

종 류	특 징
모니터 창	• 눈부심을 최소화하면서 일정 조도유지 • 실제적인 일사취득 없음 • 유입되는 추광은 확산청공광으로 주광조절용 차폐장치 필요없음 • 박물관, 전시관 같이 높은 조도가 필요없는 곳 사용
톱니 창	• 균일한 조도 • 실내에서 지붕이 경사지게 나타나므로 불안감 • 지붕이 낮고 넓은 공장에 주로 이용

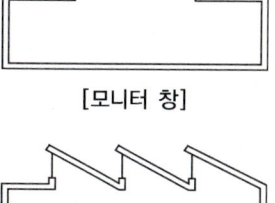

[모니터 창]

[톱니(Sawtooth) 창]

03 인공조명

Part 2 전기설비의 Chapter 03 빌딩부하설비의 02 조명기초 참고

CHAPTER 05 음환경

빈출 KEY WORD
\# Part 1 환경계획원론에서 열환경 다음으로 출제비중이 높음
\# 실내음향(57%), 음향이론(29%), 흡음과 차음(14%)으로 출제되었으며 소음과 진동에 관해서는 출제되지 않음
\# 세기레벨 \# 폰과 손 \# 잔향시간

01 음향이론

1. 음의 3요소

(1) 음의 높이(Pitch) 또는 소리의 고저(高低)
① 음정을 뜻하며 소리의 기본 주파수 또는 파장에 의해 정해진다.
② 주파수가 낮은(파장이 긴) 소리는 낮은 소리의 음정을 표현
③ 주파구가 높은(파장이 짧은) 소리는 높은 소리의 음정을 표현

낮은 소리(Low pitch)

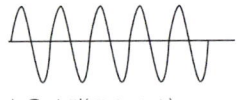
높은 소리(High pitch)

[음의 높이]

(2) 음의 세기(Intensity) 또는 소리의 크기
① 소리의 강약 또는 음압(Sound pressure)을 말한다.
② 소리의 압력에 관계되는 양
③ 음악에서의 리듬이며 부드럽다거나 거세거나 한 감정의 표현

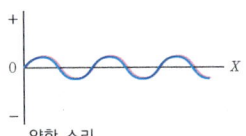
약한 소리

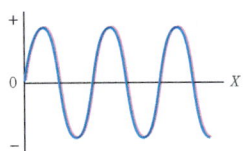
강한 소리

[음의 세기]

(3) 음색(Timbre)
① 파형의 시간적 변화에 따른 차이
② 소리에 함유되어 있는 기본주파수 외에 여러 가지 고주파로 결정된다.

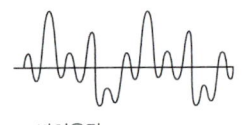
목소리 / 바이올린

[음색]

2. 주요용어

(1) 음의 세기(Sound intensity)와 세기 레벨(Sound intensity level, SIL)

① 음의 세기
- 음이 나아가는 방향에 대해서 직각인 단위 면적[m^2]을 통해 단위 시간[sec]에 흐르는 소리 에너지를 말한다.
- 단위는 [W/m^2]를 사용한다.

② 세기레벨
- 기준음의 세기에 대비한 음의 세기 정도를 상용대수로서 표시한 것이다.
- 단위는 [dB, decibel]를 사용한다.

$$SIL = 10\log \frac{I}{I_0}$$

여기서, I: 음의 세기 [W/m^2], I_o: 기준음의 세기 (10^{-12} [W/m^2])

(2) 폰(Phon)과 손(Sone)

- 음의 크기(Loudness)는 음압에 대한 주관적인 인지 값을 수치화한 값
- Phon과 Sone은 Loudness를 표현하는 단위

① 폰(Phon)
- 1kHz에서의 음세기 레벨(SPL)의 dB값에서 비례해서 증가

② 손(Sone)
- 40Phon(40dB SPL)을 기준으로 선형적으로 표한 것이 Sone

dB at 1kHz	20	30	40	50	60
Phon	20	30	40	50	60
Sone	0.25	0.5	1	2	4

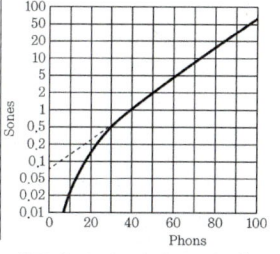

[폰과 손의 관계 그래프]

02 흡음과 차음

1. 흡음과 차음

- 안의 소리가 밖으로 새어 나가거나 밖의 소리가 안으로 들어오지 못하도록 막는 것을 방음(防音)이라고 한다.
- 방음을 하기 위한 구체적인 방법으로 흡음과 차음이 있다.

(1) 흡음(Sound Absorption)

① 소리를 흡수함으로서 소리의 반사를 막아 소리가 실외로 투과되는 것을 막거나 소리가 나는 실내에서 소리의 반향을 억제
② 흡음률(음의 입사에너지와 재료표면에 흡수된 에너지와의 비)로 계산
③ 흡음이 잘되는 건축재료를 사용할 경우 잔향 등이 최소화되어 음환경개선에도 도움이 된다.

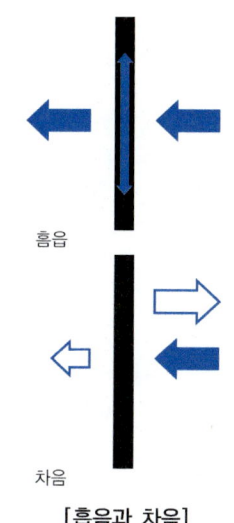

[흡음과 차음]

Q1. 음의 대소를 나타내는 감각량을 음의 크기라고 하는데, 음의 크기는 단위는? [기13, 19]

① dB
② cd
③ Hz
④ sone

해설 손(Sone): 소리세기의 상대적 관계를 표시하기 위해서 고안된 음량 척도의 단위

Tip! 1 kHz의 40 dB의 소리를 1 sone이라고 한다.

Q2. 음의 세기가 10^{-9} W/m² 일 때 음의 세기 레벨은? (단, 기준음의 세기 $I_0 = 10^{-12}$ W/m² 이다.) [기15, 21]

① 3 dB
② 30 dB
③ 0.3 dB
④ 0.03 dB

해설 $SIL = 10\log\dfrac{I}{I_0} = 10\log\dfrac{10^{-9}}{10^{-12}} = 30[\text{dB}]$

(2) 차음
① 공기중으로 전해져 오는 소리를 차단하여 밖으로 소리가 투과되지 않게 한다.
② 이중벽, 두께가 두꺼운 중량벽, 밀도가 높은 벽 등을 사용

2. 흡음재료의 종류

흡음재료	종류 및 원리
다공성	• 무수히 많은 미세구멍속에서 마찰, 진동 등에 의하여 소멸 • 저주파보다는 고주파 흡음률이 뛰어남 • 암면, 목모판, 코르크판, 석고보드, 콘크리트 블록 등
판진동	• 벽과 간격을 두고 얇고 통기성없는 판을 설치하여 소리에너지가 판의 운동에너지로 바뀌면서 흡음 • 저주파의 진동음을 소멸시키는 것은 흡음률이 높지 않음 • 합판, 하드보드, 플레시블 보드 등
공명성	• 구멍 내부로 들어간 소리가 공진에 의하여 소리가 소멸 • 특정 주파수에 적용 • 석면시멘트판, 석고보드, 알루미늄판, 연질섬유판 등

다공성 흡음재

판진동 흡음재

공명성 흡음재
[흡음재료의 종류]

03 실내음향

1. 기하음향학의 기초사항

(1) 잔향(Reverb)과 반향(Echo)
① 잔향은 음파가 그 공간의 벽, 천정이나 바닥 등에서 반사가 셀 수 없이 반복되어 음을 정지해도 음의 에너지가 남아 있는 것, 공간을 나타내고 반복적이지 않다.
② 반향은 직접음과 반사음이 분리되어 들리는 현상, 반복적이다.

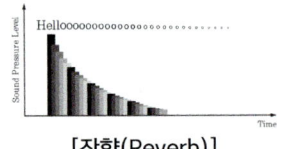
[잔향(Reverb)]

[반향(Echo)]

(2) 음의 간섭(Interference)
① 서로 다른 음원 사이에서 중첩, 합성되어 음의 쌍방의 조건에 의해 강해지고 (보강간섭) 약해지는(소멸간섭) 현상을 말한다.

(3) 음의 회절(Diffraction)
① 음이 전달될 때 장애물 뒤쪽에도 음이 전파되는 현상
② 음의 파장이 클수록, 장애물이 작을수록 커진다.

(4) 음의 굴절(Refraction)
① 음파가 한 매질에서 다른 매질로 통과할 때 음의 진행방향이 구부러지는 현상을 말한다.

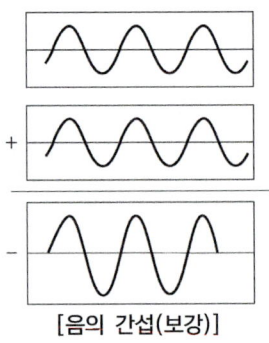
[음의 간섭(보강)]

(5) 잔향시간(Reverberation time, RT)

① 실내음의 에너지가 처음의 100만분의 1(60dB)로 감쇠하는 데 걸리는 시간

$$RT = 0.163 \times \frac{V}{A} = 0.163 \times \frac{V}{\sum S_i \alpha_i}$$

여기서, RT : 잔향시간[s]
V : 실의 용적[m^3]
A : 실내의 총 흡음력 $\overline{\alpha} \cdot S$ ($\overline{\alpha} = \frac{\sum \alpha_i S_i}{S}$ (실내의 평균흡음률))

② 잔향시간은 실의 형태과 무관하며 실의 용적이 클수록 크다.
③ 강연장 등 청취가 중요한 곳은 잔향시간을 짧게 하여 음성의 명료도를 높이고, 음악공연장의 경우 잔향 시간을 길게 하여 음을 풍부하게 하는 것이 좋다.

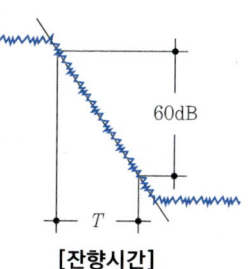

[잔향시간]

2. 실내음향계획 시 주의 사항

- 실내 전체의 음압이 고르게 분포한다.
- 실내외의 유해한 소음 및 진동이 없도록 한다.
- 반향(Echo), 음의 집중, 공명 등의 음향장애가 없도록 한다.
- 주파수에 따른 실내 마감재를 조정한다.
- 실내의 음을 보강하는 설비를 설치한다.

Q3. 흡음 및 차음에 관한 설명으로 옳지 않은 것은? [기12, 16, 20]

① 벽의 차음성능은 투과손실이 클수록 높다.
② 차음성능이 높은 재료는 흡음성능도 높다.
③ 벽의 차음성능은 사용재료의 면밀도에 크게 영향을 받는다.
④ 벽의 차음성능은 동일 재료에서도 두께와 시공법에 따라 다르다.

해설 차음성능이 높은 재료는 밀도가 높아 질량이 큰 재료이며, 흡음성능이 높은 재료는 다공성으로 밀도가 낮아서 질량이 작은 재료이다.

Q4. 다음 중 건축물 실내공간의 잔향시간에 가장 큰 영향을 주는 것은? [기18, 21]

① 실의 용적
② 음원의 위치
③ 벽체의 두께
④ 음원의 음압

해설 Sabine의 잔향식($RT = 0.163 \times \frac{V}{A}$)에서 잔향시간은 실의 용적에 비례한다.

04 소음과 진동

소음 및 진동은 음원측, 전파경로, 수음(受音)측에서 대책을 강구해야 한다.

(1) 소음 조절

소음 대책	대 책
소음원	• 소음원의 제거 또는 밀폐 • 기계장비의 적절한 선택 • 소음원의 위치선정 및 시간계획
실외	• 거리에 의한 조절 • 장벽에 의한 조절(벽, 울타리)
건축계획	• 배치계획 • 각부위별 계획

(2) 진동 방지

① 건물에서 가장 큰 영향을 미치는 요소는 설비기기의 진동

② 설비기기(송풍기, 공조기, 냉각탑, 펌프 등)의 설치 시 방진스프링, 방진고무, 캔버스(canvas), 플렉시블 코넥터를 이용하여 구조체와 절연이 필요

[진동 방지]

(3) 층간소음

① 입주자 또는 사용자의 활동으로 인하여 발생하는 소음

② 직접충격 소음(뛰거나 걷는 동작 등), 공기전달 소음(텔레비젼, 음향기기 등)

③ 욕실, 화장실 및 다용도실 등에서 급·배수로 인하여 발생하는 소음은 제외

층간소음의 구분		층간소음의 기준 [단위: dB(A)]	
		주간 (06:00~22:0)	야간 (22:00~06:00)
직접충격소음	1분간 등가소음도 (Leq)	43	38
	최고소음도 (Lmax)	57	52
공기전달소음	5분간 등가소음도	45	40

▶ **가중 데시벨(dB(A))**
사람의 귀로 들을 수 있는 음의 크기를 주파수에 대한 가중치 필터를 적용하여 상대적 단위(dB)로 나타낸 값.

PART 1 핵심 기출 문제

02. 열환경

001 기온·습도·기류의 3요소의 조합에 의한 실내 온열감각을 기온의 척도로 나타낸 것은? [기12]

① 유효온도　　② 등가온도
③ 작용온도　　④ 불쾌지수

해설
온열감각
② 등가온도는 기류, 습도, 기류, 복사열 고려
③ 작용온도는 기온, 기류, 복사열 고려
④ 불쾌지수는 기온과 습도 고려

002 온열지표 중 기온, 습도, 기류, 주벽면온도의 4요소를 조합하여 체감과의 관계를 나타낸 것은? [기14, 19]

① 작용온도　　② 불쾌지수
③ 등온지수　　④ 유효온도

해설
③ 동온지수(등가 온도)는 기온, 습도, 기류, 복사열을 고려
④ 유효온도는 기온, 습도, 기류를 고려한다.

003 주관적 온열요소 중 인체의 활동상태의 단위로 사용되는 것은? [기18]

① met　　② clo
③ lm　　④ cd

해설
대사(Metabolism)
인체의 물리적, 화학적 변화 전체를 나타내는 것으로 기초대사와 근육대사로 나눈다.

004 가로, 세로, 높이가 각각 4.5×4.5×3 m인 실의 각 벽면 표면온도가 18℃, 천장면 20℃, 바닥면 30℃일 때 평균복사온도(MRT)는? [기19]

① 15.2℃　　② 18.0℃
③ 21.0℃　　④ 27.2℃

해설
평균복사온도(MRT)
$= \dfrac{(18 \times (4.5 \times 3) \times 4면 + 20 \times (4.5 \times 4.5) + 30 \times (4.5 \times 4.5)}{(4.5 \times 3) \times 4면 + (4.5 \times 4.5) + (4.5 \times 4.5)}$
$= 21.0[℃]$

005 온열 감각에 영향을 미치는 물리적 온열 4요소에 속하지 않는 것은? [기21]

① 기온　　② 습도
③ 일사량　　④ 복사열

해설
온열감각의 물리적 변수
온열감각의 물리적 변수는 기온, 습도, 기류, 복사온도이다.

006 건축물의 단열계획에 관한 설명으로 옳지 않은 것은? [기15]

① 외벽 부위는 내단열로 시공한다.
② 열손실이 많은 북측 거실의 창 및 문의 면적을 최소화한다.
③ 외피의 모서리 부분은 열교가 발생하지 않도록 단열재를 연속적으로 설치한다.
④ 발코니 확장을 하는 공동주택에는 단열성이 우수한 로이(Low-E) 복층창이나 삼중창 이상의 단열성능을 갖는 창을 설치한다.

해설
외단열
외단열은 내단열에 비해 열교차단 및 실내표면결로 방지에 유리하므로 외벽부위는 외단열로 시공한다.

정답 001. ① 002. ③ 003. ① 004. ③ 005. ③ 006. ①

007 벽체의 열관류율 계산에 고려되지 않는 것은? [기16]

① 실내복사열 ② 재료의 두께
③ 공기층의 열저항 ④ 재료의 열전도율

해설
벽체의 열관류율
$$K = \frac{1}{\frac{1}{\alpha_i} + \sum(\frac{d}{\lambda}) + R_a + \frac{1}{\alpha_o}}$$
여기서, d : 재료의 두께
R_a : 공기층의 열저항
λ : 재료의 열전도율

008 여름철 실내 최고 온도는 외기온도가 가장 높은 시각 이후에 나타나는 것이 일반적이다. 이와 같은 현상은 벽체를 구성하고 있는 재료의 어떤 성능 때문인가? [기18]

① 축열성능 ② 단열성능
③ 일사반사성능 ④ 일사투과성능

해설
축열성능
용량형 단열재는 재료의 축열성능을 이용하며 타임랙(Time-lag) 현상이 일어난다.

009 다음 중 겨울철 실내 유리창 표면에 발생하기 쉬운 결로의 방지 방법과 가장 거리가 먼 것은? [기13, 20]

① 실내공기의 움직임을 억제한다.
② 실내에서 발생하는 수증기를 억제한다.
③ 이중유리로 하여 유리창의 단열성능을 높인다.
④ 난방기기를 이용하여 유리창 표면온도를 높인다.

해설
결로방지법
(1) 환기에 의한 방법 (2) 난방에 의한 방법 (3) 단열에 의한 방법이 있으며, 실내공기의 움직임을 억제하면 표면온도가 낮아져서 결로 발생 가능성이 높아진다.

010 표면결로의 방지대책으로 옳지 않은 것은? [기13]

① 실내에서 발생하는 수증기를 억제한다.
② 환기에 의해 실내 절대습도를 상승시킨다.
③ 단열강화에 의해 실내측 표면온도를 상승시킨다.
④ 직접가열에 의해 실내측 표면온도를 상승시킨다.

해설
표면결로 방지대책
겨울철 환기에 의해서 실내 절대습도가 낮아지면 결로 발생가능성이 낮아진다.

011 겨울철 주택의 단열 및 결로에 관한 설명으로 옳지 않은 것은? [기13]

① 단층 유리보다 복층 유리의 사용이 단열에 유리하다.
② 벽체내부로 수증기 침입을 억제할 경우 내부결로 방지에 효과적이다.
③ 단열이 잘된 벽체에서는 내부결로는 발생하지 않으나 표면결로는 발생하기 쉽다.
④ 실내측 벽 표면온도가 실내공기의 노점온도보다 높은 경우 표면결로는 발생하지 않는다.

해설
단열 및 결로
단열이 잘된 벽체는 표면결로 발생가능성이 낮아진다.

03. 공기환경

012 환기에 관한 설명으로 옳지 않은 것은? [기13]

① 외부풍속이 커지면 환기량은 많아진다.
② 실내외의 온도차가 크면 환기량은 작아진다.
③ 중성대란 중력환기에서 실내외의 압력이 같아지는 위치이다.
④ 자연환기량은 중성대로부터 공기유입구 또는 유출구까지의 높이가 클수록 많아진다.

해설
환기
② 실내외의 온도차가 크면 압력차가 커져서 환기량은 커진다.

013 자연환기에 관한 설명으로 옳지 않은 것은? [기20]

① 외부 풍속이 커지면 환기량은 많아진다.
② 실내외의 온도차가 크면 환기량은 작아진다.
③ 중력환기는 실내외의 온도차에 의한 공기의 밀도차가 원동력이 된다.
④ 자연환기량은 중성대로부터 공기유입구 또는 유출구까지의 높이가 클수록 많아진다.

해설
환기
② 실내외의 온도차가 크면 압력차가 커져서 환기량은 커진다.

014 자연환기에 관한 설명으로 옳지 않은 것은? [기21]

① 풍력환기량은 풍속이 높을수록 증가한다.
② 중력환기량은 개구부 면적이 클수록 증가한다.
③ 중력환기량은 실내외 온도차가 클수록 감소한다.
④ 중력환기는 실내외의 온도차에 의한 공기의 밀도차가 원동력이 된다.

해설
환기
③ 중력환기는 실내외 온도차가 클수록 압력차가 커진다.

05. 음환경

015 흡음 및 차음에 관한 설명으로 옳지 않은 것은? [기14]

① 벽의 차음성능은 투과손실이 클수록 높다.
② 차음성능이 높은 재료는 대부분 흡음성능도 높다.
③ 실내 벽면의 흡음률이 높아지면 잔향시간은 짧아진다.
④ 철근콘크리트 벽은 동일한 두께의 경량콘크리트 벽보다 차음성능이 높다.

해설
흡음과 차음
차음성능이 높은 재료는 밀도가 높아 질량이 큰 재료이며, 흡음성능이 높은 재료는 다공성으로 밀도가 낮아서 질량이 작은 재료이다.

정답 012. ② 013. ② 014. ③ 015. ②

PART 2

전기설비

CHAPTER

01 전기 기본이론
02 빌딩 수·변전 시스템
03 빌딩 부하설비
04 빌딩 정보통신설비
05 접지 및 전기방재 설비

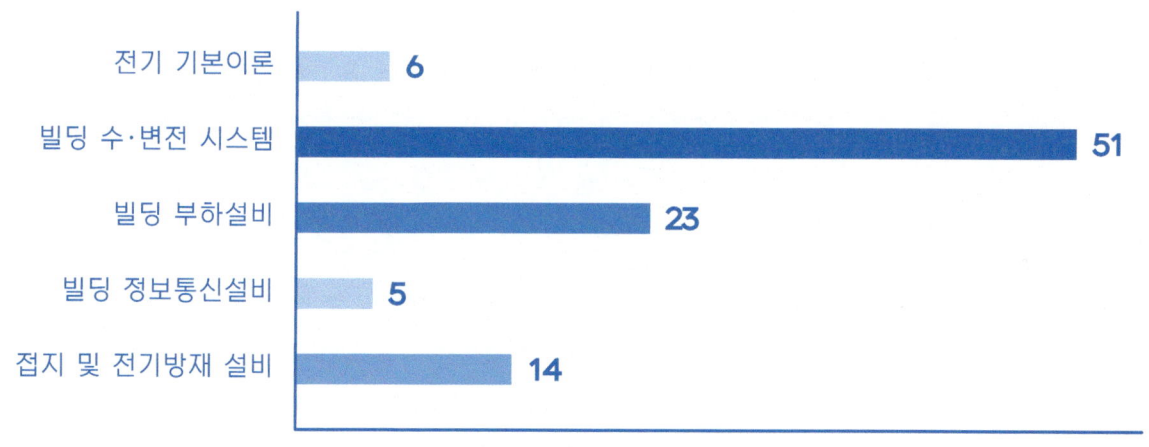

전기설비는 기본이론, 수·변전 시스템, 부하설비, 정보통신설비, 접지 및 전기방재 설비로 구분할 수 있으며, 일반적으로 수·변전 설비 부문의 출제비중이 가장 높다. 최근 5개년 출제경향을 분석해보면, 수·변전 시스템 부문이 50%, 부하설비 부문이 24%, 접지 및 전기방재 설비 부문이 15% 정도 차지하고 있으며, 기본이론과 통신설비 부문에서도 꾸준히 2~3문항 정도 출제되고 있다.

2022년 1월 1일부터 『전기설비기술기준의 판단기준』이 『한국전기설비규정(KEC)』로 대체됨에 따라 수·변전 시스템, 부하설비 및 접지설비에 대한 변경 및 신설되는 주요 내용을 잘 파악해둘 필요가 있다.

CHAPTER 01 전기 기본이론

빈출 KEY WORD # 전압 및 전류와 전력과의 관계 # 옴의 법칙 # 전력과 역률 # 전류와 자계의 관계

01 전기회로를 표현하는 물리량

1. 전하(Q: Electric charge)

전하(Q)는 물질을 구성하는 원자들의 전기적인 성질이다. 일반적으로 원자는 전기적으로 중성인 상태에 있으나, 원자의 외곽에 위치해 결합력이 약한 전자는 어떤 물리력에 쉽게 원자에서 벗어나 이동하게 된다.

이러한 전하의 이동은 전자기 현상을 발생시키며, 에너지를 가지고 힘을 미치게 된다.

(1) 전하량의 단위는 쿨롱 ([C], Coulomb)
(2) 전하(양성자 또는 전자)의 전하량은 각각 1.6021×10^{-19}[C]
(3) 1 C의 전하량은 6.24×10^{18}개의 전자나 양성자가 만드는 전하의 양이다.

> - 양성자는 전기적으로 (+), 전자는 (−)의 극성을 가짐
> - 전기적인 현상의 원인: 자유전자(Free electron)

2. 전류(I: Electric current)

전류(I)는 도체 내에서 시간(t)에 따른 전하(Q)의 변화량(전하의 이동)을 말하며, 전류의 단위는 Ampere라고 하며, [mA] 및 [kA]가 자주 사용된다.

$$I = \frac{Q}{t} \text{[C/S]} = \text{[A]}, \quad Q = I \times t \text{[C]}$$

> - 일반적으로 도체 내에서는 자유전자가 흐르는 방향의 반대방향이 전류의 방향이다.
> - **전류의 작용**
>   발열작용, 화학작용(전기분해), 자기작용(전류가 흐르면 자기장 생성)

3. 전압 (V: Electric voltage 또는 Electric potential difference)

단위 전하(Q)를 움직이는 데 필요한 에너지(W)를 말하며, 전압의 단위는 Volt이며, [mV], [kV], [MV]가 주로 사용된다.

$$V = \frac{W}{Q} \text{[J/C]} = \text{[V]}, \quad W = V \times Q \text{[J]}$$

> - V_{AB}와 같이 표시하는 경우, 첨자 AB 중 앞에 나온 문자 A가 상대적으로 전압이 높은 곳을 의미

4. 전력(P: Power)

단위 시간당(t) 에너지(W)를 흡수하거나 사용하는 양을 말하며, 전기적으로는 전압이 1 V일 때, 1 A의 전류가 1 s 동안 하는 일의 양을 말한다. 단위는 Watt이며, [kW], [MW] 등이 사용된다.

> 정격소비전력: 정격전압에서 동작하는 전기기구의 전력을 말한다.

$$P = \frac{W}{t}[J/S] = \frac{W}{Q} \times \frac{Q}{t} = V \times I[VA], \quad W = P \times t[kWh]$$

5. 전원(Electric source): 전기 에너지를 공급하는 장치(능동소자)

구분	직류(DC, Direct Current) 전원	교류(AC, Alernating Current) 전원
개념	전하의 방향, 극성이 항상 동일한 전원	전자기 유도법칙에 따라 생성된 전원이 일정한 주기를 가지고 방향을 바꾸는 전원
시스템 특징	• 절연이 용이 • 송전손실 저감 • 전압 변성이 어려움	• 전압의 승압, 강압 변경이 용이 • 회전자계를 쉽게 얻을 수 있음 • 교류 방식의 일관된 계통 운영 가능
적용	고속엘리베이터, 각종 통신설비 전원	일반 건축물의 전등, 동력, 전열설비
기호		

> 직류방식은 같은 실효값의 교류 전압의 $1/\sqrt{2}$ 배이므로 선로 절연이 그만큼 유리해진다.

> 직류 시스템은 주파수=0이므로 무효전력이 발생하지 않아 송전효율이 좋으며, 전력손실 저감 측면도 있지만, 디지털 기술과 결합이 용이하고 안정적인 전력을 공급해 준다는 강점 때문에 최근 많이 검토되고 있는 추세이다.

6. 부하(Electric load): 전기 에너지를 소비하는 모든 장치(수동소자)

(1) 저항(R: RESISTANCE)

전기의 흐름을 방해하는 성질로 저항에 의해 에너지는 열이나 빛의 형태로 소비되며, 단위는 [Ω]이며 Ohm으로 읽음

> 1 [MΩ]=10^3 [kΩ]=10^6 [Ω]

(2) 인덕턴스(L: INDUCTANCE)

전기 에너지가 자기 에너지로 바뀌는 성질을 말하며, 인덕턴스(코일)에 의해 에너지는 자기 에너지 형태로 소비(변환)된다. 단위는 [H]이며 Henry라고 읽음

> 1 [mH]=10^{-3} [H]

(3) 커패시턴스(C: CAPACITANCE): 전하가 축적되는 성질

전하가 축적되는 성질로 커패시턴스(콘덴서)에 의해 에너지는 전하의 형태로 축적되며, 단위는 [F]이며 Farad으로 읽음

> 1 [μF]=10^{-6} [F]

【수동소자 비교】

구분	저항(R)	인덕터(L)	콘덴서(C, 정전용량)
기호	—i—▨—	—i—▨—	—i—▨—
개념도	도체, ℓ	coil, Φ, I	$+\varepsilon-$, d
개념적 공식	$R = \rho \times \dfrac{\ell}{A}$ ρ [Ω/m]: 고유저항 A [m²]: 도체 단면적 ℓ [m]: 도체의 길이	$L = \dfrac{N \times \phi}{I}$ N [wb]: 코일의 턴 수 φ [Wb]: 쇄교자속 I [A]: 도체에 흐르는 전류	$C = \dfrac{\varepsilon \times A}{d}$ ε [Wb]: 유전율 A [㎡]: 극판의 단면적 d [m]: 극판 간격
특징	에너지를 축적하지 않고 열의 형태로 소비	자기를 저장하기 위해 전류를 사용	전기를 저장하기 위해 전하를 사용

02 전기회로 해석에 필요한 주요 법칙

1. 옴의 법칙(Ohm's Law)

(1) 정상 상태에서의 저항(R)에는 그 양단에 가해준 전압(V)에 비례하는 전류(I)가 흐른다.

$$V = I \times R, \quad I = \dfrac{V}{R} [A]$$

> $V = I \times R$: 어떤 회로의 전압과 전류의 비례상수를 저항(R)이라고 볼 수 있으며, 물리적으로 전압강하를 의미한다.

(2) 옴의 법칙과 전력과의 관계

$$P = V \times I = (R \times I) \times I = R \times I^2 = V \times \dfrac{V}{R} = \dfrac{V^2}{R} [W]$$

Q1. 2[C]의 전하를 만들기 위해 필요한 전자는 몇 개인가?

① 1.2484×10^{19}개
② 3.2044×10^{19}개
③ 8.01094×10^{-20}개
④ 3.1200×10^{18}개

해설 1개: 1.60219×10^{-19} [C] = x개: 2[C]
$1.60219 \times 10^{-19} \times x = 1 \times 2$
$\therefore x = \dfrac{2}{1.6021 \times 10^{-19}} = 1.2484 \times 10^{19}$ [개]

Q2. 220 V, 400 W 전열기를 110 V에서 사용하였을 경우 소비전력 W는? [산 10, 13, 18]

① 50 W ② 100 W
③ 200 W ④ 400 W

해설 $P = \dfrac{V^2}{R} = 400$ [W]
$P = \dfrac{(0.5V)^2}{R} = 0.25 \times \dfrac{V^2}{R} = 0.25 \times 400 = 100$ [W]

2. 키르히호프의 제1법칙: 전류 법칙(KCL, Kirchhoff's Current Law)

회로망 내 임의의 점에서 그 점으로 흘러 들어오는 전류의 총합은 그 점에서 흘러 나가는 전류의 총 합과 같다(전하량 보존의 법칙).

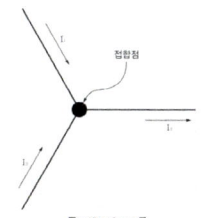
【개념도】

접합점에서 나가는 전류(I_3)의 부호는 (−)
접합점으로 들어오는 전류(I_1, I_2)의 부호를 (+)라 하면,
접합점을 통과하는 전류의 합은 0이다.
$$I_1 + I_2 - I_3 = 0$$

3. 키르히호프의 제2법칙: 전압 법칙(KVL, Kirchhoff's Voltage Law)

임의의 폐회로에서 시계방향을 따라 발생되는 전압 강하(또는 전압 상승)의 합은 0이다.

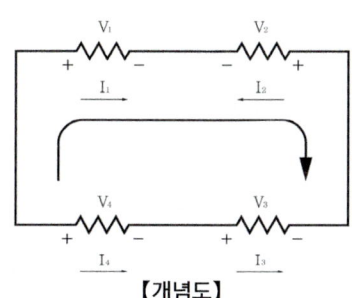
【개념도】

좌측 폐회로에서 시계방향으로 한바퀴 돌면서 구한 각 소자의 전압을 V_k라 하면,
$$\sum_{k=1}^{N} V_k = V_1 - V_2 - V_3 - V_4 = 0$$

4. 직렬 저항 합성과 전압분배(Voltage Division) 법칙

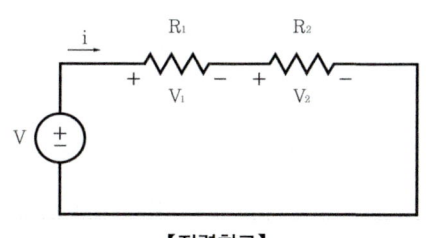
【직렬회로】

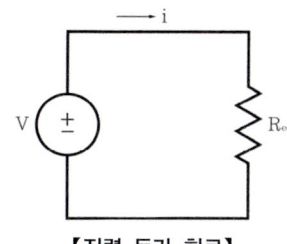
【직렬 등가 회로】

(1) KVL 적용: $-V + V_1 + V_2 = 0$
(2) 각 저항 소자에 옴의 법칙 적용: $V_1 = i \times R_1$, $V_2 = i \times R_2$
(3) 회로 전압 방정식:
$$V = V_1 + V_2 = i \times (R_1 + R_2), \quad i = \frac{V}{R_1 + R_2} = \frac{V}{R_{eq}}$$

회로 전압 방정식으로부터 직렬저항의 합성은 $R_{eq} = R_1 + R_2$ 임을 알 수 있다.

> 직렬 접속된 저항에는 같은 크기의 전류가 흐른다.

(4) 각 저항 양단의 전압: $V_1 = \dfrac{R_1}{R_1+R_2} \times V$, $V_2 = \dfrac{R_2}{R_1+R_2} \times V$

※ 전원전압 V는 각 저항 값에 비례해서 분배되며, 해당 저항 값이 클수록 전압강하는 더 커짐

5. 병렬 저항 합성과 전류 분배 법칙

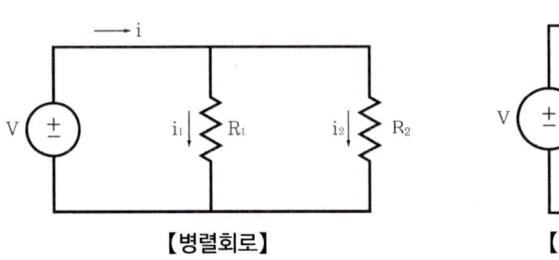

【병렬회로】　　　　　　【병렬 등가 회로】

(1) 각 저항 소자에 옴의 법칙 적용:

$$i_1 = \dfrac{V}{R_1}, \quad i_2 = \dfrac{V}{R_2}, \quad V = i_1 \times R_1 = i_2 \times R_2$$

> 병렬로 접속된 저항에는 같은 크기의 전압이 걸린다.

(2) KCL 법칙 적용: $i_1 = i_1 + i_2 = \dfrac{V}{R_1} + \dfrac{V}{R_2} = V \times \left(\dfrac{1}{R_1} + \dfrac{1}{R_2}\right) = \dfrac{V}{R_{eq}}$

※ 병렬 저항의 합성: $\dfrac{1}{R_{eq}} = \dfrac{1}{R_1} + \dfrac{1}{R_2} = \dfrac{R_2+R_1}{R_1 \times R_2}$, ∴ $R_{eq} = \dfrac{R_1 \times R_2}{R_1+R_2}$

(3) 회로 전압 방정식: $V = i \times R_{eq} = i \times \dfrac{R_1 \times R_2}{R_1+R_2}$

(4) 각 가지의 전류 분배: $i_1 = \dfrac{R_2}{R_1+R_2} \times i$, $i_2 = \dfrac{R_1}{R_1+R_2} \times i$

※ 각 저항에 흐르는 전류는 저항 값이 크면, 작은 전류가 흐르는 역비례 관계

Q3. 옴의 법칙은 저항에 흐르는 전류와 전압의 관계를 나타낸 것이다. 회로의 저항이 일정할 때 전류는?

① **전압에 비례한다.**
② 전압에 반비례한다.
③ 전압의 제곱에 비례한다.
④ 전압의 제곱에 반비례한다.

[해설] 저항이 일정할 때: 전압과 전류는 비례
전류가 일정할 때: 전압과 저항이 비례
전압이 일정할 때: 전류와 저항은 반비례

Q4. 회로의 접속점에서 볼 때, 접속점에 흘러들어오는 전류의 합은 흘러 나가는 전류의 합과 같다라고 정의되는 법칙은?

① **키르히호프의 제1법칙**　② 키르히호프의 제2법칙
③ 플레밍의 오른손 법칙　　④ 앙페르의 오른 나사 법칙

[해설] 키르히호프의 제1법칙(전류법칙)
회로망 내 임의의 접합점으로 흘러 들어오는 전류의 총합은 그 접합점에서 흘러나가는 전류의 총 합과 같다.

03 전력과 역률

1. 직류 전력(Power)

전압과 전류의 양으로 간단히 계산 가능: $P = V \times I$ [W]

2. 교류 전력

일정한 주기로 방향이 바뀌는 교류(sin파 형태)전력의 경우, 유효전력과 무효전력으로 구분되며, 역률의 개념이 추가된다.

(1) 단상교류 전력: $P[W] = V[V] \times I[A] \times 역률(\cos\theta)$
(2) 삼상교류 전력: $P[W] = 3 \times 상전압[V] \times 상전류 I[A] \times 역률(\cos\theta)$
$= \sqrt{3} \times 선간전압[V] \times 선간전류[A] \times 역률(\cos\theta)$

▶ 상전압과 선간전압의 관계는 『3상회로 결선법에 따른 전압, 전류』 내용 참조

3. 전력과 역률(Pf, Power Factor)

역률은 피상전력(Ps)에 대한 유효전력(P)의 비를 말하며, 역률이 작을수록 무효전력(Q)이 많아 효율이 좋지 않다(역률이 낮으면, 부하에 동일한 전력을 전달하기 위해 더 많은 전류를 보내야 함).

$$역률(\cos\theta) = \frac{유효전력}{피상전력} = \frac{P}{\sqrt{P^2+Q^2}} \leq 1$$

(1) 유효전력(P): 부하에서 빛이나 열의 형태로 소비는 전력(저항부하에서 소비)
유효전력 $P = VI \times \cos\theta$ 로 표기하며, 단위는 [W]
(2) 무효전력(Q): 변압기나 전동기 동작을 위한 자계를 생성시키고 전원측으로 되돌아가는 전력
무효전력 $Q = VI \times \sin\theta$ 로 표기하며, 단위는 [var]
(3) 피상전력(S): 유효전력과 무효전력의 벡터 합으로 총 전력을 의미
피상전력 $S = \sqrt{P^2+Q^2}$ 로 표기하며, 단위는 [VA]

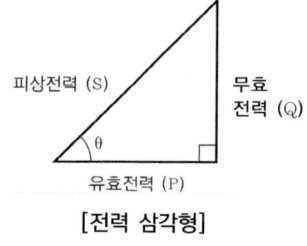
[전력 삼각형]

▶ 전기공급 약관에는 전력손실 절감을 위해 기준 역률 90% 유지를 제시하고 있으며, 이를 위해 수용가에서는 적정 용량의 무효전력 공급 장치(콘덴서)를 설치하고 있다.

Q5. 3상 평형부하에 220 V의 전압을 인가하니, 전류 10 A가 흘렀다. 역률이 0.75일 때, 소비되는 전력은?
[산13]

① 약 953 W   ② 약 2858 W
③ 약 4950 W   ④ 약 5081 W

해설 3상 교류전력에서의 소비전력:
$P[W] = \sqrt{3} \times 선간전압[V] \times 선간전류[A] \times 역률(\cos\theta)$

Q6. 역률에 관한 설명 중 잘못된 것은?

① 역률은 피상전력에 대한 유효전력의 비를 말한다.
② 역률이 작을수록 무효전력이 많아 효율이 좋지 않다.
③ 역률은 항상 1보다 작거나 같다.
④ 역률이 높으면 부하에 동일한 전력을 전달하기 위해 더 많은 전류를 보내야 한다.

해설 역률이 낮으면 효율이 좋지 않아 부하에 동일한 전력을 전달하기 위해 더 많은 전류를 보내야 하므로 한전에서는 기준역률을 90% 이상으로 유지하도록 제시하고 있다.

04 대칭 3상회로 결선법에 따른 전압, 전류

3상 시스템의 전압은 세 개의 교류전원으로 이루어져 있으며, 각 전압은 크기가 같고 기계적으로 120° 위상차를 가지고 있다. 3상 회로에서 전원 및 부하는 일반적으로 Y결선과 △ 결선으로 결선해서 사용한다.

Y 결선(Star connection)		△ 결선(Delta connection)	
【 회로도 】	【 전압 벡터도 】	【 회로도 】	【 전류 벡터도 】
E_a, E_b, E_c: 상전압 V_{ab}, V_{bc}, V_{ca}: 선간전압		I_a, I_b, I_c: 상전류 I_{ab}, I_{bc}, I_{ca}: 선간전류	
• 선간 전압의 크기는 상전압의 $\sqrt{3}$ 배이다. • 선간 전압의 위상은 상전압보다 30° 앞선다. • 선전류와 상전류가 같다.		• 선전류의 크기는 상전류의 $\sqrt{3}$ 배이다. • 선전류의 위상은 상전류보다 30° 뒤진다. • 선전압과 상전압이 같다.	

> **상전압(Phase Voltage)**
> 전압 전원을 말한다
> (대지전압이라고도 함.)

> **상전류(Phase Current)**
> 상(Phase)에 흐르는 전류

> **선간전압(Line Voltage)**
> 두 선 사이의 전압

> **선간 전류(Line Current)**
> 각 상과 부하를 연결하는 선에 흐르는 전류

Q7. Y결선의 전원에서 각 상전압이 220 V일 때 선간전압은 약 몇 V인가? [기17]

① 약 110 V
② 약 127 V
③ **약 380 V**
④ 약 480 V

해설 Y결선에서는 선간전압의 크기가 상전압의 $\sqrt{3}$ 배이고 선전류는 상전류와 같다.

Q8. 다음 대칭 3상회로 결선법(Y결선 및 △결선)에 따른 전압, 전류의 설명 중 옳지 않은 것은?

① 성형결선에서는 선전류와 상전류가 같다.
② △결선에서는 선전압과 상전압이 같다.
③ **성형결선에서 상전압의 크기는 선간전압의 $\sqrt{3}$ 배이다.**
④ △결선에서 선전류의 크기는 상전류의 $\sqrt{3}$ 배이다.

해설 Y결선에서는 선간전압의 크기가 상전압의 $\sqrt{3}$ 배이다. Y결선을 성형결선, 스타결선이라고도 한다.

05 전류와 자계에 관한 이론

1. 패러데이의 법칙(Fafaday's Law)

폐회로에 유기되는 기전력(e)의 크기는 자속이 시간적으로 변화하는 정도에 비례한다는 법칙으로 시간적으로 변하는 자기장 안에 놓인 도체에는 전압이 유도되며, 역으로 자기장 안에서 도체가 운동해도 그 도체에 전압이 유기된다는 의미

> 시간적으로 변하는 자기장 안에 놓인 도체: 변압기
> 자기장 안에서 운동하는 도체: 발전기, 모터

$$e = -N \cdot \frac{d\phi}{dt} \, [V]$$

e: 유기되는 전압 / N: 코일의 감은 수 / φ: 코일을 관통하는 자속
(-) 부호: 전자기 유도에 의해 발생되는 전류는 자속변화를 방해하는 방향 의미 (Lenz's law)

변압기 동작 원리

교류 전원에 연결되는 단자가 1차측(Primary)이고, 부하에 연결되는 단자가 2차측(secondary)이며, 1, 2차 코일은 전기적으로는 절연되어 있지만, 철심을 매개체로 한 전자 유도 작용으로 자기적으로는 결합되어 입력회로에서 출력 회로로 동일한 주파수의 교류 전력을 전달하게 된다.

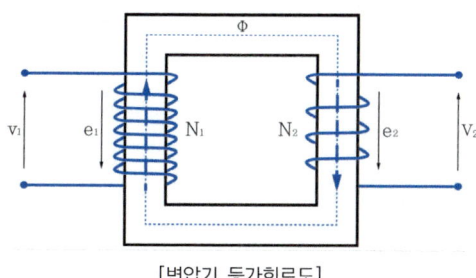

V_1, V_2 : 1, 2차 전압
e_1, e_2 : 1, 2차 유기 전압
N_1, N_2 : 1, 2차 코일의 감은 횟수(권선 수)
φ : 쇄교자속

권수비$(a) = \dfrac{N_1}{N_2} = \dfrac{E_1}{E_2} = \dfrac{V_1}{V_2}$

[변압기 등가회로도]

[변압기 등가 회로]

> 2차 권선 수 > 1차 권선 수:
> 승압 변압기(Step-up Transformer)
> 1차 권선 수 < 2차 권선 수:
> 강압 변압기(Step-down Transformer)

2. 플레밍의 법칙(Fleming's Rules)

전자유도 법칙과 전자력의 원리를 보다 쉽게 설명하기 위해 오른손과 왼손의 세 손가락을 이용해 각 물리량의 방향을 정한 법칙으로 오른손 법칙은 전자유도 법칙을 이해하는 개념으로 발전기 원리를 설명하고 왼손 법칙은 전자력의 법칙으로 전동기 원리를 설명한다.

【플레밍의 법칙】

구분	왼손 법칙	오른손 법칙
엄지	F: 전자력이 생기는 방향	도체의 선속도
검지	B: 자속밀도 (자계의 방향)	자속밀도
가운데	I: 전류의 방향	유기기전력의 방향
개념	자계에 의해 전류 도체가 받는 회전력의 방향(자기력의 방향)을 결정	자계 내 도체 운동에 의한 유도 기전력의 방향을 결정

3. 앙페르의 법칙(Ampere's Law)

전류가 도선에 흐를 때 발생하는 자기장의 방향을 나타내는 법칙으로 직선 전류에 의한 자기장의 방향은 오른손 엄지손가락이 전류의 방향을 향하게 할 때 나머지 네 손가락을 감아쥐는 방향이다.

역으로 자기장의 방향이 오른손 엄지손가락이라면, 전류의 방향은 이 도선을 감아쥐는 방향이다.

> 앙페르의 법칙은 어떤 공간에 분포한 전류와 그 공간에 형성되는 자기장과의 관련성을 보여준다.

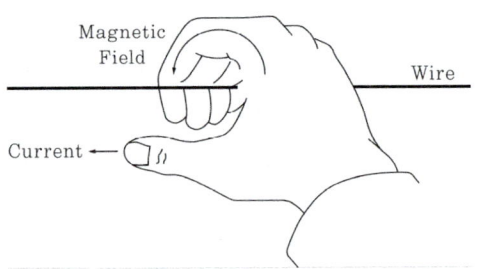

Q9. 다음 (가), (나)에 대한 법칙으로 알맞은 것은?

> 전자유도에 의해 회로에 발생되는 기전력은 쇄교 자속수의 시간에 대한 변화율에 비례한다는 (가)에 따르고, 특히 유도된 기전력의 방향은 (나)에 따른다.

① (가) 패러데이의 법칙, (나) 렌츠의 법칙
② (가) 렌츠의 법칙, (나) 패러데이의 법칙
③ (가) 플레밍의 왼손 법칙 (나) 패러데이의 법칙
④ (가) 패러데이의 법칙 (나) 플레밍의 왼손 법칙

해설 패러데이 법칙은 전자유도에 의하여 발생되는 기전력은 쇄교 자속수의 시간에 대한 변화율에 비례하며 유기기전력의 크기를 결정하고, 렌츠의 법칙은 유도된 기전력의 방향을 결정한다.

Q10. 자계의 방향이나 도체에 흐르는 전류 방향이 바뀌면 도체가 움직이는 방향도 바뀌게 된다. 이와 관련하여 도체가 움직이는 방향을 알 수 있는 법칙은?

① 플레밍의 왼손 법칙 ② 플레밍의 오른손 법칙
③ 패러데이 법칙 ④ 렌츠의 법칙

해설 플레밍의 왼손 법칙: 자계에 의해 전류 도체가 받는 회전력의 방향(자기력의 방향)을 결정하는 법칙

CHAPTER 01 필수 확인 문제

01 전압이 1 V일 때 1 A의 전류가 1 s 동안 하는 일을 나타내는 것은? [기19]

① 1 Ω
② 1 J
③ 1 dB
④ 1 W

○ 전력은 단위 시간당 에너지를 흡수하거나 사용하는 양을 말하며, 전기적으로는 전압이 1 V일 때, 1 A의 전류가 1 s 동안 하는 일의 양을 말한다.

정답 ④

02 전기에 관한 기초사항으로 옳지 않은 것은? [기11, 15]

① 전류는 발열작용, 화학작용, 자기작용을 한다.
② 병렬회로에서는 각각의 저항에 흐르는 전류의 값이 같다.
③ 옴(Ohm)의 법칙은 전압, 전류, 저항 사이의 규칙적인 관계를 나타낸다.
④ 1 W란 전압이 1 V일 때 1 A의 전류가 1 s 동안에 하는 일을 말한다.

○ 병렬회로에 접속된 저항에는 같은 크기의 전압이 걸리며, 각 저항에 흐르는 전류는 저항 값이 크면, 작은 전류가 흐르는 역비례 관계가 있다.

정답 ②

03 200 V의 전압을 가했을 때 8 A의 전류가 흐른다면 저항은 몇 Ω인가? [산12]

① 16 Ω
② 25 Ω
③ 40 Ω
④ 50 Ω

○ 옴의 법칙:
$R = \dfrac{V}{I} = \dfrac{200}{8} = 25\,[\Omega]$

정답 ②

04 키르히호프의 제1법칙을 가장 올바르게 표현한 것은? [산13]

① 회로 내의 임의의 한 점에 들어오고 나가는 전류의 합은 같다.
② 임의의 폐회로 내에서의 기전력과 전압강하의 대수의 합은 같다.
③ 도체가 움직이는 방향을 알 수 있는 법칙으로 전동기에 적용되는 법칙이다.
④ 회로의 저항에 흐르는 전류의 크기는 인가된 전압의 크기에 비례하며 저항과는 반비례한다.

○ 1) 키르히호프의 제1법칙(전류 법칙): 회로 내 임의 접합점을 통과하는 전류의 합은 0이다.
2) 키르히호프의 제2법칙(전압 법칙): 임의의 폐회로에서 기전력과 전압강하의 대수의 합은 0이다.

정답 ①

05 10Ω의 저항 10개를 직렬로 접속할 때의 합성 저항은 병렬로 접속할 때의 합성저항의 몇 배가 되는가? [기11, 16, 22]

① 5배
② 10배
③ 50배
④ 100배

1) 직렬저항의 합성:
$R_{EQ} = R_1 + R_2 + R_3 + \cdots + R_n$
$= 10 \times 10 = 100\,[\Omega]$
2) 병렬저항의 합성:
$R_{EQ} = 1/R_1 + 1/R_2 + 1/R_3 + \cdots + 1/R_n$
$= 1/10 \times 10 = 1\,[\Omega]$

정답 ④

06 100 V, 500 W의 전열기를 90 V에서 사용할 경우 소비 전력은? [기12, 19]

① 200 W
② 310 W
③ 405 W
④ 420 W

옴의 법칙과 전력과의 관계식으로부터 아래와 같이 구할 수 있다.
$P = \dfrac{V^2}{R} = 500\,[\text{W}] \rightarrow P' = \dfrac{(0.9\,V)^2}{R}$
$= 0.81 \times \dfrac{V^2}{R} = 0.81 \times 500$
$= 405\,[\text{W}]$

정답 ③

07 전압 220 V를 가하여 10 A의 전류가 흐르는 전동기를 5시간 사용하였을 때 소비되는 전력량 [kWh]은? [산17]

① 5
② 11
③ 15
④ 22

전력량(W):
$W = P \times t = V \times I \times t$ [kWh]
$= 220 \times 10 \times 5 = 11$

정답 ②

08 3상 Y결선되고 선간전압이 380 V인 3상 교류의 상전압은? [산16]

① 120 V
② 220 V
③ 380 V
④ 660 V

Y결선에서는 선간전압의 크기가 상전압의 $\sqrt{3}$ 배 이므로, 상전압은 선간전압을 $\sqrt{3}$ 으로 나눠주면 구할 수 있다.

정답 ②

CHAPTER 02 빌딩 수·변전 시스템

빈출 KEY WORD # 부하용량 추정 # 수용률, 부등률 및 부하율 개념 # 수전 시스템과 예비전원 설비의 종류
전기설비 전압의 구분 # 배전방식별 특징 # 전기 관련 주요 실 설계 시 고려사항

01 건축물의 전기 시스템 계획 process

빌딩 전기설비는 전력회사로부터 전력을 수전 받아 이를 모터/조명 부하 및 빌딩 내 전기가 필요한 모든 장치에 전달하는 시스템이며 기본적으로 현재와 장래 증설 부하 모두에 대응 가능한 서비스를 효율적인 비용으로 안전하게, 정전 없이 공급하는 시스템이어야 한다.

특히 전기 시스템의 계획 및 기본설계는 향후 시공단계, 공기, 원가, 품질 등 사업수행 전반에 영향을 미치는 요소로 업무 process 및 수행방식을 분석하고 명확한 인식 하에 진행되어야 한다.

【빌딩 전기 시스템 계획 Process】

STEP	PROCESS	주요 내용
1	기초자료 수집·분석	현장조사, 발주처 요구사항 분석 및 부하 특성 조사
2	설계기준 확립	발주처 요구사항 확정, 법규 check 및 design criteria 확립
3	부하설비 용량 추정	유사규모 부하 사례 검토 및 개략 부하용량 계산
4	변압기 용량(수전용량) 결정	수용률, 부등률, 여유율 고려하여 변압기 용량 및 bank 구성
5	수전 시스템 구성	수전전압 및 수전 방식 선정
6	변전 및 배전 시스템 구성	배전전압 결정 후 변압 방식, 및 변전기기 용량 선정
7	변전실 기기 배치 계획	전기실 등 주요 시스템 room 면적 및 층고 결정
8	시스템 성능 평가	에너지 simulation (w/건축, 기계), 에너지 절감방안 검토
9	제어 및 보호방식 결정	각종 보호계전기 선정 및 보호 협조
10	설계도서 작성	Design development (도면, 기술계산서, 시방서)

▶ **수·변전 설비가 구비해야 할 조건**
① 감전, 화재위험이 없는 안전한 설비일 것
② 전원 공급신뢰도를 저하하지 않는 범위 내에서 가급적 간단한 설비일 것
③ 유지보수가 용이하고 오조작 등의 우려가 없을 것
④ 건설비가 저렴하고 운전 유지비를 경감할 수 있을 것

Q1. 다음 중 수·변전 설비가 구비해야 할 조건으로 거리가 먼 것은?

① 안전한 설비일 것
② 운전/조작이 용이한 간단한 설비일 것
③ 유지보수가 용이한 설비일 것
④ **미관이 좋은 설비일 것**

02 부하설비 용량 추정과 변압기 용량 산정

1. 부하설비 용량 추정

설계단계에서 빌딩 부하에 대한 정확한 정보를 얻기 어려우므로 유사 프로젝트에 대한 경험과 단위 면적당 전력 부하 밀도[VA/m^2] Data를 바탕을 한정된 부하정보를 확장해야 한다.

(1) 공동주택: 주택건설 기준 규정 제40조(전기시설)
  ① 단위 세대당 3,000 VA + 60 m^2를 초과하는 바닥면적 10 m^2당 500 VA
  ② 부하증가를 고려하여 1,000 VA 추가 확보

(2) 건물종류 및 부하 용도별 부하 산정

부하설비 용량 = 부하밀도 [VA/m^2] × 면적 [m^2] + 대용량 기기 [VA]
           + 장래증설부하 [VA]

【건물 용도별 부하밀도 [VA/m^2]】

건물 종류	조명	일반동력	기타동력(냉방)	합계
대형 사무실	37	59	37	133
대형 점포	62	72	43	177
호텔	38	53	27	118
주택	28 (51)	14	28	70 (93)
학교	27	15	18	60
종합 병원	47	64	48	159
체육관	32	34	23	89
연구소	60	108	53	221
대형 창고	18	45	33	96
대형 전산센터	33	92	60	185
공공건물	32	41	31	104

> 최근 기후변화, 에너지 부족 등의 환경변화로 전력수요가 증가되는 추세로 부하용량 추정 시 기존 부하밀도 data를 바탕으로 유사 건물의 전력소비 특성과 증설부하를 고려해야 한다.

2. 변압기 용량 산정(수전설비 용량 결정)

수전설비 용량은 전력회사 전력계통과 직접 연결되는 변압기 용량의 합계를 말하며, 단위 변압기 용량 산정은 부하예측에 따라 추정된 설비용량 합계에 수용률, 부등률을 고려하여 적정한 변압기 용량을 산정한다.

(1) 변압기 용량 산정 수식

$$\text{Transformer sizing} = \frac{\text{설비용량}[kVA] \times \text{수용률}}{\text{부등률} \times \text{역률} \times \text{효율}}[kVA]$$

> 변압기 용량을 결정하려면, 부하의 크기와 종류, 운전조건 등의 관련사항도 검토해야 한다.

(2) 수용률(Demand factor)

$$\text{수용률} = \frac{\text{최대수요전력}}{\text{총부하설비용량}} \leq 1$$

① 전 부하설비 용량에 대해 실제로 사용되고 있는 최대 수요전력의 비율을 나타내는 계수
② 수용률이 작을수록 필요한 변압기 용량이 작아진다.
③ 수용률이 클수록 설비 이용률이 높다.

【건축물의 수용률】

건물 종류 구 분	사무소용 빌딩 [%]		백화점용 빌딩 [%]	
	범 위	평균값	범 위	평균값
일반 전등/전열 부하	57 ~ 83	70	58 ~ 92	75
일반 동력부하	38 ~ 72	55	47 ~ 83	65
OA 기기 부하	42 ~ 78	60	–	–
냉방동력 부하	59 ~ 91	75	65 ~ 95	80

건물 종류 구 분	종합 병원용 빌딩 [%]		호텔용 빌딩 [%]	
	범 위	평균값	범 위	평균값
일반 전등/전열 부하	40 ~ 75	60	49 ~ 71	60
일반 동력부하	40 ~ 70	55	42 ~ 68	55
OA 기기 부하	45 ~ 75	60	–	–
냉방동력 부하	70 ~ 100	85	64 ~ 96	85

※ 한국조명·전기설비학회 발행 '업무용 건물의 전력소비특성을 고려한 수용률 기준'

(3) 부등률(Diversity factor)

$$부등률 = \frac{개별부하의\ 최대수요전력합계}{합성\ 최대수요전력} \geq 1$$

① 빌딩 내 단위 부하는 그 사용패턴이 달라 모든 부하가 동시에 최대정격으로 작동하지 않는다.
② 예를 들면, 최대 수요 전력은 같지만 그 발생 시간대가 서로 다른 두 부하군(or Feeder)이 동일 변압기에서 전원공급을 받는다고 상정했을 때, 이 변압기(or Feeder) 용량은 두 부하군의 부하용량 합계와 같을 필요는 없다. 이러한 특성을 표현한 지수가 부등률
③ 부등률이 클수록 필요 변압기 용량은 작아지고 발전비용도 적어 효율적 운용 가능

(4) 부하율(Load factor)

$$부하율 = \frac{부하의\ 평균전력}{합성최대수요전력} \leq 1$$

① 전체 부하에 대한 실제 부하 비율
② 부하율은 일정 기간에 따라 일, 월, 연 기준에 대해 산정 가능
③ 부하율이 작을수록 설비 가동률이 낮음을 의미
④ 부하율이 높을수록 설비가 효율적으로 사용되고 있다는 의미

Q2. 전력용 변압기 용량의 산정식으로 옳은 것은? [기14]

① $\dfrac{부하설비용량 \times 부등률}{부하율}$

② $\dfrac{부하설비용량 \times 부하율}{부등률}$

③ $\dfrac{부하설비용량 \times 수용률}{부등률}$

④ $\dfrac{부하설비용량 \times 부등률}{수용률}$

해설 변압기 용량은 수용률을 고려해 용량을 산정해야 하며, 서로 다른 두 부하군이 동일 변압기에서 공급 받는 경우, 모든 부하가 동시에 최대정격으로 동작하지 않으므로 부등률도 적용해줘야 한다.

Q3. 전기설비가 어느 정도 유효하게 사용되는가를 나타내며, 최대수용전력에 대한 부하의 평균전력의 비로 표현되는 것은? [기12, 20]

① 부하율
② 부등률
③ 수용률
④ 유효율

해설
1) 부등률 = $\dfrac{각\ 부하의\ 최대수용전력의\ 합계}{부하의\ 최대수용전력} \times 100$

2) 수용률 = $\dfrac{최대수용전력}{부하설비용량} \times 100$

03 전원 시스템

1. 수전 시스템

수전 시스템이란, 타인의 전기설비 또는 구내 발전설비로부터 전기를 공급받아 구내배전설비로 전기를 공급하기 위한 설비로서 수전지점으로부터 배전반까지의 설비를 말한다.

(1) 전기설비 전압 구분

구분		저압	고압	특고압
전압	교류	1 kV 이하	1 kV 초과 ~ 7 kV 이하	7 kV 초과
	직류	1.5 kV 이하	1.5 kV 초과 ~ 7 kV 이하	7 kV 초과

> 2021년부터 전압범위 변경에 따라 기존에 고압 전기설비 기준으로 적용 받던 교류 600 V 초과 1,000 V 이하 전기설비는 저압 전기설비의 시설규정을 적용 받는다.

(2) 수전전압

전기 사업자는 1전기사용 계약에 대하여 1공급방식, 1공급전압 및 1인입으로 전기를 제공하며 계약전력 합계를 기준으로 아래 표에 따라 공급전압의 등급이 결정(한전 전기공급 약관 참조)

【계약전력에 따른 전력회사 공급전압】

계약전력	공급방식 및 공급전압
1,000 kW 미만	교류 단상 220 V 또는 교류 삼상 380 V 중 한전이 적당하다고 결정한 한 가지 공급방식 및 공급 전압
1,000 kW 이상 10,000 kW 이하	교류 삼상 22,900 V
10,000 kW 이상 400,000 kW 이하	교류 삼상 154,000 V
400,000 kW 초과	교류 삼상 345,000 V

※ 한전 전기공급 약관 중 제4장 전기의 공급방법 및 공사

> 수전전압이 154 kV인 경우, 22.9 kV급 대비 전기실 구성, 형식, 간선구성 방식 등이 달라져 전기실 면적, 층고에도 큰 영향을 미친다.

(3) 수전방식

전력회사로부터 전기를 받는 행위를 수전이라고 하며, 수전방식은 인입 회로 수에 따라 구분되며, 부하설비의 중요도와 경제성을 고려해 선정한다.

【수전방식 종류】

수전방식		특징	경제성	신뢰도
1회선		• 가장 간단하고 경제적	◎	×
2회선	상용/예비선 (다른 계통)	• 배전선 또는 공급 변전소 사고 시 타 변전소로 전환하여 정전 시간 단축	○	○
	상용/예비선 (동일 계통)	• 한쪽 배전선 사고 예비선으로 전원 공급 가능	△	△
	LOOP 방식	• 임의 구간 사고 시 루프는 끊어지나 정전 안됨 • 전압변동률이 양호하여 배전 손실 절감	△	○
SPOT NETWORK		• 3회선 이상 수전공급 회선으로 무정전 공급 가능 • 기기 이용률 향상 • 전압 변동률 감소	×	◎

※ ◎: 매우 좋음, ○: 좋음, △: 보통, ×: 나쁨

Q4. 전압의 분류에서 저압의 범위 기준으로 옳은 것은?

① 직류 600 V 이하, 교류 600 V 이하
② 직류 750 V 이하, 교류 1,000 V 이하
③ **직류 1.5 kV 이하, 교류 1 kV 이하**
④ 직류 1.5 kV 이하, 교류 1.5 kV 이하

해설 2021년부터 전압범위 변경에 따라 기존에 고압 전기설비 기준으로 적용 받던 교류 600 V 초과 1,000 V 이하 전기설비는 저압 전기설비의 시설규정을 적용 받는다.

Q5. 다음 중 3회선 이상 수전공급 회선으로 무정전 전원 공급이 가능한 수전방식은?

① 1회선 수전방식
② LOOP 수전방식
③ **스폿 네트워크 수전방식**
④ 사용 및 예비선 2회선 수전방식

해설 스폿 네트워크 수전방식은 3회선 이상 수전공급 회선으로 무정전 공급이 가능하고 효율 운전이 가능하며 부하증가에 대한 적응성이 큰 수전방식이다.

2. 예비전원 시스템

상용전원 정전, 또는 화재 시 중요부하의 정지로 발생되는 재해를 미연에 방지하기 위해 기능상 최소한의 비상 전력을 공급할 수 있는 설비를 의미하며, 건축 및 소방법에서 요구하는 예비전원 설비 외에 공급 신뢰성 확보 측면에서 필요성이 최근 크게 부각되고 있다.

(1) 예비전원 설비의 종류와 필요조건

종류	필요 조건
축전지	• 정전 후 30분 이상 충전하지 않고 방전할 수 있어야 함
자가용 발전 설비	• 정전 후 10초 이내 전압을 확립하여 30분 이상 안정적 전원 공급 가능할 것 • 비상용 엘리베이터의 경우 120분, 병원설비는 10시간 이상 • 소방법에서는 30분 이상 연속운전 가능
축전지+자가용 발전설비	• 발전설비는 정전 후 40초 이내 전압 확립, 30분 이상 안정적 공급 가능할 것 • 축전지 설비는 정전 후, 10분 이상 방전할 수 있는 용량일 것

(2) 정전사고와 예비전원의 적용

정전종류	원인	긴급도	적용 부하	적용 예비전원
전력회사 예고정전	배전 계통의 보수점검 및 증개설	사전에 예고되어 미리 계획할 여유 있음	정전으로 지장을 초래하는 설비	예비전원 수전 루프수전 스폿 네트워크 수전 자가발전설비
수용가 내 작업정전	수배전 계통의 정기점검 및 증개설	사전에 예고되어 미리 계획할 여유 있음	정전으로 지장을 초래하는 설비	상용, 예비 선수전 이중모선 방식 자가발전 설비 임시전원 수전

정전종류	원인	긴급도	적용 부하	적용 예비전원
예고 없는 정전	재해 시 사고 전기사고 오조작	단시간 정전 (수동/자동전환)	사회보호: 비상조명 등 공해방지: 오배수 처리설비 인명보호: 병원 수술실 등 설비보호: 연구실 보온설비 등 인명보호: 각종 소방설비 설비보호: 각종 계장설비	자가발전설비 축전지 자가발전+축전지
		무정전 또는 순시전환	특수보호: 온라인용 컴퓨터 등 (은행 전산실 등)	UPS

※ 건축전기설비 설계기준

(3) 축전지

축전지는 독립된 전력원으로 순수한 직류전원이며 유지보수가 용이하다. 비상용 조명, 유도등 및 각종 제어 설비의 전원으로 주로 사용되며, 구성은 축전지, 충전장치, 보안장치, 제어장치 등으로 구성된다.

① 충전방식

구분	주요 내용
보통충전	• 필요할 때마다 표준 시간율로 소정의 충전을 하는 방식
급속 충전	• 비교적 단시간에 보통 충전전류의 2~3배의 전류로 충전하는 방식
부동 충전	• 자기 방전을 보충함과 동시에 상용 부하에 대한 전력공급은 충전기가 부담 • 충전기가 부담하기 어려운 일시적인 대전류 부하는 축전지가 부담
세류 충전	• 자기 방전량만을 항상 충전하는 방식(부동충전방식의 일종)
균등 충전	• 부동충전방식 이용 시 각 전해조에서 일어나는 전위차를 보정하기 위해 1~3개월마다 정전압으로 각 전해조의 용량을 균일화하기 위해 행하는 방식

② 축전지 종류

구분	연(납)축전지	알카리 축전지
공칭전압	2.0 [V/cell]	1.2 [V/cell]
정격용량	10시간율 [Ah]	5시간율 [Ah]
과충전, 과방전	약함	강함
가격	Ah당 단가 저렴	연축전지에 비해 고가
수명	CS형 10~15년, HS형 5~7년	12~20년
특징	• 축전지의 필요 셀 수가 적어도 됨 • 충방전 전압의 차이가 적음 • 전해액 비중에 의해 충방전상태 추정가능	• 극판의 기계적 강도가 강함 • 고효율 방전특성과 저온특성 양호 • 가스가 발생하지 않음

> 축전지 설치장소는 배전반실에 가까운 곳으로 일광의 직사가 없는 장소일 것 (5~25℃ 유지)
> 실내 마감은 내산처리가 필요하며, 배수와 환기시설을 구비할 것

(4) 무정전 전원장치(UPS, Uninterruptible Power Supply System)

전원에서 발생되는 각종 장애(전압변동, 노이즈, 순간정전, 주파수 변동 등)로부터 기기를 보호하고, 양질의 전원으로 바꿔 정전 없이 주어진 방전시간 동안 연속적으로 공급해주는 전원장치

Q6. 다음 중 건축물에 설치되는 예비전원 설비에 해당하지 않는 것은?

① 축전지 설비
② 자가발전 설비
③ 수변전 설비
④ 무정전 전원장치(UPS)

해설 UPS(Uninterruptible Power Supply System)는 상용전원 공급에 문제가 발생하더라도 일정기간 저장된 배터리 백업을 통해 즉각적인 전원을 공급하는 장치

Q7. 축전지 충전방식 중 자기 방전량만을 항상 충전하는 충전방식은?

① 급속충전
② 보통충전
③ 부동충전
④ 세류충전

해설 ① 급속충전: 비교적 단시간에 보통충전 전류의 2~3배의 전류로 충전하는 방식
② 보통충전: 표준 시간율로 소정의 충전을 하는 방식
③ 부동충전: 상용부하에 대한 전력공급은 충전기가 부담하고, 대전류 부하는 축전지가 부담하는 방식

04 변전 시스템

일반적으로 변압기부터 부하 배전반까지의 시스템 구성을 변전설비라 하며, 한전으로부터 수전한 전압을 부하특성에 적합한 배전전압으로 강압하여 각 부하설비에 공급한다.

1. 수전전압 강압 방식

(1) 1단 강압방식: 에너지 효율이 좋으며, 공사비가 저렴(소규모 빌딩)
(2) 2단 강압방식: 에너지 손실이 많으며, 공사비가 큼(대규모 빌딩)

> 2단 강압방식의 경우, 다양한 전압이 필요한 곳(병원, 반도체 공장 등)이나, 초고층 건물과 같이 배전거리가 긴 건축물에 적용한다. 배전거리가 긴 경우, 전압변동 및 전력손실 경감을 위해 구내 배전전압을 소규모 빌딩에 비해 다소 높은 전압으로 선정하여 2차(부) 전기실까지 공급한 후, 부 전기실에서 부하가 필요로 하는 전압으로 다시 강압하여 공급하게 된다.

2. 급전방식과 변압기 대수

구 분	1대 변압기에 의해 급전하는 방식	2대 이상 변압기에 의해 급전하는 방식
개념도		
특징	가장 일반적이며, 가장 경제적이나 변압기 사고 시 정전시간이 길어진다.	변압기 단독운전과 병렬운전의 두 가지 방식이 가능하여 공급 신뢰도가 높다.

> 3회선 이상 수전공급 회선으로 3대 이상의 변압기를 병렬운전하며 급전하는 방식이 스폿 네트워크 시스템이며, 무정전 공급이 요구되는 빌딩 등에서 채용한다.

3. 배전 방식

배전방식은 부하 규모, 사용전압 및 변압기 결선과의 관계를 검토하여 선정하며, 교류 저압배전은 단상 2선식, 단상 3선식, 3상 3선식 및 3상 4선식으로 구분된다.

(1) 단상 2선식과 단상 3선식

구분	단상 2선식	단상 3선식
개념도	(220V)	(110V, 110V, 220V)
전선 소요량	전선 소용량 100%(기준)	전선 소요량이 단상 2선식의 37.5%
한 가닥당 송전전력	100%(기준)	단상 2선식의 66.6%
주요특징	저압선로 구성이 간단	두 종류의 전압(110 V, 220 V)
적용	배전용(소용량 부하, 일반 주택 등)	배전용(부하 밀집지역에 적합)

(2) 3상 3선식과 3상 4선식

▶ 3상 3선식은 전선 한가닥 당 송전전력이 가장 큰 방식으로 전력계통의 송전방식에 적용된다.

▶ 3상 4선식은 배선 비용이 가장 적게 드는 방식으로, 빌딩 조명(220 V)과 동력(380 V)에서 요구하는 전압을 모두 공급할 수 있어 빌딩 전기 시스템에 가장 많이 적용되고 있다.

구분	3상 3선식	3상 4선식
개념도	(220V, 220V, 220V)	(220V, 380V, 220V, 380V, 380V, 220V)
전선 소요량	전선 소요량이 단상 2선식의 75%	전선 소요량이 단상 2선식의 33.3% (배선비용이 가장 작은 방식)
한 가닥 당 송전전력	단상 2선식의 115% (한 가닥 당 송전전력이 가장 큼)	단상 2선식의 87%
주요특징		두 종류의 전압(220 V, 380 V)
적용	송전용, 대형 공장	• 배전용(중·대규모 빌딩) • 단상(조명, 전열용), 삼상(동력용)

4. 변압기

변압기란 전력회사에서 공급하는 고압 또는 특고압의 전력을 부하기기의 사용전압에 맞게 전압을 강압 또는 승압하는 기기를 말한다. 변압기에는 여러 가지 종류가 있으며, 빌딩 전기 시스템에서는 주로 유입변압기와 몰드 변압기가 적용된다.

구분	유입 변압기	몰드 변압기
개념	철심에 감은 코일을 절연유로 절연한 변압기	에폭시 수지로 몰딩한 변압기
설치면적	본체 기준 시 몰드변압기보다 큼	작음(외함 내 내장형으로 다소 공간 차지)
전력손실	몰드 변압기에 비해 큼	유입변압기에 비해 작음
연소성	가연성(절연매체가 절연유, 절연지)	난연성(절연매체가 에폭시 수지)
유지보수	복잡(절연유, 기타 부속기기 유지보수 필요)	유지보수가 간편
충격내전압	높음(SA 불필요)	낮음(개폐서지에 대해 SA 설치 필요)
소음	작음	유입식에 비해 큼(용량이 클수록 큼)
적용	대규모 공장, 산업플랜트 등(옥외)	중대형 빌딩(옥내)

> 몰드변압기는 충격내전압에 약하므로 변압기 보호용 차단기로 차단성능이 우수한 진공차단기(VCB)를 주로 사용하며, 개폐 시 발생되는 Surge에 대응하기 위해 Surge Absorber(SA)를 차단기 후단에 설치한다.

5. 차단기

차단기는 부하 전류를 개폐함과 동시에 단락 및 지락사고 발생 시 각종 계전기와의 조합으로 신속히 전로를 차단하여 기기 및 전선을 보호하는 장치를 말함

(1) 고압 차단기

일반적으로 변압기 1차 고압측에 설치되는 차단기

구분	진공 차단기(VCB)	유입 차단기(OCB)	가스(SF6) 차단기(GCB)
차단 원리	진공상태 절연성능	절연유의 소호작용	SF6 GAS
차단시간 [Cycle]	3~5	3~5	2~5
개폐서지	대	중	소
부하 적용	일반 빌딩	초고압 계통	초고압 계통

> 개폐서지: 차단기 ON/OFF 시 발생되며, 차단기로 차단하기 어려운 과도현상

(2) 저압 차단기

① 기중 차단기(ACB, Air Circuit Breaker)

공기 중에서 대전류를 차단하는 원리로, 주로 변압기 저압측 main 간선 보호용 차단기로 사용

② 배선용 차단기(MCCB, Molded Case Circuit Breaker)

개폐기구, 트립장치 등을 하나의 절연물 용기 내 조립한 것으로 과부하 및 단락 사고 시 자동으로 전로를 차단하여 저압 옥내전로를 보호하는 차단기

> 차단기 정격전류(I_n)
$I_n = \dfrac{P[\text{kW}]}{\sqrt{3} \times V \times \cos\theta}[A]$,
P: 설비용량 [kW]
V: 정격전압 [kV]
cosθ: 역률
일반회로(전등/전열)차단기:
I_n × 1.25배
콘덴서 회로: I_n × 1.5배

구분	기중차단기(ACB)	배선용 차단기(MCCB)
차단원리	차단 시 발생 ARC를 공기 중 자연 소호	내부 Bi-Metal 금속의 열 특성 이용
특징	디지털 보호계전기의 차단조건 설정으로 폭넓고 세밀한 동작 가능	• 개폐기구, 트립장치가 절연물 케이스에 내장되어 안전하게 사용 가능 • 과부하 및 단락사고 차단 후 재투입 가능 • 각 극을 동시 차단하므로 결상의 우려 없음 • 전기조작 및 전기신호 등의 부속장치로 자동제어 가능
적용	변압기 저압측 간선 보호용 Main 차단기	저압반 또는 분전반 Main 차단기

(3) 차단장치 성능 비교

차단장치	회로분리		사고차단	
	무부하	부하	과부하	단락
퓨즈	○	-	-	○
차단기	◎	◎	◎	◎
개폐기	○	○	○	
단로기	○	-	-	-

> 배전반
전면이나 후면 또는 양면에 개폐기, 과전류 차단장치 및 기타 보호장치, 모선, 계측기 등이 부착되어 있는 하나의 대형 패널 또는 여러 개의 패널, 프레임 또는 패널 조립품으로서, 전면과 후면에서 접근할 수 있는 것

(3) 누전 차단기(Electric Leakage Breaker)

저압선로에서 감전, 화재 및 기계, 기구의 손상 등을 방지하기 위해 설치하는 차단기로 주 목적은 지락고장(누전) 차단이다.

① 동작원리

누전 또는 지락 사고로 인해 입력되는 전류와 출력되는 전류 크기에 차이가 발생되면, 차단기 내 영상변류기(ZCT)가 이 전류 차를 검출하여 회로를 자동차단하는 원리이다.

> 영상변류기(ZCT: Zero phase Current Transformer)는 지락(누전)전류를 감지하는 기기로, 이론적으로는 전기 벡터 합이 정상 시 0되어야 하는데, 누전으로 인해 벡터 합이 0이 되지 않는 점을 이용하여 누전을 검출하는 것이다.

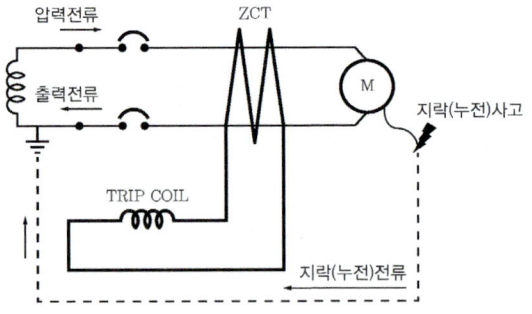

【전류 동작형 누전 차단기 동작 원리】

② 전기용품 및 생활용품 안전 관리법의 적용을 받는 인체감전보호용 누전차단기 규격 정격감도전류가 30 mA 이하, 동작시간 0.03 sec 이하의 전류 동작형

6. 기타 변전설비 기기

기기명		주요 역할
단로기(DS)		무부하 선로에서 선로를 개폐(절환)하는 기기로 고압 이상 전로 인입구에 설치
피뢰기(LA)		계통의 이상전압으로부터 전력설비를 보호하는 기기
퓨즈	COS	과전류 보호와 선로의 개폐용으로 변압기 1차측 각 상에 설치
	전력퓨즈	단락전류의 차단 목적(과도전류나 과부하전류에 끊어지지 않을 것)
계기용 변류기(CT)		대전류를 계기 및 계전기에 필요한 소전류(1A, 5A)로 변류하는 기기
계기용 변압기(PT)		고압을 저압으로 변성하여 전력계, 표시등 등의 전원으로 사용
전력용 콘덴서 SC		수용가 역률 개선 목적(부하와 병렬로 설치)

> DS: Disconnect Switch
> LA: Lightning Arrester
> CT: Current Transformer
> PT: Potential Transformer
> SC: Static Condenser

Q8. 빌딩 전기시스템의 배전방식에서 전선 소요량이 가장 적게 드는 방식은?

① 단상 2선식　　② 단상 3선식
③ 3상 3선식　　④ 3상 4선식

해설 단상 2선식의 전선 소요량을 100%로 기준할 때 단상 3선식은 약 37.5%, 3상 3선식은 약 75%, 3상 4선식은 약 33.3%이다.

Q9. 3상(380 V) 동력부하와 단상(220 V) 조명부하에 각기 다른 전압을 동시에 공급할 수 있는 방식으로 빌딩 및 공장 등에서 사용되는 배전방식은?

[기11, 17, 21]

① 단상 2선식　　② 단상 3선식
③ 3상 3선식　　④ 3상 4선식

해설 3상 4선식 배선방식은 배선비용이 가장 적은 방식이며, 단상 220 V(조명/전열용) 및 삼상 380 V(동력용) 두 종류의 전압을 얻을 수 있어 중대규모 빌딩에 가장 많이 적용된다.

Q10. 배선용 차단기(MCCB)에 관한 설명으로 옳지 않은 것은? [기12]

① 각 극을 동시에 차단하므로 결상의 우려가 없다.
② 과부하 및 단락사고 차단 후 재투입이 불가능하다.
③ 전기조작, 전기신호 등의 부속장치를 사용하여 자동제어가 가능하다.
④ 개폐기구 및 트립장치 등이 절연물이 케이스에 내장되어 있어 안전하게 사용 가능하다.

해설 배선용 차단기는 퓨즈가 없어 동작 후 즉시 재사용이 가능하다.

Q11. 분전반의 주개폐기나 각 분기회로용 개폐기로 주로 사용되는 것은?

① 마그네트 스위치
② 몰드케이스 서킷브레이커 스위치
　(Molded case circuit breaker switch)
③ 플로우트 스위치(Float switch)
④ 캐노피 스위치(Canopy switch)

해설 배선용 차단기(MCCB)는 개폐기구 및 트립장치 등이 절연물인 케이스에 내장되어 안전한 사용이 가능하며, 차단 후 재투입이 가능해 분기회로용 개폐기로 주로 사용된다.

7. 전기실 계획

(1) 변전실(전기실) 면적 산정

변전실 면적은 설비 형식에 따라 설치 면적이 30~40% 정도 달라지며, 향후 안전한 유지관리를 위해 충분한 유지관리 보수 공간을 확보해야 한다. 또한 장래 증설을 대비하여 최종 면적의 10~20% 추가 확보해야 하며, 계산식으로 추정하는 방법이 있으나 현장 설치 기기의 크기를 예상할 수 있는 경우는 장비 반입 경로 고려한 배치로 면적을 산정한다.

① 변압기 용량과 변압 방식에 의한 산정법

$$면적\,[m^2] = k \times 변압기용량\,[kVA]^{0.7}$$

k1: 1.7 (특고 → 고압) / k2: 1.4 (특고 → 저압) / k3: 0.98 (고압 → 저압)

② 변압기 용량과 건축 연면적에 의한 산정법

$$면적\,[m^2] = 3.3 \times \sqrt{변압기용량\,[kVA]} \times \alpha$$

> α: 2.66 (6,000 m² 미만)
> α: 3.55 (10,000 m² 미만)
> α: 4.30 (10,000 m² 이상 큐비클식)
> α: 5.50 (형식 구별 없을 때)

③ 변압기 용량에 의한 산정법

$$면적\,[m^2] = 2.15 \times 변압기용량\,[kVA]^{0.7}$$

(2) 전기실 면적에 영향을 주는 요소

① 수전전압 및 수전방식
② 변압방식, 변압기 용량 / 수량 및 형식
③ 설치 기기와 배치방법 / 큐비클의 종류
④ 유지보수 필요 면적
⑤ 건축물의 구조적 여건

> **전기실 층고**
> 1) 장비 높이, 바닥 무근 콘크리트 설치 여부, 배선방법 및 여유율 고려의 유효 높이로 산정
> 2) 폐쇄형 큐비클식 수변전 설비가 설치된 전기실의 경우, 154 kV 수전: 10 m 이상, 특고압 수전: 4.5 m (5 m) 이상, 고압 수전: 3 m 이상을 유효높이로 한다.

(3) 전기실 설계 Coordination 사항

구 분	설계 Coordination 항목
건축	• 전기실 위치는 기계실, 발전기실 등과 가능한 인접한 장소 • 최하층에 위치 시 침수에 대한 대책 (기계실 바닥보다 300~1,000 mm 이상 높을 것) • 전기실 내부는 불연 재료를 사용하여 방화구획, 출입문은 갑종 방화문 설치 • 전기실 상부에 물 사용 실 배치는 가급적 배치 안되도록 고려 • 장비 반·출입 경로 및 용량 증설을 대비한 면적 확보
구조	• 바닥 하중은 장비 반·출입 경로를 포함하여 증설을 고려한 기기 중량에 견딜 것 • 구조 보/벽 관통 시 구조적 성능 및 방화구획 검토
환경	• 환기/냉방/제습 장치 설치 및 폭발 우려가 없고 염해, 유독가스 발생이 적은 장소 • 소음/진동 전달 방지 대책 고려
전기	• 사용 부하 중심에 위치 (짧은 인입 및 배전 거리 – 인입과 간선 배출 용이)
기타	• 적합한 소화 장치 고려 (바닥면적이 300 m² 이상 시 물분무 등 소화설비 설치 대상임)

8. 발전기실 계획

(1) 발전기실 면적
발전기실은 발전장치 이외에 보조장치(냉각계통, 연료계통)와 배전반 면적을 고려해야 하며, 건축구조물과의 간격은 800 mm 이상 확보해야 한다. 면적은 제작사의 시방을 참조한다.

(2) 발전기실 층고
일반적인 발전기실의 유효높이는 발전장치 최고 높이의 2배 정도로 제작사의 시방을 참조한다.

(3) 발전기 용량 계산
부하 조건에 따라 발전기의 기동 및 전력공급 능력에 적합한 용량을 산정하되 가능한 중요도가 낮은 부하는 대상에서 제외하고, 기동전류가 큰 부하가 있는 경우는 기동방법을 고려해야 한다.

(4) 발전기실 설계 Coordination 사항

구 분	설계 Coordination 항목
건축	• 내부는 불연 재료를 사용하여 방화구획, 출입문은 갑종 방화문 설치
구조	• 발전설비 기초는 자중과 운전으로 인한 진동력에 충분히 견디는 강도일 것 • 발전기 기초는 철근 콘크리트로 구축하고 건축구조와 독립된 구조가 바람직
환경	• 실외로 통하는 유효 환기설비가 필요하며, 발전기와 연도 사이의 길이는 짧게 구성 • 급·배기덕트는 가능한 짧게 하고, 배기된 공기가 재급기 되지 않도록 충분히 이격
소음 진동	• 벽재로서 흡음률이 높은 흡음판 취부 검토 / 건축물 코어부에서 떨어진 위치 • 외부 진동에 대한 방진대책으로 강철 스프링과 스프링 및 고무판 장착

▶ 발전기 소음으로 기계음, 흡배기음, 진동음, 발전기 동체음이 있으며, 기계음이 가장 크다.

Q12. 다음 중 변전실 면적 결정 시 영향을 주는 요소와 가장 거리가 먼 것은? [산16, 기13, 14, 15, 20, 21]

① 수전전압
② 수전방식
③ 큐비클의 종류
④ 발전기 용량

[해설] 변전실 면적에 영향을 주는 요소는 아래와 같다.
1) 수전전압 및 수전방식
2) 변전설비 강압방식, 변압기용량, 수량 및 형식
3) 설치 기기와 큐비클의 종류
4) 기기의 배치방법 및 유지보수 필요면적
5) 건축물의 구조적 여건

Q13. 변전실에 관한 설명으로 옳지 않은 것은? [기14, 22]

① 건축물의 최하층에 설치하는 것이 원칙이다.
② 용량의 증설에 대비한 면적을 확보할 수 있는 장소로 한다.
③ 사용부하의 중심에 가깝고, 간선의 배선이 용이한 곳으로 한다.
④ 변전실의 높이는 바닥 트렌치 및 무른 콘크리트 설치 여부 등을 고려한 유효높이로 한다.

[해설] 전기설비용 시설공간의 경우 침수 관련하여 원칙적으로 건축물의 최하층은 피하되, 부득이하게 건물 최하층에 설치하는 경우는 침수에 대한 대책을 강구해야 한다.

9. 기타 전기설비용 시설 공간 설계 시 고려사항

구 분	설계 Coordination 항목
전기 샤프트 (ES, Electric Shaft)	① ES는 수직으로 지하층에서 최상부 층까지 같은 위치에 설치한다. ② 연면적 3,000 m² 이상 건축물의 경우 800 m²마다 설치한다 ③ 배선 거리, 전압강하, 장비의 크기와 수량을 고려해 가능한 부하 중심부에 위치 ④ 면적은 보, 기둥 부분을 제외하고 기기 배치와 유지보수에 충분한 공간이어야 한다. ⑤ 점검구는 기기 반·출입이 가능한 크기 이어야 하며, 문의 폭은 90 cm 이상으로 한다. ⑥ 출입구는 복도 등의 공용 부분에 접해 있어야 한다. ⑦ 다른 시설물과는 구획되어야 하며, P/S, ELEV 등의 중앙에 위치하지 않도록 한다(가스관, 상하수관, 위생배관 및 연도로부터 되도록 떨어 놓거나 격벽을 만든다). ⑧ 각 층 바닥과 점검문 하단과는 높이 차를 두어 침수 대책을 사전에 강구한다. ⑨ 벽, 바닥 등은 내화구조로 구획하고 문은 을종 방화문 이상으로 한다. ⑩ 벽면이 될 수 있으면 평탄해야 한다. ⑪ 벽 관통 시에는 충분한 방화구조 조치를 한다. ⑫ 간선이 보를 관통하는 경우, 또는 내진벽을 관통하는 경우에는 그 위치, 관통 부분의 크기를 건축/구조 설계자와 협의해야 한다. ⑬ 작업용 콘센트를 설치한다. ⑭ 면적은 내부에 설치되는 각종 분전반, 기기, 케이블 포설 공간 및 유지, 보수를 위한 공간을 고려하여 장비 배치 및 실측 배관도 작성을 통해 확정한다.
방재센터 또는 감시제어실	① 다른 실과 방화구획 ② 피난층 또는 지하 1층에 설치(방재센터의 한함) – 지하 1층 외 지하층 설치의 경우, 특별피난 계단 출입구로부터 보행거리 5 m 이내 방재실 출입구가 위치할 것 ③ 위치는 가능한 기전실 및 발전기실과 연계성이 용이한 곳 ④ 화재 및 침수우려가 적은 곳일 것 ⑤ 급배기 설비 설치 ⑥ 항온항습설비 별도 적용 / 예비전원을 포함한 조명설비 ⑦ 바닥은 access floor 설치 고려 ⑧ 운전조작, 감시제어에 지장이 없는 충분한 공간을 확보할 것

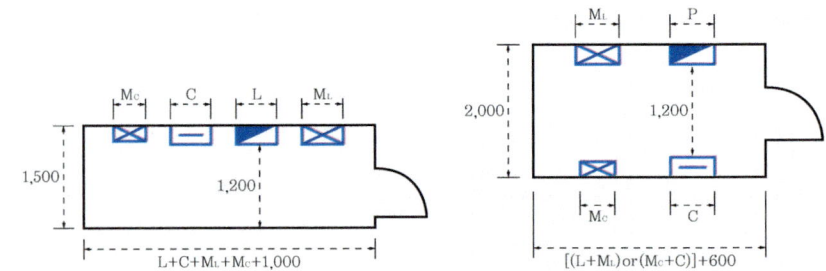

※ L: 분전반, C: 단자반, M_L: 전력간선 스페이스, M_C: 통신간선 스페이스

[전기 샤프트 장비 배치 예]

05 배선 시스템

하나 또는 그 이상의 절연도체, 케이블 또는 모선(bus bar)으로 구성되는 조립체와 필요한 경우 이들을 고정하는 부품 등으로 구성되는 설비로 전기실에서 각 분전반에 이르는 배선을 말한다.

1. 간선 방식

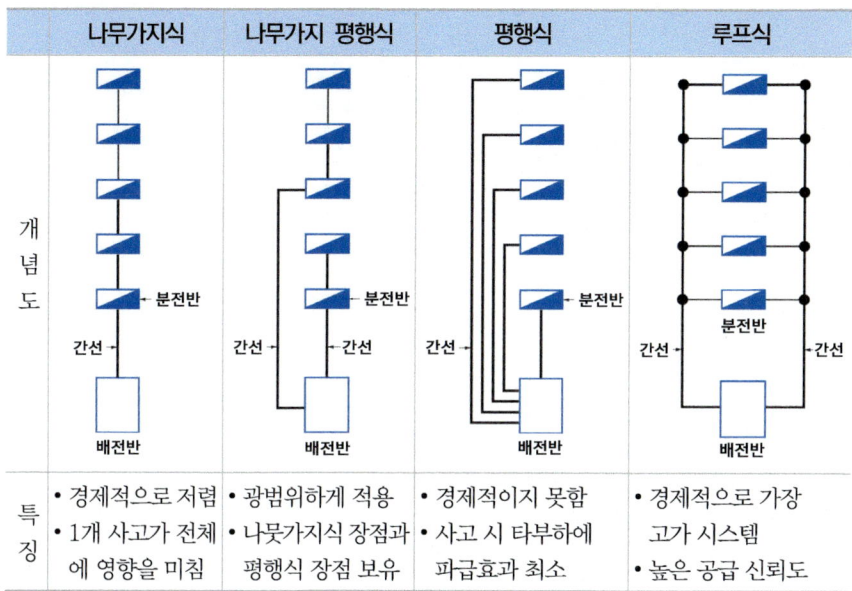

구분	나무가지식	나무가지 평행식	평행식	루프식
특징	• 경제적으로 저렴 • 1개 사고가 전체에 영향을 미침	• 광범위하게 적용 • 나뭇가지식 장점과 평행식 장점 보유	• 경제적이지 못함 • 사고 시 타부하에 파급효과 최소	• 경제적으로 가장 고가 시스템 • 높은 공급 신뢰도

> 간선방식은 사용목적에 따라 동력간선, 전등간선, 특수 부하용 간선으로 나눌 수 있으며, 전압에 따라서는 저압간선, 고압간선, 특수고압 간선으로 분류될 수 있다.
> 초고층 빌딩의 경우, 전력간선의 배선 방식으로 bus-duct 방식이 적용되기도 한다.

2. 공사방법에 따른 배선 방식

구분	Cable Tray	주요 내용
전선관 시스템 (전선 보호)	합성 수지관 (경질 비닐관)	• 열적 영향이나 기계적 외상을 받기 쉬운 곳에는 적용하지 않음 • 이중천장(반자속 포함) 내에는 시설할 수 없음
	금속관	• 사용 장소는 노출 장소, 옥외, 은폐 장소 등 광범위하게 사용 • 외부 응력에 대해 전선 보호에 신뢰성이 높고 사용목적에 따라 접지 필요
	가요 전선관 (CD 전선관)	• 파상형으로 가요성이 높아 시공성 양호 • 소규모 건축물의 콘크리트 매입배관으로 주로 사용
케이블 트렁킹 시스템 (전선 보호)	합성수지 몰드 공사	• 매립 배선이 곤란한 경우의 노출 배선 • 사용전압은 400 V 미만이고, 전선은 절연전선을 사용
	금속 몰드 공사	• 콘크리트 건물 등의 노출 공사용 • 사용전압은 400 V 미만이고, 전선은 절연전선을 사용
	금속 트렁킹 공사	• 금속본체와 커버가 별도로 구성 • 다수의 절연전선이 동일 경로에 부설되는 경우 적용

> **금속관 공사와 금속몰드 공사의 비교**
> • 금속관 공사
>   시설 장소에 제한이 없다.
> • 금속몰드 공사
>   건조한 노출장소와 점검 가능한 은폐 장소에 시공 가능

> **합성수지전선관 시설**
> • 콤바인 덕트관은 직접 콘크리트에 매입하여 시설하거나 옥내 전개된 장소에 시설하는 경우 이외에는 불연성 관 또는 덕트에 넣어 시설할 것(한국전기설비 규정: 2022.1.1)
> • 관 자체가 절연체이므로 감전의 우려가 없고 시공이 용이

> **버스덕트 배선**
> • 적정 간격으로 절연물에 의해 지지된 나도체를 수납하는 구조의 덕트 공사
> • 대전류 전송에 적합하며, 일반적으로 1,000 A 이상일 경우 경제성이 있음

> 배관규격의 적정성: 전선관 시스템: 관 내 단면적의 1/3 (33.3%) 이하
> 케이블 트렁킹/덕팅 시스템: 덕트 내 단면적의 20% 이하 (제어, 통신선 50%)
> 케이블 트레이 시스템: 트레이 내측폭 이하 단층으로 케이블 외경의 합 이내

구분	Cable Tray	주요 내용
케이블 덕팅 시스템	플로어 덕트 공사	• 옥내 건조한 콘크리트 바닥면에 매입 사용 • 사무용 빌딩에 주로 적용되며, 전력/통신 동시 배선 가능
	셀룰러 덕트 공사	• 철골 건축물의 콘크리트 바닥 구조재인 deck plate 홈을 이용하는 방식 • 시스템 박스 데크 플레이트용 또는 플로어 덕트와 조합하여 사용
	금속 덕트 공사	• 금속본체와 커버 구분 없이 하나로 구성된 금속덕트 공사 • 기계설비의 덕트 공사 형태
배선 지지	애자 공사	• 조영재에 애자를 설치하고 그 애자에 전선을 고정하는 배선 공사
	Cable Tray	• 케이블을 지지하기 위해 사용하는 불연성 재료로 제작된 구조물 • 방열 특성이 좋고 장래 부하 증설 시 대응력이 큼
	케이블 공사	• 케이블 공사 (고정하지 않는 법, 직접 고정하는 법, 지지선 방법으로 구분

3. 시공 방식별 비교

시공 방식	장 점	단 점
전선관 시스템	전선관으로 보호받고 있어 재해를 거의 받지 않음	수직계통에 있어 전선의 지지가 어려워 과대한 장력이 가해짐
케이블 트레이 방식	방열특성이 좋고 허용전류가 크며, 부하 증설 시 대응력이 큼	시공면적이 크고 방화구획 관통 처리가 필요함
모선, 금속덕트 방식	예정된 부하 증설에 바로 대응할 수 있음	접속개소가 많아 정기 점검이 필요

Q14. 전력 간선의 배선방식 중 평행식에 관한 설명으로 옳지 않은 것은? [산16]

① 전압강하가 평균화 된다.
② 사고발생 시 파급되는 범위가 좁다.
③ 배선이 간편하고 설비비가 적어진다.
④ 배전반으로부터 각 층의 분전반까지 단독으로 배선된다.

해설 평행식은 배전반에서 각 분전반까지 단독으로 배선되어 경제적이지 못하나, 배선이 단순하고, 사고 시 파급되는 범위가 작아서 주로 중요부하에 적용된다.

Q15. 옥내의 은폐장소로서 건조한 콘크리트 바닥면에 매입하여 사용되는 것으로, 사무용 건물 등에 채용되는 배선방법은? [산13]

① 버스덕트 배선   ② 금속몰드 배선
③ 금속덕트 배선   ④ 플로어덕트 배선

해설 플로어덕트 배선은 옥내 건조한 콘크리트 바닥면에 매입되는 방식으로 전력과 통신 동시 배선이 가능하며, 주로 사무용 빌딩(은행 등)에 적용되는 배선 방식이다.

Q16. 합성수지관 배선공사에 관한 설명으로 옳지 않은 것은?

① 화학 공장, 연구실의 배선 등에 사용된다.
② 열적 영향을 받기 쉬운 곳에 주로 사용한다.
③ 관 자체가 절연체이므로 감전의 우려가 없다.
④ 기계적 외상을 받기 쉬운 곳은 사용이 곤란하다.

해설 합성수지관 공사는 경질비닐관 공사라고도 하며, 열적 영향 또는 기계적 외상을 받기 쉬운 곳에는 적용하지 않으며, 이중천장(반자속 포함) 내에는 시설할 수 없다.

4. 전선

(1) 국제 표준에 따른 전선의 식별 규정

전선의 식별 목적은 공사, 유지보수의 안전 및 편의, 오접속에 따른 사고방지와 3상 계통에서 단상부하에 전력 공급 시 상별 부하전류의 평형 유지 등이다.

> 한국전기설비 규정(2022. 1월 1일부터 「전기설비기술기준의 판단기준」 대체)

전선구분	KEC 식별색상	비고
상선(L1)	갈색	기존설비 증설 시 전선 식별방법은 기존 전선 종단부에 상별 색상 구분 표시(버스바, 버스덕트는 상별 구분 색상 적용 필수 사항)
상선(L2)	흑색	
상선(L3)	회색	
중성선(N)	청색	
접지/보호도체(PE)	녹황 교차(녹색바탕에 노란줄)	

(2) 전선의 종류와 적용

구분	전선 종류	적용
절연 전선	450/750 V 비닐절연전선	일반 배선용 주택 등 내부 전등, 전열용과 일반 동력용
	450/750 V 저독성 난연폴리올레핀 절연전선(HFIX)	내열 배선용 일반용 및 비상용(소방용)배선에 모두 사용 가능
저압 케이블	가교폴리에틸렌절연 비닐외장케이블(CV)	내열+난연성 케이블로 자기 소화성이 있는 전선 전력 케이블로 사용
	저독성 난연 폴리올렌핀 외장케이블(FR-CO)	내열+저독성 난연 화재 시 케이블 재료에 의한 유독가스 피해 방지(대형 지하상가 적용에 적합)
	내화 케이블(FR-8)	내화특성을 가지는 소방법상 내화 케이블(전원용)
특고압	수밀형 저독성 난연 동심 중성선 케이블 (FR-CN/CO-W)	저독성+난연성 케이블 일반 수용가의 전력 인입용 케이블로 사용
	수트리억제형 동심중성선 전력 케이블 (TR-CN/CE-W)	외부도체까지 PE로 채운 충실형 케이블 한국전력공사의 지중배전선로에 사용

> FR-8: 내화배선으로 840℃에서 30분간 견디는 성능

(3) 방재배선 설비

종류	공사방법	적용
내열 배선	내열 케이블을 케이블 트레이에 직접 포설하거나 노출배선의 경우 금속관 공사에 의해 포설	방재설비의 제어용 배선 (HFIX, FR-3, 난연성 CV Cable)
내화 배선	내화케이블을 직접 포설하거나 내열전선을 내화구조로 보강한 배선(금속관 등에 수납)하여 내화구조로 된 벽, 바닥 등의 표면에서 25 mm 이상 매설하는 것	방재설비의 전원배선 (FR-8, MI Cable)

> FR-3: 내열배선으로 380℃에서 15분간 견디는 성능(비상용 제어배선)

Q17. 다음 중 전선의 식별 규정(상별 생상 구분 표시) 목적이 아닌 것은?

① 유지보수의 안전 및 편의성
② 오접속에 따른 사고 방지
③ **부하의 용도 확인**
④ 3상 계통에서 단상부하에 전력 공급 시 상별 부하전류의 평형 유지

[해설] 국제 표준에 따른 전선의 식별 규정은 유지보수 시 안전, 오접속에 따른 사고방지와 3상 계통에서 단상부하에 전력 공급 시 상별 부하전류의 평형 유지 등이다.

Q18. 다음 전선 중 자기소화성이 있으며 주로 일반 전력용 케이블로 사용되는 전선은?

① 450/750 V 비닐절연전선
② 450/750 V 저독성 난연폴리올레핀 절연전선(HFIX)
③ **가교폴리에틸렌절연 비닐외장 케이블(CV)**
④ 내화 케이블

[해설] 국제 표준에 따른 전선의 식별 규정은 유지보수 시 안전, 오접속에 따른 사고방지와 3상 계통에서 단상부하에 전력 공급 시 상별 부하전류의 평형 유지 등이다.

5. 전선 굵기 산정 방법

전선 굵기 결정은 전선의 허용전류, 전압강하 및 기계적 강도를 고려하여 필요 값 이상의 단면적을 갖도록 적용한다. 일반적으로 『설계전류 < 차단기 정격전류 < 전선의 허용전류』의 관계를 가진다.

(1) 절연물의 최고 허용 온도

전선의 허용전류는 정상상태에서 도체의 온도가 절연물의 최고허용온도를 초과하지 않는 범위 이내에서 도체에 연속적으로 흘릴 수 있는 최대전류를 말한다.

(2) 전압강하

전압강하란 전선에 전류가 흐르면 전선의 임피던스로 부하측 전압이 감소하는 현상을 말하며 전압강하 시 전동기 토크 감소, 백열전구 광속 감소, 전열기 발열량 감소 등의 현상이 발생한다.

> 2022년 1월 1일 부터 '한국전기설비 규정'에서 수용가 설비에서의 전압강하 허용 기준 변경(우측 전압강하율 허용기준표 참조)

【수용가 설비에서의 전압강하율 허용 기준(KEC)】

배선설비	고압이상으로 수전하는 경우		저압으로 수전하는 경우	
전압강하율 범위	전기실 저압반에서 각 실 부하말단까지		인입구 계량기 2차측부터 부하말단까지	
부하별	조명(최대)	기타(최대)	조명(최대)	기타(최대)
허용 전압강하율	6%(6.5%)	8%(8.5%)	3%(3.5%)	5%(5.5%)

※ 사용자의 배선설비가 100 m를 넘는 부분 전압강하는 미터당 0.005% 증가할 수 있으나 증가분은 0.5%를 넘지 않아야 함
※ 특별저압(AC 50 V 이하) 회로에서는 전압강하 제한 없음(벨, 제어기, 현관문 개폐장치 등)

(3) 전압강하(e) 계산 일반식

$$e = b(R \cdot \cos\phi + X \cdot \sin\phi) \cdot I_B \text{ [V]}$$

- b: 배선방식에 대한 계수 (단상: 2, 삼상 및 단상 3선식: 1)
- R: 도체의 단위길이당 저항 [Ω/m], X: 도체의 단위길이당 리액턴스 [Ω/m]
- $\cos\phi$: 역률 – 일반적으로 0.8 적용 ($\sin\phi$ = 0.6)
- I_B: 설계 전류 [A]

(4) 옥내 배선의 전압강하(e) 간략식과 전선의 단면적

배선설비	전압강하(e) [V]	전선의 단면적(A) [mm²]
직류2선식 단상 2선식	$e = \dfrac{35.6 \times L \times I}{1000 \times A}$	$A = \dfrac{35.6 \times L \times I}{1000 \times e}$
3상 3선식	$e = \dfrac{30.8 \times L \times I}{1000 \times A}$	$A = \dfrac{30.8 \times L \times I}{1000 \times e}$
직류 3선식, 단상 3선식 3상 4선식	$e' = \dfrac{17.8 \times L \times I}{1000 \times A}$	$A = \dfrac{17.8 \times L \times I}{1000 \times e}$

※ L: 도체의 길이 [m], I: 사용전류 [A], e': 각 상의 1선과 중성선 사이의 전압강하

6. 분전반 및 분기회로

분전반은 배선용 차단기, 누전 차단기 등과 제어장치 등을 집합하여 설치한 보관함을 말하며, 분전반에 설치된 분기 차단기를 통해 여러 회로로 분할되어 말단 부하까지 전력을 공급하게 되어 간선과 분기회로의 연결 역할을 한다.

(1) 분전반 설치 시 고려사항

① 분전반 1개로 공급하는 범위는 1,000 m² 이내로 계획 (반지름 20~30 m 범위)
② 설치위치는 가능한 부하중심에 위치하고 간선의 인출이 용이한 곳으로 한다.
③ 미관, 유지보수 용이성을 고려하여 복도, 계단 벽면 또는 EPS실 내 설치한다.

Q19. 전선의 굵기를 결정하는 고려사항이 아닌 것은?
[기13, 17, 산18, 19, 20]

① 기계적 강도 ② 안전전류
③ 배선방식 ④ 전압강하

해설 전선 굵기는 전선의 안전전류(허용전류), 전압강하 및 기계적 강도를 고려하여 필요 값 이상의 단면적을 갖도록 적용한다.

Q20. 전압강하에 관한 설명으로 옳은 것은? [산12, 15]

① 저항이 적은 전선을 사용하면 전압강하는 커진다.
② 전선 단면적에 비례하므로 전선을 가늘게 하면 전압강하가 발생하지 않는다.
③ 전압강하가 크면 전등은 광속이 감소하고 전동기는 토크가 감소한다.
④ 전선에 전류가 흐를 때 전선의 임피던스로 인하여 전원측 전압보다 부하측 전압이 커지는 현상이다.

해설 전압강하란, 전선에 전류가 흐르면 전선의 임피던스로 부하측 전압이 감소하는 현상을 말하며 전압강하 시 전동기 토크 감소, 백열전구 광속 감소, 전열기 발열량 감소 등의 현상이 발생한다.

④ 분전반 1개 내 분기회로 수는 40회로 이하로 하고 예비회로는 20% 이상 설치
⑤ 분전반 취부 높이는 일반적으로 상단 기준으로 1,800 mm로 맞추는 방법을 사용한다.

(2) 분기회로

저압 옥내 간선으로부터 분기하여 각 전기 부하에 전력을 공급하는 배선을 말한다.

① 복도, 계단 등은 가능한 동일 회로로 구성
② 습기가 있는 장소의 수구는 가능한 별도의 회로로 구성
③ 같은 방, 같은 방향의 수구는 가능한 동일 회로로 구성
④ 조명회로와 콘센트 회로는 별도의 회로로 구성

06 전기도면 주요내용과 symbol

1. 전기도면의 주요 내용

도면명	주요 내용
전력 인입/옥외 보안등 설비 배치도	전력인입 위치 및 배관배선, 맨홀/등주 기초 상세도
수·변전설비 단선 결선도	수·변전설비, 발전설비 및 배전설비 규격과 계통
전기실 장비 배치도	특고압반, 변압기반, 저압반 및 간선 배관/배선
기계실 동력설비 평면도	동력설비 위치 및 간선 배관/배선
수배전반 변압기반 설치 상세도	수배전반, 변압기반 및 저압반 배열
전력간선 설비 계통도	전기실 - 각 층 분전반(ES) - 분기 분전반 배관/배선
전력간선 설비 평면도	전력간선 route 및 일반/비상/동력 분전반 위치
절연설비 평면도	전열회로 구성(콘센트 위치 및 배관/배선)
전등설비 평면도	조명회로 구성(조명, 스위치 위치 및 배관/배선)
피뢰 및 접지설비 평면도	지붕층 피뢰설비 및 접지

2. 전기도면 주요 symbol

(1) 수·변전 시스템

도면 SYMBOL	명 칭	도면 SYMBOL	명 칭
─(△)(Y)─	변압기(△-Y 결선)	─/─	단로기 or 차단기(MCCB)
─《●●》─	고압 차단기(인출형)	S	개폐기
─《●●》─	저압 차단기(인출형)	─‖─▶◀─	피뢰기(LA)

(2) 배전반/분전반 및 콘센트

도면 SYMBOL	명 칭	도면 SYMBOL	명 칭
⊠	배전반 (동력용)	⊙⊙ , ⊖	콘센트 (벽부형)
◨	분전반 (조명, 전열용)	⊙⊙	콘센트 (천정형)
⊠	제어반	⊙⊙ WP	콘센트 (방수형)

(3) 일반 배선

도면 SYMBOL	명 칭	도면 SYMBOL	명 칭
———	천장 은폐배선	—///—	전선 수 표기
- - - -	바닥 은폐배선	↗, ↘, ↗	전선 입상/ 입하/ 소통
-·-·-	지중 매설배선	⊠, Ⓙ	풀박스/ 조인트 박스
- - - - - -	노출 배선	⊨	접지

(4) 전기기기

도면 SYMBOL	명 칭	도면 SYMBOL	명 칭
Ⓖ	발전기	Ⓗ	절연기
Ⓜ	전동기	CT	변류기
⊣⊢, △	단상/삼상 콘센트	Ⓐ, Ⓥ, Ⓦ	전류계/전압계/전력계

(5) 조명 및 콘센트

도면 SYMBOL	명 칭	도면 SYMBOL	명 칭
▭●▭, ▭●▭●▭, ▭●▭●▭●▭	형광등(1/2/3등용)	⊠	외등
⊖	벽부등	○, ○₃	스위치(단극, 3로)
◎	Down Light	⊗	비상등, 유도등 (피난구)

Q21. 전기설비 도면에서 -·-·- 로 표시된 기호가 의미하는 것은?

① 천장은폐배선 ② 노출 배선
③ 바닥 은폐 배선 ④ 지중 매설선

해설 ① 천장은폐배선: 실선
② 노출배선: 파선
③ 바닥은폐배선: 긴 파선
④ 지중 매설선: 1점쇄선

Q22. 전기설비 도면에서 전열기 도시 기호는?

① Ⓗ ② Ⓜ
③ Ⓖ ④ CT

해설 ① H: 전열기(Heater)
② M: 전동기(Motor)
③ G: 발전기(Generator)
④ CT: 계기용 변류기(Current Transformer)

CHAPTER 02 필수 확인 문제

01 다음 중 수변전 설비의 설계 순서로 가장 알맞은 것은? [산18]

┌───┐
│ ㉠ 수전전압 결정   ㉢ 변전설비 용량 계산 │
│ ㉡ 배전전압 결정   ㉣ 변전실 설치면적 계산 │
└───┘

① ㉠ → ㉡ → ㉢ → ㉣
② ㉠ → ㉢ → ㉡ → ㉣
③ ㉣ → ㉢ → ㉡ → ㉠
④ ㉢ → ㉣ → ㉡ → ㉠

◎ 전기설비 계획은 부하용량 계산으로부터 수전용량과 수전전압이 결정된다. 이후 변전설비 계획에서 배전전압이 결정되고, 이를 바탕으로 각종 변전설비 용량 계산 수행 후 변전실 구성 계획에 들어간다.

정답 ①

02 다음 설명에 알맞은 전기설비 관련 용어는? [산18, 20, 기15, 19, 21]

┌───┐
│ 최대수요전력을 구하기 위한 것으로 최대수요전력의 총 부하설비 용량에 대한 비율이다. │
└───┘

① 역률
② 부등률
③ 부하율
④ 수용률

◎ 1) 역률은 피상전력에 대한 유효전력의 비를 말한다.
2) 부등률 = [각 부하의 최대수요전력의 합계/부하의 최대수요전력] × 100
3) 부하율은 전기설비가 어느 정도 유효하게 사용되는가를 나타내며, 최대수요전력에 대한 부하의 평균전력의 비로 표현된다.
4) 수용률 = [최대수요전력 / 부하설비용량] × 100

정답 ④

03 전기설비용량이 각각 80 kW, 90 kW, 100 kW인 부하설비가 있다. 그 수용률이 70%인 경우 최대수요전력은? [기15]

① 63 kW
② 70 kW
③ 189 kW
④ 270 kW

◎ 수용률 = $\dfrac{최대수요전력}{부하설비 용량} \times 100$ [%]

∴ 최대수요전력 = 수용률 × 부하설비용량 = 0.7 × (80+90+100) = 189 [kW]

정답 ③

04 전기설비가 어느 정도 유효하게 사용되는가를 나타내며, 최대수요전력에 대한 부하의 평균전력의 비로 표현되는 것은? [기12, 20]

① 부하율
② 부등률
③ 수용률
④ 유효율

◎ 1) 부등률 = [각 부하의 최대수요전력의 합계/부하의 최대수요전력] × 100
2) 수용률 = [최대수요전력 / 부하설비용량] × 100

정답 ①

05
합성 최대수요전력이 1,000 kW, 부하율이 0.6일 때 평균전력 kW은? [기17]

① 600
② 800
③ 1,000
④ 1,667

> 부하율 = $\dfrac{\text{부하의 평균전력}}{\text{최대수요전력}} \times 100 [\%]$
> → 평균전력 = 0.6×1,000 = 600 kW
> 정답 ①

06
다음 중 변전실 면적에 영향을 주는 요소와 가장 거리가 먼 것은? [기19, 22]

① 발전기실의 면적
② 변전실의 변압방식
③ 수전전압 및 수전방식
④ 설치 기기와 큐비클의 종류

> 변전실 면적에 영향을 주는 요소는 아래와 같다.
> 1) 수전전압 및 수전방식
> 2) 변전설비 강압방식, 변압기용량, 수량 및 형식
> 3) 설치 기기와 큐비클의 종류
> 4) 기기의 배치방법 및 유지보수 필요면적
> 5) 건축물의 구조적 여건
> 정답 ①

07
전압의 분류에서 저압은 최대 얼마 이하의 전압을 의미하는가? (단, 교류인 경우) [산10, 11]

① 600 V
② 700 V
③ 750 V
④ 1,000 V

> | 구분 | | 저압 | 고압 | 특고압 |
> |---|---|---|---|---|
> | 전압 | 교류 | 1 kV 이하 | 1 kV 초과~7 kV 이하 | 7 kV 초과 |
> | | 직류 | 1.5 kV 이하 | 1.5 kV 초과~7 kV 이하 | 7 kV 초과 |
>
> 21년부터 전압범위 변경에 따라 기존에 고압 전기설비 기준으로 적용 받던 교류 600 V 초과 1,000 V 이하 전기설비는 저압 전기설비의 시설 규정을 적용 받는다.
> 정답 ④

08
전압의 구분에서 특고압의 기준은? [산12]

① 3 kV를 초과하는 것
② 5 kV를 초과하는 것
③ 7 kV를 초과하는 것
④ 10 kV를 초과하는 것

> | 구분 | | 저압 | 고압 | 특고압 |
> |---|---|---|---|---|
> | 전압 | 교류 | 1 kV 이하 | 1 kV 초과~7 kV 이하 | 7 kV 초과 |
> | | 직류 | 1.5 kV 이하 | 1.5 kV 초과~7 kV 이하 | 7 kV 초과 |
>
> 정답 ③

09 축전지의 충전방식 중 전지의 자기방전을 보충함과 동시에 상용부하에 대한 전력공급은 충전기가 부담하도록 하되 충전기가 부담하기 어려운 일시적인 대전류부하는 축전지로 하여금 부담하게 하는 방식은? [산18]

① 보통충전
② 급속충전
③ 균등충전
④ 부동충전

1) 보통충전: 필요할 때마다 표준 시간율로 소정의 충전을 하는 방식
2) 급속충전: 비교적 단시간에 보통 충전 전류의 2~3배의 전류로 충전하는 방식
3) 균등충전: 부동충전방식 이용 시 각 전해조에서 일어나는 전위차를 보정하기 위해 1~3개월마다 정전압으로 각 전해조의 용량을 균일화하기 위해 충전하는 방식

정답 ④

10 알칼리 축전지에 관한 설명으로 옳지 않은 것은? [기17, 20]

① 고효율 방전특성이 좋다.
② 공칭전압은 2 V/셀이다.
③ 기대수명이 10년 이상이다.
④ 부식성 가스가 발생하지 않는다.

알칼리 축전지의 공칭전압은 1.2 V/셀이다.

정답 ②

CHAPTER 03 빌딩 부하설비

빈출 KEY WORD # 전동기 종류와 특성 # 유도전동기 원리와 특징 # 유도전동기 기동법과 속도제어 방식
조명 용어의 개념 # 조명 밝기에 관한 법칙 # 조명설계 Process # 조명 수량 구하기

01 동력설비

건물에 설치되는 전동기를 구동원으로 각종 기계설비 동력과 그에 따른 배선, 모니터링, 제어장치 등에 전력을 공급하는 설비를 말한다.

1. 전동기 종류와 특성

전동기는 크게 교류전동기와 직류전동기로 분류할 수 있으며, 전원전압, 구조, 기동방식, 권선방법 등에 따라 세분화 된다.

(1) 직류 전동기
① 속도제어가 비교적 간단하고 기동토크가 크다.
② 부하의 크기에 따라 자동적으로 속도가 변한다.
③ 전원이 직류이므로 교류를 직류로 변환하는 장치가 필요하며 가격이 고가이다.

(2) 동기 전동기
① 회전속도가 일정하고 역률이 좋으나 자극을 여자하기 위해 직류 전원이 필요
② 구조가 복잡해 보수, 점검이 불편하며 고가이다.
③ 대형 공기 압축기, 제철 공업의 압연기, 시멘트 공업의 볼 밀 등의 동력으로 사용

(3) 유도 전동기(비동기 교류 전동기)
① 구조와 취급이 간단하고 기계적으로 견고하며 가격이 저렴해 건축 설비에 가장 널리 적용
② 정속도 전동기이며, 부하가 변하더라도 속도의 변동이 적다.
③ 회전자계 발생을 위해 무효전력의 지속적 공급이 필요해 역률이 낮다.

【전동기 종류】

분류	종류		운전특성	적용
직류	타여자 전동기		광범위하고 세밀한 속도조정	엘리베이터 등
	자여자 전동기	직권 전동기	기동 토크가 큼	전차, 기중기 등
		분권 전동기	정속도 전동기	철압연기, 권선기, 제지기
		복권 전동기	직권 + 분권 특성	권상기, 압연 보조용 전동기 등

> 직류전동기는 계자권선의 접속 방법에 따라서 옆의 표와 같이 분류된다.

▶ 전동기 선정은 전원전압을 확인하고 부하 특성에 적합한 것을 선택하여야 하며, 정격부하 부근에서 운전할 때 가장 효율이 좋으므로 적정한 용량의 전동기를 선정하여야 한다.

분류		종류	운전특성	적용
교류	단상	분상 기동형	역률, 효율이 약간 적음	펌프, 공업용 재봉틀
		반발 기동형	기동 토크가 큼	펌프, 컴프레서 등
		콘덴서형	주 권선과 병렬로 콘덴서 연결	냉장고용 컴프레서, 펌프 등
	유도 전동기	농형	구조/취급이 간단, 역률 나쁨	빌딩, 산업현장 동력원
		권선형	저항변화로 전동기 특성 변화	공기 압축기, 권상기 등
	동기 전동기		회전속도 일정, 복잡한 구조	대형 공기압축기, 압연기 등
	정류자 전동기		속도제어 용이, 복잡한 구조	대출력 송풍기 등

2. 유도 전동기

유도 전동기는 역률이 나쁘다는 결점이 있으나, 기계적으로 견고하고 구조와 취급, 운전이 간단하여 건축설비뿐만 아니라 산업현장에서도 가장 널리 사용되고 있다.

(1) 구조 및 원리

유도 전동기는 크게 고정자와 회전자로 구성되며, 고정자는 철심에 권선을 삽입한 구조이며, 회전자는 동 바(bar)가 회전자 슬롯에 삽입되고 단락환(End ring)으로 단락된 농형 회전자와 철심에 권선을 삽입한 권선형으로 구분된다.

① 고정자에 3상 대칭전원을 인가하면 고정자 철심에 동기속도로 회전하는 회전자계 발생
② 이 회전자계가 공극을 통해 회전 도체에 전압을 유기
③ 이 기전력으로 회전자 도체에 전류가 흐름 - 플레밍의 오른손 법칙

Q1. 구조가 간단하고 가격이 싸므로 건축설비에서 가장 많이 사용되는 전동기는? [기08]
① 유도 전동기   ② 동기 전동기
③ 정류자 전동기 ④ 직류 전동기

해설 3상 유도전동기는 구조와 취급이 간단하고 견고하며 저렴한 가격으로 빌딩에 가장 널리 적용

Q2. 다음 중 교류 전동기에 속하는 것은? [기15]
① 복권 전동기   ② 분권 전동기
③ 직권 전동기   ④ 동기 전동기

해설 복권/분권/직권 전동기는 직류 전동기의 자여자 전동기에 속한다.

* 회전자 슬롯에 삽입된 동 바 끝이 단락되어 있어 큰 전류가 흐름
④ 이 전류와 자기장의 흐름으로 힘(회전토크)이 발생 – 플레밍의 왼손 법칙

(2) 농형 유도전동기의 특성
① 가격이 저렴하고 구조가 단순하여 보수 점검 용이
② 큰 기동전류
- 전동기가 접속된 계통의 전압강하로 다른 설비 운전에 영향을 미침
- 전동기의 기동이 잦을 경우 수명단축 및 소손 우려
- 부하에 큰 토크가 갑자기 인가되면 기계적인 손상 우려
- 역률이 나쁨(회전자계를 만들어주기 위한 지속전인 무효전류 공급이 필요)

(3) 권선형 유도전동기의 특성
① 회전자에 고정자와 동일하게 권선을 삽입한 구조로 외부에 설치한 저항을 통해 단락시켜 기동
② 외부 저항은 여러 개의 탭을 가지고 있어 기동전류와 기동토크를 제어할 수 있다.
③ 회전하는 전동기에 전력을 공급하기 위한 슬립링, 브러쉬 및 외부 저항으로 구조가 복잡

(4) 유도전동기의 기동법
유도전동기의 단점 중 하나인 큰 기동전류를 적당히 제한할 수 있는 기동방법은 아래와 같다.

기동방법	기동 원리	특 징
직입 기동 (전전압 기동)	전동기 단자에 직접 정격전압을 인가하여 기동하는 방식	• 가장 간단한 방식/기동전류가 큼 • 15 kW 미만 전동기
단권변압기 기동	전 전압의 50%, 65%, 80%의 탭을 갖는 단권변압기(기동보상기 혹은 콘돌파)를 사용하여 기동전압을 낮춰 기동전류를 제한하는 방식	• 제어반 구성이 복잡 • 대용량 냉동기용 컴프레서
Y-△ 기동	기동 시 Y결선으로 전압을 낮춰 기동전류를 제한하고 운전 시 delta 결선으로 운전하는 방식	• 기동전류를 1/3배로 경감 • 15 kW 이상 전동기
직렬 임피던스 기동	각 권선에 직렬로 임피던스를 삽입하여 기동전류를 제한하는 방식	• 타 방식에 비해 기동효율이 저하 • 소용량 전동기 기동
정지형 기동 (Soft Start)	싸이리스터(SCR)을 사용하여 낮은 전압부터 연속적으로 전압을 변화시켜 부드러운 기동이 가능한 방식 (전압 위상 제어)	• 기동/정지가 부드러워 전기적, 기계적 충격이 적음 • 15~150 kW 전동기

> 직입 기동법은 기동전류를 제한하지 못한다.

> **유도전동기의 속도식:**
> N=(1-S)NS
> NS=120×f(주파수)/P(극수)
> - 유도전동기의 속도제어는 슬립(S), 주파수(f), 극수(P) 중 어느 하나를 변화시키면 된다.
> - 권선형 유도전동기의 비례추이 원리를 이용한 2차 저항제어는 슬립(S)을 바꾸는 제어법

(5) 유도전동기의 속도제어 방식

전동기의 속도제어란 전동기의 속도-토크 특성을 바꾸는 방법을 말한다.

종류	속도제어 방식	제어 방법
농형 유도전동기	주파수 변환	가변 주파수 전원을 사용하여 제어
	전압 제어	1차 전압을 제어하여 속도 제어
	극수 변환	극수를 변화시켜 제어
권선형 유도전동기	2차 저항 제어	2차 회로에 저항을 삽입해 저항 변화로 속도 제어
	2차측 여자방식	외부에서 2차 회로에 전압을 가해 속도 제어
농형유도전동기 인버터 제어	전류제어형 인버터	컨버터부에서 직류전류를 제어, 인버터에서 교류형태로 변환해 전동기에 공급
	전압제어형 인버터	컨버터부에서 직류전압을 제어, 인버터에서 교류형태로 변환해 전동기에 공급
	PWM 인버터 제어	인버터부에서 전압과 주파수를 동시에 제어하여 고조파가 거의 없는 제어 방식
	V/f 일정제어	부하 특성에 따라 주파수에 대한 전압의 비를 임의로 선정, 제어하여 가변속 운전이 가능 (고조파 영향이 큼)

Q3. 농형 유도전동기의 큰 기동전류에 따른 영향이 아닌 것은?

① 전동기가 접속된 계통의 전압강하로 다른 설비 운전에 영향을 미친다.
② 전동기의 기동이 잦을 경우 수명단축 및 소손 우려가 있다.
③ 부하에 큰 토크가 갑자기 인가되면 기계적인 손상이 우려된다.
④ 역률이 좋지 않으므로 지속적인 무효전류 공급이 필요없다.

해설 유도 전동기는 회전자계를 만들어 주기 위한 지속적인 무효전류 공급이 필요하다.

Q4. 다음 중 전동기의 기동전류를 감소시키기 위한 기동법이 아닌 것은?

① 직입 기동법
② Y-△ 기동
③ 직렬 임피던스 기동
④ 단권 변압기 기동

해설 직입 기동법은 가장 간단한 기동법이나, 기동전류를 제한하지는 못한다.

02 조명 기초

1. 조명 용어와 개념

용어	용어 설명	수식 및 단위	비 고
방사속 (φ)	어떤 면을 통과하는 단위시간당의 방사에너지	[W]	단위 시간당 복사되는 에너지의 양
광속 (F)	눈에 보이는 빛의 양	$F = \dfrac{dQ}{dt}$ [lm]	
광량 (Q)	광속의 시간적분	$Q = \int F \cdot dt$ [lm-h]	
광도 (I)	단위 입체각에 포함되는 광속 수(빛의 세기)	$F = \dfrac{dF}{d\omega}$ [cd]	빛이 한 방향으로 가는 양
조도 (E)	광원에 의해 비춰진 면의 밝기 정도	$F = \dfrac{dF}{dA}$ [lx]	피조면에 단위 면적당 조사되는 빛의 양
광속발산도 (R)	물체에서 발산되어 눈에 느끼는 밝기정도	$F = \dfrac{dF}{dA}$ [rlx]	1[rlx]=1[asb]=1[lm/m^2] 발광 면적당 발산되는 빛의 양
휘도 (B)	어떤 방향으로 본 물체의 밝기	$F = \dfrac{dI}{dA \cdot \cos\theta}$ [cd/m^2]	1[sb]=1[cd/xm^2] 1[nt]=1[cd/m^2]
반사율 (ρ)	입사광속(F)에 대한 반사광속의 비	$\rho = \dfrac{F_\rho}{F}$	F_ρ : 반사광속
투과율 (τ)	입사광속(F)에 대한 투과광속의 비	$\tau = \dfrac{F_\tau}{F}$	F_τ : 투과광속
흡수율 (α)	입사광속(F)에 대한 흡수광속의 비	$\alpha = \dfrac{F_\alpha}{F}$	F_α : 흡수광속
발광효율 (ε)	방사속에 대한 광속의 비율	$\epsilon = \dfrac{F}{\phi}$ [lm/W]	발광효율은 전등효율보다 큼
전등효율 (η)	전체 소비전력에 대한 전체 발산광속의 비율	$\eta = \dfrac{F}{P}$ [lm/W]	

2. 연색성

(1) 같은 대상의 색이라도 태양빛 아래에서 본 경우와 형광등 밑에서 본 경우와는 조금 다른 색으로 보인다. 즉, 빛의 분광특성이 색의 보임에 미치는 효과를 말한다.

(2) 평균 연색평가수(Ra)는 평균적인 색체 형성의 정도를 나타내는 지수로 0~100 범위의 수치를 가지며 100에 가까울수록 연색성이 좋다고 평가하다.

3. 색온도(Color temperature)

(1) 흑체의 어느 온도에서의 광색과 어떤 광원의 광색이 동일할 때 그 흑체의 온도를 가지고 그 광원의 광색을 표시하고 있으며 이를 색온도라고 하며, $T[K]$로 나타낸다.

(2) 온도가 낮은 물체에서 방사하는 빛은 붉은색, 온도가 높아질수록 흰색을 띤다.

> 주광의 색온도는 6,500 K

4. 균제도

작업 대상물의 수평면상에서의 조도가 고르지 못한 것을 표시하는 척도로서 피로도가 적은 이상적인 시환경 조성을 위해 조도가 균일하게 되도록 고려해야 한다.

$$균제도 = \frac{수평면상의\ 최소조도\ [lx]}{수평면상의\ 평균조도\ [lx]}$$

> 균제도 값이 1에 가까울수록 조도분포가 균일하다는 것을 의미하며, Room 용도에 따라 적정값을 선정하는 것이 바람직하다.

03 조명 요소와 밝기

실질적인 조명 시스템은 '빛의 발생, 빛의 제어, 빛과 조명의 특성'을 합리적으로 조합하여 구성하게 되며 인간의 시각, 명시, 심리적인 특성 이해와 조명공간에 따른 목적에 따라 구현된다.

1. 조명 요소

(1) 물체의 보임

충분한 밝기와 물체의 크기, 주변과의 대비(색 대비) 및 시간과 속도 등의 조건이 물체의 보임에 영향을 미치는 조명의 요소이다.

Q5. 조명 단위에 대한 조합 중 틀린 것은? [기00]

① 광속 - lumen ② 조도 - lux
③ 휘도 - asb   ④ **광도 - cd/m2**

해설 [cd/m²]은 휘도의 단위이다.

Q6. 빛에 관한 설명 중 옳은 것은? [기04]

① **조도란 어떤 면에서의 입사 광속밀도를 의미한다.**
② 광도란 광원에서 나오는 빛의 양을 말하며, 단위는 루우멘이다.
③ 휘도는 어떤 광원에서 발산하는 빛의 세기를 의미하며, 단위는 칸델라이다.
④ 빛의 분광 특성이 색의 보임에 미치는 효과를 광속이라 한다.

해설 광도: 단위 입체각에 포함되는 광속 수(빛의 세기)
휘도: 어떤 방향으로 본 물체의 밝기
광속: 눈에 보이는 빛의 양
연색성: 빛의 분광 특성이 색의 보임에 미치는 효과

(2) 눈부심(Glare)

시야 내 어떤 휘도로 인하여 불쾌, 눈의 피로 등을 유발시키는 현상을 말하며, 눈부심이 있는 경우, 작업능률의 저하, 재해 발생, 시력 감퇴 등의 악영향이 발생된다.

【눈부심 발생 원인과 대책】

눈부심 발생 원인	눈부심 방지 대책
• 고휘도의 광원 • 시선 부근에 노출된 광원 • 물체와 주위 사이의 고휘도 대비	• 보호각이 충분한 반사갓 등을 부착한다. • 아크릴 루버 또는 젖빛 유리구 이용 • 광도가 낮은 배광기구를 이용 • Glare zone을 피한다. • 간접조명/반간접/건축화 조명방식 채택

> 눈부심 종류: 감능 글레어, 불쾌 글레어, 직시 글레어, 반사 글레어

> 눈부심 평가 방법으로는 Glare Index 법이 있으면 일반적으로 22 이하가 되어야 한다.

(3) 밝음의 분포(광속 발산도)

시야 내 광속분포가 균일할수록 시력이 좋아진다.

(4) 편한 시각의 평가

인간의 생리, 심리적으로만 평가

2. 조명 밝기에 관한 법칙

(1) 거리 역제곱 법칙

구면위의 조도는 광도 I[cd]인 균등 점광원을 반지름 R[m]의 구의 중심에 놓을 경우 구면 위의 모든 점의 조도 E[lx]는 아래와 같이 되어 조도는 거리의 제곱에 반비례 한다는 법칙

$$E = \frac{F}{A} = \frac{4\pi I}{4\pi R^2} = \frac{I}{R^2} \, [\text{lx}]$$

> 광원으로부터 거리가 멀어질수록 동일한 광속이 더 넓은 면적에 분배되어 조도가 감소하게 된다.

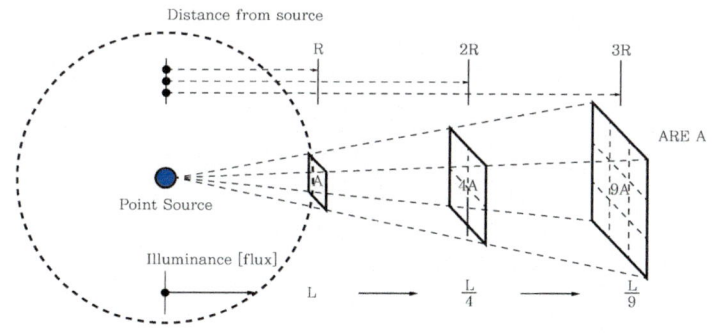

【거리 역제곱 법칙 개념도】

> 거리 역제곱 법칙은 표면이 광속에 수직인 경우에만 적용된다.

(2) 입사각 여현의 법칙

광원이 비추어진 작업면과 빛의 방향이 만드는 각도를 입사각이라고 하며, 입사각이 증가될수록 조도는 감소하고 이 입사각을 θ로 하면 조도는 cosθ에 비례한다.

> 동일한 광속이 입사광에 수직인 영역과 비스듬한 영역에 입사되면 비스듬한 영역이 수직인 영역보다 넓어 비스듬한 영역의 조도는 낮아지게 된다.

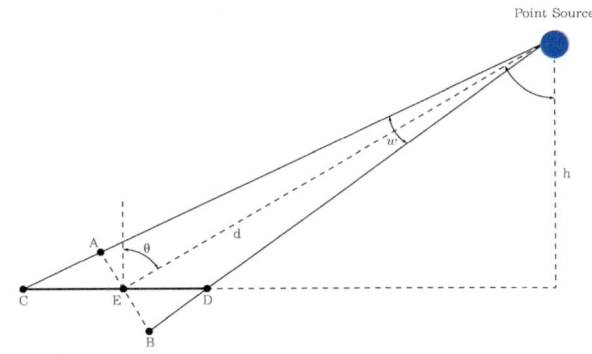

【입사각 여현의 법칙 개념도】

위 그림에서 수학적으로 $AB = CD \times \cos\theta$ 임을 알 수 있으며, 조도 공식과 거리 역제곱 법칙으로부터 $E_{AB} = \dfrac{Flux}{Area} = \dfrac{I \times \omega}{Area\,AB} = \dfrac{I}{d^2}$ 가 된다.

$$\therefore E_{CD} = \dfrac{I \times \omega}{Area\,CD} = \dfrac{I \times \omega}{(Area\,AB/\cos\theta)} = \dfrac{I \times \omega}{Area\,AB} \times \cos\theta = E_{AB} \times \cos\theta = \dfrac{I}{d^2} \times \cos\theta$$

> 입사각 여현의 법칙은 경사 표면에서만 조도를 측정하는 데 사용된다.

Q7. 물체가 잘 보이도록 하는 조명 요소와 가장 거리가 먼 것은?

① 주변과의 대비 ② 충분한 밝기
③ 대상물의 크기 ④ **대상물의 질감**

해설 충분한 밝기와 물체의 크기, 주변과의 대비(색 대비) 및 시간과 속도 등의 조건이 물체의 보임에 영향을 미치는 조명의 요소이다.

Q8. 조명 밝기에 관한 거리 역제곱 법칙의 설명 중 옳지 않은 것은?

① 조도(E)는 광도(I)에 비례한다.
② 조도(E)는 거리(r)의 제곱에 반비례한다.
③ 거리 역제곱 법칙은 표면이 광속에 수직인 경우에만 적용된다.
④ **거리 역제곱 법칙은 경사 표면에서의 조도를 측정하는 데 사용된다.**

해설 경사 표면에서의 조도를 측정할 때 적용되는 법칙은 입사각 여현의 법칙이며, 광원이 비추어진 작업면과 빛의 방향이 만드는 각도를 입사각이라고 하고, 입사각이 증가될수록 조도는 감소한다.

04 광원의 종류

광원은 빛을 발생하는 물체를 말하며, 자연광원(태양)과 인공광원으로 분류할 수 있으며, 빛의 질적 특성과 경제적 특성, 취급성 등 종합적인 검토로 시공간과 용도에 적합한 광원 선정이 요구된다.

(1) 광원의 종류와 점등원리

종류	점등원리
백열전구	• 필라멘트에 전기를 흘려 열에너지를 빛으로 이용하는 등기구 • 흑화현상을 방지하기 위해 아르곤에 질소를 혼합한 가스를 사용
할로겐 램프	• 유리구 내 불활성 기체와 미량의 할로겐 화합물을 봉입 • 할로겐 재생 사이클을 응용하여 흑화를 방지하고 수명을 연장(백열등의 약 2배)
형광등	• 전압 인가 시 자유전자가 내부기체(수은)와 충돌해 자외선을 만들고 이 자외선이 유리관 내부에 도포된 형광물질을 통과하면서 가시광선으로 바뀌는 원리
고압 수은램프	• 수은 증기 중의 방전을 이용한 램프로 증기압 유지를 위해 발광온도가 400℃ 이상 유지될 필요가 있어 외관을 사용하고 적당한 가스를 봉입한다.
메탈할라이드 램프	• 고압 수은램프의 연색성과 효율을 개선하기 위해 고압 수은 램프에 금속과 금속할로겐 화합물을 첨가한 램프(연색성과 효율을 개선한 방전등)
나트륨 램프	• 나트륨 증기압에 의해 방전원리로 보통 네온과 나트륨을 램프 내부에 봉입 • 기동시간이 수분에서 10분 정도 필요하며 형광등과 같이 안정기가 필요
LED 램프	• 전기로 빛을 발하는 LED 소자를 이용한 램프로 LED 발광원리를 이용해 색의 기본요소인 적색, 녹색, 청색에 백색까지 다양한 색의 빛 발광이 가능

> **고압 나트륨 램프**
> 고효율이나 색온도가 낮아 도로, 광장 등의 옥외조명에 사용

> **저압 나트륨 램프**
> 고효율이나 등황색의 단색광으로 연색성이 낮아 주로 터널조명에 적용

> **할로겐 재생 사이클**
> 할로겐 램프는 유리구 내 불활성 가스 이외에 할로겐 화합물을 미량 봉입한 것으로, 할로겐은 낮은 온도에서 텅스텐과 결합하고 높은 온도에서는 분해하는 성질이 있다. 고온의 필라멘트로부터 증발된 텅스텐이 온도가 낮은 유리구 관벽에 가까운 할로겐과 결합하여 할로겐화 텅스텐이 되고 이 물질이 고온의 필라멘트에 가까이 가면 고온으로 인해 분해되고 텅스텐은 필라멘트로 되돌아가며, 할로겐은 다시 확산되는 현상을 할로겐 사이클이라 한다.

(2) 전구 종류별 특징

항목	백열등	할로겐 램프	LED 램프
용량 [W]	6 ~ 1,000	500 ~ 1,500	4 ~ 1,000
광원효율 [lm/W]	10 ~ 15 (▼)	20 ~ 22	60 ~ 80
수명 [h]	약 1,000	2,000~3,000	50,000 이상 (▲)
색온도 [K]	2,700~2,800	3,000	2,700~7,100
연색성 [Ra]	95 이상	95 이상	30~80
적용	주택 거실	상점, 백화점 등	사무실, 공장

> **LED 램프 장점**: 고효율(낮은 전력소모), 장수명, 친환경성, 적은 열발생 등
> **LED 램프 단점**: 고휘도, 부분 교체가 어려움, 빛이 확산형이 아님 등

(3) 방전등 종류별 특징

항목	형광등	고압 수은등	메탈할라이 램프	나트륨 램프
용량 [W]	32W, 40W	40 ~ 1,000	250 ~ 400	20 ~ 400
광원효율 [lm/W]	60~80	40 ~ 45	70 ~ 80	100 ~ 150 (▲)
수명 [h]	15,000	약 10,000	6,000	12,000
색온도 [K]	5,500	3,300~4,200	4,500 ~ 6,000	2,200
연색성 [Ra]	80~90	23 ~ 58	80 ~ 90	28
적용	사무실 학교 등	도로조명 고천장 조명	연색성이 중요한 고천장, 체육관 등	도로, 터널 검사용 조명 등

> 백열등은 빛으로 전환되는 비율이 낮은 비효율 때문에 2014년부터 수입 및 생산이 중단됨

> **효율**: 나트륨 램프 > 메탈할라이드 램프 > 형광등 > 수은등 > 할로겐 램프 > 백열등

05 조명기구의 분류

조명기구는 광원으로부터 나오는 빛을 제어하는 광학적 기능(배광제어)과 램프를 보호하는 기계적 기능, 그리고 전기 공급의 전기적 기능이 있으며, 그 외 장식 등의 심리적인 요소도 고려해야 한다.

> **조명기구의 분류**
> 용도별: 방폭형, 방습형, 방수형, 방진형, 내습형 등
> 형태별: 옥내, 옥외 브래킷, 펜던트, 매입형 등

(1) 조명기구 배광에 따른 분류

항목	직접조명	반직접조명	전반확산 조명	반간접조명	간접조명
배광 곡선					
광속 비율	상 1~10% 하 100~0%	상 10~40% 하 90~60%	상 40~60% 하 60~40%	상 60~90% 하 40~10%	상 90~100% 하 10~0%
조명 효과	• 높은 조명률 • 조도 불균형 • 실내면 반사율 영향이 적음		• 직접+간접방식 • 낮은 조명효율 • 균일한 조도	• 적은 눈부심 (낮은 휘도) • 균일한 조도 • 실내면 반사율 영향이 큼	
사용 장소	공장조명	일반 사무실, 주택 조명 등	고급사무실, 상점 공장의 전반조명	병실, 침실, 분위기를 중시하는 장소 임원실, 회의실 등	

(2) 조명기구 배치에 따른 분류

종류	주요 내용
전반조명	• 조도를 균일하게 조명하기 위해 일정 높이와 간격으로 조명기구를 배치하는 방식 • 실 layout 변경에도 등기구 재배치가 필요 없다. • 일반적으로 사무실, 학교 조명에 적용
국부조명	• 작업면상의 필요한 장소에 부분적 또는 국소적으로 조명기구를 배치하는 방식 • 필요개소만 점등할 수 있어 경제적인 조도를 얻을 수 있다. • 원하는 곳에서 원하는 방향으로 조도를 줄 수 있으나 명암 차가 크고 눈부심 많다.
전반 국부 병용조명	• 비교적 낮은 조도의 전반조명 + 정밀 작업구역에는 고조도로 조명하는 방식 • 필요한 조도를 경제적으로 얻을 수 있어 에너지 절감 효과가 있다.
Task & Ambient (TAL)조명	• 작업공간은 전용의 국부조명 방식 + 주변은 간접조명 같은 저조도로 조명하는 방식 • 에너지 절감 효과가 있으나 TASK 조명 설치로 인한 초기 비용 증가

> 전반조명과 국부조명 병용의 경우 전반조명의 조도는 국부조명에 의한 조도의 1/10 이상 되게 한다.

(3) 건축화 조명방식

건축화 조명은 건축구조나 표면 마감이 조명 기구의 일부로 역할을 하고 있다는 개념으로 건축 구조체에 광원 조명기구를 부착시키거나 매입 시공하여 건축물 표면의 반사광에 의해 채광하는 조명 방법으로 소요 조도 확보 측면보다는 공간의 느낌과 특성을 표현하는 요소로 활용된다.

항목	조명방식	내용
천장 전면 조명	광천장 조명	천정면에 확산 투과재를 붙이고 내부에 조명기구 설치
	루버 천장 조명	천정면에 루버를 부착하고 그 내부에 광원을 배치
	코브 조명	U자 형태로 천장과 벽에 감추고, 반사광으로 채광
	다운라이트 조명	천정면에 작은 구멍을 뚫어 그 속에 전구를 매입
	코퍼라이트 조명	천정면을 여러 형태로 오려내고 그 안에 광원을 매입
	라인 라이트 조명	종방향, 횡방향, 대각선, 장방향의 라인 라이트 설치
벽면 조명	코오니스 조명	천장 둘레와 벽면 경계에 광원을 설치하여 아래 방향의 벽면을 조명
	코너 조명	전장과 벽면과의 경계가 되는 구석에 배치
	밸런스 조명	박스, 패널 등을 제작해 그 뒷면에 조명 설치
	캐노피 조명	벽의 일부를 밖으로 노출시켜 광원으로 이용
	광창 조명	광원을 넓은 벽면에 매입

06 조명설계

조명설계는 조명공간이 어떠한 목적과 기능을 요구하는지를 파악하여 그에 맞는 조도기준과 광원, 조명방식, 수량 및 조명기구를 배치하여 실내 시공간 구성을 계획하고 조명하는 것이다.

1. 명시적 조명과 장식적 조명방식

항목	명시적 조명	장식적 조명	비고
조도	양호한 시각 확보가 우선 요구	미적, 심리적 요소에 필요한 밝기	표준조도
휘도분포	얼룩이 없을수록 좋음	계획적인 배분	추천 값
눈부심	눈부심(직시, 반사)이 없어야 좋음	눈부심이 주위를 끔	조명방법
그림자	방해되면 나쁨	의도적인 입체감, 원근감 표현	조명방법
분광분포	표준 주광이 좋음	심리적으로 광색을 이용	광원선택
분위기	맑은 날 옥외의 감각이 좋음	목적에 따른 감각 유도	
배치	단순하고, 간단한 배열	계획된 미적 배치 및 조합	
유지보수	광원효율이 높을 것	효과 달성도	
적용	사무실, 학교, 도서관, 공장 등	음식점, 커피숍, Bar, 주택 거실 등	

Q9. 조명기구를 배광에 따른 분류 방식이 아닌 것은?

① 직접조명방식　　② 간접조명방식
③ 전반확산 조명방식　　④ 국부조명방식

해설 국부조명방식은 작업면상의 필요한 장소에 부분적 또는 국소적으로 조명기구를 배치하는 방식으로 조명기구 배치에 따라 분류되는 방식이다.

2. 전반 조명설계

실질적인 조명설계는 빛의 발생과 제어특성을 이용하여 계획하고, 빛과 조명의 특성을 바탕으로 쾌적한 시 환경과 공간을 만드는 과정이다.

(1) 조명 공간 파악: Room size, 특성, 용도 및 자연채광 등 입지조건 파악
(2) 소요 조도 결정: KSA 3011에 의한 조도표 활용
(3) 광원 선정: 광원 특성(광색, 광속, 수명, 효율 등)과 조명 목적에 적합한 광원 선택
(4) 조명방식 선정: 작업목적, 환경, 경제성 및 배관, 눈부심 고려
(5) 광속법에 따른 조명(기구) 수량 산출

조명(기구)수량 산출공식	Factor
$N = \dfrac{E \times A \times D}{F \times U} = \dfrac{E \times A}{F \times U \times M}$ [EA]	N: 광원의 수량 [EA] E: 작업면의 평균조도 [lx] A: Room 면적 [m^2] D: 감광보상률 F: 사용 광원 1개의 광속 [lm] U: 조명률 M: 유지율 (보수율) = 1/D

① 방(실) 지수: Room의 크기와 형태를 나타내는 계수

방(실)지수 공식	Factor
$K = \dfrac{W \times L}{H \times (W + L)}$	W: 방의 폭 [m] L: 방의 길이 [m] H: 작업면에서 조명기구 중심까지의 높이 [m]

> 조명률을 구하려면, 실내 반사율 이외에 실지수를 알아야 한다. 실지수가 커지면 조명률도 커진다.

> 일반적으로 설계단계, 반사율 값을 가정할 때는 천장 반사율은 80% 이상, 벽면은 50~60%, 바닥은 15~30% 정도로 설정하고 있으며, 정확한 값은 재료별 제조사의 자료를 참조한다.

> 보수율 값은 일반적으로 0.8 ~0.5 정도이며, 직접조명인 경우 1.3, 먼지나 오물 등이 많은 장소에서는 1.5~2.0 정도로 보며, 간접조명의 경우 1.5~2.0 정도이다.

② 조명률

등기구 발산광속 중 작업면에 입사되는 양이 어느 정도인가를 나타내는 값을 말하며, 방의 크기, 모양, 천장, 벽, 바닥 등의 반사율에 의해 변하고, 광원의 높이, 조명기구의 배광 등에 따라 달라진다.

③ 감광 보상률과 보수율

등기구의 조도는 램프 자체의 광속감소나 기구 오손에 따른 효율 감소, 실내 반사율 감소 등에 따라 점차 어두워지는데 이 상태에서도 소요 평균조도는 유지되어야 한다. 따라서 이러한 광속 감소분을 예상하여 어느 정도까지는 감광되어도 소요조도는 유지가 가능하도록 설계단계에서 사전에 고려하는 Factor가 감광 보상율이다. 즉, 설계조도는 이 보수율을 감안하여 초기조도를 다소 높게 선정하게 된다.

(6) 조명배치

조명컨셉, 성능과 사양을 바탕으로 조명기구 배치를 결정해야 하며, 더불어 공간의 높이와 면적, 램프의 교체 방법 등도 배치 시 사전에 고려되어야 하는 요소이다.

등기구 간격이 넓으면 등수가 감소되어 경제적이나 균일한 조도를 얻기 어려우므로 전반조명에서는 조명기구 상호간 및 기구와 벽면 사이의 간격을 적절히 조정해야 한다.

> 조명배치는 보통 건축 Ceiling module과 맞춰 배치되며, 건축 천정도 작업은 기계, 전기 및 소방 공종과 긴밀한 협업이 필요하다.
> • 전기: 조명기구 배치, 스피커 배치
> • 기계: 급기, 환기 및 디퓨저 배치
> • 소방: 감지기, 스프링클러 배치 등

【조도 분류와 일반 활동 유형에 따른 조도 값】

조도 분류	활동유형	조도 범위	작업면 조명방법
A	어두운 분위기 중의 시식별 작업장	3-4-6	공간의 전반조명
B	어두운 분위기의 이용이 빈번하지 않은 장소	6-10-15	
C	어두운 분위기의 공공장소	15-20-30	
D	잠시동안의 단순 작업장	30-40-60	
E	시작업이 빈번하지 않은 작업장	60-100-150	
F	고휘도 대비 혹은 큰 물체 대상의 시작업 수행	150-200-300	작업면 조명
G	일반휘도 대비 혹은 작은 물체 대상의 시작업 수행	300-400-600	
H	저휘도 대비 혹은 매우 작은 물체 대상의 시작업 수행	600-1000-1500	
I	비교적 장시간 동안 저휘도 대비 혹은 매우 작은 물체 대상의 시작업 수행	1500-2000-3000	
J	장시간 동안 힘든 시작업 수행	3000-4000-6000	전반조명+ 국부조명의 작업면 조명
K	휘도대비가 거의 안 되며 작은 물체의 매우 특별한 시작업 수행	6000-10000-15000	

※ KS A 3011 참조

CHAPTER 03 필수 확인 문제

01 다음 중 교류전동기에 속하는 것은? [산10, 14, 15]

① 복권 전동기
② 분권 전동기
③ 직권 전동기
④ 동기 전동기

○ 직류 자여자 전동기는 계자 권선의 접속방법에 따라 직권/ 분권/ 복권 전동기로 분류된다.
※ 계자: 자속을 발생시키는 부분을 말함

정답 ④

02 다음 설명에 알맞은 전동기는? [기16]

- 구조와 취급이 간단하고 기계적으로 견고하다.
- 가격이 비교적 싸고 운전이 대체로 쉽다.
- 건축설비에서 가장 널리 사용되고 있다.

① 유도 전동기
② 동기 전동기
③ 직류 전동기
④ 정류자 전동기

○ 3상 유도전동기는 구조와 취급이 간단하고 기계적으로 견고하며 가격이 저렴해 건축 설비는 물론 대부분의 산업현장에서 가장 널리 적용된다.

정답 ①

03 조명 용어에 따른 단위가 옳지 않은 것은? [산18]

① 광속: 루멘 [lm]
② 광도: 캔들 [cd]
③ 조도: 룩스 [lx]
④ 방사속: 스틸브 [sb]

○ 방사속은 어떤 면을 통과하는 단위 시간당의 방사에너지로 단위는 [W]로 사용하며, 스틸브 [sb]는 휘도의 단위이다.

정답 ④

04 다음은 조명설비와 관련된 용어 설명이다. ( ) 안에 알맞은 내용은? [산10, 16]

어떤 물체에 광속이 투사되면 그 면은 밝게 비추어진다. 그 광원에 의해 비춰진 면의 밝기 정도를 ( )라 하며 단위는 럭스 [lx]이다.

① 광도
② 휘도
③ 조도
④ 광속 발산도

○ ① 광도: 단위 입체각에 포함되는 광속 수(빛의 세기)
② 휘도: 어떤 방향으로 본 물체의 밝기(눈부심의 정도)
③ 광속 발산도: 어떤 물체에서 발산되어 눈에 느끼는 밝기의 정도

정답 ③

05 조명설비에서 눈부심에 관한 설명으로 옳지 않은 것은? [기14, 19]

① 광원의 크기가 클수록 눈부심이 강하다.
② 광원의 휘도가 작을수록 눈부심이 강하다.
③ 광원의 시선에 가까울수록 눈부심이 강하다.
④ 배경이 어둡고 눈이 암순응 될수록 눈부심이 강하다.

○ 광원의 휘도가 클수록 눈부심이 강하다.

정답 ②

06 어느 점광원에서 1 m 떨어진 곳의 직각면 조도가 800 lx일 때, 이 광원에서 4 m 떨어진 곳의 직각면 조도는? [기22]

① 25 lx
② 50 lx
③ 100 lx
④ 200 lx

○ 거리 역제곱 법칙 활용하여 광도를 먼저 구하고 조도를 구한다.
$E = \dfrac{I}{R^2}$ [lx]에서,
$I = E \times R^2 = 800 \times 1 = 800$ [cd]
$\therefore E = \dfrac{I}{R^2}$ [lx] $= \dfrac{800}{4^2} = 50$ [lx]

정답 ②

07 명시적 조명의 좋은 조건으로 옳지 않은 것은? [산14]

① 필요한 밝기로서 적당한 밝기가 좋다.
② 분광분포와 관련하여 표준주광이 좋다.
③ 휘도분포와 관련하여 얼룩이 없을수록 좋다.
④ 직사 눈부심은 없어야 좋지만, 반사 눈부심은 있어야 좋다.

○ 눈부심 영향으로는 작업능률의 저하, 재해 발생, 시력 감퇴 등이 있다.

정답 ④

08 할로겐램프에 관한 설명으로 옳지 않은 것은? [산10, 기12, 20]

① 백열전구에 비해 수명이 길다.
② 연색성이 좋고 설치가 용이하다.
③ 흑화가 거의 일어나지 않고 광속이나 색온도의 저하가 적다.
④ 휘도가 낮아 시야에 광원이 직접 들어오도록 계획하여도 무방하다.

○ 할로겐램프는 할로겐 재생 사이클을 응용하여 흑화를 방지하고 수명을 연장시킨 램프이나, 휘도가 매우 높은 램프이다.

정답 ④

09 조명기구를 배광에 따라 분류할 경우, 다음과 같은 특징을 갖는 것은? [산11]

- 공장의 일반조명방식에 사용된다.
- 작업면에 고조도를 얻을 수 있으나 심한 휘도의 차 및 짙은 그림자와 눈부심이 발생한다.

① 직접조명방식
② 간접조명방식
③ 반간접 조명방식
④ 전반확산 조명방식

◎ 간접조명방식은 적은 눈부심과 균일한 조도를 얻을 수 있고, 전반확산 조명방식은 직접조명방식과 간접조명 방식의 결합한 효과로 조명 효율은 낮으나 균일한 조도를 얻을 수 있다.

정답 ①

10 다음과 같은 조건에서 사무실의 평균조도를 800 lx로 설계하고자 할 경우, 광원의 필요수량은? [기18]

- 광원 1개의 광속: 2,000 lm
- 감광 보상률: 1.5
- 실의 면적: 10 m²
- 조명률: 0.6

① 3개
② 5개
③ 8개
④ 10개

◎ 광원의 필요 수량은 광속법으로부터 구할 수 있다
$$N = \frac{E \times A \times D}{F \times U} = \frac{800 \times 10 \times 1.5}{2,000 \times 0.6} = 10\,[\text{EA}]$$
문제에서 감광 보상률이 아닌 보수율로 주어질 수 있음에 유의하자. (보수율 M=1/D)

정답 ④

CHAPTER 04 빌딩 정보통신설비

빈출 KEY WORD   # 통신설비와 정보설비의 종류 # 구내통신실 적정 면적 # 인터폰 통화망 구성 방식
스피커 배치 방식 # TV 공청설비의 구성

01 빌딩 정보통신설비의 종류

정보통신 설비는 유무선, 기타 전자 방식에 따른 문자, 음향, 영상 등의 정보를 저장, 제어하거나 송·수신하기 위한 장비, 선로 및 기타 필요 설비를 말한다. 정보통신 설비는 정보설비와 통신설비로 구분되며, 약전설비는 소세력 전력을 사용하는 설비로 각종 표시·감시제어 설비, 전기 방재설비 등을 말한다.

> 소세력 회로: 건축물에 설치되는 60 V 이하의 전압을 사용하는 회로

【정보통신 및 약전설비 시스템 종류】

구분	종 류	세부 시스템
통신설비	음성 통신설비	전화설비
		인터폰설비
		구내 방송(PA)설비
		무선통신설비
	영상 통신설비	TV 공청설비(CATV 포함)
		화상회의 설비
정보설비	데이터 정보설비	근거리 통신망(LAN)
		홈 네트워크 설비
	시간 정보설비	전기시계설비
	계측 설비	원격검침 설비
	약전설비	표시설비, 주차관제설비, 전기음향설비, 전기방재설비, 감시제어 설비 등

※ 건축전기설비 설계기준

02 빌딩 통신설비

1. 전화설비

전화설비는 전화인입배관, 주배선반(MDF) 또는 국선용 단자함, 단자함과 전화 아울렛을 설치하고, 이들 각 기기 간 연결배선을 실시하며, 사설 교환대를 설치하여 건물 내 전화기에 전체 또는 부분적인 서비스를 하는 설비를 말한다.

(1) 건물 구내통신 회선 수 산출기준

통신수요를 고려하여 통신선로/초고속 통신망을 구성하며, 향후 확장성을 고려해, 구내로 인입되는 국선의 수용, 구내회선의 구성 및 단말 장치 등의 증설에 지장이 없도록 충분한 회선을 확보한다.

> 기간통신사업자는 국선을 5회선 이상으로 인입하는 경우, 케이블로 국선수용단자반에 접속·수용하여야 한다.

【구내 통신회선 수 산출기준과 국선 인입배관 공수】

건축물 종류		회선 수 확보/기준		국선 인입 배관
주거용		단위세대 당 1회선 이상		2공 이상(예비공 포함)
업무용건물	항목	각 업무구역 10 m^2당 표준전화 회선 수		3공 이상(예비공 포함)
		국선 인입회선 수	실내 회선 수 (사선)	
	상사회사	0.5	1.3	
	은행, 일반사무실	0.4	0.8	
	백화점, 증권사	0.5	1.0	
	관공서, 신문사	0.4	1.0	
병원	사무실	0.3	1.0	
	입원실	0.1	0.5	

(2) 집중 구내 통신실 면적확보 기준

> 통신실 확보면적 기준은 초고속 정보통신건물 인증 등급 및 홈네트워크 건물인증 등급에 따라 달라지므로 설계 시 고객요구 사항과 설계기준에 적합한 면적확보 기준을 적용할 것

구분	면적		고려사항
업무용	업무용 건축물 집중 구내 통신실 면적 확보 기준		• 가능한 지상층에 확보 부득이한 경우, 침수우려 없고 습기가 차지 않는 지하층에 설치 가능 • 통신실 면적은 벽 또는 기둥 등을 제외한 면적임 • 출입구에는 잠금장치 설치 • 통신장비 전용 전원설비를 갖출 것 • 적정 온도유지를 위한 냉방시설, 환풍기 설치
	건축물 규모	확보 면적	
	6층 이상이고 연면적 5,000 m^2 이상인 업무용 건축물	10.2 m^2 이상으로 1개소 이상	
	상기 이외의 업무용 건축물	· 연면적 500 m^2 이상 – 10.2 m^2 이상 1개소 이상 · 연면적 500 m^2 미만 – 5.4 m^2 이상 1개소 이상	
	※ 방송통신설비의 기술기준에 관한 규정 [별표 2]		
공동주택	공동주택의 구내 통신실 면적확보 기준		
	구 분	확보면적	
	50세대 이상 ~ 500세대 이하	10 m^2 이상 1개소	
	500세대 초과 ~ 1,000세대 이하	15 m^2 이상 1개소	
	1,000세대 초과 ~ 1,500세대 이하	20 m^2 이상 1개소	
	1,500세대 초과	25 m^2 이상 1개소	
	※ 방송통신설비의 기술기준에 관한 규정 [별표 3]		

2. 인터폰 설비

공중 통신망에 접속하지 않는 구내 통신용 유선통화 설비로 구내 전용 전화설비를 말한다.

> 상호식 인터폰에서 기기의 수량이 많은 경우, 전자식 Tenkey 방식 채택

(1) 통화망 종류

통화망 종류	주요 내용	적용
모자식	• 1대의 모기와 2대 이상의 자기로 이뤄진 시스템 • 모기와 자기가 서로 호출하여 통화 • 자기는 모기하고만 통화 가능	설비 관리실 (사용빈도 적은 곳)
상호식	• 설치되는 인터폰 모두가 구조, 사용법이 같고 동일한 등급 • 모자식에서 모기만을 조합하여 접속하는 방식 • 어떤 기기에서도 임의의 기기에 호출통화가 가능	중앙 감시실 방재실, 주차관제실 기타 관리실
복합식	• 각각의 모기 사이를 상호식 인터폰 개념으로 호출 통화 • 모기 상호간, 모기에 접속된 모자간 통화도 가능	아파트 세대간

(2) 용도별 인터폰 분류

종류	주요 내용
주택용	• 일반적으로 도어폰 기능으로 방문자와의 통화 및 연락용 • 화재, 방범 등의 기능이 있는 것도 있음
사무용	• 상호 통화식(스피커형)과 동시 통화식으로 구분 • 내선 상호 연락용이며 방송설비와 연동해 일제호출 방송도 가능
집합주택 관리용	• 집합주택에서 각종 정보를 관리하는 목적으로 관리실에 설치 • 비상통보 기능, 방재통보 기능, 불법침입 통보 기능, 현관문 개폐기능 등
엘리베이터용	• 비상통보, 고장 시 연락용, 보수점검 시 협의 목적으로 설치 • 케이지 내 자기와 승강기 기계실, 방재실 등에 주기를 설치함 • 통화방식은 동시통화식이며 정전 시에도 사용하도록 축전지 설비를 해야함

> 동작원리에 따른 분류
> 1) 프레스 토크식: 말할 때 통화 버튼을 누르고, 들을 때 버튼을 놓는 방식
>   (스피커와 마이크 겸용)
> 2) 동시통화식: 전화와 동일한 방법으로 마이크로폰과 스피커가 별도 설치(일반적으로 도어폰에 적용)

3. 구내 방송설비

건축물에 설치되는 구내 방송설비(public address)로서 비상방송이 요구되는 경우에는 일반방송과 비상방송 겸용으로 사용할 수 있게 구성한다.

(1) 구내 방송설비 구성요소

① 입력장치: 마이크로폰, CD 플레이어, 라디오 튜너 등

② 증폭장치(AMP): 전력증폭기(스피커/안테나 등 전력공급용), 전압증폭기(전력증폭기 앞 설치)

③ 출력장치(스피커): 전기에너지를 음 에너지로 바꾸는 것(콘형/혼형 스피커)

> 집중 및 분산 방식을 병용 시, 방향성 효과는 집중방식으로 구현하고 원거리가 되는 장소는 분산 배치식으로 구성하여 음향 레벨을 균일하게 얻을 수 있다.

> 집중배치 방식은 공연장, 강당, 체육관에 적합한 배치 방식이며, 스피커 성능, 설치 위치에 따른 잔향시간, 소음레벨 등을 고려해야 한다.

> 사무실의 벽으로부터 1 m까지는 음향 담당 범위에서 제외한다.

(2) 스피커 배치 방식

종류	집중배치 방식	분산배치 방식
장점	• 방향감이 얻어진다. • 시간차가 없거나 또는 적다. • 공사비가 적다.	• 음향 레벨을 균일하게 얻는다. • 잔향시간이 긴 실에 좋다 • 소음레벨이 큰 장소에 좋다. • 천장이 낮은 실에 좋다.
단점	• 균일한 음압 레벨을 얻기 어렵다. • 잔향시간이 긴 실에는 명료도가 나쁘다. • 소음레벨이 크면 대출력이 필요하다.	• 방향감을 얻기 어렵다. • 명료도가 나빠진다. • 공사비가 높다.

【사무실의 경우, 스피커 1개가 담당하는 면적】

용도	천장 높이 [m]	스피커 간격 [m]	스피커 1개 담당면적 [m²]
BGM 방송	2.5 이하	5	25 이내
	2.5 ~ 4.5	6	36 이내
	4.5 ~ 15	9	81 이내
안내 방송	–	9 ~ 12	81 ~ 144

※ 정보통신공사 설계기준

(3) 음량 조절기

① 비상방송 겸용의 스피커 배선에 음량 조절기 설치 시 3선식으로 배선되어야 한다.

② 비상방송 시에는 조절하지 못하도록 한다(일반방송은 작게 하거나 끊을 수 있게 한다).

4. TV 공청설비(방송공동 수신설비)

1조의 안테나로 지상 TV 공중파를 수신하여 증폭기를 통하거나 직접 TV 수상기로 배분하는 시스템으로 디지털 방송수신을 포함한다.

(1) TV 공청설비 구성요소

> 분기기: 신호레벨이 강한 간선에서 필요한 세기의 신호로 분기하는 경우 사용

> 분배기: 입력된 신호를 균등하게 분할하여 임피던스 정합을 시키는 경우 사용

> 직렬유닛: 유닛연결의 중간 또는 말단에 사용하여 TV 수상기를 연결 시 사용

> 분파기: 한 개의 입력신호를 주파수가 다른 신호로서 선별하여 주파수를 선택할 때 사용

구성기기	주요 내용
안테나	수신대상 공중파에 대응하는 안테나 선정(VHF/UHF대역, 위성방송 수신용 등)
혼합기(Mixer)	서로 다른 주파수대의 전파를 간섭 없도록 한 개의 전송선으로 모으는 장치
컨버터	SHF 수신 신호 → UHF 변환 (다운 컨버터)/ UHF신호 → SHF 변환 (업 컨버터)
증폭기 (Booster)	수신점의 전계강도가 낮은 경우에 설치하고 배선, 분기기, 분배기 및 직렬 유닛에서의 감쇄 신호레벨을 보상하는 기기
선로기기	분기기, 분배기, 정합기(직렬 유닛), 분파기 등으로 구성
전송선	안테나로 수신된 전파를 각 기기에 연결하는 것(주로 동축케이블을 사용)
종합유선방송 기기	쌍방향성 기기를 사용(기기/구성은 초고속 정보통신 시스템과 연계하여 검토

(2) 수신 안테나 설치 시 고려사항

① 둘 이상의 건축물이 하나의 단자를 구성하고 있는 경우에는 한 조의 수신 안테나를 설치하여 이를 공동으로 사용할 수 있다.
② 수신 안테나는 낙뢰로부터 보호될 수 있도록 설치하되 피뢰침과 1 m 이상의 거리를 이격시켜 설치하며, 피뢰침 보호각 내에 위치하도록 설치한다.
③ 수신 안테나를 지지하는 구조물은 풍하중 산정 기준을 적용하여 설계

Q1. 업무용 건축물의 국선 인입배관의 공수는 예비공을 포함해 몇 공 이상으로 설치해야 하는가?

① 2공 이상
② 3공 이상
③ 4공 이상
④ 5공 이상

해설 주거용의 경우 1공 이상의 예비공을 포함하여 2공 이상이며, 업무용 건축물의 경우는 2공 이상의 예비공을 포함하여 3공 이상으로 설치하여야 한다.

Q2. 방송통신설비의 기술기준에 관한 규정에서 제시하는 6층 이상이고 연면적 5,000 m² 이상인 업무용 건축물의 집중 구내 통신실 필요 면적은?

① 5.4 m² 이상으로 1개소 이상
② 10 m² 이상으로 1개소 이상
③ 10.2 m² 이상으로 1개소 이상
④ 15 m² 이상 1개소 이상

해설 6층 이상이고 연면적 5,000 m² 이상인 업무용 건축물의 경우 10.2 m² 이상의 면적을 확보해야 한다.

Q3. 다음 중 TV 공청설비의 수신 안테나 설치에 관한 사항으로 옳지 않은 것은?

① 둘 이상의 건축물이 하나의 단자를 구성하고 있는 경우에는 한 조의 수신 안테나를 설치하여 이를 공동으로 사용할 수 있다.
② 수신 안테나는 낙뢰로부터 보호될 수 있도록 설치하되 피뢰침과 1 m 이상의 거리를 이격시켜 설치한다.
③ 수신 안테나를 지지하는 구조물은 풍하중 산정 기준을 적용하여 설계한다.
④ 수신 안테나는 피뢰침 보호각 외부에 있게 한다.

해설 TV 수신용 안테나는 피뢰침 보호각 내에 위치해야 한다.

Q4. 다음 중 TV 공청설비의 주요 구성기기에 속하지 않는 것은?

① 증폭기(Booster)
② 라우터(Router)
③ 컨버터(Converter)
④ 혼합기(Mixer)

해설 라우터는 LAN 장비의 구성기기로 동일 프로토콜을 쓰는 다른 랜의 계층 간 연결과 외부 네트워크 연결 시 사용되는 기기이다.

03 빌딩 정보설비

1. 근거리 통신망(LAN) 설비

구내 여러 대의 PC와 그 주변장치들이 전용의 통신회선을 통해 서로 연결되도록 하는 설비

【LAN 장비 및 기기】

장비	주요 기능
LAN card	네트워크 스테이션과 네트워크 간 연결장치로 자료 송수신의 핵심장비이다.
Hub	여러 대의 PC, 주변 기기를 연결하는 장비
Switch	정보 전달 경로 및 회선 선택
Repeater	데이터 신호 증폭 및 재전송하는 장비
Bridge	신호를 선택적으로 전송할 수 있는 기능을 가진 리피터를 말한다.
Router	동일 프로토콜을 쓰는 다른 랜의 계층 간 연결과 외부 네트워크 연결 시 사용
Gate Way	서로 다른 네트워크의 특성을 상호 변환시켜 호환성 있는 정보를 전송할 수 있도록 하는 장비로서 전송속도 차이, 프로토콜 변환, 주소변환 등의 기능
Access Point	컴퓨터 통신, 인터넷에 접속하기 위한 장비

2. 홈 네트워크 설비

주택의 성능과 주거의 질 향상을 위해 세대 또는 주택단지 내 지능형 정보통신 및 가전기기 등의 상호 연계를 통하여 통합된 주거 서비스를 제공하는 설비를 말한다.

> 홈 네트워크 필수설비는 상시전원에 의한 동작이 가능하고, 정전 시 예비전원이 공급될 수 있도록 하여야 한다(홈 네트워크 필수 설비: 홈 네트워크 망, 홈 네트워크 장비).

【홈 네트워크 구성기기】

구분		구성기기
홈 네트워크 망		단자망(집중구내 통신실-세대), 세대망(세대 내 연결 망)
홈 네트워크 장비	홈 게이트웨이	사용기기들을 유무선 네트워크로 연결
	세대 단말기	설비의 성능을 제어/확인, 사용자인터페이스 제공 장치
	단지네트워크 장비	홈 게이트웨이와 단지서버 간 통신/보안을 수행하는 장비
	단지 서버	설비를 총괄적으로 관리, 각종 데이터 저장 및 관리
홈 네트워크 사용기기		원격검침, 화재/방범 감지기, 전자출입 및 차량출입, 무인택배 시스템 등

3. 전기시계 설비

전기시계 설비는 일반적으로 모자식을 의미하며 자시계와 모시계의 특성은 다음 표와 같다.

자시계	모시계
• 벽걸이형은 일반 사무실에 적용 • 반매립형은 건축적 의장이 고려되는 곳에 적용(임원실, 식당, 카페테리어 등) • 매립형은 현관, 로비, 홀등 내구성 벽 부분에 적용 • 강당, 공연장은 식별가능 거리로 크기와 수량 확정 • 설치 높이는 하단부가 2 m 이상으로 함 • 일반적으로 유극식 사용	• 탁상형, 벽걸이형 모시계는 회로수가 3회로 이내 시 사용 • 자립형 모시계는 회로수가 3회로 이상 시 사용 • 방재센터, 관리소 등에 설치 • 배선의 전압강하는 10% 이하가 되도록 함 • 온도변화, 습기, 진동 많은 장소는 피할 것 • 일반적으로 수정식을 사용

4. 원격검침 설비

전기 및 수도와 같이 검침이 필요한 설비의 사용량을 전기와 통신선로를 이용하여 자동 검침하여 요금정산 및 청구서 발행업무 등을 자동으로 전산 처리한 설비를 말한다.

구성기기로는 원격식 계량기, 세대 원격검침장치, 중계 장치, 주 제어장치 및 원격자동검침 서버로 구성되며, 전송선로는 전기배선과는 가능한 이격하고 별도 루트로 하며, 사용전선은 전자유도 장해 발생을 억제하기 위해 쌍꼬임 케이블이나 광케이블을 사용한다.

【원격검침 전송선로 시스템 종류】

구분	시스템 개요	비고
통신망 이용방식	빌딩 내 근거리통신망(LAN)을 이용하여 세대 원격장치부터 중앙관제장치까지 신호를 전송	LAN 시스템 일부로 구성
전기선 이용방식	기존 전기선을 이용하여 신호전송의 일부구간 또는 전부를 담당하는 방식	전력선 정합장치
전용선 사용방식	원격검침 전용 전송선로를 구성	전용회로 구성

5. 표시 설비

표시설비는 전기 에너지를 사용한 광원 및 VDT(CRT, LCD, PDP 등)로 문자, 도형, 영상으로 나타내어 안내, 표시, 중계, 연락 및 호출의 용도로 사용하는 설비를 말한다.

① 회사 및 관공서: 출퇴근 표시장치

② 병원: 투약표시장치, 간호사 호출표시장치, 투약표시장치

③ 경기장: 기록표시장치, 영상디스플레이 장치

④ 교통기관 청사, 대합실: 발착표시, 행선지 안내표시, 운항표시

⑤ 기타: 안내용 디스플레이 설비

Q5. 다음 중 LAN 시스템의 주요 구성기기에 속하지 않는 것은?

① LAN card ② Hub
③ Gate way ④ 분기기

해설 분기기, 분배기는 TV 공청설비의 선로기기 종류이다.

Q6. 홈 네트워크 시스템의 필수 기기가 아닌 것은?

① 홈 네트워크 망 ② 홈 게이트웨이
③ 화재 및 방법 감지기 ④ 세대 단말기

해설 홈 네트워크 시스템의 필수 기기는 홈 네트워크 망과 홈 네트워크 장비이며, 홈 네트워크 장비는 홈 게이트웨이, 세대 단말기, 단지 네트워크 장비 및 단지 서버를 말한다.

Q7. 다음 중 전기시계 설비에 관한 설명 중 옳지 않은 것은?

① 자립형 모시계는 회로수가 3회로 이상 시 사용한다.
② 자시계는 일반적으로 유극식을 사용한다.
③ 모시계는 일반적으로 수정식을 사용한다.
④ 자시계의 설치 높이는 하단부가 1.5 m 이상으로 한다.

해설 자시계의 설치 높이는 하단부가 2 m 이상으로 한다.

Q8. 빌딩 내 근거리통신망(LAN)을 이용하여 세대 원격장치부터 중앙관제장치까지 신호를 전송하는 원격검침 시스템의 전송선로 방식은?

① 통신망 이용방식 ② 전기선 이용방식
③ 전용선 사용방식 ④ 세대 단말기

해설 원격검침 전송선로의 종류로는 통신망 이용방식, 전기선 이용방식, 전용선 사용방식이 있으며, 전기선 이용방식은 기존 전기선을 이용해 신호전송의 일부 또는 전부를 담당하는 방식이다.

CHAPTER 04 필수 확인 문제

01 다음 중 약전설비(소세력 전기설비)에 속하지 않는 것은? [기18]

① 조명설비
② 전기음향설비
③ 감시제어설비
④ 주차관제설비

> 소세력 회로란, 건축물에 설치되는 60 V 이하의 전압을 사용하는 회로를 말한다.
> 정답 ①

02 정보통신 설비는 정보설비와 통신설비로 구분할 수 있다. 다음 중 정보설비에 속하지 않는 것은? [기13]

① 전화설비
② 인터폰 설비
③ TV 공청설비
④ 전기시계 설비

> 통신설비는 음성 및 영상 통신설비로 나뉘며, 음성통신에는 전화/인터폰/방송/무선통신 설비가 속하고, 영상 통신설비에는 TV 및 화상회의 시스템이 속한다. 전기시계는 시간 정보설비이다.
> 정답 ④

03 인터폰설비의 통화망 구성 방식에 속하지 않는 것은? [산15, 18]

① 모자식
② 연결식
③ 상호식
④ 복합식

> 모자식: 자기는 모기하고만 통화가 가능
> 상호식: 어떤 기기에서도 임의의 기기에 호출 통화가 가능
> 복합식: 모기 상호간, 모기에 접속된 모자 간 통화도 가능
> 정답 ②

04 공동주택에서 각종 정보를 관리하는 목적으로 관리인실에 설치하는 공동주택 관리용 인터폰의 기능에 속하지 않는 것은? [산19]

① 주출입구의 개폐기능
② 전기절약을 위한 전등 소등 기능
③ 비상 푸시버튼에 의한 비상통보기능
④ 방범스위치에 의한 불법침입통보기능

> 용도별 인터폰 분류
>
> | 종류 | 주요 기능 |
> |---|---|
> | 집합주택 관리용 | • 집합주택에서 각종 정보를 관리하는 목적으로 관리실에 설치
• 비상통보 기능, 방재통보 기능, 불법침입 통보 기능, 현관문 개폐기능 등 |
>
> 정답 ②

05 방송 공동 수신설비를 설치하여야 하는 대상건축물에 속하지 않는 것은? [기17]

① 다가구주택
② 다세대주택
③ 바닥면적의 합계가 5,000 m²으로서 업무시설의 용도로 쓰는 건축물
④ 바닥면적의 합계가 5,000 m²으로서 숙박시설의 용도로 쓰는 건축물

◎ 방송 공동 수신설비 의무설치 대상 (건축법 시행령 제87조 4항)
1) 공동주택
2) 바닥면적의 합계가 5,000 m² 이상으로서 업무시설이나 숙박시설의 용도로 쓰는 건축물

정답 ①

06 TV 공청설비의 주요 구성기기에 속하지 않는 것은? [기13, 19]

① 증폭기
② 월패드
③ 컨버터
④ 혼합기

◎ 월패드는 주방 또는 거실 벽에 부착되어 도어폰 기능 및 조명, 보일러, 가전제품 등의 각종 기기를 제어하는 단말기를 말하는 홈 네트워크용 기기이다.

정답 ②

CHAPTER 05 접지 및 전기방재 설비

빈출 KEY WORD # 접지시스템 종류와 구성요소 # 감전보호를 위한 방법 # 누전차단기 설치장소
피뢰설비 수뢰부 시스템의 보호방식 # 감지기 종류별 동작특성

01 접지 시스템

접지시스템은 '계통접지, 보호접지, 피뢰시스템 접지'로 구분되며, 시설 종류에는 '단독접지, 공통접지 및 통합 접지'가 있다.

종류	주요 내용
계통접지	• 전력계통의 이상현상에 대비하여 대지와 계통을 접속하는 접지 • 변압기 중성선(저압측 1단자 시행 접지 포함)을 대지에 접속하는 접지
보호접지	• 고장 시 감전에 대한 보호를 목적으로 기기의 한 점 이상을 접지
피뢰접지	• 뇌전류를 대지로 안전하게 방류하여 인명과 재산 등을 보호하는 접지
단독접지	• (특)고압 계통의 접지극과 저압 접지계통의 접지극을 독립적으로 시설하는 접지
공통접지	• 기능상 목적이 같은 접지들끼리 전기적으로 연결한 접지 • (특)고압 접지계통과 저압 접지계통의 등전위 형성을 위해 공통으로 접지
통합접지	• 기능상 목적이 서로 다르거나 동일 목적의 개별접지들을 전기적으로 서로 연결 • 계통접지, 통신접지, 피뢰접지의 접지극을 통합하여 등전위를 형성하는 접지

▶ 전기설비 접지계통과 피뢰설비 및 통신설비 등의 접지극을 공용하는 통합접지의 경우, 낙뢰 등의 과전압으로부터 전기설비 등을 보호하기 위해 서지보호장치(SPD)를 설치해야 한다.

▶ 고압 또는 특고압전기설비의 접지는 원칙적으로 공통접지 및 통합접지에 적합할 것

▶ 기존 판단기준의 제1종, 제2종, 제3종 및 특별3종 접지공사는 폐지(2022.01.01)

1. 접지 시스템 요건

전력계통 이상(고장)시 전위상승 억제와 고전압의 침입 등에 의한 감전, 화재 방지, 보호계전기 동작 안정 및 전기설비의 신뢰도 향상을 위하여 전기설비의 필요한 곳에 접지를 실시해야 하며, 접지 시스템이 갖춰야 할 요건은 아래와 같다.
① 지락고장전류 및 보호도체 전류를 안전하게 대지로 방전시킬 수 있을 것
② 접지저항 값은 고장보호에서 정해진 인체감전보호를 위한 값과 전기설비의 기능적 요구에 따라 정해진 값을 충족할 것
③ 부식, 건조 또는 동결로 인한 접지저항의 변화에 의해 영향을 받지 않을 것

2. 접지 시스템 구성 요소

접지 시스템은 접지극, 접지도체, 보호도체 및 기타설비로 구성된다.

(1) 접지극

접지극은 콘크리트 매입 기초접지극, 토양매설 기초접지극, 토양에 매설된 접지봉/관/접지선/판, 요건에 적합한 케이블 금속외장 또는 지중 금속 구조물, 콘크리트에 용접된 철근(PS 콘크리트 제외) 등을 사용할 수 있다.

접지극 매설/시공에 대한 고려사항은 아래와 같다(다만, 보호 등전위본딩은 예외로 한다).

① 접지극은 매설하는 토양을 오염시키지 않아야 하며, 가능한 다습한 부분에 설치한다.
② 고압 이상의 전기설비와 변압기 중성점 접지극의 매설 깊이는 지표면으로부터 지하 0.75 m 이상으로 한다.
③ 접지 도체를 철주 기타의 금속체를 따라 시설하는 경우 접지극을 철주의 밑면으로부터 0.3 m 이상의 깊이에 매설하는 경우 이외에는 접지극을 지중에서 그 금속체로부터 1 m 이상 이격시켜 매설해야 한다.
④ 서로 다른 재질의 접지극 연결 시 전식을 고려해야 한다.
⑤ 콘크리트 기초접지극에 접속하는 접지도체가 용융아연도금강제인 경우 접속부를 토양에 직접 매설해서는 안된다.
⑥ 접지극 접속 시, 압착접속, 클램프 또는 그 밖의 적절한 기계적 접속장치로 접속하여야 한다.
⑦ 가연성 액체나 가스를 운반하는 금속제 배관은 접지설비의 접지극으로 사용할 수 없다.

(2) 접지도체

계통, 설비 또는 기기의 1점과 접지극 간의 도전성 경로를 구성하는 도체를 말한다.

① 접지도체와 접지극의 접속부는 압착접속, 클램프 또는 그 밖에 적절한 기계적 접속장치에 의해 견고하고 전기적인 연속성이 보장되어야 한다.
② 납땜에만 의존하는 접속을 사용해서는 안 된다.
③ 접지도체는 지하 0.75 m부터 지표상 2 m까지 부분은 합성수지관(두께 2 mm 미만의 합성수지제 전선관 및 가연성 콤바인덕트관은 제외) 또는 이와 동등 이상의 절연효과와 강도를 가진 몰드로 덮어야 한다.

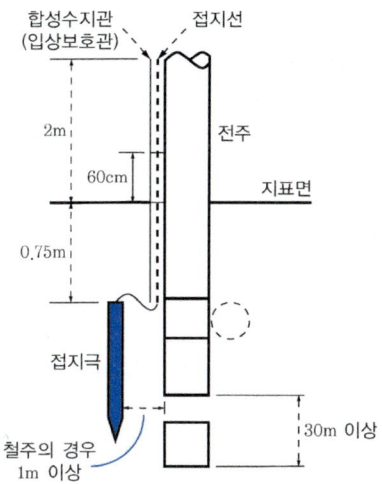

【접지극 및 접지도체의 매설과 보호】

(3) 보호도체(PE, Protective Conductor)

주 접지단자와 노출도전부(기기 외함 등)의 접지점을 연결하는 도체로 안전을 목적(감전보호)으로 설치된 도체를 말한다.

▶ 보호도체에는 어떠한 개폐장치를 연결해서는 안 된다.

▶ 본딩도체: 접지단자와 금속제 창문 등 계통 외 도전부의 접지점을 연결하는 도체

(4) 주 접지단자(기존의 접지 단자함)

주 접지단자는 접지하는 것을 목적으로 보호도체의 접속에 사용되는 단자 또는 모선을 말한다.

3. 계통접지

저압전로의 중성선(변압기 2차 중성점 접지)의 접속 방식 및 보호도체 구성방식에 따라 접지계통은 TN 계통, TT 계통, IT계통으로 분류된다.

▶ 2022년 1월 1일 부터 '한국전기설비 규정'에서 접지대상에 따라 일괄 적용한 종별접지(1종, 2종, 3종, 특3종)방식 설계는 폐지

계통접지 방식		주요 내용
TN 계통방식	공통 사항	• 전력 공급 측을 직접 접지 • 기기의 노출 도전성 부분을 보호도체를 통해 전원의 접지점으로 연결 - 지락고장(누전) 시 단락상태가 되어 큰 전류가 흐름 • 과전류 차단기로 지락 보호
	TN-S	• 계통 전체에 대해 별도의 중성선과 PE 도체를 분리해서 사용
	TN-C	• 계통 전체에 대해 중성선과 보호도체의 기능을 동일도체(PEN)로 겸용
	TN-C-S	• 계통 일부분에서 PEN 도체 사용하거나 중성선과 별도의 PE도체를 사용
TT 계통방식		• 전력 공급 측은 직접접지 • 기기의 노출, 도전성 부분은 전원측 접지전극과는 독립된 접지극으로 접속 - 지락고장(누전) 시 지락고장 전류는 접지저항 값에 의해 제한 • 과전류 차단기, 지락보호는 누전차단기로 보호
IT 계통방식		• 전력 공급 측은 대지로부터 절연시키거나 임피던스를 통해 접지 • 기기의 노출, 도전성 부분은 일괄적으로 계통의 PE 도체에 접속

【계통접지에서 사용되는 문자의 정의】

문자		주요 내용
제1문자	T	한 점을 대지에 직접 접지
	I	모든 충전부를 대지와 절연시키거나 고임피던스로 한 점을 대지에 직접 접지
제2문자	T	노출 도전부를 대지에 직접 접속(전원계통 접지와 무관)
	N	노출도전부를 전원계통의 접지점에 직접 접속
그 다음 문자	S	중성선 또는 접지선 외 별도 도체에 의해 제공되는 보호 기능
	C	중성선과 보호기능을 한 개의 도체로 겸용(PEN 도체)

4. 감전보호용 등전위본딩

> 등전위: 모든 지점에서 전위차가 없어 전하를 이동시킬 때 필요한 일의 양은 0이다.

등전위본딩은 등전위를 형성하기 위해 도전부 상호 간을 전기적으로 연결하는 것을 말한다.

등전위본딩 종류		등전위본딩 대상
감전보호용 등전위본딩	보호 등전위본딩	건축구조물의 외부에서 들어오는 각종 금속제 배관
	보조보호 등전위본딩	전원자동차단에 의해 감전보호방식에서의 보조 보호 방식
	비접지 국부 등전위본딩	절연성 바닥으로 된 비접지 장소
피뢰시스템 등전위본딩	금속설비 등전위본딩	구조물에 접속된 외부 도전성 부분
	인입설비 등전위본딩	건축물의 외부에서 내부로 인입되는 설비
	내부 피뢰시스템	구조물 내부의 전기전자 시스템

※ KEC 시공 가이드북 2022 발췌

Q1. 접지 시스템의 시설종류에 해당하지 않는 것은?

① 단독접지　　　② **종별접지**
③ 공통접지　　　④ 통합접지

해설 기존 전기설비 판단기준의 제1종, 제2종, 제3종 및 특별3종 접지공사는 폐지(2022.01.01)

Q2. 다음 설명에 알맞은 계통접지 방식은?

- 전력 공급 측은 대지로부터 절연시키거나 임피던스를 통해 접지
- 기기의 노출, 도전성 부분은 전원측 접지전극과는 독립된 접지극으로 접속하는 방식

① TN-S　　　② TN-C
③ TN-C-S　　④ **IT**

해설 TN 계통방식은 전력 공급 측을 직접 접지하고 기기의 노출 도전성 부분을 보호도체를 통해 전원의 접지점으로 연결하는 방식이다.

5. 감전에 대한 보호

감전이란 사람이나 가축의 몸을 통해 흐르는 전류로 인한 생리적 영향으로 정의되며, 이는 전류감지, 근육반응, 심실 세동, 화상 등을 말한다.

(1) 감전보호를 위한 방법

종류	기본 보호	고장 보호	특별 저압보호
개념	정상운전 중인 전기설비의 충전부에 접촉하는 경우 감전보호	전기설비 누전 등 고장이 발생한 기기에 접촉하는 경우 감전보호	인체에 위험을 초래하지 않을 정도의 저압 전원회로에 의한 보호(AC 50 V, DC 120 V 이하)
보호 방법	• 충전부 절연 • 격벽 또는 외함 • 접촉범위 밖 배치	• 이중절연 / 강화절연 • 보호 등전위본딩 • 전원 자동차단 • 전기적 분리 • 비도전성 장소	• 비접지 회로 적용 SELV • 접지회로 적용 PELV • 기능적 특별저압 사용 시 적용 FELV

※ KEC 시공 가이드북 2022 발췌

(2) 누전차단기(RCD, Residual Current Protective Device)의 시설

누전차단기 설치대상은 금속제 외함을 가지고 사용전압이 50 V를 초과하는 저압의 기계기구로 사람이 쉽게 접촉할 우려가 있는 곳에 설치되는 전원공급 전로이며, 한국전기설비규정(KEC)에서 특별히 누전차단기 설치를 요구하는 경우는 아래와 같다.

① 주택의 인입구
② 욕실 또는 화장실에 콘센트를 시설하는 경우(정격감도전류 15 mA 이하)
③ 보안등, 조경등 등으로 시설하는 방전등에 공급하는 전로
④ 수중 조명등의 절연변압기의 2차측 전로의 사용전압이 30 V를 초과하는 경우

▶ 저압용 비상용 조명장치, 비상용승강기, 유도등, 철도용 신호장치, 비접지 저압전로 등 기타 그 정지가 공공의 안전 확보에 지장을 줄 우려가 있는 기계기구에 전기를 공급하는 전로의 경우, 그 전로에서 지락이 발생 시 이를 기술원 감시소에 경보하는 장치를 설치한 때에는 누전차단기를 시설하지 않을 수 있다.

Q3. 정상운전 중인 전기설비의 충전부에 접촉하는 경우 감전보호 방법이 아닌 것은?

① 충전부 절연
② 격벽 또는 외함 설치
③ 이중절연
④ 접촉범위 밖 배치

해설 이중절연 방식은 전기설비 누전 등 고장이 발생한 기기에 접촉하는 경우 감전보호 방식이며, 이중절연 방식 외 보호 등전위본딩, 전원자동차단, 전기적 분리, 비도전성 장소 등이 있다.

Q4. 다음 설명에 알맞은 차단기는?

• 금속제 외함을 가지고 사용전압이 50 V를 초과하는 저압의 기계기구로 사람이 쉽게 접촉할 우려가 있는 곳에 설치되는 전원공급 전로에 설치되는 차단기
• 욕실 또는 화장실에 콘센트를 시설 시 정격감도 전류는 15 mA 이하

① 배선용 차단기(MCCB)
② 누전 차단기(RCD)
③ 진공 차단기(VCB)
④ 단로기(DS)

해설 누전 차단기의 주목적은 지락고장(누전) 차단으로 한국전기설비규정에서 특별히 누전차단기 설치를 요구하는 장소를 제시하고 있으며, 특히 욕실/화장실에 시설하는 경우 누전차단기의 정격감도 전류를 15mA 이하이어야 한다.

⑤ 교통신호등 회로
⑥ 파이프 라인 등의 전열장치에 전기를 공급하는 전로
⑦ 비상조명을 제외한 조명용 분기회로 및 정격 32 A 이하의 콘센트용 분기회로
⑧ 이동식(조립)주택에 공급하기 위해 고정 접속되는 최종 분기회로
⑨ 의료장소의 전로

> **의료장소별 접지계통**
> 의료용 전기기기의 장착부(의료용 기기의 일부로서 환자의 신체와 필연적으로 접촉되는 부분)의 사용방법에 따라 의료장소를 구분하고 각 장소별 적합한 접지계통을 적용한다.

Group	의료장소	적용 접지 계통
0	장착부를 사용하지 않는 의료장소: 일반병실, 진찰실, 검사실, 처치실, 재활 치료실	TT 또는 TN 계통접지
1	장착부를 신체 외부 또는 심장부위 제외한 신체 내부에 삽입하는 의료장소 분만실, MRI실, X선 검사실, 회복실, 인공투석실 내시경실	TT 또는 TN 계통접지
2	장착부를 환자 심장 부위에 삽입 또는 접촉시켜 사용하는 의료장소: 심장카테터실, 심혈관 조영실, 중환자실, 마취실, 수술실, 회복실	의료 IT 계통접지

02 피뢰 시스템

낙뢰로 인하여 발생할 수 있는 화재, 파손 또는 인축의 상해 등을 방지할 목적으로 피보호 대상물에 설치하는 돌침, 피뢰도선 및 접지 전극 등으로 구성된 설비를 말한다. 직격뢰로부터 대상물을 보호하기 위한 외부 피뢰 시스템과 간접뢰 및 유도뢰로부터 보호하기 위한 내부 피뢰 시스템으로 구성된다.

1. 적용 대상

(1) 전기전자설비가 설치된 건축물, 구조물로서 낙뢰로부터 보호가 필요한 것
(2) 지상으로부터 높이가 20 m 이상인 것과 전기/전자설비 중 낙뢰로부터 보호가 필요한 설비

> **피뢰레벨과 해당 건축물 예**
> - Level Ⅰ: 그 자체로 가장 큰 피해가 우려되는 건축물(화학, 원자력, 생화학 건물)
> - Level Ⅱ: 주변에 화재, 폭발 등 피해 우려가 있는 건축물(정유공장, 주유소 등 위험물 제조소)
> - Level Ⅲ: 공공 서비스 상실의 피해가 우려되는 건축물(전화국, 발전소 등 국가 중요 시설물)
> - Level Ⅳ: 일반 건축물(주택, 농장)

2. 외부 피뢰 시스템

수뢰부 시스템, 인하도선 시스템 및 접지극 시스템으로 구성된다.

(1) 수뢰부 시스템
① 돌침, 수평도체, 메시도체의 요소 중 한 가지 또는 이를 조합한 형식이어야 한다.
② 수뢰부 시스템 배치는 보호각법, 회전구체법, 메시법 중 하나 또는 조합된 방법이어야 한다.

보호 방식	주요 내용
보호각법	• 피뢰침 보호각 내 보호하는 방법 • 간단한 형상의 건축물 등에 적용(건축물 등의 지상고가 60 m 이하)
회전구체법	• 피뢰침과 지면에 닿는 회전구체를 그려 회전구체가 닿지 않는 부분이 보호범위임 • 건축물 등의 지상고가 60 m를 초과 시 적용
메시법	• 보호건물 주위에 망상 도체를 적당한 간격으로 설치하여 보호하는 방법 • 메시도체로 둘러싸인 안쪽을 보호범위로 선정하는 방법

【보호등급별 회전구체 반지름, 메시치수와 보호각 최대값】

보호등급	회전구체 반지름 [m]	메시치수 [m]	보호각 (α)
I	20	5 × 5	
II	30	10 × 10	
III	45	15 × 15	
IV	60	20 × 20	

※ 표를 넘는 범위에는 적용할 수 없으며, 회전 구체법과 메시 도체법만 적용 가능
※ H는 보호대상 지역 기준평면으로부터의 높이임

(2) 인하도선 시스템

수뢰시스템과 접지 시스템을 전기적으로 연결하는 시스템을 말한다.

① 복수(2조 이상)의 인하도선을 병렬로 구성해야 하고 도선 경로의 길이가 최소가 되도록 한다.

② 벽이 불연성 재료인 경우에는 벽의 표면 또는 내부에 시설할 수 있다. 단, 벽이 가연성 재료인 경우에는 0.1 m 이상 이격하고, 이격이 불가능한 경우 도체의 단면적을 100 mm^2 이상으로 한다.

③ 건축물, 구조물의 투영에 따른 둘레에 가능한 균등한 간격으로 배치하며, 노출된 모서리 부분에 우선하여 설치한다. 병렬 인하도선의 최대 간격은 보호등급에 따라 아래 표에 따른다.

【보호등급에 따른 인하도선간 평균거리】

보호등급	인하도선 평균거리 [m]
I	10
II	10
III	15
IV	20

④ 수뢰부 시스템과 접지극 시스템 사이 전기적 연속성이 형성되도록 시공하여야 한다.

• 경로는 가능한 루프형성이 되지 않도록 하고 최단거리로 곧게 수직으로 시설
• 처마 또는 수직으로 설치 된 홈통 내부에 시설 불가

- 철근콘크리트 구조물의 철근을 자연적구성부재의 인하도선으로 사용하기 위한 전기적 연속성 적합성은 해당하는 금속부재의 최상단부와 지표 레벨 사이 직류전기 저항을 0.2 Ω 이하로 한다.

(3) 접지극 시스템

뇌전류를 대지로 방류시키기 위한 시스템으로 접지극의 저항 값, 접지극의 형상, 치수 등이 주요 인자이다.

① 접지극의 형태와 배치

A형 접지극 또는 B형 접지극 중 하나 또는 조합하여 시설

항목	A형 접지극	B형 접지극
형태	판상 접지극/ 수직 접지극/ 수평 접지극	환상 접지극/ 기초 접지극/ 메시 접지극
적용	토양의 대지 저항률이 낮은 소규모 구조물 (최소 2개 이상을 균등 간격으로 배치)	암반지역으로 대지저항이 높은 대지 전자통신 시스템을 많이 사용하는 시설

② 접지극 시설
- 지표면에서 0.75 m 이상 깊이로 매설
- 접지극 재료는 환경오염 및 부식의 문제가 없어야 한다.
- 철근콘크리트 기초 내부 상호 접속된 철근 등 자연적 구성부재는 접지극으로 사용 가능

3. 내부 피뢰 시스템

내부 피뢰 시스템은 뇌전류에 의해 구조물 내부에서 위험한 불꽃방전의 발생을 방지하기 위해 시설하는 시스템으로 이러한 불꽃방전 방지를 위한 방법은 아래와 같다.

(1) 피뢰구역의 경계부분에서는 접지 또는 본딩 실시

(2) 수뢰부, 인하도선과 구조체의 금속설비, 내부 시스템 사이의 전기적 절연을 위해 이격거리 확보

> SPD: Surge Protective Device

(3) 전기전자설비 등에 연결된 전선로를 통해 서지 유입 예상 시 해당 선로에 서지 보호장치(SPD) 설치(통합접지의 경우 SPD 설치는 필수)

(4) 피뢰등전위본딩

뇌전류에 의한 전위차 해소를 위해 직접적인 도선 접속 또는 서지 보호장치로 분리된 금속부를 피뢰시스템에 본딩하는 것을 말하며 등전위본딩의 상호 접속은 아래와 같다.

① 자연적 구성부재의 본딩으로 전기적 연속성을 확보할 수 없는 장소: 본딩도체로 연결

② 본딩도체로 직접 접속할 수 없는 장소: 서지보호장치(SPD)

③ 본딩도체로 직접 접속이 허용되지 않는 장소: 절연방전갭(ISG)

Q5. 피뢰설비를 설치하여야 하는 건축물의 높이 기준은?

① 15 m 이상
② 20 m 이상
③ 30 m 이상
④ 35 m 이상

해설 피뢰설비 설치 대상은 전기전자설비가 설치된 건축물, 구조물로서 낙뢰 보호가 필요한 것과 지상으로부터 높이가 20 m 이상인 것과 전기/전자설비 중 낙뢰로부터 보호가 필요한 설비이다.

Q6. 피뢰설비 중 인하도선 시스템의 건축물·구조물과 분리되지 않은 피뢰시스템인 경우에 대한 설명으로 틀린 것은?

① 인하도선의 수는 1가닥 이상으로 한다.
② 벽이 불연성 재료로 된 경우에는 벽의 표면 또는 내부에 시설할 수 있다.
③ 병렬 인하도선의 최대간격은 피뢰 시스템 등급에 따라 IV 등급은 20 m로 한다.
④ 벽이 가연성 재료인 경우에는 0.1 m 이상 이격하고, 이격이 불가능한 경우, 도체의 단면적을 100 mm² 이상으로 한다.

해설 인하도선은 수뢰시스템과 접지시스템을 전기적으로 연결하는 시스템으로 복수(2조 이상)의 인하도선을 병렬로 구성해야 하고 도선의 길이가 최소가 되도록 한다.

03 전기소방 설비

1. 자동화재 탐지 설비

화재를 감지하여 이를 통보함으로서 사람들을 대피시키고, 화재 초기단계에서 소화활동이 가능하게 하여 화재로 인한 인명과 재산의 피해를 최소화하기 위한 시스템이며, 수신기, 중계기, 감지기, 발신기 및 음향장치 등으로 구성된다.

(1) 수신기

감지기나 발신기에서 발하는 화재신호를 직접 수신하거나 중계기를 통해 수신하여 화재의 발생을 표시 및 경보하여 주는 장치로 종류는 아래와 같다.

① P형(1급, 2급): 감지기 또는 발신기의 신호를 받아 경보를 발하는 시스템
② R형: 감지기 또는 발신기의 신호를 중계기를 거쳐 수신
③ GP형(1급, 2급), GR형: P형 및 R형 수신기에 가스누설 경보 기능이 추가된 수신기
④ M형: 소방서에 설치되는 수신기

【화재 수신기 비교】

항목	P형 수신기	R형 수신기
적용 대상물	중·소형 소방 대상물	대형 소방대상물
신호전달 방식	개별 신호방식	다중 신호방식
신호의 종류	전체 회로의 공통신호 방식	각 회로마다 고유신호 방식
중계기	불필요	필요
경제성	수신기 자체는 저가이나 배관, 간선 수가 많아 시스템 비용 및 인건비가 많이 들고 증설이 어려움	수신기 자체는 고가이나, 배관, 간선 수가 적고 증설, 이설 등의 용이

(2) 중계기

감지기, 발신기 또는 전기적 접점 등의 작동신호를 받아 이를 수신기의 제어반에 전송하는 장치

(3) 발신기

① 층마다 설치하되 해당 소방대상물의 각 부분으로부터 발신기까지 수평거리가 25 m 이하가 되어야 한다(단, 복도 또는 별도 구획된 실로 보행거리가 40 m 이상인 경우는 추가 설치).

② 일반적으로 지구경종, 위치 표시등과 일체화된 패널형태의 단독형 또는 소화전함과 일체형으로 설치되며, 스위치까지의 높이를 바닥에서 80 cm 이상 1.5 m 이하에 설치한다.

③ 표시등 불빛은 부착면으로부터 15° 이상의 범위에서 부착지점으로부터 10 m 이내 어느 곳에서도 쉽게 식별할 수 있는 적색등으로 하여야 한다.

(4) 감지기

① 화재 시 발생하는 열, 연기, 불꽃 또는 연소 생성물을 자동 감지하여 수신기에 발신하는 장치

② 정온식 감지기는 공칭작동온도가 최고주위온도보다 20℃ 이상 높은 장소에 설치한다(주방 등).

③ 스포트형 감지기는 45° 이상 경사되지 아니하도록 부착해야 한다.

④ 층수가 30층 이상의 특정소방대상물에 설치하는 감지기는 아날로그 방식의 감지기를 설치한다.

⑤ 감지기는 감지대상, 감지방식, 감지범위에 따라 여러 가지로 분류되며, 부착높이, 소방대상물의 구조 및 설치장소에 따라 감지기 형식과 수량이 달라진다.

【감지기 종류별 동작특성】

항목	감지기 종류	동작 특성
열 감지기	차동식 스포트형	한 지점의 주위온도가 일정 온도 상승률 이상이 되었을 때 동작
	정온식 스포트형	한 지점의 주위온도가 일정 온도 이상이 되었을 때 동작
	차동식 분포형	주위온도가 일정 온도상승률 이상 시 열 효과의 누적으로 동작
	보상식 감지기	정온식과 차동식의 성능을 겸하며 어느 한 기능이 작동되면 동작
연기 감지기	광전식	한 지점의 연기에 의한 광전소자의 수광량 변화로 동작
	이온화식	주위가 일정 농도 이상의 연기를 포함 시 발생하는 이온전류의 변화로 동작
불꽃 감지기		연소 시 발생된 불꽃의 복사에너지를 감지
아날로그 감지기		감지기마다 고유주소를 가지고 주위온도와 연기량 변화에 따라 다른 전류치, 전압치의 출력을 발신하는 감지기

> **정온식 감지선형 감지기**
> 일정 온도 이상이 되었을 때 가용절연물이 녹아 2개의 전선이 접촉하여 화재신호를 수신기에 보내 동작하는 감지기

【부착면의 높이에 따른 감지기 종류】

부착면 높이	감지기 종류
4 m 미만	• 차동식(스포트형, 분포형), 보상식 스포트형, 정온식(스포트형, 감지선형) • 이온화식 또는 광전식(스포트형, 분리형, 공기흡입형) • 열복합형, 연기복합형, 열연기 복합형, 불꽃 감지기
4 m 이상 8 m 미만	• 차동식(스포트형, 분포형), 보상식 스포트형 • 정온식(스포트형, 감지선형) 아날로그식 특종 또는 1종 • 이온화식 아날로그식 1종 또는 2종 • 광전식(스포트형, 분리형, 공기흡입형) 아날로그식 1종 또는 2종 • 열복합형, 연기복합형, 열연기 복합형, 불꽃 감지기
8 m 이상 15 m 미만	• 차동식 분포형, 이온화식 아날로그식 1종 또는 2종 • 광전식(스포트형, 분리형, 공기흡입형) 아날로그식 1종 또는 2종 • 연기 복합형, 불꽃 감지기
15 m 이상 20 m 미만	• 이온화식 아날로그식 1종 • 광전식(스포트형, 분리형, 공기흡입형) 아날로그식 1종 • 연기 복합형, 불꽃 감지기
20 m 이상	• 불꽃 감지기, 광전식(분리형, 공기흡입형) 중 아날로그 방식

2. 피난 유도설비

화재 시 빌딩 거주 인원을 신속하게 피난할 수 있도록 피난구 위치, 피난 방향을 표시하는 설비를 말하며, 정상 시 상용전원으로 켜지고 정전 시 비상전원으로 자동 전환되어 켜지는 설비를 말한다.

> 소방시설 중 피난설비에 해당되는 설비는 피난기구, 인명구조기구, 유도등, 비상조명등 및 휴대용 비상조명이다.

비상전원은 유도등을 20분 이상 유효하게 작동시킬 수 있어야 하며, 지하층을 제외한 층수가 11층 이상의 층, 지하층 또는 무창층으로 용도가 도소매시장,

---

Q7. 다음 설명에 알맞은 소방 설비는?

> 화재를 감지하여 이를 조기 통보함으로서 사람들을 대피시키고, 화재 초기단계에 소화활동이 가능하게 하여 화재로 인한 인명과 재산의 피해를 최소화하기 위한 시스템으로 수신기, 중계기, 감지기, 발신기 및 음향장치로 구성된 시스템

① 자동화재탐지설비　② 옥내소화전 설비
③ 비상방송설비　　　④ 비상콘센트 설비

[해설] 옥내소화전 설비는 소화설비이고, 비상콘센트 설비는 소화활동설비, 비상방송설비와 자탐설비는 경보설비로 수신기, 중계기, 감지기, 발신기로 구성된 설비는 자탐설비이다.

Q8. 다음 중 감지기의 종별이 옳지 않은 것은?

① 보상식 스포트형 감지기는 차동식 스포트형 감지기와 정온식 스포트형 감지기의 성능을 겸한 것
② 보상식 스포트형 감지기는 차동식 스포트형 감지기 또는 정온식 스포트형 감지기의 성능 중 어느 한 기능이 작동되면 작동신호를 발하는 것
③ 이온화식 감지기는 주위의 공기가 일정한 온도를 포함하게 되는 경우에 작동하는 것
④ 이온화식 감지기는 일국소의 연기에 의하여 이온전류가 변화하여 작동하는 것

[해설] 주위의 공기가 일정한 온도를 포함하게 되는 경우 작동하는 감지기는 정온식 감지기로 주로 주방이나 보일러실과 같은 장소에 적용한다.

여객자동차 터미널, 지하역사 /지하상가의 경우는 유도등을 60분 이상 유효하게 작동시킬 수 있는 용량이어야 한다.

【유도등 종류】

유도등 종류		동작 특성
피난구 유도등		피난구 또는 피난경로로 사용되는 출입구를 표시하여 피난을 유도하는 등
통로 유도등	복도	피난통로가 되는 복도에 설치하여 피난구의 방향을 명시
	거실	거실, 주차장 등 개방된 통로에 설치하여 피난 방향을 명시
	계단	계단이나 경사로에 설치하여 바닥면 및 디딤 바닥면을 비추는 것
객석 유도등		객석의 통로, 바닥 또는 벽에 설치하는 유도등
유도표지		피난구 유도표지, 통로 유도표지가 있으며, 개념은 유도등과 동일
피난 유도선		축광하거나 전류에 따라 빛을 발하는 유도체로 피난을 유도하는 띠 형태로 된 시설

3. 비상콘센트 설비

화재 시 소방대의 조명용 또는 소화 활동상 필요한 장비의 전원을 공급하는 설비를 말한다.

(1) 설치대상

① 지하층을 포함하는 층수가 11층 이상인 특정소방대상물의 경우 11층 이상의 층

② 지하층 층수가 3개층 이상이고 지하층 바닥면적 합계가 1,000 m² 이상인 경우 지하층의 모든 층

③ 지하가 중 터널로서 그 길이가 500 m 이상인 것(가스시설 또는 지하구 제외)

(2) 설계 시 고려사항

① 1회로에 10개 이하로 연결하며 해당 층에 2개 이상인 경우는 별도 회로로 구성

② 바닥으로부터 높이 0.8 m 이상 1.5 m 이하 위치에 설치한다.

③ 전원반에 비상콘센트 회로 명기 및 용량 표기(전원은 220 V 1.5 kVA 이상으로 전용회로일 것)

④ 전원배선은 내화배선 적용

⑤ 계단으로부터 5 m 이내에 위치

4. 항공장애 표시등 설비

비행 중인 조종사에게 장애물의 존재를 알리기 위해 사용되는 설비로 설치대상은 아래와 같다.

장애물 제한구역 안에 있는 물체	장애물 제한구역 밖에 있는 물체
① 비행장 장애물 제한구역 안에 있는 물체 중 지표 또는 수면으로부터 60 m 이상 높이의 물체 ② 비행장 진입표면 또는 전이표면에 해당하는 장애물 제한구역에 위치한 물체의 높이가 진입표면 및 전이표면보다 높을 경우	① 높이가 지표 또는 수면으로부터 150 m 이상인 물체나 구조물체 ② 지표 또는 수면으로부터의 높이가 60 m 인 다음 각 호의 물체 • 굴뚝, 철탑, 기둥, 기타 높이에 비해 그 폭이 좁은 물체 • 골조 형태의 구조물 • 건축물, 구조물 위에 추가 설치한 철탑, 송전탑 등 • 가공선을 지지하는 탑 • 풍력터빈

Q9. 다음 중 피난구 또는 피난경로로 사용되는 출입구를 표시하여 피난을 유도하는 유도등은?

① 피난구 유도등　　② 복도통로 유도등
③ 객석 유도등　　　④ 계단통로 유도등

해설 복도통로 유도등은 피난통로가 되는 복도에 설치하여 피난방향을 명시하고, 계단통로 유도등은 계단이나 경사로에 설치하여 바닥면 및 디딤 바닥면을 비추는 유도등이다. 객석 유도등은 객석의 통로, 바닥 또는 벽에 설치하는 유도등을 말한다.

Q10. 비상콘센트 설비에 관한 설명 중 옳지 않은 것은?

① 지하층 층수가 3개층 이상이고 지하층 바닥면적의 합계가 1,000 m² 이상인 경우 지하층의 모든 층에 설치하여야 한다.
② 1회로에 10개 이하로 연결해야 한다.
③ 바닥으로부터 높이 0.8 m 이상 1.5 m 이하 위치에 설치한다.
④ 해당층에 3개 이상인 경우는 별도회로 구성한다.

해설 비상콘센트 설비가 해당 층에 2개 이상인 경우는 별도 회로로 구성하여야 한다.

CHAPTER 05 필수 확인 문제

01 다음 중 그 값이 클수록 안전한 것은? [기19]

① 접지저항
② 도체저항
③ 접촉저항
④ 절연저항

> 절연저항은 전기가 통하지 못하게 하는 저항의 의미이므로 그 값이 클수록 안전한 지표를 의미한다.
> **정답** ④

02 피뢰설비를 설치하여야 하는 건축물의 높이기준은? [산11, 14, 15, 17, 20]

① 15 m 이상
② 20 m 이상
③ 31 m 이상
④ 41 m 이상

> 피뢰설비 적용 대상은 지상으로부터 높이가 20 m 이상인 것과 전기/전자설비 중 낙뢰로부터 보호가 필요한 설비이다.
> **정답** ②

03 피뢰시스템의 주요 구조부에 속하지 않는 것은? [산12]

① 돌침부
② 피뢰도선
③ 접지전극
④ 리미트 스위치

> 피뢰시스템은 낙뢰로 인하여 발생할 수 있는 화재, 파손 또는 인축의 상해 등을 방지할 목적으로 피보호대상물에 설치하는 돌침, 피뢰도선 및 접지 전극 등으로 구성된 설비를 말한다.
> **정답** ④

04 피뢰시스템에 관한 설명으로 옳지 않은 것은? [기14, 18]

① 피뢰시스템은 보호성능 정도에 따라 등급을 구분한다.
② 피뢰시스템의 등급은 Ⅰ, Ⅱ, Ⅲ의 3등급으로 구분된다.
③ 수뢰부시스템은 보호범위 산정방식(보호각, 회전구체법, 메시법)에 따라 설치한다.
④ 피보호건축물에 적용하는 피뢰시스템의 등급 및 보호에 관한 사항은 한국산업표준의 낙뢰리스트 평가에 의한다.

> 피뢰시스템의 등급은 피뢰레벨에 따라 Ⅰ, Ⅱ, Ⅲ, Ⅳ의 4등급으로 구분된다.
> **정답** ②

05 피뢰설비의 수뢰부시스템의 보호범위 산정방식에 속하지 않는 것은? [기14, 16]

① 보호각
② 메시법
③ 면적법
④ 회전구체법

1) 보호각법: 피뢰침 보호각 내 보호하는 법
2) 회전구체법: 피뢰침과 지면에 닿는 회전구체를 그려 회전구체가 닿지 않는 부분이 보호범위
3) 메시법: 보호건물 주위에 망상도체를 적당한 간격으로 설치하여 보호하는 방법

정답 ③

06 지락전류를 영상변류기로 검출하는 전류동작형으로 지락전류가 미리 정해 놓은 값을 초과할 경우, 설정된 시간 내에 회로나 회로의 일부의 전원을 자동으로 차단하는 장치는? [산15]

① 단로스위치
② 절환스위치
③ 누전차단기
④ 과전류차단기

누전차단기 동작원리
누전 또는 지락 사고로 인해 입력되는 전류와 출력되는 전류 크기에 차이가 발생되면, 차단기 내 영상변류기(ZCT)가 이 전류 차를 검출하여 회로를 자동차단하는 원리이다.

정답 ③

07 주위 온도가 일정한 온도상승률 이상으로 되었을 때 작동하는 것으로서 광범위한 열효과의 누적으로 작동하는 감지기는? [산11, 14, 19]

① 이온화식 감지기
② 정온식 스포트형 감지기
③ 차동식 분포형 감지기
④ 정온식 감지선형 감지기

1) 이온화식 감지기: 주위가 일정 농도 이상의 연기를 포함 시 발생하는 이온전류의 변화로 동작
2) 정온식 스포트형 감지기: 한 지점의 주위온도가 일정 온도 이상이 되었을 때 동작
3) 정온식 감지선형 감지기: 일정 온도 이상 시 가용절연물이 녹아 2개의 전선이 접촉하여 화재신호를 수신기에 보내 동작

정답 ③

08 다음 중 열감지기의 종류에 속하지 않는 것은? [기14]

① 정온식 감지기
② 광전식 감지기
③ 차동식 감지기
④ 보상식 감지기

광전식 감지기는 한 지점의 연기에 의한 광전소자의 수광량 변화로 동작하는 감지기이다.

정답 ②

09 자동화재탐지설비의 구성에 속하지 않는 것은 어느 것인가? [산13]

① 수신기
② 유도등
③ 중계기
④ 음향장치

◎ 소방설비에는 소화설비, 경보설비, 피난설비, 소화용수설비, 소화활동 설비가 있으며, 유도등은 피난설비에 속한다. 자동화재탐지설비는 경보설비에 속한다.
정답 ②

10 감전보호를 위한 방법 중 기본보호에 대한 방법이 아닌 것은?

① 충전부 절연
② 격벽 또는 외함 설치
③ 접촉범위 밖 배치
④ 전원자동차단

◎ '전원자동차단' 방법은 감전보호를 위한 방법 중 고장보호에 해당하는 방법이다.
정답 ④

PART 2 핵심 기출 문제

01. 전기 기본이론

001 저항 5 Ω, 15 Ω이 직렬로 접속된 회로에서 5 A의 전류가 흐를 때 인가한 전압은? [산10, 15]

① 200 V   ② 150 V
③ 100 V   ④ 50 V

해설
1) 직렬저항의 합성: $R_{EQ} = R_1 + R_2 = 5 + 15 = 20\,[\Omega]$
2) 옴의 법칙: $V = I \times R = 5 \times 20 = 100\,[V]$

002 100 V에서 10 A가 흐르는 전열기에 120 V를 가하면 흐르는 전류는 몇 A인가? [산12]

① 8   ② 10
③ 12   ④ 20

해설
옴의 법칙으로 저항을 구하면 $R = V/I = 100/10 = 10\,[\Omega]$이 되며, 저항 값은 변하지 않으므로, 전압을 주어진 120 V로 바꿔 옴의 법칙을 활용하면, $I = V/R = 120/10 = 12\,[A]$가 된다.

003 220 V, 200 W 전열기를 110 V에서 사용하였을 경우 소비전력은? [산10, 13, 18, 기14, 21]

① 50 W   ② 100 W
③ 200 W   ④ 400 W

해설
옴의 법칙과 전력과의 관계식으로부터 아래와 같이 구할 수 있다.
$P = \dfrac{V^2}{R} = 200\,[W] \rightarrow P' = \dfrac{(0.5V)^2}{R} = 0.25 \times \dfrac{V^2}{R}$
$= 0.25 \times 200 = 50\,[W]$

004 변압기의 1차측 코일의 권수가 6,000, 2차측 코일의 권수가 200일 때 1차측 코일에 교류전압 3,000 V 인가 시 2차측 코일에 발생하는 교류전압 [V]은? [기12, 15]

① 50   ② 100
③ 200   ④ 500

해설
변압기 권수비(a): $a = \dfrac{N_1}{N_2} = \dfrac{E_1}{E_2} = \dfrac{V_1}{V_2} \rightarrow \dfrac{6,000}{200} = \dfrac{3,000}{E_2}$
$\therefore E_2 = \dfrac{600,000}{6,000} = 100\,[V]$

005 전류의 방향과 자장의 방향은 각각 나사의 진행방향과 회전 방향에 일치한다와 관계가 있는 법칙은? [기12]

① 플레밍의 오른손 법칙
② 키르히호프의 법칙
③ 플레밍의 왼손 법칙
④ 앙페르의 오른나사 법칙

해설
앙페르의 오른나사 법칙: 직선 전류에 의한 자기장의 방향은 오른손 엄지손가락이 전류의 방향을 향하게 할 때 나머지 네 손가락을 감아쥐는 방향이라는 법칙이다.

006 발전기에 적용되는 법칙으로 유도 기전력의 방향을 알기 위하여 사용되는 법칙은? [기14, 22]

① 옴의 법칙   ② 키르히호프의 법칙
③ 플레밍의 왼손 법칙   ④ 플레밍의 오른손 법칙

해설
1) 플레밍 왼손 법칙: 자계에 의해 전류 도체가 받는 회전력의 방향(자기력 방향)을 결정하는 법칙
2) 플레밍의 오른손 법칙: 자계 내 도체 운동에 의한 유도 기전력의 방향을 결정하는 법칙

정답 001. ③ 002. ③ 003. ① 004. ② 005. ④ 006. ④

02. 빌딩 수·변전 시스템

007 전기설비가 어느 정도 유효하게 사용되는가를 나타내며, 다음과 같이 표현되는 것은? [기13, 15, 19, 21, 산13]

$$\frac{\text{부하의 평균전력}}{\text{최대수용전력}} \times 100\,[\%]$$

① 역률　　② 부등률
③ 부하율　④ 수용률

해설
1) 역률은 피상전력에 대한 유효전력의 비를 말한다.
2) 부등률 = [각 부하의 최대수용전력의 합계/부하의 최대수용전력] × 100
3) 수용률 = [최대수용전력 / 부하설비용량] × 100

008 전력부하 산정에서 수용률 산정 방법으로 옳은 것은? [기19]

① (부등률/설비용량)×100%
② (최대수용전력/부등률)×100%
③ (최대수용전력/설비용량)×100%
④ (부하 각개의 최대수용전력합계/각 부하를 합한 최대수용전력)×100%

해설
$$\text{수용률} = \frac{\text{최대수용전력}}{\text{부하설비 용량}} \times 100\,[\%]$$

009 전기설비 용량이 각각 80 kW, 120 kW인 부하설비가 있다. 그 수용률이 70%인 경우, 최대수용전력은? [산11, 기11]

① 90 kW　　② 100 kW
③ 140 kW　④ 200 kW

해설
$$\text{수용률} = \frac{\text{최대수용전력}}{\text{부하설비 용량}} \times 100\,[\%]$$
∴ 최대수용전력=수용률×부하설비용량=0.7×(80+120)=140 [kW]

010 최대수용전력이 500 kW, 수용률이 80%일 때 부하설비 용량은? [기13, 18]

① 400　　　② 625
③ 800　　　④ 1,250

해설
$$\text{수용률} = \frac{\text{최대수용전력}}{\text{부하설비 용량}} \times 100\,[\%]$$
$$\therefore \text{부하설비 용량} = \frac{\text{최대수용전력}}{\text{수용률}} = \frac{500}{0.8} = 625\,[\text{kW}]$$

011 각각의 최대수용전력의 합이 1,200 kW, 부등률이 1.2일 때 합성 최대수용전력은? [기18]

① 8,000　　② 1,000
③ 1,200　　④ 1,440

해설
$$\text{부등률} = \frac{\text{각 부하의 최대수용 전력의 합}}{\text{부하의 최대수용 전력}} \times 100\,[\%]$$
$$\therefore \text{부하의 합성 최대수용 전력} = \frac{\text{각 부하의 최대수용 전력의 합}}{\text{부등률}}$$
$$= \frac{1,200}{1.2} = 1,000\,[\text{kW}]$$

012 변전실의 위치에 관한 설명으로 옳지 않은 것은? [산18, 기17, 21]

① 습기와 먼지가 적은 곳일 것
② 전기기의 반출입이 용이한 곳일 것
③ 가능한 부하의 중심에서 먼 곳일 것
④ 외부로부터 전원의 인입이 쉬운 곳일 것

해설
변전실의 위치는 침수 관련, 가능한 건축물의 최하층은 피하고, 외부로부터 전력 수전이 용이해야 하며, 발전기실과 가능한 인접 거리에 설치되어야 한다. 또한 가능한 부하의 중심에서 가까운 곳이어야 한다. 건축물에서 전력부하가 가장 밀집되어 있는 곳을 기계실로 볼 수 있으며, 기계실이 전기실과 인접한 곳에 위치하는 이유이기도 하다.

정답 007. ③　008. ③　009. ③　010. ②　011. ②　012. ③

013 다음 중 변전실의 높이 결정 시 고려할 사항과 가장 관계가 먼 것은? [산14]

① 천장 배선방법
② 실내 환기방법
③ 바닥 트렌치 설치 여부
④ 실내에 설치되는 기기의 최고 높이

해설
변전실 층고의 경우 장비 높이, 배선방법, 바닥 트렌치 설치 여부 및 여유율 고려의 유효 높이로 산정하며, 일반적으로 특고압 수전의 경우 4.5 m 이상이 된다.

014 다음의 변전실 위치 결정 시 고려할 사항 중 전력손실, 전압강하 및 배선비와 가장 관련이 깊은 것은? [산12]

① 장래 부하증설을 고려할 것
② 외부로부터 전원의 인입이 편리할 것
③ 기기를 반입, 반출하는 데 지장이 없을 것
④ 부하의 중심에 가깝고 배전에 편리한 장소일 것

해설
배선거리가 짧을수록 전압강하와 전력손실이 경감되고 배선비가 절감된다.

015 전기설비용 시설 공간(실)의 계획에 관한 설명으로 옳지 않은 것은? [산14, 17, 기15, 20]

① 변전실은 부하의 중심에 설치한다.
② 변전실은 외부로부터 전력의 수전이 용이해야 한다.
③ 중앙 감시실은 일반적으로 방재센터와 겸하도록 한다.
④ 발전기실은 변전실에서 최소 10 m 이상 떨어진 위치에 배치한다.

해설
1) 발전기실 및 기계실은 전기실과 가능한 인접한 장소에 배치한다.
2) 전기샤프트는 각 층에서 가능한 한 공급대상의 중심에 위치하도록 한다.

016 다음과 같은 경우 연면적 1000 m²인 건축물의 대지에 확보하여야 하는 전기설비 설치공간의 면적기준은? [기19]

㉠ 수전전압: 저압   ㉡ 전력수전 용량: 200 kW

① 가로 2.5 m, 세로 2.8 m
② 가로 2.5 m, 세로 4.6 m
③ 가로 2.8 m, 세로 2.8 m
④ 가로 2.8 m, 세로 4.6 m

해설
전기설비 설치공간 확보 기준(한전 공급약관 세칙 제4장 제15조)

수전전압	전력수전 용량	확보면적
특고압 또는 고압	100 kW 이상	가로 2.8 m, 세로 2.8 m
저압	75 kW 이상 150 kW 미만	가로 2.5 m, 세로 2.8 m
	150 kW 이상 200 kW 미만	가로 2.8 m, 세로 2.8 m
	200 kW 이상 300 kW 미만	가로 2.8 m, 세로 4.6 m
	300 kW 이상	가로 2.8 m 이상, 세로 2.8 m 이상

017 일반적인 발전기실의 유효높이는 발전장치 최고 높이의 몇 배 정도인가? [산13]

① 1.2배   ② 2배
③ 3배   ④ 4배

해설
발전기실의 유효높이는 발전장치 최고 높이의 2배 정도로 제작사의 시방을 참조한다.

018 축전지의 충전방식 중 필요할 때마다 표준 시간율로 소정의 충전을 하는 방식은? [기12, 13, 18]

① 급속충전   ② 보통충전
③ 부동충전   ④ 세류충전

해설
1) 급속충전: 비교적 단시간에 보통충전 전류의 2~3배의 전류로 충전하는 방식
2) 부동충전: 상용부하에 대한 전력공급은 충전기가 부담하고, 대전류 부하는 축전지가 부담하는 충전방식
3) 세류충전: 자기 방전량만 보충해 주는 부동충전방식의 일종

019 축전지에 관한 설명으로 옳지 않은 것은?
[산13, 14, 17]

① 연축전지의 공칭전압은 1.5 V/셀이다.
② 연축전지는 충방전 전압의 차이가 적다.
③ 알칼리축전지의 공칭전압은 1.2 V/셀이다.
④ 알칼리축전지는 과방전, 과전류에 대해 강하다.

해설
연 축전지는 공칭전압이 2.0 V/셀이며, 축전지의 필요 셀 수가 적어도 되고, 전해액의 비중에 의해 충·방전 상태를 추정할 수 있다.

020 축전지실에 관한 설명으로 옳지 않은 것은? [산12]

① 내진성을 고려한다.
② 축전지실의 천장 높이는 1.8 m 이상으로 한다.
③ 축전지실의 전기배선은 비닐전선을 사용한다.
④ 개방형축전지의 경우 조명기구 등은 내산형으로 한다.

해설
축전지실의 천장 높이는 일반적으로 2.6 m 이상이다.

021 거치용 축전지 중 알칼리 축전지에 관한 설명으로 옳지 않은 것은? [산11]

① 저온특성이 좋다.
② 부식성의 가스가 발생한다.
③ 공칭전압은 1.2 V/셀이다.
④ 극판의 기계적 강도가 강하다.

해설
알칼리 축전지의 경우, 부식성 가스가 발생하지 않는다.

022 몰드 변압기에 관한 설명으로 옳지 않은 것은? [기20]

① 내진성이 우수하다.
② 내습성이 우수하다.
③ 반입, 반출이 용이하다.
④ 옥외 설치 및 대용량 제작이 용이하다.

해설
대규모 산업공장에 적용되는 대용량 변압기는 옥외형으로 유입변압기가 주로 적용된다.

023 전기설비에서 다음과 같이 정의되는 것은?
[기13, 14, 18, 19]

> 전면이나 후면 또는 양면에 개폐기, 과전류 차단장치 및 기타 보호장치, 모선 및 계측기 등이 부착되어 있는 하나의 대형 패널 또는 여러 개의 패널 프레임 또는 패널 조립품으로서, 전면과 후면에서 접근할 수 있는 것

① 캐비닛 ② 차단기
③ 배전반 ④ 분전반

해설
배전반은 내부의 모든 전기적, 기계적인 상호연결 및 구조적인 요소를 가지고 제조자의 책임 하에 완전히 조립된 조작, 측정, 보호, 감시, 제어, 조정장치와 함께 하나 혹은 그 이상의 저압개폐장치가 조합된 것을 말하며, 한국전기설비 규정에 배전반 취급자에게 위험이 미치지 아니하도록 적당한 방호장치 또는 통로를 시설하여야 하며, 기기조작에 필요한 공간을 확보하여야 한다.

024 수동으로 회로를 개폐하고, 미리 설정된 전류의 과부하에서 자동적으로 회로를 개방하는 장치로 정격의 범위 내에서 적절히 사용하는 경우 자체에 어떠한 손상을 일으키지 않도록 설계된 장치는? [산20]

① 캐비닛 ② 차단기
③ 단로스위치 ④ 절환스위치

해설
차단기는 부하 전류를 개폐함과 동시에 단락 및 지락사고 발생 시 각 종 계전기와의 조합으로 신속히 전로를 차단하여 기기 및 전선을 보호하는 장치를 말한다.

025 분전반에 관한 설명으로 옳지 않은 것은? [산12]

① 간선의 인출이 용이한 곳에 설치한다.
② 부하의 중심에 위치하는 것이 바람직하다.
③ 분전반에는 배관이 집중되도록 한다.
④ 분전반 1개로 공급하는 범위는 1,000 m² 정도가 적당하다.

해설
분전반은 부하중심에 위치하며 간선의 인출이 용이한 곳에 설치하는 것이 바람직하며, 분전반 1개의 공급면적은 1,000 m² 이하로 한다. 기계배관과의 간섭 여부도 고려대상이며, 가능한 분전반에 배관이 집중되지 않도록 한다.

026 전기설비에서 다음과 같이 정의되는 장치는? [기13, 20, 산17]

> 지락전류를 영상전류기로 검출하는 전류 동작형으로 지락전류가 미리 정해 놓은 값을 초과할 경우, 설정된 시간 내에 회로나 회로 일부의 전원을 자동으로 차단하는 장치

① 퓨즈
② 누전 차단기
③ 단로 스위치
④ 절환 스위치

해설
누전차단기는 저압선로에서 감전, 화재 및 기계/기구의 손상 등을 방지하기 위해 설치하는 차단기로 주목적은 지락고장(누전) 차단이다.

027 간선의 배선방식 중 평행식에 관한 설명으로 옳은 것은? [기14, 15, 17, 18, 20, 21, 22]

① 공급신뢰도가 낮아 중요부하에 적응이 곤란하다.
② 나뭇가지식에 비해 배선이 단순하며 설비비가 저렴하다.
③ 용량이 큰 부하에 대하여는 단독의 간선으로 배선할 수 없다.
④ 사고발생 시 타 부하에 파급효과를 최소한으로 억제할 수 있다.

해설
평행식은 배전반에서 각 분전반까지 단독으로 배선되어 경제적이지 못하나, 배선이 단순하고, 사고 시 파급되는 범위가 작아, 주로 중요부하에 적용된다.

028 다음 설명에 알맞은 간선의 배선 방식은? [산10, 11, 20]

> · 경제적이나 1개소의 사고가 전체에 영향을 미친다.
> · 각 분전반별로 동일전압을 유지할 수 없다.

① 평행식
② 루프식
③ 나무가지식
④ 나뭇가지 평행식

해설
1) 간선의 배전방식: 평행식, 나뭇가지식, 나뭇가지평행식(병용식)
2) 나뭇가지식 배전방식: 한 개의 간선이 각각의 분전반을 거쳐 가는 형식으로 각 분전반별로 동일한 전압을 유지하기 어렵고, 1개소의 사고가 전체에 영향을 미치므로, 소규모 건물에 적합하다.

029 간선의 배선방식에 대한 설명 중 옳지 않은 것은? [산11]

① 평행식은 사고 발생 시 파급되는 범위가 좁다.
② 루프식은 공급신뢰도가 높아 중요 부하에 적용된다.
③ 평행식은 각 층의 분전반까지 단독으로 배선되므로 전압강하가 평균화된다.
④ 나뭇가지식은 요구되는 전선의 굵기가 가늘어 대규모 건축물에 주로 사용된다.

해설
나뭇가지식 배전은 한 개의 간선이 각각의 분전반을 거쳐 가는 형식으로 주 배전반에서 공급되는 주 간선의 굵기가 굵어지며, 1개소 사고가 전체에 영향을 미치므로, 소규모 건물에 적합하다.

030 전기 샤프트(ES) 계획 시 고려사항으로 옳지 않은 것은? [기14, 19, 20, 22]

① 각 층마다 같은 위치에 설치한다.
② 기기의 배치와 유지보수에 충분한 공간으로 하고, 건축적인 마감을 실시한다.
③ 점검구는 유지보수 시 기기의 반출입이 가능하도록 하여야 하며, 점검구 문의 폭은 최소 300 mm 이상으로 한다.
④ 공급대상 범위의 배선거리, 전압강하 등을 고려하여 가능한 한 공급 대상설비 시설 위치의 중심부에 위치하도록 한다.

정답 025. ③ 026. ② 027. ④ 028. ③ 029. ④ 030. ③

> 해설

전기 샤프트(ES) 계획 시 고려사항
1) 각 층마다 같은 위치에 설치한다.
2) 면적은 보, 기둥 부분을 제외하고 산정한다.
3) 점검구는 유지보수 시 기기의 반입 및 반출이 가능하도록 하여야 하며, 문의 폭은 90 cm 이상으로 한다.
4) 전기 샤프트(ES)와 정보통신용 샤프트(TPS)는 통합설치가 가능하나, 정보통신용 기기가 다수 설치되는 빌딩은 전자기적 장애에 문제가 없도록 가능한 전력용 ES와는 별도로 정보통신용 전용 TPS를 설치하는 것이 바람직하다.

031 저압옥내 배선공사 중 직접 콘크리트에 매설할 수 있는 공사는? [기15, 21, 22]

① 금속관 공사
② 금속덕트 공사
③ 버스덕트 공사
④ 금속몰드 공사

> 해설

1) 금속관 공사: 콘크리트 매입공사에 적합하고 전선의 교체가 용이하며 전선의 기계적 손상에 대해 안전한 방법이다.
2) 금속덕트 공사: 금속본체와 커버 구분 없이 하나로 구성된 금속덕트 공사(기계덕트 형태)
3) 버스덕트 공사: 적정 간격으로 절연물에 의해 지지된 나도체를 수납하는 구조의 덕트 공사(대전류 전송에 적합하며 일반적으로 1,000 A 이상일 경우 경제성 있음)
4) 금속몰드 공사: 콘크리트 건물 등의 노출 공사용 (400 V 미만, 전선은 절연전선 사용)

032 다음 중 옥내의 노출된 건조한 장소에 시설이 불가능한 배선 방법은? (단, 사용전압이 400 V 미만인 경우) [기12, 14, 20]

① 금속관 배선
② 버스덕트 배선
③ 가요전선관 배선
④ 플로어덕트 배선

> 해설

플로어덕트 배선공사는 옥내의 건조한 콘크리트 또는 신더콘크리트 플로어 내에 매입할 경우에 한하여 시설할 수 있다.

033 전기설비의 배선공사에 관한 설명으로 옳지 않은 것은? [기12, 21]

① 금속관 공사는 외부 적응력에 대해 전선 보호의 신뢰성이 높다.
② 합성수지관 공사는 열적영향이나 기계적 외상을 받기 쉬운 곳에서는 사용이 곤란하다.
③ 금속덕트 공사는 다수회선의 절연전선이 동일경로에 부설되는 간선부분에 사용된다.
④ 플로어덕트 공사는 옥내의 건조한 콘크리트바닥면에 매입 사용되나 강·약전을 동시에 배선할 수 없다.

> 해설

플로어덕트 배선공사는 주로 사무용 빌딩에 적용되면 전력/통신 동시 배선이 가능하다.

034 다음과 같은 특징을 갖는 배선공사 방식은? [기16, 20]

- 열적 영향이나 기계적 외상을 받기 쉬운 곳이 아니면 금속배관과 같이 광범위하게 사용한다.
- 관 자체가 절연체이므로 감전의 우려가 없으며 시공이 쉬운 게 장점이다.

① 버스덕트 공사
② 애자사용 공사
③ 합성수지관 공사
④ 플로어덕트 공사

> 해설

1) 버스덕트 공사: 적정 간격으로 절연물에 의해 지지된 나도체를 수납하는 구조의 덕트 공사(대전류 전송에 적합하며 일반적으로 1,000 A 이상일 경우 경제성 있음)
2) 애자사용 공사: 조영재에 애자를 설치하고 그 애자에 전선을 고정하는 배선 공사
3) 합성수지관(경질 비닐관) 공사는 열적 영향, 기계적 외상을 받기 쉬운 곳에는 적용하지 않으며, 이중천장(반자속 포함) 내에는 시설할 수 없다. (절연성과 내식성이 강함)
4) 플로어덕트 공사: 옥내 건조한 콘크리트 바닥면에 매입 사용 (전력/통신 동시배선 가능)

정답 031. ① 032. ④ 033. ④ 034. ③

035 경질 비닐관 공사에 관한 설명으로 옳은 것은?
[산10, 15, 기18, 21]

① 절연성과 내식성이 강하다.
② 자성체이며 금속관보다 시공이 어렵다.
③ 온도변화에 따라 기계적 강도가 변하지 않는다.
④ 부식성 가스가 발생하는 곳에는 사용할 수 없다.

해설
합성수지관(경질 비닐관) 공사
1) 열적 영향, 기계적 외상을 받기 쉬운 곳에는 적용하지 않는다.
2) 이중천장(반자속 포함) 내에는 시설할 수 없다.
3) 절연성과 내식성이 강하다.
4) 관 자체가 절연체 이므로 감전의 우려가 없다.

036 금속관 공사에 관한 설명으로 옳지 않은 것은?
[기18, 산10, 11, 12, 19]

① 고조파의 영향이 없다.
② 저압, 고압, 통신설비 등에 널리 사용된다.
③ 사용 목적과 상관없이 접지를 할 필요가 없다.
④ 사용 장소로는 은폐장소, 노출장소, 옥측, 옥외 등 광범위하게 사용할 수 있다.

해설
금속관 공사는 노출 장소, 옥외, 은폐 장소 등 광범위하게 사용되며, 외부 응력에 대해 전선 보호에 신뢰성이 높고 사용목적에 따라 접지가 필요하다.

037 다음의 전원설비와 관련된 설명 중 ( ) 안에 알맞은 용어는?
[산12]

수전점에서 변압기 1차 측까지의 기기 구성을 (㉠)라 하고 변압기에서 전력부하 설비의 배전반까지를 (㉡)라 한다.

① ㉠ 배전설비, ㉡ 수전설비
② ㉠ 수전설비, ㉡ 배전설비
③ ㉠ 간선설비, ㉡ 동력설비
④ ㉠ 동력설비, ㉡ 간선설비

해설
1) 수전설비란 타인의 전기설비 또는 구내발전설비로부터 전기를 공급받아 구내배전설비로 전기를 공급하기 위한 설비로 수전점으로부터 배전반까지의 설비를 말한다.
2) 배전설비란 수전설비의 배전반에서부터 전기사용 기기에 이르는 전선로, 개폐기, 차단기, 분전반, 콘센트, 제어반, 스위치 및 그 밖의 부속설비를 말한다.

038 다음 중 간선 및 배선설비 설계에서 일반적으로 가장 먼저 이루어지는 작업은?
[기15]

① 부하 산정
② 보호방식 결정
③ 간선의 배선방식 결정
④ 배선의 부설방식 결정

해설
전기시스템 계획/설계는 기초자료 분석에 따른 설계기준이 정립된 후, 부하설비 용량 계산으로부터 시작되어 수변전 시스템, 배전 시스템 계획으로 진행된다.

039 전기설비에서 다음과 같이 정의되는 것은?
[산13, 14]

간선에서 분기하여 회로를 보호하는 최종 과전류 차단기와 부하 사이의 전로

① 아울렛
② 신호회로
③ 분기회로
④ 인입케이블

해설
분기회로는 저압옥내 간선에서 분기 과전류 차단기를 통해 조명/콘센트 등에 이르는 전로를 말하며, 모든 부하는 분기회로를 통해 사용하여야 한다.

040 분기회로 구성 시의 유의사항에 대한 설명 중 옳지 않은 것은?
[산10]

① 복도, 계단 등은 될 수 있는 한 같은 회로로 한다.
② 습기가 있는 장소의 수구는 가능하면 별도의 회로로 한다.
③ 같은 방, 같은 방향의 수구는 가능한 한 같은 회로로 한다.
④ 대규모 건물에서 전등과 콘센트는 동일한 회로로 구성하는 것을 원칙으로 한다.

해설
분기회로 설계 시 조명회로와 콘센트 회로는 별도의 회로로 구성한다.

041 전선에 과전류가 흐르면 자동적으로 회로를 차단시켜 안전을 도모하는 기기는? [산10, 11]

① 서킷브레이커
② 콘덴서
③ 3로 스위치
④ 단로기

해설
1) 서킷브레이커: 부하전류를 개폐함과 동시에 단락 및 지락사고 발생 시 각종 계전기와의 조합으로 신속히 전로를 차단하여 기기 및 전선을 보호하는 장치
2) 콘덴서: 역률 개선 목적
3) 3로 스위치: 조명 스위치로 2개소에서 ON/OFF 제어가 가능한 스위치
4) 단로기: 무부하 선로에서 선로를 개폐(절환)하는 기기로 고압 이상 전로 인입구에 설치

042 전압의 분류에서 저압의 범위 기준으로 옳은 것은? [산 15, 19]

① 직류 400 V 이하, 교류 400 V 이하
② 직류 400 V 이하, 교류 600 V 이하
③ 직류 600 V 이하, 교류 600 V 이하
④ 직류 1500 V 이하, 교류 1000 V 이하

해설

구분		저압	고압	특고압
전압	교류	1 kV 이하	1 kV 초과 ~ 7 kV 이하	7 kV 초과
	직류	1.5 kV 이하	1.5 kV 초과 ~ 7 kV 이하	7 kV 초과

21년부터 전압범위 변경에 따라 기존에 고압 전기설비 기준으로 적용 받던 교류 600 V 초과 1,000 V 이하 전기설비는 저압 전기설비의 시설규정을 적용 받는다.

03. 빌딩부하설비

043 다음 설명에 알맞은 전동기의 종류는? [기13, 16]

- 회전자계를 만드는 여자 전류가 전원측으로부터 흐르는 관계로 역률이 나쁘다는 결점이 있다.
- 구조와 취급이 간단하여 건축설비에서 가장 널리 사용된다.

① 직권 전동기
② 분권 전동기
③ 유도 전동기
④ 동기 전동기

해설
유도 전동기 여자전류는 전동기의 주자계(회전자계)를 만들어 주고 전원측으로 되돌아가는 전류를 말하며, 지속적으로 이 무효전류 공급이 필요하므로 역률이 나빠지게 된다.

044 다음 중 3상 교류 전동기가 아닌 것은? [기10, 14, 19]

① 직권 전동기
② 보통 농형 유도 전동기
③ 권선형 유도 전동기
④ 동기 전동기

해설
직권 전동기는 전기자 권선과 계자권선이 직렬로 연결된 직류 자여자 전동기이다.

045 3상 유도전동기의 속도제어 방법으로 옳지 않은 것은? [기11, 17]

① 인버터를 사용하여 주파수를 변화시킨다.
② 2선의 접속을 바꿔 회전자계의 방향이 반대로 되도록 한다.
③ 회전자에 접속되어 있는 저항을 변화시켜 비례 추이의 원리로 제어한다.
④ 독립된 2조의 극수가 서로 다른 고정자 권선을 감아 놓고 필요에 따라 극수를 선택하여 극수를 변화시킨다.

해설
1) 유도전동기의 속도식: $N = (1-S)N_S \rightarrow N_S = \dfrac{120 \times f(주파수)}{P(극수)}$
2) 유도전동기의 속도제어는 슬립, 극수, 주파수 중 어느 하나를 변화시키면 속도제어가 된다.
3) 권선형 유도전동기의 비례추이 원리를 이용한 2차 저항 제어는 슬립(S)을 바꾸는 제어법이다.

정답 041. ① 042. ④ 043. ③ 044. ① 045. ②

046 조명의 단위에 대한 상호 연결이 옳지 않은 것은?
[산12]

① 1 [ph] = 10^3 [lx]
② 1 [sb] = 1 [cd/cm^2]
③ 1 [nt] = 1 [cd/m^2]
④ 1 [lx] = 1 [lm/m^2]

해설
조도 [lx]는 피조면의 단위 면적당[m^2] 조사되는 빛의 양 [lm]을 말한다.

047 빛을 발하는 점에서 어느 방향으로 향한 단위입체각당의 발산광속으로 정의되는 용어는?
[산17]

① 광속
② 광도
③ 조도
④ 휘도

해설
① 광속: 광원에서 발산되는 빛의 양(눈에 보이는 빛의 양)
③ 조도: 광원에 의해 비춰진 면의 밝기 정도
④ 휘도: 어떤 방향으로 본 물체의 밝기(눈부심의 정도)

048 광원에 의해 비춰진 면의 밝기정도를 나타내는 것은?
[기14]

① 휘도
② 광도
③ 조도
④ 광속발산도

해설
① 휘도: 어떤 방향으로 본 물체의 밝기(눈부심의 정도)
② 광도: 단위 입체각에 포함되는 광속 수(빛의 세기)
③ 조도: 광원에 의해 비춰진 면의 밝기 정도
④ 광속 발산도: 어떤 물체에서 발산되어 눈에 느끼는 밝기의 정도

049 조명설비에서 연색성에 관한 설명으로 옳지 않은 것은?
[기16, 18]

① 평균연색평가수(Ra)가 0에 가까울수록 연색성이 좋다.
② 일반적으로 할로겐전구가 고압 수은램프 보다 연색성이 좋다.
③ 연색성이란 물체가 광원에 의하여 조명될 때, 그 물체의 색의 보임을 정하는 광원의 성질을 말한다.
④ 평균연색평가수(Ra)란 많은 물체의 대표 색으로서 7종류의 시험 색을 사용하여 그 평균값으로부터 구한 것이다.

해설
평균 연색평가수(Ra)는 평균적인 색체 형성의 정도를 나타내는 지수로 0~100 범위의 수치를 가지며 100에 가까울수록 연색성이 좋다고 평가하다(고압 수은램프의 Ra는 23~58 정도).

050 작업대상물의 수평면상에서의 조도의 균일 정도를 표시하는 척도로서, 다음과 같은 식으로 표현되는 것은?
[기12]

$$\frac{\text{수평면상의 최소조도 [lx]}}{\text{수평면상의 평균조도 [lx]}}$$

① 색온도
② 균제도
③ 분광분포
④ 전등효율

해설
균제도 값이 1에 가까울수록 조도분포가 균일하다는 것을 의미하며, Room 용도에 따라 적정값을 선정하는 것이 바람직하다.

051 점광원으로부터의 거리가 n배가 되면 그 값은 1/n^{2}배가 된다는 '거리의 역제곱의 법칙'이 적용되는 빛환경 지표는?
[기19]

① 조도
② 광도
③ 휘도
④ 복사속

해설
거리 역제곱 법칙
구면위의 조도는 광도 I[cd]인 균등 점광원을 반지름 R[m]의 구의 중심에 놓을 경우 구면 위의 모든 점의 조도 E[lx]는 거리의 제곱에 반비례 한다는 법칙이다.

정답 046. ① 047. ② 048. ③ 049. ① 050. ② 051. ①

052 그림과 같은 광도가 1 cd인 점광원에서 1 m와 2 m 떨어진 a, b 수직면상의 조도는?(단, 단위는 lx) [산10]

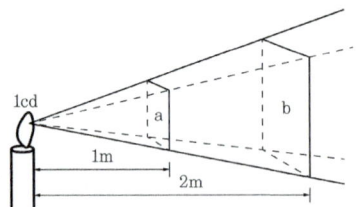

① a면: 1, b면: 1/2 ② a면: 1, b면: 1/4
③ a면: 1/2, 1 ④ a면: 1/4, 1

해설
거리 역제곱 법칙 활용하여 조도를 구한다.
$E_a = \dfrac{I}{R^2} = \dfrac{1}{1^2} = 1\,[\text{lx}]$, $E_b = \dfrac{I}{R^2} = \dfrac{1}{2^2} = \dfrac{1}{4}\,[\text{lx}]$

053 광원으로부터 일정거리 떨어진 소조면의 조도에 관한 설명으로 옳지 않은 것은? [기21]

① 광원의 광도에 비례한다.
② $\cos\theta$(입사각)에 비례한다.
③ 거리의 제곱에 반비례한다.
④ 측정점의 반사율에 반비례한다.

해설
소조면의 조도는 거리 역제곱 법칙에 따라 광원의 광도에 비례하고 거리의 제곱에 반비례하며, 입사각 여현의 법칙에 따라 $\cos\theta$(입사각)에 비례한다. 반사율은 조명률에 영향을 미치는 요소이다.

054 어느 점광원에서 1 m 떨어진 곳의 직각면조도가 200 lx일 때 이 광원에서 2 m 떨어진 곳의 직각면 조도는? [산12, 14, 15, 기11, 13, 14, 16, 17, 20, 21]

① 25 lx ② 50 lx
③ 100 lx ④ 200 lx

해설
거리 역제곱 법칙 활용하여 광도를 먼저 구하고 조도를 구한다.
$E = \dfrac{I}{R^2}\,[\text{lx}]$에서, $I = E \times R^2 = 200 \times 1 = 200\,[\text{cd}]$
$\therefore E = \dfrac{I}{R^2}\,[\text{lx}] = \dfrac{200}{2^2} = 50\,[\text{lx}]$

055 광원에서 1 m 떨어진 점에서 조도를 측정하였더니 100 lx이었다. 이 광원의 광도는? (단, 균등 점광원인 경우) [산12]

① 100 cd ② 200 cd
③ 300 cd ④ 400 cd

해설
거리 역제곱 법칙 활용하여 광도를 구한다.
$E = \dfrac{I}{R^2}\,[\text{lx}]$에서, $I = E \times R^2 = 100 \times 1 = 100\,[\text{cd}]$

056 각종 광원에 대한 설명으로 옳지 않은 것은? [산15, 17]

① 형광램프는 점등장치를 필요로 한다.
② 고압수은 램프는 큰 광속과 긴 수명이 특징이다.
③ 형광램프는 백열전구에 비해 효율이 낮으며 수명도 짧다.
④ 나트륨 램프는 연색성이 나쁘며 해안도로 조명에 사용된다.

해설
백열등은 빛으로 전환되는 비율이 낮은 비효율 때문에 2014년부터 수입 및 생산이 중단되었다.
※ 효율 순서: 나트륨 램프 > 메탈할라이드 램프 > 형광등 > 수은등 > 할로겐 램프 > 백열등

057 다음 중 상점의 내부조명으로 사용이 가장 부적합한 것은? [기11, 산11]

① 백열전구
② 형광램프
③ 할로겐램프
④ 고압나트륨 램프

해설
고압나트륨 램프는 효율은 좋지만 연색성이 나빠 옥내 조명으로는 부적합하고, 도로 터널조명 및 검사용 조명에 적합하다.

058 형광등에 관한 설명으로 옳지 않은 것은?
[산11, 15, 16, 18, 20]

① 점등까지 시간이 걸린다.
② 백열전구에 비해 효율이 높다.
③ 백열전구에 비해 수명이 길다.
④ 백열전구에 비해 열을 많이 발산한다.

해설
형광등은 점등장치를 필요로 하며, 백열전구에 비해 고효율, 저휘도, 장수명이며, 발열이 거의 없고, 전원 전압변동에 대한 광속 변동이 작아 옥내 전반조명 및 국부조명에 사용된다.

059 직접조명방식에 관한 설명으로 옳지 않은 것은?
[산13, 기11, 15]

① 조명률이 크다.
② 실내면 반사율의 영향이 적다.
③ 상반부광속은 보통 0~10% 정도이다.
④ 분위기를 중요시하는 조명에 적합하다.

해설
직접조명 방식은 필요한 작업면에 고조도(발산광속 중 90~100% 정도가 작업면을 직접조명)를 얻을 수 있으나, 휘도의 차가 크고 그림자가 생긴다(직접조명이므로 실내면 반사율의 영향이 적음). 분위기를 중요시하는 조명은 간접조명 방식에 적합하다.

060 간접조명 기구에 관한 설명으로 옳지 않은 것은?
[산15, 기19]

① 직사 눈부심이 없다.
② 매우 넓은 면적이 광원으로서의 역할을 한다.
③ 일반적으로 발산광속 중 상향광속이 90~100% 정도이다.
④ 천장, 벽면 등은 빛이 잘 흡수되는 색과 재료를 사용하여야 한다.

해설
간접조명 방식의 조명효과는 실내면 반사율 영향이 크므로 강한 음영이 없고 부드러우며, 경제성보다 분위기를 중요시하는 장소에 적합하다.

061 간접조명의 경우 등기구 사이의 간격으로 가장 적당한 것은? (단, H=작업면에서 등기구까지의 높이, S=등기구 사이의 간격)
[산12]

① S ≤ H
② S ≤ 1.5H
③ S ≤ H/2
④ S ≤ H/3

해설

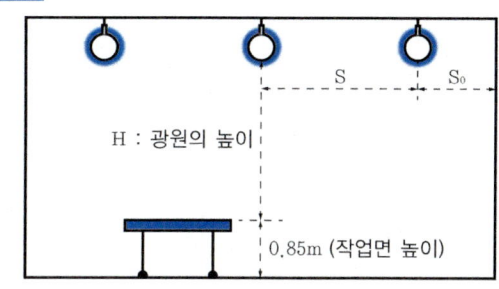

$S \leq 1.5H$
$S_0 \leq H/2$ (벽면을 사용하지 않을 때)
$S_0 \leq H/3$ (벽면을 사용할 때)

S: 광원 상호 간의 간격
S_0: 벽과 광원 사이의 간격

062 조명기구를 배광에 따라 분류할 경우, 다음과 같은 특징을 갖는 것은?
[기11, 17]

> 발산광속 중 상향광속이 60~80% 정도이고, 하향광속이 10~40% 정도이며, 천장을 주광원으로 이용한다.

① 직접 조명기구
② 반직접 조명기구
③ 전반확산 조명기구
④ 반간접 조명기구

해설
조명기구에 따른 조명비율
1) 직접 조명: 상향비율 0~10% / 하향비율 100~90%
2) 반직접 조명: 상향비율 10~40% / 하향비율 90~60%
3) 전반확산 조명: 상향비율 40~60% / 하향비율 60~40%
4) 반간접 조명: 상향비율 60~90% / 하향비율 40~10%
5) 간접조명: 상향비율 90~100% / 하향비율 10~0%

정답 058. ④ 059. ④ 060. ④ 061. ② 062. ④

063
작업구역에는 전용의 국부조명방식으로 조명하고, 기타 주변 환경에 대하여는 간접조명과 같은 낮은 조도 레벨로 조명하는 방식은? [기19]

① TAL 조명방식
② 반직접 조명방식
③ 반간접 조명방식
④ 전반확산 조명방식

해설
TAL(Task & Ambient) 조명방식: 에너지 절감효과가 있으나 TASK 조명 설치로 초기비용이 증가
- 반직접, 반간접 및 전반확산 조명 방식은 조명기구 배광에 따른 분류로 작업면에 입사되는 광속 비율이 직접조명방식에 비해 분산되어 사무실, 상점 등의 전반조명용으로 사용되는 방식이다.

064
다음 설명에 알맞은 조명기구 배치에 따른 조명 방식은? [산10, 13]

- 조명대상 실내 전체를 일정하게 조명하는 것으로 대표적인 조명방식이다.
- 책상의 배치나 작업 대상물이 바뀌어도 대응이 용이하다.

① 간접조명 방식
② 전반조명 방식
③ TAL 조명방식
④ 국부적 전반조명 방식

해설
1) 간접조명 방식: 조명기구 배광에 따른 분류로 실내면 반사율을 이용하는 방식이다.
2) TAL 조명방식: 작업공간은 전용의 국부조명 방식+주변은 간접조명의 저조도로 조명하는 방식
3) 국부조명 방식: 필요 작업면에 국소적으로 조명기구를 배치하는 방식 (명암차가 크다).
4) 국부적 전반조명 방식: 낮은 조도의 전반조명과 정밀 작업구역에는 고조도로 조명하는 방식

065
다음의 건축화 조명 중 천장면 이용방식에 속하지 않는 것은? [산16, 기13, 16]

① 광창조명
② 코브조명
③ 코퍼조명
④ 광천장조명

해설
천장면 이용: 광천장/ 루버천장/ 코브 조명/ 다운라이트 조명/ 라인 라이트 조명/ 코퍼 라이트
벽면 이용: 코이니스 조명 / 코너 조명/ 밸러스 조명/ 캐노피 조명/ 광창 조명
① 광창 조명: 광원을 넓은 벽면에 매입 (벽면 조명방식)
② 코브 조명: U자 형태로 천장과 벽에 감추고, 반사광으로 채광
③ 코퍼 조명: 천정면을 여러 형태로 오려내고 그 안에 광원을 매입
④ 광천장 조명: 천정면에 확산 투과재(확산 투과성 플라스틱판 또는 루버)를 붙이고 내부에 조명기구 설치

066
다음 설명에 알맞은 건축화 조명방식은 어느 것인가? [산10, 17]

- 코너 조명과 같이 천장과 벽면 경계에 건축적으로 둘레 턱을 만든 후 내부에 등기구를 배치하여 조명하는 방식이다.
- 아래 방향의 벽면을 조명하는 방식으로 형광램프를 이용하는 건축화 조명에 적당하다.

① 코퍼 조명
② 광천장 조명
③ 코니스 조명방식
④ 다운라이트 조명

해설
① 코퍼 조명: 천장면을 여러 형태로 오려내고 그 안에 광원을 매입
② 광천장 조명: 천장면에 확산 투과재를 붙이고 내부에 조명기구 설치
④ 다운라이트 조명: 천장면에 작은 구멍을 뚫어 그 속에 전구를 매입하는 방식

067
천장면을 여러 형태의 사각, 동그라미 등으로 오려내고 다양한 형태의 매입기구를 취부하여 단조로움을 피하는 건축화 조명방식은? [산11]

① 코브 조명
② 코퍼 조명
③ 밸런스 조명
④ 광천장 조명

해설
① 코브 조명: U자 형태로 천장과 벽에 감추고, 반사광으로 채광
③ 밸런스 조명: 박스, 패널 등을 제작해 그 뒷면에 조명 설치
④ 광천장 조명: 천정면에 확산 투과재를 붙이고 내부에 조명기구 설치

정답 063. ① 064. ② 065. ① 066. ③ 067. ②

068 조명기구를 사용하는 도중에 광원의 능률저하나 기구의 오염, 손상 등으로 조도가 점차 저하하는데, 인공조명 설계 시 이를 고려하여 반영하는 계수는? [기18]

① 광도
② 조명률
③ 실지수
④ 감광 보상률

해설
설계조도는 이 보수율(감광 보상률)을 감안하여 선정되므로 초기조도는 다소 높게 선정하게 된다.

069 다음 중 조명률에 영향을 끼치는 요소와 가장 거리가 먼 것은? [기11, 21]

① 광원의 높이
② 마감재의 반사율
③ 조명기구의 배광방식
④ 글레어(glare)의 크기

해설
조명률은 방의 크기, 모양, 실내 마감면의 반사율 및 광원의 높이와 배광에 따라 달라진다.

070 상점 내에서 조명에 의한 반사 글레어(Reflected glare)를 방지하기 위한 대책으로 옳지 않은 것은? [기11, 16]

① 젖빛 유리구를 사용한다.
② 간접조명방식을 채택한다.
③ 반사면의 정반사율을 높게 한다.
④ 광도가 낮은 배광기구를 이용한다.

해설
눈부심 방지 대책
1) 보호각이 충분한 반사갓 등을 부착한다.
2) 아크릴 루버 또는 젖빛 유리구 이용
3) 광도가 낮은 배광기구를 이용
4) Glare Zone을 피한다.
5) 간접조명/반간접/건축화 조명방식 채택

071 다음 중 조명 설계 시 가장 먼저 이루어져야 하는 것은? [산13, 20]

① 광원의 선정
② 조명기구의 선정
③ 기구 대수의 산출
④ 소요 조도의 결정

해설
조명설계: 소요 조도 결정 → 광원 선정 → 조명방식 선정 → 조명기구 수량 산출 → 광원배치

072 평균조도의 계산과 관련하여 면적을 A, 사용램프의 전광속을 F, 조명률을 U, 보수율은 M, 평균조도를 E라고 할 때 성립하는 식은? [기12, 16]

① $E=(F \cdot U \cdot A)/M$
② $E=(F \cdot U \cdot M)/A$
③ $E=(F \cdot U)/(A \cdot M)$
④ $E=(A \cdot M)/(F \cdot U)$

해설
광속법에 의한 조도(E) $E = \dfrac{N \times F \times U}{A \times D} = \dfrac{N \times F \times U \times M}{A}$

N: 광원의 개수 E: 작업면의 조도(lx)
A: 실의 면적 F: 사용광원 1개의 광속(lm)
D: 감광보상률 M: 유지율, 보수율(M=1/D)
U: 조명률

073 작업면의 필요 조도가 400 lx, 면적이 10 m², 전등 1개의 광속이 2000 lm, 감광보상률이 1.5, 조명률이 0.6일 때 전등의 소요수량은? [산17, 20, 기17, 20, 21]

① 3등
② 5등
③ 8등
④ 10등

해설
광원의 필요 수량은 광속법으로부터 구할 수 있다.
$N = \dfrac{E \times A \times D}{F \times U} = \dfrac{400 \times 10 \times 1.5}{2,000 \times 0.6} = 5 \,[EA]$
문제에서 감광 보상률이 아닌 보수율로 주어질 수 있음에 유의하자(보수율 M=1/D).

정답 68. ④ 69. ④ 70. ③ 71. ④ 72. ② 73. ②

074 사무실의 평균조도를 300 lx로 설계하고자 한다. 다음과 같은 조건에서 소요램프의 수로 가장 적당한 것은?
[산10, 기21]

- 램프 한 개당 광속: 3000 lm
- 사무실의 면적: 600 m²
- 조명률: 0.6
- 보수율: 0.5

① 120개　　② 150개
③ 180개　　④ 200개

해설
광원의 필요 수량은 광속법으로부터 구할 수 있다.
$$N = \frac{E \times A}{F \times U \times M} = \frac{300 \times 600}{3,000 \times 0.6 \times 0.5} = 200 [EA]$$
문제에서 보수율이 아닌 감광 보상률로 주어질 수 있음에 유의하자.

075 바닥 면적이 50 m²인 사무실이 있다. 32 W 형광등 20개를 균등하게 배치할 때 사무실의 평균 조도는? (단, 형광등 1개의 광속은 3300 lm, 조명률은 0.5, 보수율은 0.76이다.)
[기21]

① 약 350 lx　　② 약 400 lx
③ 약 450 lx　　④ 약 500 lx

해설
광원의 수량을 알면 조도는 광속법으로부터 구할 수 있다.
$$E = \frac{N \times F \times U}{A \times D} = \frac{N \times F \times M}{A}$$
$$= \frac{20 \times 3,300 \times 0.5 \times 0.76}{50} = 501.6 [lx]$$
문제에서 감광 보상률이 아닌 보수율로 주어졌음에 유의하자. (보수율 M=1/D)

04. 빌딩 정보통신설비

076 다음 중 약전설비에 속하는 것은? [기11, 17]

① 변전설비　　② 간선설비
③ 전화설비　　④ 피뢰침 설비

해설
변전설비와 간선설비는 전기설비(강전)에 속하며, 피뢰침은 전기방재 설비에 속한다.

077 인터폰 설비의 통화망 구성 방식에 속하지 않는 것은?
[기17]

① 모자식　　② 상호식
③ 복합식　　④ 프레스 토크식

해설
1) 인터폰의 통화망 구성방식에 따른 분류: 모자식, 상호식, 복합식
2) 인터폰의 동작원리에 따른 분류: 프레스 토크식, 동시통화식
- 프레스 토크식: 말할 때 통화버튼을 누르고, 들을 때 버튼을 놓고 통화하는 방식
- 동시 통화식: 전화와 동일한 방법으로 마이크로폰과 스피커가 별도 설치

078 집합주택에서 각종 정보를 관리하는 목적으로 관리인실에 설치하는 집합주택 관리용 인터폰의 기능으로 옳지 않은 것은? [산10]

① 주출입구의 개폐기능
② 전기절약을 위한 전등소등기능
③ 비상푸시버튼에 의한 비상통보기능
④ 방범스위치에 의한 불법침입통보기능

해설
용도별 인터폰 분류

종류	주요 기능
집합주택 관리용	• 집합주택에서 각종 정보를 관리하는 목적으로 관리실에 설치 • 비상통보 기능, 방재통보 기능, 불법침입 통보 기능, 현관문 개폐기능 등

정답 74. ④　75. ④　76. ③　77. ④　78. ②

079 인터폰 설비에서 1대의 모기에 임의 대수의 자기를 접속한 것으로 모기에서는 어느 자기나 호출 통화할 수 있으나 자기 상호간은 모기의 중계에 의해서 통화가 가능한 방식은? [기03]

① 모자식　　　　② 상호식
③ 복합식　　　　④ 병용식

[해설]
① 모자식: 자기는 모기하고만 통화가 가능
② 상호식: 어떤 기기에서도 임의의 기기에 호출 통화가 가능
③ 복합식: 모기 상호간, 모기에 접속된 모자간 통화도 가능

080 다음의 인터폰 설비에 대한 설명 중 틀린 것은? [기08]

① 주택용 인터폰은 일반적으로 도어폰 기능을 갖는다.
② 사무용 인터폰 설비의 통화방식 중 상호통화식은 스피커형이 일반적이다.
③ 집합주택 관리용 인터폰의 기능으로는 현관문의 개폐기능, 비상 푸시버튼에 의한 비상통보기능 등이 있다.
④ 엘리베이터용 인터폰은 상호통화식이 주로 채용되며 반드시 축전지 설비를 설치할 필요는 없다.

[해설]
엘리베이터용 인터폰은 정전 시에도 사용 가능하도록 축전지 설비를 해야 한다.

081 다음 중 방송공동수신 설비의 구성기기에 속하지 않는 것은? [기20]

① 혼합기　　　　② 모시계
③ 컨버터　　　　④ 증폭기

[해설]
TV 공청방송설비 구성요소는 안테나, 혼합기(Mixer), 컨버터, 증폭기 및 선로기기(분기기, 분배기, 정합기) 등으로 구성된다.

05. 접지 및 전기방재 설비

082 다음 설명에 알맞은 접지의 종류는? [기17, 21]

- 기능상 목적이 서로 다르거나 동일한 목적의 개별 접지들을 전기적으로 서로 연결하여 구현한 접지 시스템

① 단독접지　　　　② 공통접지
③ 통합접지　　　　④ 종별접지

[해설]
통합접지는 계통접지, 통신접지, 피뢰 접지극을 통합하여 등전위를 형성하는 접지로, 기능상 목적이 서로 다르거나 동일 목적의 개별 접지들을 전기적으로 서로 연결하는 방식이다.

083 목적에 따른 접지의 분류 중 주로 고, 저압의 혼촉에 의한 재해를 예방하기 위해 변압기 2차 측에 접지하는 것은? [산10]

① 기기접지　　　　② 계통접지
③ 통신용 접지　　　④ 뇌해방지용 접지

[해설]
계통접지는 저압전로의 중성선(변압기 2차 중성점 접지)의 접속 방식 및 보호도체 구성방식에 따라 TN 계통, TT 계통, IT계통으로 분류된다.

084 피뢰시스템의 수뢰부에 사용되지 않는 것은? [산15]

① 돌침　　　　② 인하도선
③ 메시도체　　　④ 수평도체

[해설]
피뢰시스템 수뢰부는 돌침, 수평도체, 메시도체 요소 중 한 가지 또는 이를 조합한 형식이어야 한다.

085 피뢰설비의 수뢰부시스템 설치 시 사용되는 보호범위 산정방식에 속하지 않는 것은? [산14]

① 메시법
② 보호각법
③ 전위강하법
④ 회전구체법

[해설]
피뢰 시스템의 수뢰부 시스템 배치 방법
1) 보호각법: 피뢰침 보호각 내 보호하는 법
2) 회전 구체법: 피뢰침과 지면에 닿는 회전구체를 그려 회전구체가 닿지 않는 부분이 보호범위
3) 메시법: 보호건물 주위에 망상 도체를 적당한 간격으로 설치하여 보호하는 방법

086 위험물 저장 및 처리시설에 설치하는 피뢰설비는 피뢰 레벨이 최소 얼마 이상이어야 하는가? [산10, 11]

① Ⅰ
② Ⅱ
③ Ⅲ
④ Ⅳ

[해설]
※ **피뢰레벨과 해당 건축물 예**
Level Ⅰ: 그 자체로 가장 큰 피해가 우려되는 건축물(화학, 원자력, 생화학 건물)
Level Ⅱ: 주변에 화재, 폭발 등 피해 우려가 있는 건축물(정유공장, 주유소 등 위험물 제조소)
Level Ⅲ: 공공 서비스 상실의 피해가 우려되는 건축물(전화국, 발전소 등 국가중요 시설물)
Level Ⅳ: 일반 건축물(주택, 농장)

087 건축물 등에서 항공기의 추돌을 방지하기 위하여 설치하는 각종의 안전등화를 다음 중 무엇이라고 하는가? [기16]

① 선회등
② 유도로등
③ 항공등화
④ 항공장애표시등

[해설]
항공장애표시등은 비행 중인 조종사에게 장애물의 존재를 알리기 위해 사용되는 등화를 말한다.

088 주위 온도가 일정 온도 이상으로 되면 동작하는 자동화재탐지설비의 감지기는? [기16, 17, 22]

① 이온화식 감지기
② 차동식 스포트형 감지기
③ 정온식 스포트형 감지기
④ 광전식 스포트형 감지기

[해설]
① 이온화식 감지기: 주위가 일정 농도 이상의 연기를 포함 시 발생하는 이온전류의 변화로 동작
② 차동식 스포트형 감지기: 한 지점의 주위온도가 일정 온도 상승율 이상이 되었을 때 동작
③ 광전식 스포트형 감지기: 한 지점의 연기에 의한 광전소자의 수광량 변화로 동작

089 다음 설명에 알맞은 자동화재탐지설비의 감지기는? [산12, 17, 19, 20, 기15, 17, 20, 21]

· 주위 온도가 일정한 온도 이상이 되면 동작한다.
· 보일러실, 주방과 같이 다량의 열을 취급하는 곳에 적합하다.

① 광전식 감지기
② 정온식 감지기
③ 차동식 감지기
④ 이온화식 감지기

[해설]
정온식 감지기는 주위 온도가 일정 온도 이상일 때 동작하는 감지기로 보일러실, 주방과 같이 급격한 온도 변화가 발생되는 장소 또는 가연물 취급 장소에 적용한다.

090 자동화재탐지설비의 감지기 중 주위의 온도상승률이 일정한 값을 초과하는 경우 동작하는 것은? [기18]

① 차동식 감지기
② 정온식 감지기
③ 광전식 감지기
④ 이온화식 감지기

[해설]
차동식 감지기는 '주위 온도 상승률'이 일정 값 초과 시 동작하고, 정온식 감지기는 '주위 온도'가 일정온도 이상 시 동작하는 감지기이다.

정답 85. ③ 86. ② 87. ④ 88. ③ 89. ② 90. ①

091 자동화재탐지설비의 감지기 중 감지기 주위의 공기가 일정한 농도의 연기를 포함하게 되면 동작하는 것은? [산18]

① 차동식 감지기
② 정온식 감지기
③ 보상식 감지기
④ 이온화식 감지기

해설
① 차동식 감지기: 주위온도가 일정 온도 상승률 이상 시 동작
② 정온식 감지기: 한 지점의 주위온도가 일정 온도 이상이 되었을 때 동작
③ 보상식 감지기: 정온식과 차동식의 성능을 겸하며 어느 한 기능이 작동되면 동작

092 다음의 자동화재탐지설비의 감지기 중 설치 가능한 부착 높이가 가장 높은 것은? [기14]

① 연기 감지기
② 정온식 감지기
③ 차동식 분포형 감지기
④ 차동식 스포트형 감지기

해설
연기 감지기 부착 높이는 이온화식의 경우 15 m 이상 20 m 미만이며, 광전식의 경우는 20 m 이상이다.

093 자동화재탐지설비의 감지기에 관한 설명으로 옳지 않은 것은? [기15]

① 스포트형 감지기는 45° 이상 경사되지 않도록 부착한다.
② 감지기는 천장 또는 반자의 옥내에 면하는 부분에 설치한다.
③ 정온식 감지기는 주방·보일러실 등으로서 다량의 화기를 취급하는 장소에 설치한다.
④ 보상식 스포트형 감지기는 정온점이 감지기 주위의 평상 시 최고 온도보다 10℃ 이상 높은 것으로 설치한다.

해설
보상식 감지기는 정온식과 차동식의 성능을 겸하며 어느 한 기능이 작동되면 동작한다.

094 자동화재탐지설비의 수신기 종류에 속하지 않는 것은? [산13, 18]

① P형 수신기
② R형 수신기
③ M형 수신기
④ B형 수신기

해설
자동화재탐지설비의 수신기 종류
1) P형 (1급, 2급): 감지기 또는 발신기의 신호를 받아 경보를 발하는 시스템
2) R형: 감지기 또는 발신기의 신호를 중계기를 거쳐 수신
3) GP형(1급, 2급), GR형: P형 및 R형 수신기에 가스누설 경보 기능이 추가된 수신기
4) M형: 소방서에 설치되는 수신기

095 다음 중 비상콘센트 설비에 대한 설명으로 옳지 않은 것은? [기16]

① 소방시설 중 화재를 진압하거나 인명구조 활동을 위하여 사용하는 소화활동설비에 속한다.
② 건축법상 6층 이상의 층을 설치대상으로 한다.
③ 전원회로는 각층에 있어서 2 이상이 되도록 설치하는 것을 원칙으로 한다.
④ 바닥으로부터 높이 0.8 m 이상, 1.5 m 이하의 위치에 설치한다.

해설
비상콘센트 설비 설치 대상
1) 지하층을 포함하는 층수가 11층 이상인 특정소방대상물의 경우, 11층 이상의 층
2) 지하층 층수가 3개층 이상이고 지하층 바닥면적 합계가 1,000 m² 이상인 경우 지하층의 모든 층
3) 지하가 중 터널로서 그 길이가 500 m 이상인 것 (가스시설 또는 지하구 제외)

096 비상콘센트 설비에서 비상콘센트의 설치 위치로 가장 알맞은 것은? [기13]

① 바닥으로부터 높이 0.5 m 이상 1.5 m 이하의 위치
② 바닥으로부터 높이 0.8 m 이상 1.5 m 이하의 위치
③ 바닥으로부터 높이 0.5 m 이상 1.8 m 이하의 위치
④ 바닥으로부터 높이 0.8 m 이상 1.8 m 이하의 위치

해설
비상콘센트 설비
1) 1개의 비상콘센트까지 수평거리는 50 m 이하
2) 설치높이는 바닥면상 중심에서 0.8~1.5 m 정도

정답 91. ④ 92. ① 93. ④ 94. ④ 95. ② 96. ②

PART 3

위생설비

CHAPTER

01 기초적인 사항
02 급수 및 급탕 설비
03 배수 및 통기 설비
04 오수정화설비
05 소방시설
06 가스설비

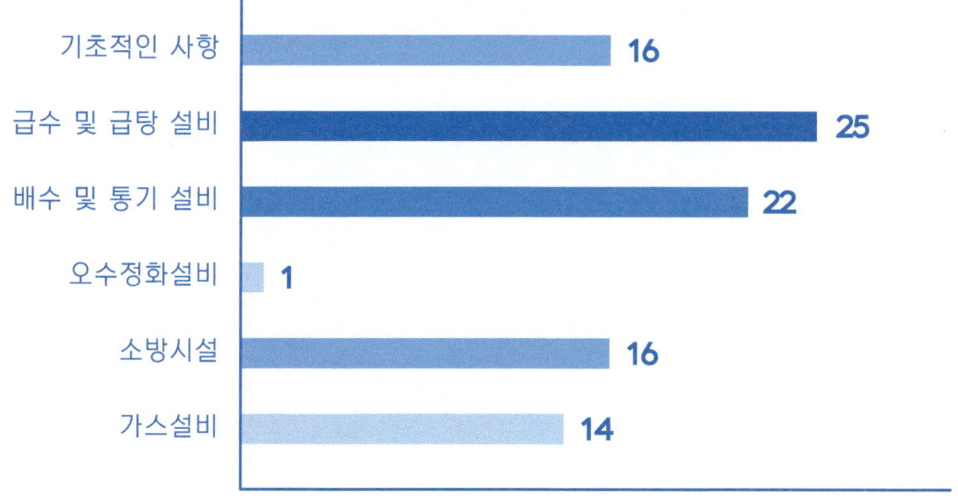

위생설비 최근 5개년 기출 누적개수

- 기초적인 사항: 16
- 급수 및 급탕 설비: 25
- 배수 및 통기 설비: 22
- 오수정화설비: 1
- 소방시설: 16
- 가스설비: 14

위생설비파트는 기사시험에서는 대략 6문제가 출제되고 산업기사시험에서는 8~9문제가 출제되어 출제빈도가 높다. 기초적인 사항, 급수 및 급탕설비, 배수 및 통기설비, 오수정화설비, 소방설비로 구성되어 있다.

기사시험에서는 오수정화설비를 제외하고는 각 부분에서 1~2문제가 출제된다. 급수 및 급탕설비(1.8문제)의 비중이 가장 높으며 그중 급수 방식 및 특징에 관련해서는 꼭 1문제가 출제된다.

산업기사시험에서는 각 부분에 걸쳐서 1~2문제가 출제된다. 출제비중은 배수와 통기설비(2.3문제), 기초적인 사항(1.8문제), 급수 및 급탕설비(1.5문제), 소방설비(1.5문제), 가스설비(0.6문제)순이다.

CHAPTER 01 기초적인 사항

빈출 Key word
\# 건축기사(1.1문제), 산업기사(1.8문제)의 출제비중을 가짐
\# 펌프의 종류 및 용도, 유체의 물리적 성질 순으로 출제 비중이 높음
\# 연속의 법칙 \# 베르누이의 정리 \# 물의 경도 \# 펌프의 동력
\# 펌프의 상사법칙 \# 공동현상

01 유체의 물리적 성질

1. 유체의 성질

유체는 일반적으로 액체 또는 기체를 의미하며 흐름의 성질을 갖고 있다. 이러한 흐름의 정도는 유체의 점성에 따라 달라진다.

▶ **점성(Viscosity)**
유체가 흐르고 변형하는 데 저항하는 성질

2. 유체의 물리량

(1) 밀도(density)

물질의 단위 부피당 질량이며, 국제단위에서의 단위는 [kg/m³]이다.

$$밀도(\rho)\,[\text{kg/m}^3] = \frac{질량(M)[\text{kg}]}{체적(V)[\text{m}^3]}$$

표준 대기압 하의 4℃의 순수한 물의 밀도 ρ = 1,000 kg/m³

(2) 비중량(specific weight)

단위 체적당 중량을 비중량이라고 하며, 단위는 [kgf/m³]

$$비중량(\gamma)[\text{kgf/m}^3] = \frac{중량(G)[\text{kgf}]}{체적(V)[\text{m}^3]}$$

물의 비중량 γ = 9,800 N/m³

(3) 비체적(specific volume)

액체의 단위 질량당 차지하는 질량(v)

$$비체적(v)[\text{m}^2/\text{kg}] = \frac{1}{밀도(\rho)}$$

▶ **팽창식의 유도**
물의 팽창 전과 팽창 후의 질량이 동일하므로
$M = \rho_c V = \rho_h (V + \Delta V)$

▶ **팽창식의 적용**
- 급탕장치의 팽창량
- 팽창관 입상높이 응용

$H = h\left(\dfrac{\rho_c}{\rho_h} - 1\right)$

(4) 팽창

물의 밀도는 수온이 4℃일 때 최대가 되며, 4℃기준으로 온도가 상승 또는 하강하는 데 따라 밀도가 작아진다.

$$온수의\ 팽창량(\Delta V)[\text{L}] = \left(\frac{가열\ 전\ 물의\ 밀도(\rho_c)[\text{kg/L}]}{가열\ 후\ 물의\ 밀도(\rho_h)[\text{kg/L}]} - 1\right) \times 가열장치내\ 물의\ 체적(V)[\text{L}]$$

3. 유체의 역학

(1) 압력(pressure)
단위면적당 수직으로 작용하는 힘으로 높이에 비례한다.

압력$(P)[N/m^2] = \dfrac{힘(F)[N]}{면적(A)[m^2]} =$ 밀도$(\rho) \times$ 중력가속도$(g) \times$ 높이(h)

$1[mAq] = 0.1[kgf/cm^2] = 9.8\ kPa$

> **압력단위**
> 급배수 위생설비분야에서 [mAq], [kgf/cm²], [kPa]으로 사용하는 경우가 많다.

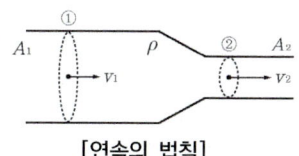

[연속의 법칙]

(2) 연속의 법칙(principle of continuity)
관속을 가득차게 흐르고 있는 정상유량에서는 모든 단면을 통과하는 유량은 일정하다.

$Q = A_1 v_1 = A_2 v_2$ (오른쪽 그림에서 단면 ①, ②를 통과하는 유량은 일정함)

(3) 베르누이의 정리
에너지 보존의 법칙을 유체의 흐름에 적용한 것으로 유체가 갖고 있는 운동에너지, 중력에 따른 위치에너지 및 압력에너지의 총합은 흐름내 어디에서나 일정하다.

$p_0 = p_1 + \rho g h_1 + \dfrac{1}{2}\rho v_1^2 = p_2 + \rho g h_2 + \dfrac{1}{2}\rho v_2^2 + w_{loss}$

여기서, p_0, p_1, p_2 : 0,1,2 지점에서의 압력 [Pa]
ρ : 유체의 밀도 [kg/m³]
v_1, v_2 : 1,2 지점에서의 유속 [m/s]

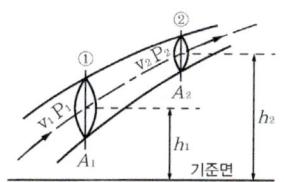

[베르누이의 정리]

Q1. 다음 그림과 같이 A지점과 B지점의 관경이 각각 dA = 100 mm, dB = 200 mm이고, 유량이 3 m³/min이라면 A, B 지점에서의 유속(m/s)은 각각 얼마인가? [기10, 13]

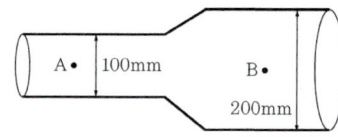

① A: 1.59 m/s,   B: 0.80 m/s
② A: 1.59 m/s,   B: 6.37 m/s
③ A: 6.37 m/s,   B: 3.19 m/s
④ A: 6.37 m/s,   B: 1.59 m/s

해설 $Q = A \cdot v$에서, $v = \dfrac{Q}{A} = \dfrac{Q}{\pi \times (\frac{d}{2})^2}$

$v_A = \dfrac{(3/60)}{3.14 \times (100/2)^2} = 6.37[m/s]$

$v_B = \dfrac{(3/60)}{3.14 \times (200/2)^2} = 1.59[m/s]$

Q2. 베르누이(Bernoulli)의 정리를 가장 올바르게 표현한 것은? [기01, 기16]

① 유체가 갖고 있는 운동에너지는 흐름 내 어디에서나 일정하다.
② 유체가 갖고 있는 운동에너지와 중력에 의한 위치에너지의 총합은 흐름 내 어디에서나 일정하다.
③ 유체가 갖고 있는 운동에너지, 중력에 의한 위치에너지의 총합은 흐름 내 어디에서나 압력에너지와 같다.
④ 유체가 갖고 있는 운동에너지, 중력에 의한 위치에너지 및 압력에너지의 총합은 흐름 내 어디에서나 일정하다.

해설 베르누이 방정식
에너지 보존의 법칙을 유체의 흐름에 적용한 것으로 유체가 갖고 있는 운동에너지, 중력에 따른 위치에너지

g : 중력가속도 [9.8 m/s^2]

z_1, z_2 : 1,2 지점에서의 위치수두 [m]

(4) 배관 마찰손실

$$\Delta P_f = \lambda \times \frac{l}{d} \times \frac{v^2}{2} \times \rho$$

$$\Delta h_f = \lambda \times \frac{l}{d} \frac{v^2}{2g}$$

여기서, ΔP_f : 관 마찰손실 [Pa]　　λ : 관 마찰 계수
l : 관 길이 [m]　　d : 관경 [m]
v : 유속 [m/s]　　ρ : 유체의 밀도 [kg/m^3]
Δh_f : 관 마찰손실 [mAq]　　g : 중력가속도 [9.8 m/s^2]

[배관 마찰손실]

4. 물의 경도

물의 경도는 물 속에 녹아 있는 칼슘, 마그네슘 등 염류의 양을 탄산칼슘 농도로 환산하여 나타내는 것이다.

(1) 단위

물 1L 속에 탄산칼슘이 1 mg 포함되어 있는 상태를 1도 또는 1 ppm(Parts Per Million)이라고 한다.

(2) 경수와 연수

경도가 큰 물은 경수(硬水, Hard Water), 경도가 작은 물은 연수(軟水, Soft Water)라고 한다.

Q3. 물의 경도에 관한 설명으로 옳지 않은 것? [기16]

① 일반적으로 지표수는 연수, 지하수는 경수로 간주한다.
② 경도가 큰 물을 경수, 경도가 낮은 물을 연수라고 한다.
③ 경수를 보일러 용수로 사용하면 그 내면에 스케일이 생겨 전열효율이 감소된다.
④ **물의 경도는 물속에 녹아 있는 칼슘, 마그네슘 등의 염류의 양을 탄산마그네슘의 농도로 환산하여 나타낸 것이다.**

해설 물의 경도는 물속에 녹아 있는 칼슘, 마그네슘 등의 염류의 양을 탄산칼슘 농도로 환산하여 나타내는 것이다.

Q4. 보일러의 스케일(Scale)에 관한 설명으로 옳지 않은 것? [산16]

① **워터해머를 일으킨다.**
② 보일러 전열면의 과열 원인이 된다.
③ 열의 전도를 방해하고 보일러 효율을 불량하게 한다.
④ 수처리장치 등을 이용하여 발생을 방지할 수 있다.

해설 ① 워터해머는 밸브의 급폐쇄 시 발생한다.

(3) 경도가 높은 물의 영향

경도가 높은 물은 스케일이 형성되어,

① 급수 펌프 동력의 증가 ② 열교환기 효율을 감소
③ 배관 내의 흐름 저항의 증가 ③ 전열을 방해하여 과열의 원인이 된다.

(4) 상수의 경도 기준

먹는 물의 경우 300 mg/L을 넘지 않도록 규정하고 있다.

> 대표적인 생수인 삼다수의 경우, 경도값은 20 mg/L, 강원평창수는 16.7~106.9 mg/L값을 가지고 있다.

02 위생설비용 배관 재료

1. 유체의 종류에 따른 표시 가호 및 식별색

유체의 종류	공기	가스	유류	수증기	물
표시기호	A	G	O	S	W
식별색	백색	황색	진한 황적색	진한 적색	청색

2. 배관 종류 및 특성

	특성 및 용도	접합방법
주철관	• 내식성, 내구성, 내압성이 뛰어남 • 가스배관, 지중배관에 많이 사용	소켓접합, 플랜지접합 메커니컬, 빅토리접합
강관	• 가볍고 충격 및 내인장이 뛰어남 • 굴곡성 및 접합성이 좋으나 내구연한이 짧음	나사접합(50A 이하) 플랜지접합 용접접합
동관	• 열전도율이 크고 내식성이 뛰어남(난방, 급탕용) • 저온취성에 강함(냉동관 등에 이용)	납땜, 용접 플레이어 이음
황동관	• 동의 내외면에 주석도금	동관과 동일
연관 (납관)	• 산에 강하고 신축성이 좋음 • 대소변기 말단부, 소도인입관 등에 많이 쓰이나 • 일반배관으로 사용 안함	납땜, 플라스터 접합
스테인레스	• 부식에 강하고 인장강도가 높으며 마찰손실도 적음 • 급수 급탕배관에 많이 쓰임	-
경질염화비닐	• 내화학적(내산 및 내알칼리성) • 마찰손실이 적고 전기절연성과 열팽창률이 큼 • 내열성 취약	열간공법 냉간공법
콘크리트	• 옥외배수나 상하수도의 배관으로 이용	칼라조인트
폴리에닐렌피복	• 지하매설용 가스관에 이용	플랜지접합 용착슬리브 접합

> **배관기호**
>
> | 종류 | 기호 |
> |---|---|
> | 급수관 | —•— |
> | 배수관 | — D — |
> | 통기관 | — — V — — |
> | 급탕관 | —••— |
> | 반탕관 | —•••— |
> | 소화수관 | — X — |
> | 가스관 | — G — |

> **밸브 기호**
>
> | 종류 | 기호 |
> |---|---|
> | 밸브 | ⋈ |
> | 게이트 밸브 | ⋈ |
> | 콕 밸브 | ⋈ |
> | 체크 밸브 | ⋈ |
> | 앵글밸브 | ⋈ |

3. 배관 및 밸브

(1) 배관연결 부속기구

> 연결 부속

종류	기호
플랜지	
유니온	
플러그	
90° 엘보	
티	
막힘 플랜지	
캡	

기구명	용도	비고
엘보	배관을 45°, 90° 방향전환	-
티	배관의 분기에 쓰임	-
소켓	배관의 직선 연결에 쓰임	-
리듀스	이경관의 직선연결에 쓰임	이경소켓
부싱	이경의 부속과 배관의 접속용	이경암수소켓
니플	부속과 부속의 직선연결	-
유니온	배관의 최종 조립과 분해가 필요한 곳	50 mm 이하
플랜지	유니언과 기능이 같음	65 mm 이상
플러그	배관 말단에 부속 막음	암나사 마감
캡	플러그와 기능이 같고 배관을 막음	수나사 마감

(2) 밸브의 종류 및 특징

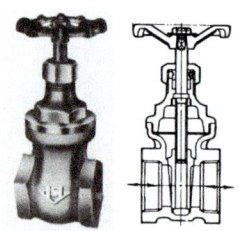
[게이트밸브]

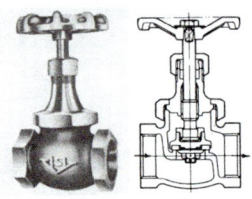
[글로브밸브]

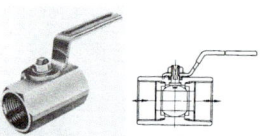
[콕밸브]

[체크밸브]

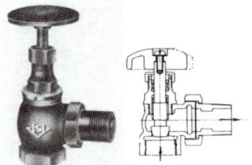
[앵글밸브]

용도	종류	특징
개폐용	슬루스밸브 (게이트)	• 마찰저항손실이 적음 • 일반배관의 개폐용으로 많이 사용 • 증기수평관에서 드레인이 고이는 것을 방지
	글로브밸브	• 마찰손실이 큼 • 유로폐쇄 및 유량조절에 적당
	콕밸브	• 90° 회전으로 개폐 • 90° 내의 범위에서 유량 조절 가능 • 급속한 개폐 시 사용

유량 흐름	체크밸브 (역지밸브)	• 유체의 흐름이 한 방향으로 유지하여 역류를 방지
		• 밸브 부착 시 방향 확인 필요
		  - 스윙형: 수직, 수평 배관에 사용
		  - 리프트형: 수평배관에 사용

	앵글밸브	• 유체의 흐름을 직각으로 바꾸는 역할 • 유량 조절 가능
압력 조정	공기밸브	• 배관내 공기를 배출하기 위해 배관 상부에 설치 • 배관 굴곡부 상단, 보일러 최상부 등에 설치
	감압밸브	• 배관의 일정한 압력 유지
	안전밸브	• 배관에 과잉압력 발생 시 압력을 자동으로 배출 • 압력탱크, 증기보일러 등에 설치

4. 기타 주요부속

(1) 플러시밸브(flush valve)
① 밸브를 한번 조작하면 일정량의 물이 방출된 후 자동적으로 닫히며 수세하는 기능을 가짐
② 대변기, 소변기의 세정밸브로 활용
③ 대변기의 경우 70 kPa 이상의 수압 필요

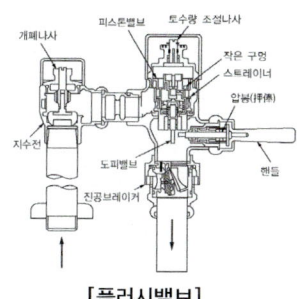
[플러시밸브]

(2) 스트레이너(strainer)
① 관 속의 유체에 섞여 있는 모래, 쇠부스러기 등의 이물질을 제거하여 기기의 성능을 보호하기 위해 배관에 설치

[스트레이너]

03 펌프의 종류 및 용도

1. 펌프의 종류

(1) 터보형 펌프(turbo pump)
날개를 가진 임펠러(회전차)의 회전에 의해 유입된 액체의 운동에너지를 압력에너지로 변화하여 작동하는 펌프이다.
흐름의 방향에 따라 원심식, 사류식, 축류식으로 구분된다.

① 볼류트 펌프와 터빈 펌프
볼류트 펌프는 스파이럴 케이싱이 있고 양정 15 m 이하의 저양정에 사용된다. 터빈펌프는 임페럴과 스파이럴 사이에 안내깃이 있고 양정 20 m 이상의 고양정에 허용된다.

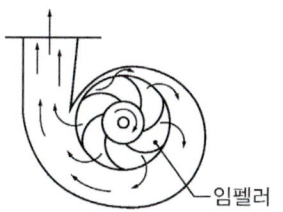
[볼류트 펌프]

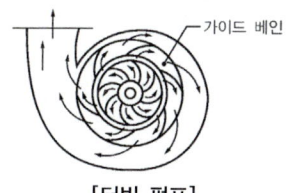
[터빈 펌프]

Q5. 배수용 배관재에 대한 설명 중 옳지 않은 것은? [기10]

① 경질염화비닐관은 내식성은 우수하나 충격에 약하다.
② 연관은 내식성이 작아 배수용보다는 난방배관에 주로 사용된다.
③ 동관은 전기 및 열전도율이 좋고 전성·연성이 풍부하여 가공도 용이하다.
④ 주철관은 오배수관이나 지중 매설 배관에 사용된다.

해설 연관은 내식성이 작아 난방배관보다는 배수용으로 주로 사용한다.

Q6. 다음 설명에 알맞은 밸브의 종류는? [산12]

- 관로를 전개할 목적으로 사용된다.
- 밸브를 완전히 열면 배관경과 밸브의 구경이 동일하므로 유체의 저항이 적다.

① 체크밸브　　　② 앵글밸브
③ 글로브밸브　　④ 게이트밸브

해설 게이트 밸브(gate valve, 슬루스 밸브)에 대한 설명이다.

② 단단펌프와 다단 펌프

펌프 1대에 임펠러 1개를 갖고 있는 펌프를 단단펌프라고 하며, 양정이 높지 않은 경우에 사용된다. 높은 양정을 얻기 위하여 한대의 펌프의 동일 회전축에 2개 이상의 임펠러를 설치한 펌프를 다단펌프라 한다.

(2) 용적형 펌프

공간용적을 주기적으로 변화시켜 액체가 흡입, 재출되도록 한 펌프로 주로 유입장치용으로 사용된다. 기어펌프, 플런저펌프(왕복식 펌프), 피스톤펌프, 베인펌프가 있다.

(3) 특수 펌프

① 수중모터 펌프(submerged motor pump)

모터에 직결된 펌프를 수중에서 작동하도록 한 펌프이다. 배수펌프로 심정의 양수 등에 많이 사용한다.

② 논클로그 펌프(non-clog pump)

오물잔재의 고형물이나 천조각 등이 섞인 물을 배제하는 데 사용하는 펌프이다. 주로 오수나 배수펌프로 사용한다.

③ 제트펌프(jet pump)

노즐에서 고압의 증기 또는 물을 고속으로 분사시켜 노즐의 끝 주위가 부압이 되어 물을 빨아 올려 송수한다. 지하수 배출, 소화용 펌프로 사용한다.

④ 기어펌프(gear pump)

두 개의 기어(톱니)의 회전에 의해 기어 사이에 끼어 있는 액체가 케이싱 내벽을 따라서 송출되는 펌프이다. 점성이 강한 기름 및 윤활유 반송용으로 사용된다.

⑤ 기포펌프(air lift pump)

압축공기를 압입하여 기포의 부력을 이용하는 펌프이다. 온천수를 퍼올리거나 더러운 정화조를 퍼올리는 데 사용된다.

Q7. 건축설비 분야에서 급수, 급탕, 배수 등에 주로 사용되는 터보형 펌프는? [기14]

① 사류 펌프 ② 마찰 펌프
③ 왕복식 펌프 ④ **원심식 펌프**

해설 터보형 펌프는 원심식 펌프에 해당된다.

Q8. 볼류트 펌프의 토출구를 지나는 유체의 유속이 2.5 m/s, 유량이 1 m³/min일 경우, 토출구의 구경은? [기18]

① 75 mm ② 82 mm
③ **92 mm** ④ 105 mm

해설 펌프의 구경

$$d[m] = 1.13\sqrt{\frac{Q[m^3/s]}{v[m/s]}} = 1.13\sqrt{\frac{1 \times (1/60)}{2.5}}$$
$$= 0.09226[m] = 92[mm]$$

2. 펌프의 동력

펌프를 이용해 물을 양정(이송)하게 될 때 모터, 샤프트(축), 펌프를 통하여 물에 압력을 가하게 된다.

(1) 수동력: 펌프로부터 물이 받아야 할 동력이다.

펌프의 수동력 $(L_w)[kW] = 0.163QH$

여기서, Q: 양수량 [m³/min] H: 전양정 [m]

(2) 축동력

펌프의 효율이 적용된 동력으로서, 모터에 의해 펌프에 전해지는 동력이다.

펌프축동력$(L_p) = \dfrac{L_w}{E} = \dfrac{0.163QH}{E}$ 여기서, E: 펌프의 효율

(3) 소요동력: 실제 펌프 가동을 위해 필요한 동력으로서, 모터동력이라고도 한다.

펌프축동력$(L_m) = L_p \times (1+\alpha) = \dfrac{0.163QH}{E} \times (1+\alpha)$

여기서, α: 여유율(전동기의 경우는 0.1 ~ 0.2)

> $L_w[W] = \rho g Q H$
> ρ: 물의 밀도[1,000 kg/m³]
> g: 중력가속도[9.8 m/s²]
>
> $L_w[kW] = 9.8QH$
> Q: 양수량[m³/s]

> 펌프의 수동력 계산식에서
> 수동력[kW]
> 양수량[m³/min]
> 전양정[m] 단위에
> 주의해야 한다.

3. 펌프의 특성

(1) 상사법칙

동일한 펌프에서는 펌프의 회전수(n), 양정(H), 축동력(L) 간에 대략 옆의 관계가 성립한다. 이 관계는 회전수의 변화가 ±20% 이내일 때 적용 가능하다. 유량은 펌프의 회전수에 비례, 양정은 회전수의 제곱, 축동력은 회전수의 세제곱에 비례한다. 따라서 펌프의 유량이 감소되면 에너지 절감효과가 크다.

(2) 펌프의 특성곡선

펌프의 성능을 나타내는 곡선으로 펌프를 일정회전수 N [rpm]으로 운전하여 토출량 Q [L/min]의 변화에 대해 각각의 전양정 H [m], 펌프효율[%], 축동력 L_p[kW]의 변화를 하나의 선도로 표시한 것이다.

> $\dfrac{Q_2}{Q_1} = \dfrac{n_2}{n_1}$ $Q_2 = Q_1 \times (\dfrac{n_2}{n_1})$
>
> $\dfrac{H_2}{H_1} = (\dfrac{n_2}{n_1})^2$ $H_2 = H_1 \times (\dfrac{n_2}{n_1})^2$
>
> $\dfrac{L_2}{L_1} = (\dfrac{n_2}{n_1})^3$ $L_2 = L_1 \times (\dfrac{n_2}{n_1})^3$

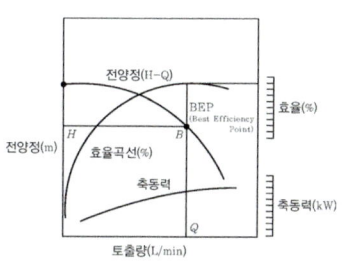

[펌프의 특성곡선]

Q9. 양수량 2 m³/min, 전양정 50 m, 효율이 60%인 펌프의 축동력은? (단, 유체의 밀도는 1,000 kg/m³ 이다.)   [기10, 15]

① 2.8 kW   ② 9.8 kW
③ 16.3 kW   ④ 27.2 kW

해설 $L_p = \dfrac{0.163 \times Q \times H}{E} = \dfrac{0.163 \times 2 \times 50}{0.6} = 27.2 [kW]$

Q10. 펌프의 회전수를 2배로 증가시켰을 때, 펌프 양정의 변화는?   [산13]

① 1/2로 감소   ② 2배 증가
③ 4배 증가   ④ 8배 증가

해설 펌프의 양정은 회전수의 제곱에 비례한다.

4. 펌프의 운전

(1) 펌프의 공동현상(caviation)

유체의 속도 변화에 의한 압력변화로 인해 유체 내에 공동이 생기는 현상을 공동현상이라고 한다. 증기기포가 생기면 부식이나 소음 등이 발생하므로 공동현상이 피하도록 설계해야 한다.

① 공동현상을 막기 위한 방법
- 필요 NPSH가 유효 NPSH보다 작게 되도록 배관계획을 한다.
- 펌프의 흡입양정을 작게 한다.
- 흡입관의 관경을 크게, 배관의 길이를 작게 하여 저항을 감소시킨다.
- 펌프의 설치위치를 물탱크 수위보다 낮게 한다.
- 관내에 공기가 체류되지 않도록 배관한다.
- 회전수가 작은 펌프를 사용하여 양정에 필요 이상의 여유를 두지 않는다.

> **유효 흡입수두(NPSH, Net Positive Suction head)**
> 펌프가 문제없이 운전되기 위해 필요한 흡입상태

> **필요 흡입수두(NPSHr; Required)**
> 펌프가 제작되면서 갖게 되는 고유성질로 펌프 안쪽 조건

> **수격작용(water hammer)**
> 배관내에서 유속이 급격하게 변할 시 운동에너지가 압력에너지로 변환되어 배관에 충격을 가하는 현상

(2) 서징(surging)

토출량이 주기적으로 변동하고, 흡입 및 토출배관의 주기적인 진동과 소음을 수반하는 현상이다.

① 발생조건
- 양정곡선이 산형특성이고 오른쪽으로 증가하는 특성의 범위에서 사용
- 토출배관 중에 수조 또는 공기체류가 있는 경우
- 토출량을 조절하는 밸브의 위치가 수조 또는 공기체류보다 하류

② 방지방법
- 소유량으로 운전되지 않도록 바이패스를 설치하여 토출수량의 일부를 흡입측으로 되돌려 준다.

CHAPTER 01 필수 확인 문제

01 다음과 가장 관계가 깊은 것은? [기15, 20, 21]

> 에너지 보존의 법칙을 유체의 흐름에 적용한 것으로 유체가 갖고 있는 운동에너지, 중력에 따른 위치에너지 및 압력에너지의 총합은 흐름내 어디에서나 일정하다.

① 뉴턴의 점성법칙 ② 베르누이의 정리
③ 보일-샤를의 법칙 ④ 오일러의 상태방정식

○ ① 뉴턴의 점성법칙: 전단응력이 유체의 속도의 수직 방향 높이에 대한 변화량에 비례한다.
③ 보일-샤를의 법칙: 보일의 법칙(온도가 일정할 때 기체의 압력은 부피에 반비례)과 샤를의 법칙(압력이 일정할 때 기체의 부피는 온도의 증가에 비례)을 조합하여 만든 법칙
정답 ②

02 4℃의 물 1,000 L를 100℃로 가열할 경우 온도변화에 따른 체적 팽창량은? (단, 4℃ 물의 밀도는 1 kg/L이고, 100℃ 물의 밀도는 0.958 kg/L이다.) [산13]

① 약 15 L ② 약 25 L
③ 약 35 L ④ 약 43 L

○ $\Delta V = (\frac{\rho_c}{\rho_h} - 1) V$
$= (\frac{1.000}{0.958} - 1) \times 1,000 = 43 [L]$
정답 ④

03 그림에서 A점에 작용하는 수압은 약 얼마인가? [산15]

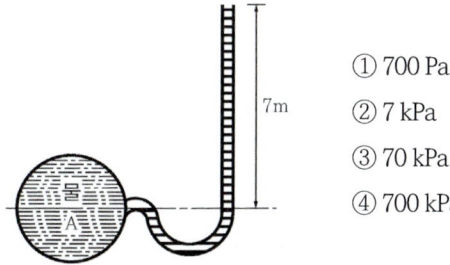

① 700 Pa
② 7 kPa
③ 70 kPa
④ 700 kPa

○ 1 mAq = 9.8 kPa
7 mAq = 68.6 kPa ≒ 70 kPa
정답 ③

04 관 속의 유체에 섞여 있는 모래, 쇠부스러기 등의 이물질을 제거하여 기기의 성능을 보호하기 위해 배관에 설치하는 것은? [기13]

① 볼 탭 ② 체크 밸브
③ 패킹 ④ 스트레이너

○ ① 수면의 상하 변동에 의한 밸브를 개폐하는 장치
② 유체의 흐름이 한 방향으로 유지하여 역류를 방지
③ 기밀성을 유지하기 위해 파이프의 이음새나 용기의 접합면에 끼우는 재료
정답 ④

05 강관의 배관 부속품에 관한 설명으로 옳지 않은 것은? [기14]

① 엘보는 배관을 굴곡할 때 사용한다.
② 티와 크로스는 분기관을 낼 때 사용된다.
③ 플러그는 구경이 다른 관을 접합할 때 사용된다.
④ 소켓, 유니온, 플랜지는 직관을 접합할 때 사용한다.

○ 플러그는 배관의 끝을 막기 위해 설치되는 부속품이다.
정답 ③

06 배관재료에 관한 설명으로 옳지 않은 것은? [기12]

① 주철관은 오배수관이나 지중 매설 배관에 사용된다.
② 경질염화비닐관은 내식성은 우수하나 충격에 약하다.
③ 연관은 내식성이 작아 배수용보다는 난방배관에 주로 사용한다.
④ 동관은 전기 및 열전도율이 좋고 전성·연성이 풍부하여 가공도 용이하다.

○ ③ PB배관(poly buthtylene)의 설명이다.
연관은 납의 용출문제로 사용이 제한되고 있다.
정답 ③

07 유체의 흐름을 한 방향으로만 흐르게 하고 반대방향으로는 흐르지 못하게 하는 밸브는? [기17]

① 콕밸브　　② 체크밸브
③ 게이트밸브　④ 글로브밸브

○ 체크 밸브(check valve)는 역류 방지용 밸브이며, 유량을 조절하는 기능은 없다.
정답 ②

08 다음 중 관이음쇠와 그 사용 용도의 연결이 옳지 않은 것은? [기11]

① 부싱(bushing) : 이경관을 연결할 때
② 엘보(elbow) : 관이 방향을 바꿀 때
③ 유니온(Union) : 관의 끝을 막을 때
④ 티(Tee) : 관을 도중에서 분기할 때

○ ③ 관의 끝을 막을 때는 플러그를 사용한다. 유니온은 관의 연결할 때 사용한다.
정답 ③

09 전양정 24 m, 양수량 13.8 m³/h, 효율 60%일 때 펌프의 축동력은? [기13, 산16]

① 0.5 kW　　② 1.0 kW
③ 1.5 kW　　④ 3.0 kW

○ 13.8 m³/h = (13.8/60)[m³/min]
$$L_p = \frac{0.163 \times Q \times H}{E}$$
$$= \frac{0.163 \times (13.8/60) \times 24}{0.6}$$
$$= 1.5[\text{kW}]$$
정답 ③

CHAPTER 02 급수 및 급탕 설비

빈출 Key word

\# 건축기사(1.8문제), 산업기사(1.5문제)의 출제비중을 가지며 위생설비에서
출제비중이 가장 높음
\# 급수방식 및 특징, 급탕방식 및 특징 순으로 출제비중이 높음
\# 급수부하단위 \# 물과 급탕의 혼합 \# 급탕부하 \# 급수방식 \# 급탕방식 \# 신축이음

01 급수·급탕량 산정

1. 급수량 산정의 일반사항

(1) 급수부하단위

세면기의 유량 (30 L/min)을 1FU(Fixture Unit)로 각 기구의 급수기구 부하단위수를 산정한다.

(2) 산정 시 고려사항

① 급수량 산정은 일반적으로 인원수에 의하여 산정한다.
② 저수조, 고가수조 등의 설비용량은 시간 최대급수량을 근거로 산출한다.
③ 소화용수, 비상발전용 냉각수는 급수량 산정에서 제외한다.

2. 급수량 산정방법

(1) 1일당 급수량 (Q_d) 산정방법

① 건물 사용인원에 의한 방법 $Q_d = N \times q$

여기서, Q_d : 1일당 급수량 [L/day]
N : 급수인원 [인]
q : 건물 종류별 1일 1인당 사용수량 [L/d·인]

	1일 평균 사용수량 [1인당]	1일 평균 사용시간 [h]	유효 면적당 인원	유효면적 비율 [%]
사무소	100~120 L/d·인	8	0.2 인/m²	55~57 (임대 60)
주택	200~400 L/d·인	10	0.16 인/m²	50~53

② 건물면적에 의한 방법 $Q_d = A \times k \times n \times q$

여기서, A : 건물의 연면적 [m²]
k : 유효면적 비율 [%]
n : 유효면적당 인원 [인/m²]
$A \times k \times n = N$

③ 사용기구에 의한 방법

$$Q_h = \sum (Q_e \times N_h)$$

여기서, Q_h : 기구이용에 의한 시간 평균 급수량 [L/h]
Q_e : 최대 1회당 물사용량 [L/회]
N_h : 1시간당 기구의 사용횟수 [회/h]

$$Q_d = Q_h \times T$$

여기서, T : 1일 평균 사용시간 [h/d]

기구종류		1회당 물사용량	1시간당 사용횟수 [회]	순간최대유량 [L/min]	접속관 구경 [DN]
대변기	세정밸브	6~10.5	6~12	80~150	25
	세정탱크	6~10.5	6~12	10	10
소변기	세정밸브	2~4	12~20	20~25	20
	세정탱크[1]	9~18	12	8	15
	세정탱크[2]	22.5~31.5	12	10	15
수세기		3	12~20	8	15
세면기		10	6~12	10	15
욕조		125	6~12	25~30	20
샤워		24~60	3	12~20	15~20

1) 2~4인용
2) 5~7인용

(2) 시간평균 예상급수량(Q_h)

급수인입관경 또는 고가수조 용량 등의 결정에 이용

$$Q_h = \frac{Q_d}{T}$$

여기서, Q_h : 시간평균 예상급수량 [L/h]
T : 건물평균 사용시간 [h]

(3) 시간최대 예상급수량(Q_m)

고가수조방식에서 양수펌프의 양수량 결정에 이용

$$Q_m = Q_h \times (1.5 \sim 2.0)$$

여기서, Q_m : 시간최대 예상급수량 [L/h]

(4) 순간최대 예상급수량(Q_p)

압력수조방식에서의 급수펌프 양수량, 펌프직송방식의 송수량 결정에 이용

$$Q_p = \frac{Q_h \times (3 \sim 4)}{60}$$

여기서, Q_p : 순간최대 예상급수량 [L/min]

3. 급수 압력

건물 내 각기구마다 적정한 수압이 필요하다.

기구		최소 필요압력 [kPa]	
		기준 1[1]	기준 2[2]
수도꼭지	일반	100	30
	자폐형	100	70
대변기 세정밸브	일반형 대변기	100	70
	블로우아웃형 대변기	170	100
	일체형 대변기	200	100
소변기 세정밸브	벽걸이형 소변기	100	30
	벽걸이형 스톨소변기	100	50
	블로아웃 소변기	170	100
샤워		100	70
가스 순간 온수기		100	40~80

1) 기준 1: NSPC에 따른 것으로 우리의 물 사용 습관에 적합
2) 기준 2: 일본(HASS 2-6-2000)의 자료. 과거 간행된 서적이나 자료 등에서 사용

4. 급탕온도

(1) 급탕온도 및 사용온도

60℃ 정도의 온도로 급탕하고 각 용도에 따라 냉수를 혼합하여 사용한다.

용도		사용온도 [℃]
음료용		50~55
욕실용	성인	42~45
	소아	40~42
샤워		43
세면기용		40~42
의과용 수세기용		43
면도용		46~52

용도		사용온도 [℃]
주방용	일반용	45
	접시세정용	45(60)
	접시헹굼용	70~80
세탁용	산업용 일반	60
	면 및 모직물	33~37(38~49)
	마 및 면직물	49~52(60)
수영장 풀		21~27
차고(세차용)		24~30

(2) 물과 탕의 혼합

$$t_m = \frac{m_1 t_1 + m_2 t_2}{m_1 + m_2}$$

여기서, t_m : 혼합수의 온도 [℃]

m_1, t_1 : 혼합되는 물1의 질량 [kg], 온도 [℃]

m_2, t_2 : 혼합되는 물2의 질량 [kg], 온도 [℃]

5. 급탕량 산정방법

(1) 1일 당 급탕량(Q_d)

$$Q_d = N \times q_d$$

여기서, Q_d : 1일 급탕량 [L/day]
　　　　N : 사용인원 [인]
　　　　q_d : 1일 1인당 급탕량 [L/인·day]

건물 종류	급탕량 (연평균 1일당)		시간최대급탕량 [L/h]		시간최대급탕량의 계속시간 [h]
사무소	7~10	[L/인]	1.5~2.5	(1인당)	2
공동주택	150~300	[L/세대]	50~100	(세대당)	2

6. 급탕부하 및 순환수량 산출

(1) 급탕부하

급탕부하(kW)란 초(s) 당 필요한 온수를 얻는 데 필요한 열량(kJ)을 말한다.

급탕부하 [kW] = 급탕량 [kg/s] × 물의 비열 [4.2kJ/kg·K] × 온도차 [K]

(2) 순환수량

순환관로의 열손실 및 환탕관과의 온도차로부터 구한다.

$$Q_R = \frac{q}{C \Delta t}$$

여기서, Q_R : 순환수량 [kg/s]
　　　　q : 전열손실량 [kW, kJ/s]
　　　　C : 물의 비열 [4.2kJ/kg·K]
　　　　Δt : 급탕과 환탕의 온도차 [℃]

> $Q = m \cdot C \Delta t$
> 여기서, Q: 급탕부하 [kW]
> 　　　　C: 물의 비열 [4.2kJ/kg·K]
> 　　　　Δt: 온도차 [K]

Q1. 1일 급탕량 12,000l/d일 때 급탕부하는 얼마인가? (단 급탕온도는 80℃, 급수온도는 10℃, 물의 비열은 4.2kJ/kg·K) [기15]

① 35.6kW　　② **40.8kW**
③ 44.6kW　　④ 48.2kW

해설 $m = 12,000[L/d] = 12/(24 \times 3600)[kg/s]$
$Q = m \cdot C \cdot \Delta t = 12000/(24 \times 3600) \times 4.2 \times (80-10)$
　　$= 40.8[kW]$

Q2. 10℃의 물 100L를 50℃까지 가열하는 데 필요한 열량은? (단, 물의 비열은 4.2kJ/kg·K이다.) [산15]

① 4,000kJ　　② 8,400kJ
③ **16,800kJ**　　④ 20,800kJ

해설 $m = 100[L] = 100[kg]$
$Q = m \cdot C \cdot \Delta t = 100[kg] \times 4.2[kJ/kgK] \times (50-10)[℃]$
　　$= 16,800[kJ]$

02 급수방식 및 특징

1. 급수방식

(1) 수도직결방식
도로 밑의 수도본관에서 분기하여 건물 내에 직접 급수하는 방식

① 급수경로

수도본관 – 을지수전 – 수도계량기 – 갑지수전 – 급수관 – 수전

② 특징
- 급수의 수질 오염 가능성이 가장 낮다.
- 정전시 급수가 가능하나 저수조가 없으므로 단수 시 급수가 불가능하다.
- 수압변화가 심하고 3층 이상의 고층의 급수가 곤란하다.
- 구조가 간단하고 고장 가능성이 낮으며, 설비비 및 운전관리비가 적다.

③ 수도본관의 필요압력

$$P \geqq P_1 + P_2 + P_3$$

여기서 P : 수도본관의 수압 [kPa]

P_1 : 높이에 상당하는 압력 [kPa] (1 mAq = 10 kPa)

P_2 : 전마찰 손실압력 [kPa]

P_3 : 기구별 최저 필요압력 [kPa]

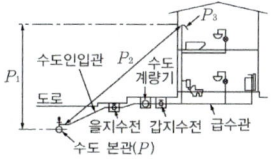

[수도직결방식]

(2) 고가탱크(고가수조, 옥상탱크)방식
수도본관의 입인관으로부터 상수를 일단 저수조에 저수한 후, 양수펌프를 이용하여 옥상 등 높은 곳에 설치한 고가수조에 양수하여 중력에 의해 건물 내의 필요한 곳에 급수하는 하향급수배관방식이다.

① 급수경로

지하저수조 – 양수펌프 – 고가탱크 – 급수전

② 특징
- 수질오염의 가능성이 높다.
- 항상 일정한 수압으로 급수가 가능하다.
- 단수 또는 정전 시 어느 정도 급수가 가능하다.
- 대규모 급수설비에 일반적으로 적용하고 있다.
- 고가 수조를 설치하기 때문에 건축구조상의 부담이 된다.

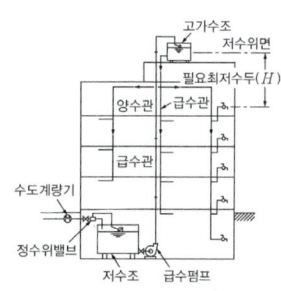

[고가탱크방식]

③ 고가탱크 설치 높이

$$H \geqq H_1 + H_2$$

여기서, H : 필요최저수두(최고층의 수전과 고가수조의 저수면까지의 높이)

H_1 : 급수전에서의 최저필요압력 [mAq]

H_2 : 전마찰 손실압력 [mAq]

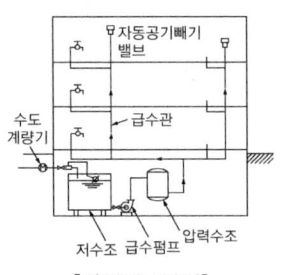

[압력탱크방식]

(3) 압력탱크방식

고가수조 대신 압력수조를 두어 급수하는 방식으로 수도 본관의 인입관으로부터 상수를 저수조에 일단 저수한 다음, 펌프압력에 의해 압력수조 내로 보내어, 수조 내의 공기를 압축가압하여 그 압력에 의해 건물 내의 필요한 곳에 급수하는 방식이다.

① 급수경로

지하저수조 - 양수펌프 - 압력탱크(공기압축기로 가압) - 급수전

② 특징
- 수압변동이 심하여 기구에 미치는 영향이 좋지 않다.
- 고가수조를 설치할 수 없거나 고압급수가 필요한 경우에 사용한다.
- 정전 시 즉시 급수가 중단되며, 단수 시에는 저수조수량으로 일정 시간 급수가 가능하다.

(4) 펌프직송방식(급수가압방식)

상수를 일단 저수조에 저수한 다음 저장된 물을 고압급수펌프로 필요한 장소에 직송하는 방식이다.

① 급수경로

지하저수조 - 부스터펌프 - 급수전

② 특징
- 설비비가 고가이나 여러 장점 때문에 최근 설치가 많이 된다.
- 비교적 압력 변동이 적다.
- 변속펌프 사용 시 에너지 절약을 꾀할 수 있다.

③ 제어방식
- 정속방식

  여러 대의 펌프를 병렬로 설치하여 1대의 펌프는 항상 운전시켜 높고 다른 펌프는 물의 사용에 따라 운전 및 정지하는 방식이다.

- 변속식

  1대의 펌프의 설치하고 토출관의 압력변화에 따라 변속전동기(인버터) 또는 변속장치를 통하여 펌프의 회전수를 변화시켜 양수량을 조절하는 방식이다.

Q3. 급수방식에 관한 설명으로 옳지 않은 것은? [기15]

① 상수도 직결방식은 위생성 측면에서 바람직한 방식이다.
② 고가탱크방식은 중력으로 필요한 곳에 급수하는 방식이다.
③ 펌프직송방식 중 변속방식은 토출압력을 감지하여 펌프의 회전수를 제어하는 방식이다.
④ 압력탱크방식은 대규모의 급수 수요에 쉽게 대응할 수 있어 고층 건물에 주로 사용된다.

[해설] 대규모의 급수수요에 쉽게 대응할 수 있는 급수방식은 고가탱크방식이다.

Q4. 급수방식에 관한 설명으로 옳지 않은 것은? [산16]

① 수도직결방식은 2층 이하의 주택 등과 같이 소규모 건물에 주로 사용된다.
② 압력수조방식은 미관 및 구조상 유리하며 급수 압력의 변동이 없는 특징이 있다.
③ 고가수조방식은 수전에 미치는 압력의 변동이 적으며 취급이 간단하고 고장이 적다.
④ 펌프직송방식은 고가수조의 설치가 요구되지는 않으나 펌프의 설비비가 높아진다.

[해설] 압력수조방식은 미관 및 구조상 유리하나 급수 압력의 변동이 크다.

2. 초고층 건물의 급수 조닝

고층건물에서 1계통으로 하는 경우 하층부의 급수압력이 과대하게 되면 1)급수전 사용의 지장, 2) 소음·워터해머 등의 발생, 3) 부품 마모 등의 문제가 발생한다. 따라서 건물의 용도에 따른 최고압력을 넘지 않도록 급수조닝을 한다.

건물용도	최고사용압력	
	[kPa]	[mAq]
공동주택	300~400	30~40
호텔, 숙박시설	300~400	30~40
사무소, 그 외	400~500	40~50

※ 주) 매층 입상관에서 분기되는 횡지관에서의 압력이다.

3. 급수관의 관경결정

급수관의 관경결정방법에는 관균등표를 이용한 방법과 마찰저항 선도에 의한 결정방법이 있다.

(1) 위생기구별 급수관경

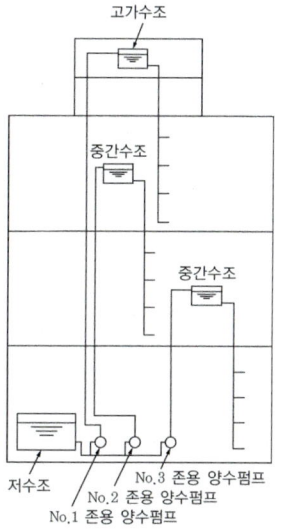

[초고층 건물의 급수 조닝]

기구종류		1회당 물사용량	1시간당 사용횟수 [회]	순간최대유량 [L/min]	접속관 구경 [DN]
대변기	세정밸브	6~10.5	6~12	80~150	25
	세정탱크	6~10.5	6~12	10	10
소변기	세정밸브	2~4	12~20	20~25	20
	세정탱크[1]	9~18	12	8	15
	세정탱크[2]	22.5~31.5	12	10	15
수세기		3	12~20	8	15
세면기		10	6~12	10	15
싱크류	DN15	15	6~12	15	15
	DN20	25	6~12	15~25	20

▶ 1) 2~4인용
2) 5~7인용

기구종류	1회당 물사용량	1시간당 사용횟수 [회]	순간최대유량 [L/min]	접속관 구경 [DN]
살수전	–	–	20~50	15~20
욕조	125	6~12	25~30	20
샤워	24~60	3	12~20	15~20

(2) 관균등포에 의한 관경 결정

소규모 건설 설계 혹은 중규모 이상의 건물에서 계획단계에서 관경을 개략적으로 계산할 때

① 위생기구류의 접속관 구경을 구하고 각 지관의 관경을 정한다.

② 각 지관의 관균등표를 이용하여 그 계통의 최소 지관경으로 환산 누계

③ 동시 사용률을 구하고 각 구간마다의 균등수를 산출한다.

④ 관균등포에서 역방향으로 관경을 구한다.

[기구의 동시사용률(%)]

기구 기구종류	1	2	4	8	12	16	24	32	40	50	70	100
대변기(세정밸브)	100	50	50	40	30	27	23	19	17	15	12	10
일반기구	100	100	70	55	48	45	42	40	39	38	35	33

[관균등표]

DN	15	20	25	32	40	50
15	1.0					
20	2.0	1.0				
25	3.7	1.8	1.0			
32	7.2	3.6	2.0	1.0		
40	11.0	5.3	2.9	1.5	1.0	
50	20.0	10.0	5.5	2.6	1.9	1.0
65	31.0	15.5	8.5	4.3	2.9	1.6
80	54.0	27.0	15.0	7.0	5.0	2.7
100	107.0	53.0	29.0	15.0	9.9	5.3

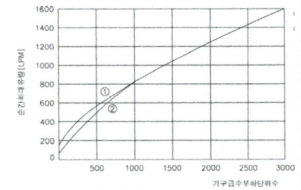

[동시사용 유량곡선]

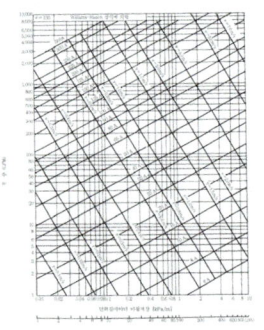

[마찰저항 선도]

(3) 마찰저항 선도에 의한 관경 결정

중규모 이상 건물의 급수주관이나 급수지관의 관경을 결정할 때는 순간최대유량을 구하고 관의 마찰저항선도를 이용한다.

① 설계순서

　기구 급수부하단위 산출 → 동시사용량 계산 → 허용마찰손실수두 계산 → 마찰저항 선도에 의한 관경결정

② 동시사용량 결정

　동시사용률과 같은 의미로서, 기구 급수부하 단위를 산정한 후 그래프를 이용하여 동시사용량을 결정한다.

[개별기구 기준 기구급수부하단위]

기구명	접속관 지름(DN)	단독주택	공동주택	상업용 건물	다중 이용시설
대변기(세정밸브, 13L/회)	25	7.0	7.0	8.0	10.0
대변기(세정탱크, 13L/회)	15	3.0	3.0	5.5	7.0
대변기(세정밸브, 6L/회)	25	5.0	5.0	5.0	8.0
대변기(세정탱크, 6L/회)	15	2.5	2.5	2.5	4.0
소변기(3.8L/회)	20	–	–	4.0	5.0
소변기(3.8L 이상/회)	20	–	–	5.0	6.0
세면기	10	1.0	0.5	1.0	1.0
주방싱크(가정용)	15	1.5	1.0	1.0	–
식기세척기(가정용)	15	1.5	1.0	1.5	–
청소용싱크	15	–	–	3.0	–
세탁싱크	15	2.0	1.0	2.0	–
욕조/샤워	15	4.0	3.0	–	–
샤워	15	2.0	2.0	2.0	–
샤워(연속사용)	15	–	–	5.0	–
비데	15	1.0	0.5	–	–
세탁기(가정용)	15	4.0	0.5	4.0	–
수음기	10	–	–	0.5	0.75
호스연결용 수도꼭지	15	2.5	2.5	2.5	–
월풀욕조	15	4.0	4.0	–	–

③ 허용마찰손실압력(R) 계산

단위길이에 대한 값으로 각 기구의 수전의 기능이 다할 수 있는 범위에서 허용된 급수관 내의 마찰손실

$$R = \frac{H_1 - H_2}{l(1+K)} \times 1,000$$

여기서, H_1: 고가수조에서 각 기구까지의 수직높이 [m]

H_2: 각층 급수기구의 최저 필요압력 [m]

l: 고가수조에서 가장 멀리 있는 급수전까지의 거리 [m]

k: 직관에 대한 연결부속품의 국부저항비율(0.5~1.0)

4. 급수배관 시 주의 사항

(1) 급수배관의 설계 및 시공상 주의 사항

① 급수배관의 최소관경은 15 mm 이상으로 하며, 1/150~1/250 정도의 구배(기울기)로 시공한다.

② 주배관에는 적당한 위치에 플랜지 이음을 하여 보수점검을 용이하게 하여야 한다.

③ 수격작용이 발생할 염려가 있는 급수계통에는 에어챔버나 워터해머 방지기 등의 완충장치를 설치한다.

④ 수평배관에는 공기가 정체하지 않도록 하며, 어쩔 수 없이 공기정체가 일어나는 곳에는 공기빼기 밸브를 설치한다.

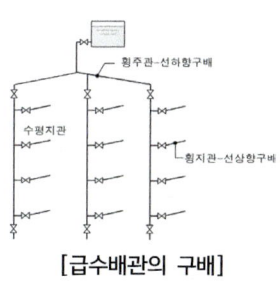

[급수배관의 구배]

[공기빼기 밸브]

(2) 수격작용(Water Hammer)

급상승된 수압이 배관 내에서 균등해지기 위해 압력파를 형성하여 관내 일정 거리를 왕복하게 되는 현상을 말한다. 소음·진동을 유발하고 관과 기기류를 손상시키는 원인이 된다.

[수격작용의 원인 및 방지대책]

발생원인	방지대책
• 유속이 빠르고, 관경이 작은 경우 • 굴곡 개소가 많은 경우 • 밸브나 수전류를 급격히 닫는 경우	• 관내 유속을 느리게 하고 관경을 크게 • 굴곡 배관을 억제하고 가급적 직선배관 • 수전류 등의 폐쇄하는 시간을 느리게 • 밸브 근처에 수격작용 방지기 설치 • 기구류 가까이에 공기실을 설치

(3) 크로스 커넥션(Cross connection)

상수의 급수·급탕계통과 그 외의 계통배관이 장치를 통하여 직접 접속되는 것으로 역류가 발생하는 지점이나 저수조, 고가수조 등에서 일어난다. 각 계통마다 배관을 색깔별로 구분하여 오접합을 방지한다.

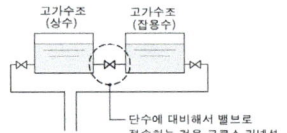

[크로스 커넥션의 예]

5. 수압시험

배관공사 후 접합부나 기타 부분의 누수 유무·수압에 대한 저항 등 시공불량 여부를 파악하기 위해 수압시험과 만수시험을 실시해야 한다.

Q5. 크로스 커넥션(cross connection)에 관한 설명으로 가장 알맞은 것은? [기19]

① 관로 내의 유체의 유동이 급격히 변화하여 압력변화를 일으키는 것
② **상수의 급수·급탕계통과 그 외의 계통배관이 장치를 통하여 직접 접속되는 것**
③ 겨울철 난방을 하고 있는 실내에서 창을 타고 차가운 공기가 하부로 내려오는 현상
④ 급탕·반탕관의 순환거리를 각 계통에 있어서 거의 같게 하여 전 계통의 탕의 순환을 촉진하는 방식

[해설] 관로 내의 유체의 유동이 급격히 변화하여 압력변화를 일으키는 것은 수격작용이다.
①은 수격작용의 원인이다.
③은 콜드 드래프트, ④는 리버스리턴의 설명이다.

Q6. 다음 중 수격작용의 발생 원인과 가장 거리가 먼 것은? [기11, 19]

① 밸브의 급폐쇄
② **감압밸브의 설치**
③ 배관방법의 불량
④ 수도본관의 고수압(高水壓)

[해설] 감압밸브를 설치하면 압력이 낮아져서 수격작용 발생이 낮아진다.

계통	최소압력	1.72 MPa	실제 받는 압력의 2배	설계도서 기재 펌프양정의 2배	만수시험
	최소지속시간	60분	60분	60분	24시간
급수 급탕	수도직결	○			
	고가수조 이하		○*		
	양수관			○*	
	탱크류				○

※ 최소압력은 0.74 MPa로 한다.

03 급탕방식 및 특징

1. 급탕방식

(1) 개별식(국소식) 급탕방식

급탕이 필요한 개소마다 가열장치를 설치하는 방식으로 주택이나 사무소와 같이 급탕개소가 작은 소규모 건물에 적합하며 열원으로는 가스와 전기가 사용된다.

[개별식 급탕방식의 장단점]

장 점	단 점
• 배관 길이가 짧아 배관열손실이 적음 • 수시로 급탕이 가능 • 고온의 온수가 필요시 쉽게 얻을 수 있음 • 급탕개소가 적을 경우 시설비가 적게 듦 • 급탕개소의 증설이 비교적 용이함	• 급탕 규모가 커지면 유지관리가 어려움 • 급탕개소마다 가열기의 설치공간이 필요 • 가스탕비기를 사용하는 경우 구조적 제약

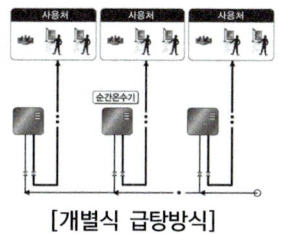

[개별식 급탕방식]

[개별식 급탕방식의 종류]

종류	특 징
순간온수기 (즉시탕비기)	• 급수된 물이 가열코일에서 즉시 가열되어 급탕되는 방식 • 열 전도효율이 양호하고, 배관 열손실이 적음 • 가열 온도는 60~70℃ • 주택의 욕실, 부엌의 싱크, 미용실, 이발소 등에 적합
저탕형 탕비기	• 가열된 온수를 저탕조 내에 저장 • 비등점에 가까운 온수를 얻을 수 있음 • 저탕조가 있어 비교적 열손실이 많음 • 일정량의 탕이 저장되어 일정시간 다량의 온수가 필요한 곳에 적합 (여관, 학교, 기숙사 등)
기수혼합식	• 증기를 급탕용 물 속에 직접 불어 넣어서 온수를 얻는 방법 • 열효율이 높음(100%) • 고압의 증기(0.1~0.4 MPa)를 사용함 • 소음을 줄이기 위하여 스팀 사일런스를 설치함 • 소음으로 사용장소에 제한을 받음 (공장, 병원 등 큰 욕조의 특수장소에 사용)

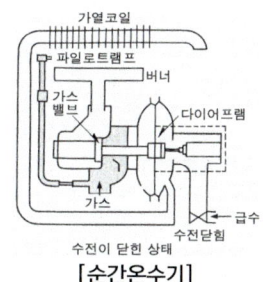

[순간온수기]

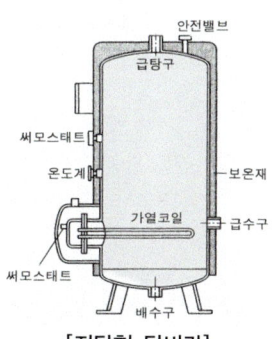

[저탕형 탕비기]

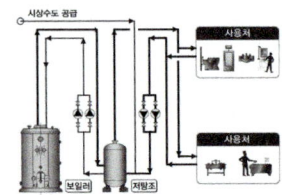
[중앙식 급탕방식(간접가열식)]

(2) 중앙식 급탕방식

가열장치, 저탕조, 순환펌프 등의 기기를 지하보일러실 등 한 곳에 설치하고 건물내 급탕을 필요로 하는 개소에 배관을 통해 더운물을 공급하는 방식

[중앙식 급탕방식의 장단점]

장점	단점
• 열효율이 좋아 연료비가 적게 든다. • 한 곳에 설치되어 관리가 편리하다. • 동시사용률을 고려하면 기기의 용량을 적게 할 수 있다. • 대규모의 급탕에 적합하다.	• 초기투자비용(설비비)이 많이 든다. • 전문기술자가 필요하다. • 시공 후 증설에 따른 배관변경이 어렵다. • 배관 도중 열손실이 크다.

[중앙식 급탕방식의 종류]

종류	특 징
직접가열식	• 온수보일러로 가열한 온수를 저탕조에 저장하여 공급하는 방식 • 열효율이 좋음 • 보일러에 공급되는 냉수로 인해 보일러 본체에 불균등한 신축 • 건물 높이에 따라 고압의 보일러가 필요 • 급탕 전용 보일러가 필요 • 스케일이 생겨 열효율이 저하되고 수명이 단축 • 주택 또는 소규모 건물에 적합
간접가열식	• 저탕조 내에 가열코일을 설치하고 코일에 증기 또는 온수를 통과시켜 저탕조의 물을 가열하는 방식 • 난방용 보일러에 증기를 사용할 경우 별도의 급탕용 보일러가 불필요 • 보일러 내면에 스케일이 거의 생기지 않음 • 고압용 보일러가 불필요함 • 열효율이 직접가열식에 비해 나쁨 • 대규모 급탕 설비에 적합

Q7. 국소식 급탕방식에 관한 설명으로 옳지 않은 것은?
[산14]

① 열손실이 적다.
② 배관에 의해 필요개소에 어디든지 급탕할 수 있다.
③ 건물 완공 후에도 급탕개소의 증설이 비교적 쉽다.
④ 용도에 따라 필요한 개소에서 필요한 온도의 탕을 비교적 간단하게 얻을 수 있다.

해설 ②는 중앙식 급탕방식의 특징이다.

Q8. 중앙식 급탕법에 관한 설명으로 옳지 않은 것은?
[기16]

① 배관 및 기기로부터의 열손실이 많다.
② 급탕개소마다 가열기의 설치스페이스가 필요하다.
③ 일반적으로 열원장치는 공조설비와 겸용하여 설치된다.
④ 급탕기구의 동시사용률을 고려하기 때문에 가열장치의 전체용량을 줄일 수 있다.

해설 급탕개소마다 가열기의 설치스페이스가 필요한 방식은 국소식 급탕방식이다.

(3) 태양열 온수 급탕시스템

태양열에 의한 급탕은 집열판, 축열조, 순환펌프, 이용부로 구성되며, 부하대응을 위해 추가 보일러가 필요하다.

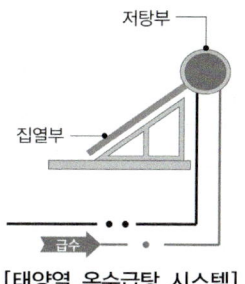

[태양열 온수급탕 시스템]

[태양열 온수 급탕시스템의 종류]

종류	특 징
자연순환형	• 동력의 사용 없이 비중차이에 의한 자연대류를 이용
강제순환형	• 동력을 사용하여 물을 강제 순환시키는 시스템

2. 급탕배관법

(1) 배관방식

급탕관의 배관 방식에는 단관식과 복관식이 있다.

[단관식과 복관식 비교]

단관식(one pipe system)	복관식(two pipe system)
• 급탕관만 있고 반탕관은 없다.	• 급탕관과 반탕관이 별도로 분리 배관
• 처음에는 찬물이 나온다.	• 급탕이 항상 순환하여 즉시 온탕 사용
• 시설비가 저렴하다.	• 시설비가 단관식에 비하여 비싸다.
• 보일러나 저탕조에서 급탕조까지 15m 이내	• 급탕관의 길이가 15m보다 길 때 온수의 냉각을 방지하기 위하여 항상 온수 순환
• 주택 등 소규모 급탕 설비에 적합	• 대규모 급탕 설비에 적합

(2) 순환방식

① 자연순환방식

급탕관과 환탕관의 온도차에 의해 생기는 자연순환력을 이용

② 강제순환방식

- 저탕조 유입구 앞에 순환펌프를 설치하여 순환
- 마찰저항수두보다 큰 양정만 되면 순환하므로 양정(0.5~2.0m) 낮다.
- 보통은 축류식 펌프를 사용하나 대규모 급탕계통에 볼류트 펌프를 사용한다.

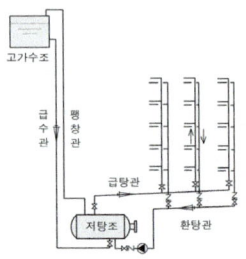

[상향공급방식]

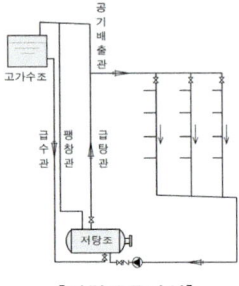

[하향공급방식]

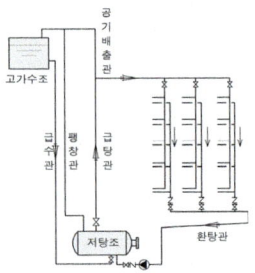

[리버스 리턴 방식]

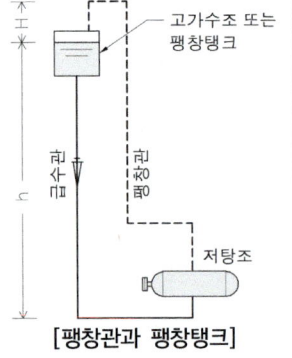

[팽창관과 팽창탱크]

(3) 공급방식
상향공급방식, 하향공급방식, 상하향 혼합식이 있다.

구 분	특 징
상향식 (up-feed)	• 급탕기기를 배관계통의 하부에 설치 • 공급관의 내의 물흐름을 상향 • 일반건축물(호텔, 병원, 아파트 제외)에서 가장 많이 이용
하향식 (down-feed)	• 급탕주관을 최상층으로 올려 최상층 천장에서 수평 배관 • 수평배관에서 아래로 향한 수직관을 통해 공급하는 방식 • 배관비가 적게 들고 마찰저항이 작아 순환펌프의 동력을 절감 • 아파트, 호텔 객실, 병원 입원실 등의 배관계통에 많이 사용
상하향 혼합식 (Combined)	• 건물의 저층부는 상향식 • 3층 이상은 하향식으로 배관하는 방식으로 고층건물에 사용

(4) 리버스 리턴(reverse return)
- 급탕·반탕관의 순환거리 계통의 거리를 같게 배관하는 방식이다.
- 배관 저항을 균일하게 만들어서 온수가 각 설비에 균일하게 흐를 수 있도록 한다.

3. 급탕배관 시공

(1) 급탕 관경
- 최소관경은 급수관경보다 한치수 큰 20 mm으로 하는 것이 바람직
- 관내 유속을 빠르게 하면 부식의 원인이 되므로 1.5[m/s] 이내
- 최소 20mm 이상인 복귀관은 급탕관보다 작은 치수의 것을 사용하며 일반적으로 급탕관의 2/3 정도로 한다.

(2) 배관 구배
- 급탕횡주관과 주관은 선상향 구배로 하고, 환탕관은 선하향 구배
- 굴곡배관을 해야 하는 경우에는 공기배기 밸브를 설치
- 글로브 밸브는 공기가 체류하기 쉬우므로 게이트 밸브를 사용
- 중력순환식의 경우에는 1/150, 강제순환식인 경우에는 1/200 이상 구배를 주는 것이 바람직

(3) 팽창관
- 온수난방배관에서 발생하는 온수의 체적팽창을 팽창탱크로 도출시키는 역할
- 온수가 과열되어 증기가 발생하였을 경우에 도출을 위해 팽창탱크 수면으로 도출시킨 관으로, 팽창관 또는 안전관이라고도 한다.
- 도피관(팽창관) 도중에는 절대 밸브를 달아서는 안되며, 배수는 간접배수로 한다.

4. 배관의 신축이음

급탕배관은 온수의 온도 차에 의해 관의 신축이 심하여 누수의 원인이 된다. 누수를 방지하고, 밸브류 등의 파손을 방지하며, 신축을 흡수하기 위하여 신축이음을 설치한다.

(1) 신축이음의 종류

구 분	특 징
스위블 조인트 (swivel joint)	• 2개 이상의 엘보를 이용하여 흡수 • 일반적으로 많이 사용되고 있음 • 누수의 우려가 있으므로 설치장소에 유의
신축곡관 (expansion loop)	• 파이프를 원형 또는 ㄷ자형으로 밴딩하여 신축 흡수 • 누수가 거의 없는 신축이음 • 신축길이가 길며 다소 넓은 공간이 요구됨 • 고압배관의 옥외배관에 주로 사용
슬리브형 이음쇠 (sleeve type)	• 관의 신축을 슬리브에 의해 흡수 • 누수가 되기 쉬움 • 보수하기 쉬운 벽이나 관통배관에 주로 사용
벨로스형 이음쇠 (bellows type)	• 주름 모양의 벨로스에서 신축을 흡수 • 고압에는 부적당
볼 조인트 (ball joint)	• 관 끝에 볼 부분을 만들고 이것을 케이싱으로 싼 다음 그 사이를 개스킷으로 밀봉한 것 • 이음을 2~3개 사용하면 관절작용을 하여 관의 신축을 흡수 • 고온·고압에 사용가능

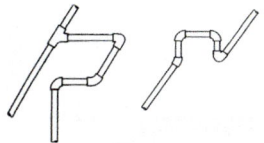

[스위블 조인트]

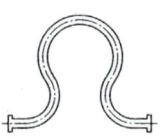

[신축곡관]

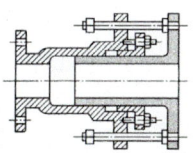

[슬리브형 이음쇠]

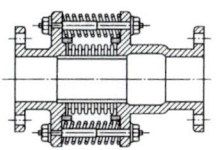

[벨로스형 이음쇠]

(2) 신축이음의 간격

구 분	동관 [m]	강관 [m]
수 직	10	20
수 평	20	30

Q9. 복관식 급탕배관방식에 관한 설명으로 옳지 않은 것은? [기12]

① 급탕관과 반탕관이 설치된다.
② 저탕조를 중심으로 회로배관을 형성한다.
③ 배관이 복잡하여 중앙식 급탕방식으로 적용이 곤란하다.
④ 급탕전을 열면 짧은 시간 내에 뜨거운 물을 얻을 수 있다.

[해설] 배관길이가 30m 이상인 중앙식 급탕방식은 복관식 급탕배관방식이 적용된다.

Q10. 배관의 신축이음에 속하지 않는 것은? [산14]

① 루프형   ② 스위블형
③ 벨로스형 ④ 섹스티아

[해설] 섹스티아 이음은 섹스티아라는 특수통기방식에 사용되는 이음이다.

CHAPTER 02 필수 확인 문제

01 급수기구 부하단위수를 결정할 때 기준이 되는 위생기구는? [산15]

① 욕조　　　　　　　　② 소변기
③ 대변기　　　　　　　④ 세면기

○ 세면기의 유량(30 L/min)을 1 FU(Fixture Unit)로 각 기구의 급수기구 부하단위수를 산정한다.
정답 ④

02 연면적 2,000 m²인 사무소에서 다음과 같은 조건이 있을 때 사무소에 필요한 필요한 1일 급수량(사용수량)은? [기03]

- 유효 면적비: 56%
- 거주인원: 0.2 인/m²
- 1일 1인당 사용수량: 150 L/d·인

① 3.36 m³/d　　　　　　② 4.36 m³/d
③ 33.6 m³/d　　　　　　④ 40.6 m³/d

○ $Q_d = A \times k \times n \times q$
$= 2000 \times 0.56 \times 0.2 \times 150$
$= 33,600 \, \text{L/d} = 33.6 \, \text{m}^3/\text{d}$
정답 ③

03 한 시간당 급탕량이 5m³일 때 급탕부하는 얼마인가? (단, 물의 비열은 4.2 kJ/kg·K, 급탕 온도 70℃, 급수온도 10℃) [기15, 22]

① 35 kW　　　　　　　② 126 kW
③ 350 kW　　　　　　 ④ 1,260 kW

○ Q [kW] = M [kg/s] · C [kJ/kg·K] · Δt [℃]
$= 1.39 \, [\text{kg/s}] \times 4.2 \times 60 = 350 \, [\text{kW}]$
M [kg/s] = 5[m³/h] × 1,000[kg/m³] × (1/3600)[h/s]
$= 1.39 \, [kg/s]$
정답 ③

04 급탕배관 계통에서 총손실열량이 30,000 W, 급탕온도가 80℃, 반탕온도가 70℃ 라면 순환량은? (단 물의 비열은 4.2kJ/kg·K, 물의 밀도는 1kg/L) [기14]

① 43 L/min　　　　　　② 56 L/min
③ 66 L/min　　　　　　④ 72 L/min

○ $W \, [\text{L/min}] = \dfrac{0.86 \times q[W]}{60 \Delta t [℃]}$
$= \dfrac{0.86 \times 30,000}{60 \times (80-70)}$
$= 43 \, [\text{L/min}]$
정답 ①

05 각종 급수방식에 관한 설명 중 옳지 않은 것은? [기12, 22]

① 수도직결방식은 정전으로 인한 단수의 염려가 없다.
② 압력수조방식은 단수시에 일정한 급수가 가능하다.
③ 고가수조방식은 수도 본관의 영향에 따라 급수압력의 변화가 심하다.
④ 수도직결방식은 위생성 및 유지·관리 측면에서 가장 바람직한 방법이다.

○ ③은 수도직결방식 설명이다.
정답 ③

06 다음 중 초고층 건물에서 중간층에 중간수조를 설치하는 가장 주된 이유는? [기13]

① 저층부 수압을 줄이기 위하여
② 옥상층 면적을 줄이기 위하여
③ 정전 등으로 인한 단수를 막기 위하여
④ 물탱크에서 물이 오염될 가능성을 낮추기 위하여

◯ 초고층 건물은 최고층과 최상층의 수압차가 크므로 적절한 수압 조절을 위해 조닝이 필요

정답 ①

07 급수관의 관경 결정과 관계가 없는 것은? [기18]

① 관균등표
② 동시사용률
③ 마찰저항선도
④ 동적부하해석법

◯ 동적부하해석법은 냉난방 부하 계산법이다.

정답 ④

08 크로스 커넥션(Cross connection)에 관한 설명으로 옳은 것은? [기10, 13]

① 급탕·반탕관의 순환거리를 각 계통에 있어서 거의 같게 하여 전 계통의 탕의 순환을 촉진하는 방식
② 상수로부터의 급수계통(배관)과 그 외의 계통이 직접 접속되어 있는 것
③ 관로 내의 유체가 급격히 변화하여 압력변화를 일으키는 것
④ 겨울철 난방을 하고 있는 실내에서, 창을 타고 차가운 공기가 하부로 내려오는 현상

◯ ① 리버스 리턴
② 크로스 커넥션
③ 수격작용
④ 콜드 드래프트에 대한 설명이다.

정답 ②

09 국소식 급탕방식에 관한 설명으로 옳지 않은 것은? [기10, 13]

① 배관의 열손실이 비교적 적다.
② 급탕개소와 급탕량이 많은 경우에 유리하다.
③ 건물 완공 후 급탕개소의 증설이 비교적 쉽다.
④ 급탕개소마다 가열기의 설치 스페이스가 필요하다.

◯ 급탕개소와 급탕량이 많은 경우에 유리한 것은 중앙식이다.

정답 ②

10 급탕배관에 관한 설명으로 옳지 않은 것은? [기17]

① 관의 신축을 고려하여 굽힘 부분에는 스위블이음 등으로 접합한다.
② 관의 신축을 고려하여 건물의 벽관통 부분의 배관에는 슬리브를 사용한다.
③ 역구배나 공기 정체가 일어나기 쉬운 배관 등 온수의 순환을 방해하는 것을 피한다.
④ 배관재로 동관을 사용하는 경우 관내유속을 느리게 하면 부식되기 쉬우므로 2.5 m/s 이상으로 하는 것이 바람직하다.

◯ 동관을 사용하는 경우 유속이 빠르면 부식되기 쉬우므로 1.5 m/s 이하로 한다.

정답 ④

11 급수 및 급탕 설비에 사용되는 슬리브(sleeve)에 관한 설명으로 옳은 것은? [기20]

① 사이펀 작용에 의한 트랩의 봉수 파괴 방지를 위해 사용한다.
② 스케일 부착 및 이물질 투입에 의한 관 폐쇄를 방지하기 위해 사용한다.
③ 가열장치 내의 압력이 설정압력을 넘는 경우에 압력을 도피시키기 위해 사용한다.
④ 배관 시 차후의 교체, 수리를 편리하게 하고 관의 신축에 무리가 생기지 않도록 하기 위해 사용한다.

① 통기관
② 청소구
③ 릴리프밸브
④ 슬리브에 대한 설명이다.

정답 ④

12 길이가 20 m인 동관으로 된 급탕수평주관에 급탕이 공급되어 관의 온도가 10℃에서 60℃로 온도가 상승한 경우 동관의 팽창량은? (단, 동관의 선팽창계수는 1.71 × 10⁻⁵) [기13, 16]

① 0.86 mm
② 8.6 mm
③ 17.1 mm
④ 171 mm

$\Delta l = \alpha \cdot l \cdot \Delta t$
$= 1.71 \times 10^{-5} \times 20 \times 50$
$= 17.1 \times 10^{-3}\,[m] = 17.1\,[mm]$

정답 ③

13 배관의 신축이음쇠의 종류에 속하지 않은 것은? [기10, 산13, 16]

① 벨로스형 신축이음쇠
② 스위블형 신축이음쇠
③ 신축곡관
④ 플랜지식 이음쇠

④ 플랜지는 관경이 큰 배관(65mm 이상)의 연결재로 이용된다.

정답 ④

14 급탕 설비에 관한 설명으로 옳은 것은? [기20]

① 팽창탱크는 반드시 개방식으로 해야 한다.
② 리버스 리턴(reverse-return) 방식은 전 계통의 탕의 순환을 촉진하는 방식이다.
③ 직접가열식 중앙급탕법은 보일러 안에 스케일 부착이 없이 내부에 방식처리가 불필요하다.
④ 간접가열식 중앙급탕법은 저탕조와 보일러를 직결하여 순환가열하는 것으로 고압용 보일러가 주로 사용된다.

① 팽창탱크는 개방형과 밀폐식이 있다.
③ 직접가열식은 스케일 부착가능성이 높다.
④ 간접가열식 보일러는 반드시 고압일 필요가 없다.

정답 ②

CHAPTER 03 배수 및 통기 설비

빈출 Key word

\# 건축기사(1.2문제) 산업기사(2.3문제)의 출제비중을 가지며 산업기사시험에서
 위생설비에서 출제비중이 가장 높음
\# 배수의 종류 및 배수방식, 통기방식 순으로 출제비중이 높음
\# 트랩 \# 봉수파괴원인 \# 통기방식 \# 중수도

01 위생기구의 종류 및 특징

1. 위생기구

사용자가 공급된 물과 탕을 사용하고, 사용된 물은 배출시키는 기구의 통칭이다. 위생기구에는 세면기 등의 물과 탕을 받는 기구, 수전류 등의 급수금속물, 배수관과 접속하는 배수금속물, 여기에 부속되는 부속금속물 등 네 가지가 있다.

(1) 위생기구의 조건
① 흡수성이 적을 것
② 항상 청결하게 유지할 수 있을 것
③ 내식성, 내마모성이 있을 것
④ 제작 및 설치가 용이할 것

2. 위생기구의 종류

(1) 대변기
① 급수방식에 의한 분류

세정급수방식		탱크위치	필요급수압 [kPa]	세정시 소음	설치 면적	고장 수리	설치 장소
세정 탱크	로탱크	변기 뒷면	30	소	대	쉬움	주택 호텔 병원
	하이탱크	1.6 m 이상 상단 부착	30	대	중	어려움	공공건축물
세정밸브		변기로부터 1.0 m 이내	70	대	소	중간	학교 사무실 영화관

[대변기(세정탱크)]

[대변기(세정밸브)]

② 세정방식에 따른 분류

종 류	특 징
세락식	• 오물을 직접 트랩물 중에 떨어뜨리는 방식 • 냄새는 세출식보다 적지만 냄새가 많이 남 • 건조면이 넓어 변기가 더러워짐 소음도 큼
세출식	• 오물을 얕은 수면에 받아 주변과 후면부에 흘러내리는 세정수로 오물을 트랩 쪽으로 밀어내어 세척하는 방식 • 다량의 물을 사용하며 물 고이는 부분이 얕아서 냄새를 발산 • 현재는 거의 사용하지 않는 방식
사이펀식	• 배수로를 굴곡시켜 세정 시에 만수 상태가 되었을 때 생기는 사이펀 작용을 일으켜 오물을 흡입하여 제거하는 방식 • 세락식과 비슷하나 세정능력이 우수함
사이펀 제트식	• 사이펀 작용을 신속하고 강력하게 하기 위해 트랩 내에 분사구설치 • 저수위가 넓어 냄새 발산이 적고 배수소음도 적은 편임 • 유수면을 넓게, 봉수 깊이를 깊게, 트랩 지름을 크게 할 수 있음
블로 아웃식	• 변기 가장자리에서 세정수를 적게 내뿜고 분수 구멍에서 분수압으로 오물을 불어내어 배출하는 방식 • 급수압이 커야 한다(98 kPa 이상). • 소음이 커서 학교, 공장 및 기타 공공건물에 많이 사용
사이펀 볼텍스식	• 와류작용과 흡입작용을 일으켜 배출하는 방식 • 저수위가 가장 넓어 냄새 발산과 오물 부착이 적음 • 공기혼합이 적어 배수 소음이 매우 작음 • 최근 수자원 절약 차원에서 적극적으로 보급

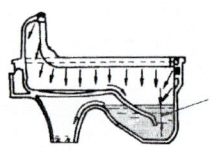
[세락식]

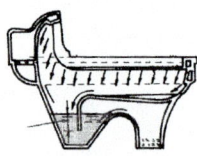
[세출식]

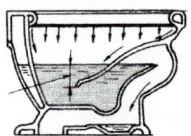
[사이펀식]

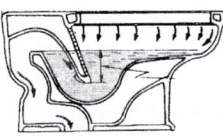
[사이펀 제트식]

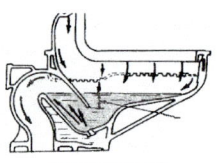
[블로아웃식]

(2) 소변기

소변기는 벽걸이형, 스톨형, 하프스톨형이 있다.

Q1. 대변기의 세정방식에 관한 설명으로 옳지 않은 것은?
[산14]

① 플러시 밸브식은 로우탱크식에 비해 화장실 내를 넓게 사용할 수 있다는 장점이 있다.
② 로우탱크식은 탱크로의 급수압력에 관계없이 대변기로의 공급수량이나 압력이 일정하다.
③ **하이탱크식은 낙차에 의해 대변기를 세척하는 방식으로 연속사용이 가능하다는 장점이 있다.**
④ 플러시 밸브식은 소음이 크고 대량의 물이 필요하기 때문에 일반 가정용으로는 사용이 곤란하다.

해설 대변기의 세정방식
하이탱크식은 낙차에 의해 대변기를 세척하는 방식으로 연속사용이 불가능하다는 단점이 있다.

Q2. 플러시 밸브식 대변기에 관한 설명으로 옳은 것은?
[기21]

① 대변기의 연속사용이 가능하다.
② **급수관경과 급수압력에 제한이 없다.**
③ 우리나라에서는 일반주택을 중심으로 널리 채용되고 있다.
④ 탱크에 저장된 물의 낙차에 의한 수압으로 대변기를 세척하는 방식이다.

해설 세정(플러시) 밸브식 대변기
② 플러시 밸브식은 급수관은 최소 25mm 급수압력은 최저 70kPa이 필요하다.
③ 소음 때문에 일반주택에서 사용이 불가능하다.
④ 하이탱크식의 설명이다.

벽걸이형은 가격은 싸지만 격판이 필요하고 스톨형은 바닥을 더럽히기 쉬운 단점을 가지고 있으며 반벽걸이형 스톨형(하프스톨형)이 많이 사용되고 있다.

3. 위생설비의 유닛화

화장실 등의 내부 위생설비를 공장에서 미리 제작하여 현장에서 조립 부착할 수 있도록 유닛화한 것이 UBR(Unit Bath Room), UTZ(Unit Toilet Zone)라는 이름으로 생산되고 있다.

(1) 설비 유닛화의 목적
① 공사기간의 단축   ② 공정의 단순화·합리화
③ 시공 정도 향상   ④ 인건비 및 재료비 절감

(2) 설비 유닛화의 필수 조건
① 현장 조립 용이   ② 인건비 및 재료비 절감
③ 가볍고 운반이 용이하며, 가격이 저렴할 것
④ 유닛화 내의 배관이 단순할 것

02 배수의 종류와 배수방식

1. 배수의 종류

건물 및 그 부지내에서 발생하는 오수, 잡배수, 특수배수 등 건물 밖으로 버리는 물의 총칭을 배수라 한다.

(1) 배수의 성질에 의한 분류

성 질	특징 및 용도
오수	대소변기, 비데 등
잡배수	오수를 제외한 부엌, 욕실, 세면기, 세탁기 등에서 나오는 생활용수
우수	빗물과 건축물 지하실에 침투되는 용수를 포함한 오염되지 않은 물
특수배수	• 중금속, 병원균, 방사능 등 공장, 연구소, 병원에서 나오는 물 • 해당사업소에서 정화처리하여 하수도로 방류

(2) 배수처리방법에 의한 분류

처리방식	개 념
합류배수	• 오수와 잡배수는 옥내에서 합류하고 • 우수는 옥외에서 합류 • 공공하수처리시설이 완비된 방류하수지역 내
분류배수	• 오수만 오수정화조에서 처리한 후 우수와 함께 방류 • 오수와 잡배수를 합병처리조에서 처리한 후 우수와 함께 방류 • 공공하수처리시설이 완비되지 않은 지역

(3) 배수방식에 의한 분류

배수방식	개 념
중력배수	• 높은 곳에서 낮은 곳으로 자연낙하에 의한 배수방식 • 가장 이상적인 배수방식
기계배수	지하실 등 공공하수관보다 낮은 곳의 배수를 배수피트에 모아 오수펌프를 이용하여 공공하수관을 배출하는 방식

(4) 배수접속방식에 의한 분류

구 분	특징 및 유의사항
직접배수	• 배수를 배수관에 직접 배수 • 악취 유입을 막기 위해 트랩을 설치
간접배수	• 배수를 배수관에 직접 접속시키지 않음 • 오수펌프를 이용하여 공공하수관을 배출하는 방식

2. 트랩

각종 위생기구에 접속하여 하수본관이나 옥내배수관에서 발생한 악취, 해충류가 실내로 역류하는 것을 방지하는 장치이다.

(1) 트랩의 구조

① 역류 방지를 위해 배수계통의 일부에 봉수를 고이게 하여 방지한다.
② 일반적으로 봉수의 유효깊이는 50~100 mm이다. 봉수의 깊이가 50 mm 이하이면 봉수가 파괴되기 쉽고, 100 mm 이상이면 배수저항이 증가하게 된다.

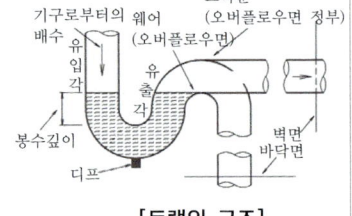

[트랩의 구조]

(2) 트랩의 구비조건

① 구조가 간단하여 오물이 체류하지 않을 것
② 자체의 유수로 배수로를 세정하고 평활하여 오수가 정체하지 않을 것
③ 봉수가 파괴되지 않을 것   ④ 내식·내구성이 있을 것
⑤ 관 내 청소가 용이할 것

Q3. 배수관에 트랩을 설치하는 가장 주된 이유는? [기15]

① 배수의 동결을 막기 위하여
② 배수의 소음을 감소하기 위하여
③ 배수관의 신축을 조절하기 위하여
④ 하수가스, 악취 등이 실내로 침입하는 것을 막기 위하여

해설 배수트랩
트랩은 봉수 내를 이용하여 하수가스, 악취 등이 실내로 침입하는 것을 막는다.

Q4. 배수트랩의 구비조건으로 옳지 않은 것은? [기17]

① 가동부분이 있을 것
② 자기세정 기능을 가지고 있을 것
③ 봉수깊이는 50 mm 이상 100 mm 이하일 것
④ 오수에 포함된 오물 등이 부착 또는 침전하기 어려운 구조일 것

해설 트랩의 필요조건
기계식 트랩은 가동부분이 있으며 현재 사용하지 않는다.

(3) 설치 금지 트랩
① 수봉식이 아닐 것
② 가동부분이 있는 것
③ 격벽에 의한 것
④ 이중 트랩
⑤ 정부(頂部, 위어상부)에 통기관이 부착된 것

(4) 트랩의 종류

사이펀 작용에 의해 자기세정 작용을 하는 사이펀식 트랩과 용기 내에 물을 모아서 봉수부를 구성하는 비사이펀 트랩으로 구분할 수 있다.

종 류		특 징
사이펀식	P트랩	• 통기관 설치 시 봉수가 안정적이면 가장 많이 사용 • 배수를 벽면 배수관에 접속하는 데 사용 • 세면기, 소변기 등의 배수에 사용
	S트랩	• 사이펀 작용에 의하여 봉수가 파괴될 가능성 있음 • 배수를 바닥 배수관에 연결하는 데 사용 • 세면기, 소변기, 대변기 등에 사용
	U트랩	• 가옥의 배수본관과 공공하수관 연결부위에 설치 • 공공하수관의 악취가 옥내에 유입되는 것을 방지
비사이펀식	드럼트랩	• 드럼 모양의 통으로 만들어서 설치 • 다량의 물을 고이게 한 것으로 봉수보호가 잘 됨 • 보수, 안정성이 높고 청소도 용이
	벨트랩	• 상부 벨을 들면 트랩의 기능 상실 • 증발에 의한 봉수파괴가 잘 됨 • 주로 바닥 배수용으로 사용

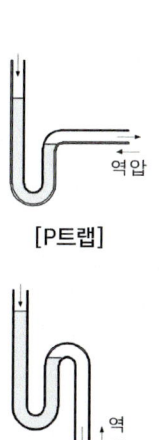
[P트랩]

[S트랩]

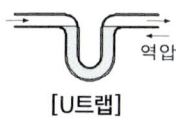
[U트랩]

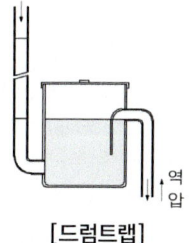
[드럼트랩]

[벨트랩]

(5) 봉수의 파괴원인 및 방지대책

봉수파괴	원인		방지대책
자기사이펀작용	트랩을 통과한 물이 만수상태로 흐를 때		통기관 설치 S트랩 미사용
유도사이펀작용	수직관 가까이 기구가 있으면서, 일시에 다량의 물이 낙하하는 경우 피스톤 작용에 의해	상부측 트랩봉수는 흡입되어 배수관 내로 유입됨	통기관 설치
분출작용		하류측 트랩봉수는 실내측으로 분출됨	
모세관 작용	트랩의 출구에 머리카락, 실, 헝겊 등이 걸렸을 경우 모세관 현상에 의해 봉수가 파괴		청소 미끄러운 재질
증발	벨트랩 등은 봉수가 서서히 증발하여 파괴됨		트랩 물공급

Q5. 다음 중 관 트랩에 속하지 않는 것은? [산14]

① P트랩　　② S트랩
③ U트랩　　④ 벨트랩

해설 트랩의 종류
관 트랩은 사이펀형 트랩이며 S트랩, P트랩, U트랩이 있다.

Q6. 다음 중 트랩의 봉수가 파괴되는 원인과 가장 거리가 먼 것은? [기12, 14]

① 자기사이펀작용　　② 모세관 현상
③ 서징작용　　④ 증발현상

해설 봉수의 파괴원인
서징현상은 배관 내의 유량과 압력이 주기적으로 변동하는 현상이다.

3. 포집기(interceptor)

배수중에 유입된 유해물질과 불순물을 저지 분리수집하고 트랩의 역할을 하는 동시에 관내의 물을 원활히 배수하는 기구 혹은 장치이다.

[그리스 포집기]

[오일 포집기]

[모발 포집기]

구 분	기능
그리스 포집기 (grease interceptor)	영업용 주방배수에서 유지를 회수
오일 포집기 (oil interceptor)	자동차 수리공장, 주유소, 세차장 등에서 나오는 배수 중 경유류를 수집
모래 포집기 (sand interceptor)	토사, 시멘트 등을 저지 수집
석고 포집기 (plaster interceptor)	치과 기공식, 외과 기브스실 등에서 나오는 배수 중에 함유된 석고, 귀금속류를 저지 회수
모발 포집기 (hair interceptor)	미용실, 이발소, 풀장, 공중목욕탕의 배수에 함유된 머리카락이나 미용약제 등을 저지 회수
세탁장 포집기 (laundry interceptor)	세탁소 배수로에 설치하여 세탁불순물을 거름

4. 배수 배관

(1) 배수관의 순서

배수관 트랩, 기구배수관, 배수횡지관, 배수입관, 배수횡주관을 순서로 흐른다. 이 순서에 따라 관경이 커지게 된다(어떠한 경우라도 관경이 축소되어서는 안 된다).

(2) 배수관의 구배

배수관의 구배가 지나치게 크거나 작으면 배수능력이 저하된다.
　① 배관구배를 완만하게 하면 세정력이 떨어진다.
　② 배수 수평관의 구배는 최소 1/200 이상으로 한다.
　③ 배수배관의 구배가 증가하면 유속이 증가하여 유수깊이가 감소하여 고

형물이 남는다.

④ 배관구배를 너무 급하면 관로의 수류에 의한 파손 우려가 높다.

(3) 배수관의 관경

① 기구배수부하단위(DFU, fixture units for drain)

구경 30 mm의 트랩이 갖는 세면기의 최대배수시의 유량(28.5 L/min)을 기준 단위 1로 하고 각종 기구의 유량비율을 이것과 비교하여 나타낸 것

- 세면기 (최소 관경 30 mm) : 1 FU
- 대변기 (최소 관경 75 mm) : 8 FU
- 소변기 (최소 관경 40 mm) : 4 FU

② 배수관경 결정 시 주의 사항

- 배수관경을 필요 이상으로 크게 하면 배수능력이 저하된다.
- 동일 배수횡지관의 관경은 같은 관경이어야 한다.
- 배수횡지관에 접속되는 기구배수관의 관경이 배수횡지관보다 클 때에는 배수횡지관의 관경을 수정하여 크게 해야 한다.
- 배수횡지관의 최소관경은 32 mm 이상으로 한다.
- 대변기가 접속될 경우 1개는 75 mm 이상, 2개 이상이면 100 mm 이상의 관경을 확보해야 한다.

03 통기방식

1. 통기배관(vent pipe system)

통기배관은 배수관내 공기의 유출입 통로로 관내를 대기압과 같은 조건으로 유지하여 ① 배수관내 압력변동을 완화하여 트랩의 봉수 보호 ② 배수 흐름을 원활히 하고 ③ 환기를 도모하여 배수관내 악취 배출 및 청결 유지한다.

2. 통기관의 종류

(1) 통기관의 특징 및 최소관경

종 류	특 징	최소관경
각개통기관	• 각 기구의 트랩마다 통기관을 설치하고 각각을 통기수평지관에 연결하는 방식 • 가장 이상적인 방법이나 설비비가 많이 소요	32 A 이상 배수관관경의 1/2 이상
회로통기관 (루프통기관)	• 2~8개의 기구트랩에 공통으로 설치하여 통기수직관에 접속 • 통기수직관까지 길이가 7.5 m 이내	배수수평관과 통기수직관 중 작은 쪽 관경의 1/2 이상

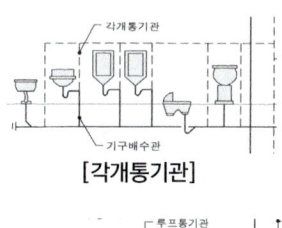

[각개통기관]

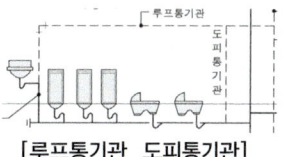

[루프통기관, 도피통기관]

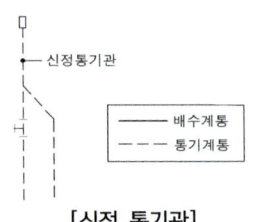

[신정 통기관]

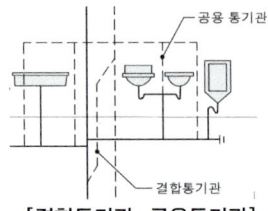

[결합통기관, 공용통기관]

[습윤통기관]

도피통기관	• 배수 수평주관 하류에 통기관 연결 • 회로통기관의 길이가 7.5 m 이상인 경우	32 A 이상 배수관 관경의 1/2 이상
신정통기관	• 배수수직관 상부에 통기관을 연장하여 대기에 개방	배수수직관보다 작으면 안됨
결합통기관	• 고층건물에서 배수입관의 길이가 긴 경우 • 배수수직관으로부터 분기 입상하여 통기수직관에 접속하는 도피 통기관	50 A 이상 통기수직관과 배수수직관 중 작은 쪽 관경 이상
습윤통기관	• 배수 수평주관 최상류 기구에 설치 • 배수와 통기를 동시에 하는 통기관	
공용통기관	• 기구가 반대방향 또는 병렬로 설치된 기구배수관의 교점에 접속하여 입상하며 그 양기구의 트랩 봉수를 보호하기 위한 1개의 통기관	

(3) 특수 통기방식

신정통기관 이외의 통기관 없이 통기와 배수를 겸하는 방식

① 소벤트 방식(sovent system)

공기혼합이음과 공기분리이음을 사용하여 배관 내 배수의 유속을 조절한다. 공기혼합이음은 수직관 내에서 배수와 공기를 제어하고 배수횡지관에서 유입되는 배수와 공기를 수직관 중에서 효과적으로 혼합한다.

② 섹스티아 방식(sextia system)

Sextia 이음쇠(각층의 배수수직관과 배수 수평부관의 접속부분)와 sextia 벤트관(배수수직관과 배수 수평주관의 접속부분)을 사용하여 유수에 선회

Q7. 통기관의 설치목적과 가장 관계가 먼 것은? [산14]

① 배수의 흐름을 원활히 한다.
② 배수관 내의 환기를 도모한다.
③ 사이펀 작용에 의한 봉수 파괴를 방지한다.
④ 모세관 현상에 의한 봉수 파괴를 방지한다.

해설 통기관의 설치 목적
모세관 작용에 의한 봉수 파괴를 막기 위해서는 천조각이나 머리카락 제거가 필요하다.

Q8. 다음의 각종 통기관에 관한 설명 중 옳지 않은 것은? [산12]

① 습통기관은 통기의 목적 외에 배수관으로도 이용되는 부분을 말한다.
② 도피통기관은 배수, 통기계통 간의 공기의 유통을 원활히 하기 위해 설치하는 통기관을 말한다.
③ 각개통기관은 2개 이상인 기구트랩의 봉수를 모두 보호하기 위하여 공통으로 설치하는 하나의 통기관을 말한다.
④ 신정통기관은 최상부의 배수수평관이 배수수직관에 접속된 위치보다 더욱 위로 배수수직관을 끌어올려 대기 중에 개구하여 통기관으로 사용되는 부분을 말한다.

해설 통기방식
③은 루프통기관에 관한 설명이다.

력을 주어 공기 코어(air core)를 유지시켜 하나의 관으로 배수와 통기를 겸한다.

층수의 제한 없이 고층·저층에서 모두 사용이 가능하다. 배수 및 통기계통이 간단하고 배수관경을 줄일 수 있으며 배수소음이 적어 우리나라 공동주택에서 통기관 대신 많이 사용한다.

[소벤트 시스템]

3. 통기관의 관경

통기관경의 결정 시 주의 사항은 다음과 같다.
(1) 신정통기관의 관경은 배수입관과 동일관경으로 한다.
(2) 통기관의 관경은 대상 일반배수관 관경의 1/2 이상으로 한다.
(3) 통기관의 최소관경은 32 mm 이상으로 한다.
(4) 배수조 등의 통기관 관경은 최소 50 mm 이상으로 하며 간접배수의 통기관은 신정통기관과 접속하지 말고 단독으로 설치한다.

[섹스티아 이음쇠]

04 배수 통기관의 재료 및 특징

1. 청소구(C.O, clean out)

배수배관은 관이 막혔을 경우 이를 점검수리하기 배관 굴곡부나 분기점에 반드시 청소구를 설치하여야 한다.

(1) 설치위치
① 배수 수평주관 및 배수 수평지관의 기점
② 길이가 긴 배수 수평주관의 도중
 (관경 100 mm 이하 15 m 이내, 125 mm 이상 관에서 30 m 이내)
③ 배수관이 45° 이상의 각도로 방향이 바뀌는 곳
 (둘 이상의 방향 전환이 있는 경우 길이 12 m 이내에 하나의 청소구)
④ 배수 수직관의 최하부
⑤ 건물 배수 수평주관과 부지배수관 연결점 부근

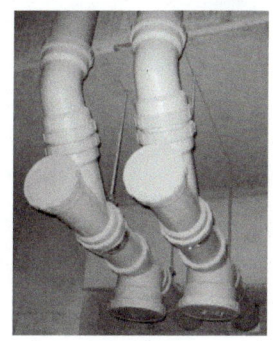

[청소구]

2. 배관상 주의 사항

① 건물 내에서 지중배관은 피하고 피트 내 또는 가공배관을 한다.
② 간접배수 수직관의 신정통기관 및 정화조, 오수피트, 잡배수 피트의 통기관은 각각 단독으로 대기중에 개구한다.
③ 빗물 수직관과 다른 배수관(통기수직관 등)을 연결해서는 안 된다.

④ 통기관과 실내 환기용 덕트와 연결해서는 안 된다.
⑤ 바닥 아래의 통기 배관은 금지한다.

3. 배수 및 통기배관 시험

배수통기계통의 배관공사가 완료되면 트랩이나 각 접속부의 수밀, 기밀상태를 시험해 보아야 한다.

시험		압력	시험시간	비고
수압시험		30 kPa 이상	30분 이상	• 위생기기 부착전 • 배수, 통기 배관
기압시험		35 kPa 이상	15분 이상	• 위생기기 부착전 • 압력이 유지되는 확인 • 시험방법 중 가장 정확
기밀시험	연기	–	15분	• 연기가 새는지 확인
	박하	57 g 박하유 (3.8 L 온수)		• 독특한 냄새로 누설한 곳을 확인
만수시험		배수통기관에 3 m 수두로 물을 채워 수압시험 실시		
통수시험		• 물을 통과해보는 시험으로 최종점검에 해당 • 각 기구의 사용상태에 대응한 수량으로 배수하고 배수의 유하상황이나 트랩의 봉수 등에 이상 소음 발생 여부확인		

05 물의 재이용 시설

빗물이용시설, 중수도, 하·폐수처리수 재이용시설 및 온배수 재이용시설을 말한다.

1. 중수도 시설

수도에 의해 공급된 상수를 1차로 사용한 후 하수로 방출하기 전에 다시 정화하여 음료수를 제외한 각 용도에 적합한 수질의 물을 만들어 공급하는 설비

(1) 중수도의 용도

취사용수, 목욕용수, 세수·세면용수, 세탁용수를 제외한 다음의 용도로 사용된다.
① 수세식 변소 용수 ② 에어컨·냉각용 보급수
③ 청소용수   ④ 세차용수
⑤ 살수용수   ⑥ 조경용수(연못, 분수 등)
⑦ 소방용수

2. 빗물 이용시설

건축물의 지붕면 등에 내린 빗물을 모아 이용할 수 있도록 처리하는 시설
집수조용량 = 지붕면적 $[m^2]$ × 0.05 $[m^3/m^2]$ 이상

Q9. 통기배관에 관한 설명으로 옳지 않은 것은? [기13]

① 각개통기방식에서는 반드시 통기수직관을 설치한다.
② 통기수직관과 우수수직관은 겸용 배관한다.
③ 배수수직관의 상부는 연장하여 신정통기관으로 사용한다.
④ 간접배수계통의 통기관은 단독 배관한다.

해설 배관의 주의사항
우수수직관은 절대 다른 관과 병용해서는 안 된다.

Q10. 다음의 중수도에 관한 설명 중 옳지 않은 것은? [기10]

① 중수도 원수로는 주로 잡용수가 사용되지만 냉각 배수, 하수처리수 등도 사용된다.
② 일반하수뿐만 아니라 빗물도 중수도의 원유가 될 수 있다.
③ 중수도의 채용은 어려운 상수도 사정을 완화할 수 있고 하수처리장의 처리부하를 줄일 수 있다.
④ 중수도는 냉각용, 살수용수, 음용수로 주로 사용된다.

해설 중수도 시설
중수도는 절대로 음용수로 사용되어서는 안 된다.

CHAPTER 03 필수 확인 문제

01 다음 설명에 알맞은 대변기 세정방식은? [기13]

- 대변기의 연속사용이 가능하다.
- 소음이 크고 단시간에 다량의 물이 필요하다.
- 일반 가정용으로 사용이 곤란하다.

① 세락식 ② 하이탱크식
③ 로우탱크식 ④ 플러시 밸브식

④ 플러시 밸브식에 관련된 설명이다.

정답 ④

02 간접배수를 하여야 하는 기기 및 장치에 속하지 않는 것은? [산14]

① 세면기 ② 세탁기
③ 제빙기 ④ 식기세정기

세면기, 욕조 혹은 대변기는 직접배수를 한다.

정답 ①

03 트랩의 구비 조건으로 옳지 않은 것은? [기19]

① 봉수깊이는 50 mm 이상 100 mm 이하일 것
② 오수에 포함된 오물 등이 부착 또는 침전하기 어려운 구조일 것
③ 봉수부에 이음을 사용하는 경우에는 금속제 이음을 사용하지 않을 것
④ 봉수부의 소제구는 나사식 플러그 및 적절한 가스켓을 이용한 구조일 것

봉수부의 재질은 내식성이 있는 재료를 사용해야 한다.

정답 ③

04 다음 중 사이펀식 트랩에 속하지 않는 것은? [기18]

① P트랩 ② S트랩
③ U트랩 ④ 드럼트랩

트랩은 사이펀식 트랩(P트랩, S트랩, U트랩)과 비사이펀식 트랩(드럼트랩, 벨트랩)으로 나뉜다.

정답 ④

05 호텔의 주방이나 레스토랑의 주방 등에서 배출되는 세정배수 중의 유지분을 포집하기 위해 사용하는 것은? [기11, 산14]

① 오일 포집기 ② 샌드 포집기
③ 그리스 포집기 ④ 플라스터 포집기

③ 그리스 포집기에 대한 설명이다.

정답 ③

06 기구배수단위 산정의 기준이 되는 것은? [산14]

① 싱크
② 세면기
③ 소변기
④ 대변기

◎ 기구배수단위 산정의 기준이 되는 위생기구는 세면기이다.
정답 ②

07 배수관의 관경과 구배에 대한 설명 중 옳지 않은 것은? [기10]

① 배수관경을 크게 하면 할수록 배수능력은 향상된다.
② 배관구배를 너무 급하게 하면 흐름이 빨라 고형물이 남는다.
③ 배관구배를 완만하게 하면 세정력이 저하된다.
④ 배수 수평관의 구배는 최소 1/200 이상으로 한다

◎ ① 배수관경을 필요 이상으로 크게 할수록 배수능력은 저하된다.
② 배수배관의 구배가 증가하면 유속이 증가하여 유수깊이가 감소하여 고형물이 남는다.
정답 ①

08 통기관의 설치 목적으로 옳지 않은 것은? [기18]

① 트랩의 봉수를 보호한다.
② 오수와 잡배수가 서로 혼합되지 않게 한다.
③ 배수계통 내의 배수 및 공기의 흐름을 원활히 한다.
④ 배수관 내에 환기를 도모하여 관 내를 청결하게 유지한다.

◎ ② 오수와 잡배수가 혼합되는 방식은 합류식 방식이다.
정답 ②

09 다음 설명에 알맞은 통기관의 종류는? [기16]

> 1개의 트랩을 위해 트랩 하류에서 취출하여, 그 기구보다 윗부분에 통기계통에 접속하거나 또는 대기 중에 개구하도록 설치한 통기관을 말한다.

① 루프통기관
② 신정통기관
③ 결합통기관
④ 각개통기관

◎ 1개의 트랩을 위해 설치한 통기관이기 때문에 각개통기관에 대한 설명이다.
정답 ④

10 통기관의 관경에 관한 설명으로 옳지 않은 것은? [기13]

① 결합통기관 관경은 통기수직관과 배수수직관 중 작은 쪽 관경 이상으로 한다.
② 신정통기관 관경은 배수수직관 관경보다 작게 해서는 아니된다.
③ 각개통기관 관경은 그것이 접속되는 배수관 관경의 1/2 이상으로 한다.
④ 회로통기관 관경은 배수수평지관과 통기수직관 중 큰 쪽 관경의 1/2 이상으로 한다.

◎ ④ 회로통기관 관경은 배수수평지관과 통기수직관 중 작은 쪽 관경의 1/2 이상으로 한다.
정답 ④

11 배수 배관에서 청소구(clean out)의 일반적 설치 장소에 속하지 않는 것은?
[기18]

① 배수수직관의 최상부
② 배수수평지관의 기점
③ 배수수평주관의 기점
④ 배수관이 45°를 넘는 각도에서 방향을 전환하는 개소

◎ ① 청소구는 배수수직관의 최하부 또는 최하부 부근에 설치한다.
정답 ①

12 통기배관에 관한 설명으로 옳지 않은 것은?
[산15]

① 오물정화조의 통기관은 단독으로 한다.
② 통기관과 실내환기덕트는 서로 연결해서는 안된다.
③ 통기수직관과 빗물수직관은 겸용으로 하는 것이 좋다.
④ 신정통기관은 배수수직관의 상단을 연장하여 대기 중에 개구한다.

◎ ③ 통기수직관은 다른 관과 겸용해서는 안 된다.
정답 ③

13 건물·시설 등에서 발생하는 오수를 다시 처리하여 생활용수·공업용수 등으로 재이용하는 시설로 정의되는 것은?
[기12, 16]

① 배수설비   ② 하수관거
③ 중수도   ④ 개인하수도

◎ 중수도에 대한 정의이다.
② 여러 하수구에서 하수를 모아 하수 처리장으로 내려보내는 큰 하수도관
정답 ③

CHAPTER 04 오수정화설비

빈출 Key word
\# 건축기사(0.1문제), 산업기사(0.9문제)의 출제비중을 가지면 출제비중이 낮음
\# 오수의 양과 질, 오수정화방식 및 특징이 비슷한 출제비중을 가짐

01 오수의 양과 질

1. 수질 관련 용어

용 어	정 의
PPM(Parts Per Million) 백만분율	• 농도를 나타내는 단위로서 1/100만의 양을 1 ppm • 물의 경우 1 mg/L = 1 ppm = 1 g/m³
pH수소이온농도	• 수소이온농도의 역수의 상용대수 • 순수한 물의 수소이온농도는 pH 7 • 배수기준에서는 5.8~8.5로 규정
BOD(Biochemical Oxygen Demmad) 생물학적 산소요구량	• 용존산소의 존재하에 미생물(호기성 세균)의 작용에 의해 산화분해되어 안전한 물질로 변해갈 때 소비하는 산소량 • 물의 오염정도(낮을수록 깨끗한 물)
COD(Chemical Oxygen Demmad) 생물학적 산소요구량	• 배수 중에 산화하기 쉬운 유기물이 산화제에 이해 산화분해될 때 소비하는 산화제의 양에 상당한 산소량 • 물의 오염정도(낮을수록 깨끗한 물)
DO(Dissolved Oxygen) 용존산소	• 물속에 용해되어 있는 산소 [ppm] • 오염도가 높은 물은 산소가 용존되어 있지 않음 • 깨끗한 물은 7~14 ppm의 산소가 용존되어 있음
SS(Suspended Solids) 부유물질	• 오수 중에 현탁되어 있는 물질 • 스크린으로 제거할 수 있는 대형의 것이 아니며 1 μm 이상
스컴(scum)	• 정화조 내의 오수 표면 위에 떠오르는 오물 찌꺼기
활성오니 (activated sludge)	• 폭기조 내에 용해되어 있는 유기물질과 그에 따라 세포가 증식되는 미생물 덩어리(flock)

2. 오수의 수질과 처리수의 수질

생활배수와 같은 유시성 오수에 포함된 오염물질의 양과 질에 대한 지표로서 주로 BOD(생물학적 산소요구량), SS(부유물질), COD(생물학적 산소요구량)를 이용하며 이 중에서도 특히 BOD를 대표적으로 이용한다.

(1) BOD 제거율

오물정화조의 성능을 나타내는 지표로 BOD 제거율이 높을수록 유출수(방류수) BOD 낮을수록 성능이 우수한 정화조이다.

$$\text{BOD 제거율} = \frac{\text{유입수 BOD} - \text{유출수 BOD}}{\text{유입수 BOD}} \times 100 \, [\%]$$

(2) BOD 부하량 [g/인·일]

BOD 부하량[g/인·일] = 1인1일오수량[m^3/인·일] × 오수의 BOD 농도[g/m^3]

02 오수 정화방식 및 특징

1. 오수처리 방식

(1) 물리적 처리방식 : 부유물 침전방식(응집제 등 이용)
(2) 화학적 처리방식 : 화학약품 이용(오존, 산화제 등 이용)
(3) 생물화학적 처리

처리방법	특징		종류
호기성	• 호기성 미생물을 이용하여 처리 • 산소공급이 필요하며, 동력비가 증가 • 작은 공간을 차지	생물막법	살수여상 방식 회전원판 접촉방식 접촉산화방식
		활성오니법	장기간폭기방식 표준활성오니방식
혐기성	• 혐기성 미생물을 이용하여 처리 • 산소공급이 불필요하며 처리시간 증가 • 많은 공간, 악취발생, 대형설비	임호프 탱크 부패탱크	

Q1. 수질과 관련된 용어 중 부유물질로서 오수 중 현탁되어 있는 물질을 의미하는 것은? [기11, 14]

① BOD ② COD
③ SS ④ 염소이온

해설 수질관련용어
SS(Suspended Solid) : 오수 중에 함유된 부유물질

Q2. 오수정화조로 유입되는 오수의 BOD농도가 150 ppm이고, 방류수의 BOD농도가 60 ppm일 때 이 정화조의 BOD 제거율은? [기16]

① 40% ② 60%
③ 75% ④ 90%

해설 BOD제거율

$$\text{BOD 제거율} = \frac{\text{유입수 BOD} - \text{유출수 BOD}}{\text{유입수 BOD}} \times 100$$
$$= \frac{150 - 60}{150} \times 100$$
$$= 60 \, [\%]$$

2. 오수처리시설

오수 및 잡배수를 합병하여 처리하는 장치이며, 처리성능이 정화조보다 우수하다. 설치 대상은 공공하수처리시설이 설치되지 않은 지역의 1일 오수발생량이 $2\,m^3$ 초과하는 건축물이다.

3. 정화조

합류식 하수도를 사용하는 단독 건물에 설치하는 하수처리 시설로서 분뇨를 생화학적과정을 거쳐 슬러지 형태로 침전시키고 그 외 오수만 하수도를 통해 배출하는 시설

(1) 설치대상
① 공공하수처리시설이 설치되지 않은 지역 : 1일 오수발생량이 $2\,m^3$ 이하
② 공공하수처리시설이 설치된 지역 : 분류식 하수관거가 설치되지 않은 지역 내의 건물

(2) 부패 탱크식 오물 정화조의 구조
① 세균작용에 의하여 오물을 부패·분해시켜 처리한다.
② 부패조, 산화조, 소독조 순서로 조합한다.
③ 부패조, 산화조, 소독조에는 각각 내경 45 cm 이상의 맨홀을 설치

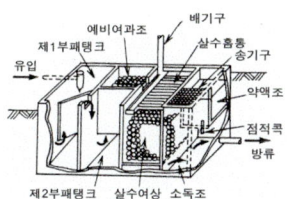

[부패탱크식 오물 정화조]

구분	기능
부패조	• 혐기성 처리 (침전, 소화작용) • 공기의 유입을 차단 • 제1, 제2부패조와 예비여과조의 용적비는 4:2:1 또는 4:2:2 • 깊이 1.2~3 m, 맨홀지름 60 cm
여과조	• 부패조와 산화조 사이에 설치 • 부유물이나 잡물 제거 및 산화조의 통기성 향상 • 깊이 : 수심의 1/3 ~ 1/2
산화조	• 살수홈통에 의해 살수 • 통기설비 설치(3 m 이내 배기관 설치) • 쇄석층 깊이 90 cm 이상 • 부패조 용량의 1/2 이상
소독조	• 500명 이상 처리대상에 의무적 설치 • 소독액 : 치아염소산 나트륨, 표백분 • 약액조의 용량 : 25 L 이상(10일분 이상)

(3) 정화조의 용량 산정

① 부패조의 용량

처리대상 인원(n)	용량 산정식
5인 이하	$V = 1.5 \, [m^3]$
5~500인 이하	$V = 1.5 + 0.1(n-5) \, [m^3]$
500인 이상	$V = 51 + 0.075(n-500) \, [m^3]$

② 산화조의 용량 : 부패조 용량의 1/2 이상

Q3. 오수 처리방법 중 물리 및 화학적 처리방법에 속하지 않는 것은? [기13]

① 오존을 이용하는 방법
② 응집제를 이용하여 부유물질을 침전시키는 방법
③ **미생물에 따른 호기성 분해방법**
④ 산화제를 이용하는 산화법

해설 오수처리방법
호기성 분해방법은 생물학적 처리방법이다.

Q4. 정화조에서 호기성(好氣性)균을 필요로 하는 곳은? [산15]

① 부패조　　　　② 여과조
③ **산화조**　　　　④ 소독조

해설 정화조
정화조에서 호기성균을 필요로 하는 곳은 산화조, 혐기성균이 필요한 곳은 부패조이다.

CHAPTER 04 필수 확인 문제

01 수질과 관련된 용어 중 부유물질로서 오수 중 현탁되어 있는 물질을 의미하는 것은?　　　　[기11, 14]

① BOD　　　　② COD
③ SS　　　　④ 염소이온

○ ③ SS(Suspended Solid) 오수 중에 함유된 부유물질
　　　[정답] ③

02 오수정화조로 유입되는 오수의 BOD농도가 150 ppm이고, 방류수의 BOD농도가 60 ppm일 때 이 정화조의 BOD 제거율은?　　[기16]

① 40%　　　　② 60%
③ 75%　　　　④ 90%

○ BOD 제거율
$= \dfrac{\text{유입수}\,BOD - \text{유출수}\,BOD}{\text{유입수}\,BOD} \times 100$
$= \dfrac{150 - 60}{150} \times 100 = 60\,[\%]$
　　　[정답] ②

03 주택의 1인 1일 오수량이 0.05/인·일이고 오수의 BOD 농도가 260 g/m³ 일 때 1인 1일당 BOD 부하량은?　　[기17]

① 5 g/인·일　　　　② 13 g/인·일
③ 26 g/인·일　　　　④ 50 g/인·일

○ BOD 부하량
$= \text{유입수}\,BOD\,\text{농도} \times \text{오수량}$
$= 260\,[\text{g/m}^3] \times 0.05\,[\text{m}^3/\text{인}\cdot\text{일}]$
$= 13\,[\text{g/인}\cdot\text{일}]$
　　　[정답] ②

04 오수 처리방법 중 물리적 및 화학적 처리방법에 속하지 않는 것은?　　[기13]

① 오존을 이용하는 방법
② 응집제를 이용하여 부유물질을 침전시키는 방법
③ 미생물에 따른 호기성 분해 방법
④ 산화제를 이용하는 산화법

○ 호기성 분해방법은 생물학적 처리방법이다.
　　　[정답] ③

05 정화조에서 호기성(好氣性)균을 필요로 하는 곳은?　　[산15]

① 부패조　　　　② 여과조
③ 산화조　　　　④ 소독조

○ 정화조에서 호기성균을 필요로 하는 곳은 산화조, 협기성균이 필요한 곳은 부패조이다.
　　　[정답] ③

CHAPTER 05 소방시설

빈출 Key word
\# 건축기사(1.2문제), 산업기사(1.8)의 출제 비중을 가짐
\# 소화설비에 관한 문제의 출제비중이 가장 높음

01 소화의 원리

1. 화재의 분류

화재는 연소 특성에 따라 A급~D급 4종류로 분류한다.

분류	색상	원인물질	비고
일반화재 (A급)	백색	나무, 솜, 종이, 고무 등 일반 가연성 물질에 의한 화재	타고난 후 재가 남는다.
유류가스 화재 (B급)	황색	석유, 벙커C유, 타르, 페인트, 가스, LNG, 도시가스 같은 가스에 의한 화재 가스가 누설되어 연소 및 폭발하여 발생하며 가스의 경우 폭발을 야기	공기와 일정 비율 혼합되면 불씨로 인하여 재가 남지 않는다.
전기화재 (C급)	청색	전기스파크, 단락, 과부하 등으로 전기에너지가 불로 전이되는 것	물을 사용할 경우 감전의 위험이 있다.
금속화재 (D급)	무색	철분, 마그네슘, 칼륨, 나트륨, 지르코늄 등 금속물질에 의한 화재로 금속가루의 경우 폭발을 동반하기도 한다.	물을 사용할 경우 폭발의 위험이 있다.

2. 소화 원리

연소의 4요소(연료, 산소, 점화원, 연쇄반응)를 적정하게 통제 또는 차단함으로서 이루어진다.

소화법	소화원리
냉각소화법	액체 또는 고체를 사용하여 열을 내리는 방법
질식소화법	포말이나 불연성 기체 등으로 연소물을 감싸 산소공급을 차단
제거소화법	불타고 있는 장소에서 가연물을 안전한 장소로 이동
연쇄반응차단법 (부촉매효과)	연소의 연소반응을 포말, 분말, 하론설비 등과 같은 불활성 물질이 억제하여 소화하는 방법

3. 소방시설의 분류

구 분	종 류
소화설비	소화기, 옥내소화전, 옥외소화전, 스프링클러, 특수소화설비 등
경보설비	자동화재탐지설비, 전기화재경보기, 자동화재속보설비 등
피난설비	미끄럼대, 피난사다리, 완강기, 유도등, 비상조명등 등
소화용수설비	소화수조, 상수도, 소화용수설비 등
소화활동설비	배연설비, 연결살수설비, 연결송수관설비, 비상콘센트 등

Q1. 전류가 흐르고 있는 전자기기, 배선과 관련된 화재를 의미하는 것은? [기19]
① A급 화재 ② B급 화재
③ C급 화재 ④ K급 화재

해설 화재의 분류
① A급 화재(일반) ② B급 화재(유류) ③ C급화재(전기) ④ D급화재(금속)

Q2. 다음 중 소방시설에 속하지 않는 것은? [산16]
① 소화설비 ② 피난설비
③ 경보설비 ④ 방화설비

해설 소방시설
소방시설은 소화설비, 경보설비, 피난설비, 소화용수설비, 소화활동설비로 분류된다.

02 소화설비

화재발생 초기에 집압을 목적으로 하며, 소화기, 옥내소화전, 옥외소화전, 스프링클러, 특수소화설비 등이 있다.

[수동식 소화기]

1. 소화기

소화기에는 수동식 소화기, 간이소화용구 및 자동소화장치가 있다.

(1) 설치기준
① 화재안전기준에 따라 소화기구를 설치하여야 하는 특정소방대상물의 연면적 기준은 33 m² 이상이다.
② 소방대상물의 각 부분에서 보행거리가 20 m 이내가 되도록 배치 (대형소화기는 30 m 이내)
③ 바닥에서 1.5 m 이내에 배치

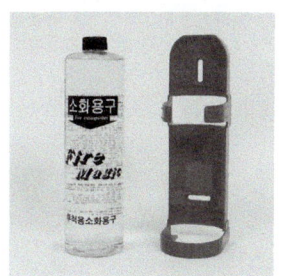
[간이 소화용구]

2. 옥내소화전

소방대상물의 내부에서 화재가 발생하는 경우 자체 관리 요원 및 거주자에 의해 발화 초기에 화재를 진화할 목적으로 건물내에 설치한 수동식 고정설비

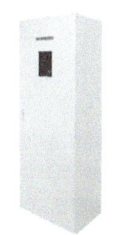
[자동소화장치]

(1) 설치기준

① 표준 방수 압력　: 0.17 MPa 이상
② 표준방수량　　: 130 L/min (20분 이상 방수)
③ 설치간격　　　: 각 층 각부분에서 소화전까지 수평거리 25 m 이내
④ 수원의 저수량　: 2.6 m³ × 설치개수(N) (최대 5개)
⑤ 소화전높이　　: 바닥에서 1.5 m 이내
⑥ 송수구　　　　: 지면으로부터 높이가 0.5 m~1.0 m
⑦ 노즐 구경　　 : 13 mm (호스 구경 40 mm)
⑧ 호스길이　　　: 15 m × 2본

3. 옥외소화전

건축물의 내부 혹은 옥외설비 및 옥시에 설치된 설비나 장치에서 발생하는 화재 진압은 물론 연소방지를 목적으로 소방대상물의 옥외에 설치하는 고정식 소화설비

(1) 설치대상 (내화건축물)

1, 2층 바닥면적 합계 9,000 m² 이상

(2) 설치기준

① 표준 방수 압력　: 0.25 MPa 이상
② 표준방수량　　: 350 L/min (20분 이상 방수)

Q3. 옥내소화전설비에 관한 설명으로 옳지 않은 것은?　[기12, 16]

① 옥내소화전 방수구는 바닥면에서 높이가 1.5 m 이하가 되도록 설치한다.
② 옥내소화전설비는 송수구가 소방차가 쉽게 접근할 수 있고 노출된 장소에 설치한다.
③ 전동기에 따른 펌프를 이용하는 가압송수장치를 설치하는 경우, 펌프는 전용으로 하는 것이 원칙이다.
④ 해당 층의 옥내소화전을 동시에 사용할 경우 각 소화전의 노즐선단에는 방수압력은 최소 0.7 MP 이상이 되어야 한다.

[해설] **옥내소화전설비**
옥내소화전설비의 표준방수압력은 0.17 MPa, 방수량은 130 L/min 이다(방수시간 20분).
소화수량은 2.6 m³/N이고 최대 개수는 5개이다.

Q4. 옥외소화전을 2개 설치한 건물에서 옥외소화전설비의 수원의 저수량은 최소 얼마 이상이 되도록 하여야 하는가?　[산12]

① 14 m³　　② 7.0 m³
③ 5.2 m³　　④ 2.6 m³

[해설] **옥외소화전**
옥외소화전을 2개 이상 설치한 경우 2개까지 소화전 수량을 확보
옥외소화전 1개의 방수량은 350 L/min(20분 이상 방수)
수원의 저수량 = 7 m³ × 2 = 14 m³

③ 설치간격　　　　: 건물 각부분에서 소화전까지 수평거리 40 m 이내
④ 수원의 저수량　: 7.0 m³ × 설치개수(N) (최대 5개)
⑤ 호수구경　　　　: 65 mm

4. 스프링클러(sprinkler) 설비

화재가 발생하면 자동으로 소화수를 분사하여 화재를 진압하는 소화설비

[스프링클러 설비]

(1) 특징
① 자동 소화설비이며 경보기능을 가진다.
② 가용편의 용융온도는 72℃ 이상이다.
③ 초기 화재의 소화율이 높다(97%).
④ 소화 후 제어밸브를 잠가야 한다.
⑤ 소화 후 복구가 용이하다.

(2) 종류

헤드의 종류에 따라서 폐쇄형과 개방형으로 나눌 수 있다. 폐쇄형은 습식설비, 건식설비, 준비작동실 설비가 있으며, 개방형헤드를 사용하는 설비는 일제살수식이 있다.

① 폐쇄형

구분	원리 및 특징
습식설비	• 수원에서 헤드까지 전 배관에 물이 항상 차있음 • 화재가 발생하여 용융편이 녹자마자 곧바로 살수 가능 • 구조가 간단하고 즉시 소화가 가능한 장점 • 동파 및 누수의 우려가 있음
건식설비	• 관내에 공기가 채워져 있다가 화재시 공기가 빠지고 살수 • 동파 및 누수의 우려가 없음 • 화재시 살수시간이 지연되며 설비비가 많이 드는 단점

② 개방형
- 폐쇄형 스프링클러로는 효과가 없거나 접근이 어려운 장소에 적용 (천장이 높은 무대 위나 공장, 창고, 위험물 저장장소 등)
- 대량의 물을 급수할 수 있는 대규모 급수체계가 필요
- 하나의 송수구역당 살수헤드는 최대 10개 이하

(3) 스프링클러헤드의 구조
① 스프링클러헤드는 프레임, 반사판(디플렉터), 가용편, 레버 등으로 구성되어 있다.
② 디플렉터(Deflector) : 방수구에서 유출되는 물을 세분하여 확산시키는 작용을 하는 부분

[스프링클러헤드의 구조]

(4) 스프링클러헤드의 설치기준
① 표준 방수 압력   : 0.1 MPa 이상
② 표준방수량   : 80 L/min (20분 이상 방수)
③ 설치간격   : 건물의 구조와 용도에 따라 1.7~3.2 m
④ 수원의 저수량   : $1.6 m^3$ × 설치개수(N)
  (아파트는 10개, 판매시설, 복합시설 및 11층 이상인 소방대상물은 30개)

5. 드렌치

방화지구 내 건축물의 인전대지경계선에 접하는 외벽에 설치하여, 다른 건축물에서 난 불이 해당 건축물로 번지는 것을 방지하기 위한 방화설비이다.
구성원리는 스프링클러설비나 물분무소화설비와 거의 같으며 말단에 설치되는 헤드만 드렌처헤드를 설치한다.

(1) 드렌치 설치 기준
① 표준 방수 압력   : 0.1 MPa 이상
② 표준방수량   : 80 L/min 이상
③ 설치간격   : 2.5 m 이하
④ 수원의 저수량   : $1.6 m^3$ × 설치개수(N) (최대 5개)

6. 물분무 등 소화설비

화재 위험물의 종류가 다양해져 이를 대응하기 위한 특수소화설비가 사용되고 있다. 물분무소화설비에는 물 분무 소화설비, 미분무 소화설비, 포소화설비, 이산화탄소 소화설비, 할로겐화화합 소화설비, 청정소화약제 소화설비, 분말 소화설비, 강화액소화설비 등 소방청에서 고시한 설비들이 있다.

03 경보설비

화재에 의하여 생기는 인적, 물적 피해를 최소화하기 위해 화재 초기에 화재 발생사항을 발견하여 신속하게 피난할 수 있도록 조치하고, 소방기관에 통보할 수 있게 하는 설비

1. 자동화재탐지기

(1) 감지기

화재 시 발생하는 열 또는 연소생성물을 자동적으로 감지하여 화재의 발생을 감지하여 그 자체에 부착된 음향시설로 경보를 발하거나 선로를 통하여 수신기에 신호를 전송하는 기기

① 분류

감지방식		기능
열감지기	차동식	주위온도가 일정한 상승률 이상이 되는 경우에 작동
	정온식	주위온도가 일정한 온도 이상이 되는 경우에 작동
	보상식	차동식 기능과 정온식 기능 중 어느 한 기능이 작동하면 발신하는 방식
연기감지기	광전식	광전소자에 접하는 광량의 변화로 작동하는 방식
	이온화식	이온화전류가 변화하여 작동하는 방식의 연기감지기 국내에서 거의 사용하지 못하고 있음

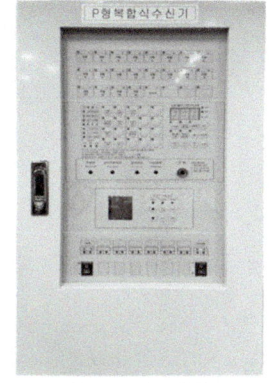

[열감지기(정온식)]

(2) 수신기

① 감지기 또는 발신기로부터 화재신호를 직접 또는 중계기를 통하여 수신하여 화재 발생위치를 표시하고 통보장치를 작동시킴으로써 화재발생을 거주자에게 통보하여 거주자가 신속히 대피하도록 유도하는 중추적인 역할을 담당하는 장비

② 종류: 개별신호방식의 P형과 다중전송방식의 R형으로 구분

(3) 발신기

감지기의 동작 이전에 화재의 발생을 발견한 사람이 발신기의 단추를 눌러서 화재 발생을 수신기에 전달하여 관계자에게 통보하는 장비

(4) 음향장치

- 감지기에 의하여 화재의 발생을 발견하면 벨 또는 사이렌 등으로 경종을 울리는 장비
- 음량은 설치위치의 중심에서 1 m 떨어진 위치에서 90폰(phon) 이상이고, 각 층마다 그 층의 각 부분으로부터 하나의 음향장치까지의 수평거리는 25 m 이하가 되도록 설치한다.

[수신기(P형)]

04 소화활동 설비

소방차 및 소방대원이 본격적으로 화재의 집압을 위해 필요한 소방설비를 말하며 연결송수관설비, 연결살수설비, 비상콘센트설비, 제연설비 등이 있다.

1. 연결송수관설비

규정된 장소에 방수구 및 호스를 설치하여 화재현장에 도착한 소방관이 화점에 가장 근접하여 주소 등 소화활동을 할 수 있도록 시설해 두는 설비

(1) 설치대상

7층 이상 건축물이나 층수가 5층 이상으로서 연면적 6,000 m² 이상

(2) 설치기준
　① 방수구 방수압력　　　　: 0.35 MPa 이상 (노즐 끝)
　② 방수구의 방수량　　　　: 800 L/min
　③ 방수구의 설치간격
　　• 건물의 각 부분에서 방수구까지의 수평거리는 50 m 이하
　　• 방수구는 개폐기능을 가진 것으로 설치하여야 하며, 평상시에는 닫힌 상태로 유지
　④ 송수구, 방수구의 구경　 : 65 mm
　　(송수구는 연결송수관의 수직배관마다 1개 이상을 설치)
　⑤ 수직주관 구경　　　　　: 100 mm
　⑥ 설치높이　　　　　　　 : 0.5~1.0 m

2. 연결살수설비

지하가, 지하층 등에서 화재발생으로 연기가 충만하여 소화활동이 곤란한 장소에 설치한 것으로 방수구, 배관, 살수헤드 등으로 구성되고 화재 시 소방펌프자동차가 옥외에 설치된 송수구를 통해 소화수를 살수헤드를 이용하여 방수시킴으로서 소화활동을 한다.

(1) 설치대상
　① 판매시설로서 바닥면적의 합계가 1,000 m^2 이상인 것
　② 지하층으로서 바닥면적의 합계가 150 m^2 이상인 것
　　(단 국민주택 규모 이하의 아파트와 학교의 지하층에 있어서 700 m^2 이상)

(2) 설치기준
　① 소방펌프 자동차가 쉽게 접근할 수 있고 노출된 장소에 설치
　② 송수구의 구경: 65 mm 쌍구형
　　(단, 살수헤드의 수가 10개 이하인 것은 단구형으로 할 수 있다.)
　③ 헤드의 유효반경: 3.7 m 이하

3. 비상콘센트

화재로 인해 소방관이 화재진압을 위해 실내로 진입할 경우 소화활동에 필요한 전기의 공급(조명 등)을 위해 설치되는 콘센트 설비

(1) 설치 대상
　① 지하층을 포함하는 층수가 11층 이상인 소방대상물의 11층 이상의 층
　② 지하 3층 이상이고 지하층의 바닥면적의 합계가 1,000 m^2 이상인 지하층의 전층

(2) 설치기준

① 어느 부분에서도 1개의 비상콘센트의 수평거리(유효반경)는 50 m 이하
② 아파트 또는 바닥면적이 1,000 m² 미만인 층
   : 계단의 출입구로부터 5 m 이내에 설치
③ 바닥면적 1,000 m² 이상인 층(아파트 제외)
   : 계단의 출입구 또는 비상계단실의 출입구로부터 5 m 이내에 설치

4. 제연설비

화재 시 건물 내에서의 연기 유동현상을 최소화하기 위하여 강제적으로 연기를 제언하는 것을 제연(smoke control)이라고 한다.

05 피난구조시설 및 소용용수 설비

1. 피난구조시설

화재 발생 시 인명의 피난을 위한 설비이며 미끄럼대, 피난사다리, 완강기, 유도등, 유도표지, 비상 조명 등이 있다.

2. 소화용수설비

화재진압을 위해 물을 공급하는 설비이다. 상수도 소화용수설비와 소화수탱크로 구분할 수 있으나 소화수탱크는 상수도 소화용수설비를 설치할 수 없는 경우에 대처하기 위한 설비로 보아야 한다.

Q5. 스프링클러설비를 설치하여야 하는 소방대상물의 최대 방수구역에 설치된 개방형 스프링클러헤드의 개수가 30개일 경우, 스프링클러설비의 수원의 저수량은 최소 얼마 이상으로 하여야 하는가? [기12, 22]

① 16 m³   ② 32 m³
③ 48 m³   ④ 56 m³

해설 스프링클러 저수량
스프링클러의 개당 필요 소화수량은 1.6[m³/N]이다.
스프링클러 저수량 = 1.6[m³/N] × 30 = 48[m³]

Q6. 소방시설은 소화설비, 경보설비, 피난설비, 소화용수설비, 소화활동설비로 구분할 수 있다. 다음 중 소화활동설비에 속하는 것은? [기16]

① 제연설비   ② 비상방송설비
③ 스프링클러설비   ④ 자동화재탐지설비

해설 소화활동설비
소방법령상 소화활동설비에 속하는 설비는 제연설비, 연결송수관설비, 연결살수설비, 연소방지설비, 비상콘센트설비 및 무선통신보조설비이다.

CHAPTER 05 필수 확인 문제

01 다음 설명에 알맞은 화재의 종류는? [기20]

> 나무, 섬유, 종이, 고무, 플라스틱류와 같은 일반 가연물이 타고 나서 재가 남는 화재

① A급 화재 ② B급 화재
③ C급 화재 ④ K급 화재

① A급화재(일반화재)
② B급화재(유류가스화재)
③ C급화재(전기화재)
④ K급화재(주방화재)

정답 ①

02 소방시설은 소화설비, 경보설비, 피난설비, 소화용수설비, 소화활동설비로 구분할 수 있다. 다음 중 소화설비에 해당하지 않는 것은? [산13]

① 제연설비 ② 포소화설비
③ 옥내소화전설비 ④ 스프링클러설비

제연설비는 소화활동설비에 속한다.

정답 ①

03 화재안전기준에 따라 소화기구를 설치하여야 하는 특정소방대상물의 연면적 기준은? [기15]

① 10 m^2 이상 ② 25 m^2 이상
③ 33 m^2 이상 ④ 50 m^2 이상

소화기 또는 간이소화용구를 설치해야 하는 조건
1) 연면적 33 m^2 이상일 것
2) ①에 해당하지 않는 시설로서 지정문화재 및 가스시설
3) 터널

정답 ③

04 옥내소화전설비에 관한 설명으로 옳은 것은? [산14]

① 송수구는 지면으로부터 높이가 0.5 m 이상 1 m 미만의 위치에 설치한다.
② 옥내소화전 노즐선단의 방수압력은 0.1 MPa 이상이어야 한다.
③ 옥내소화전용 펌프의 토출량은 옥내소화전이 가장 많이 설치된 층의 설치개수에 100 L/min를 곱한 양 이상이어야 한다.
④ 수원은 그 저수량이 옥내소화전의 설치개수가 가장 많은 층의 설치개수에 1.3 m^3를 곱한 양 이상이 되도록 하여야 한다.

② 옥내소화전의 표준방수압력은 0.17 MPa 이상이어야 한다.
③ 표준방수량은 130 L/min 이상이어야 한다.
④ 소화수량은 2.6 m^3/N이고 최대 개수는 5개이다.

정답 ①

05 옥외소화전의 설치개수가 3개인 건축물에서 옥외 소화전 설비의 수원의 저수량은 최소 얼마 이상이 되도록 하여야 하는가? [산13]

① 5.2 m³   ② 7.8 m³
③ 14 m³   ④ 21 m³

◎ 옥외소화전 수원의 저수량은 7.0 m³/N이고, 2개까지 소화전 수량을 확보한다.

정답 ③

06 다음의 스프링클러설비의 화재안전기준 내용 중 (　　) 안에 알맞은 것은? [기17, 22]

진동기에 다른 펌프를 이용하는 가압송수 장치의 송수량은 0.1 MPa의 방수압력 기준으로 (　　　　　) 이상의 방수성능을 가진 기준 개수의 모든 헤드로부터의 방수량을 충족시킬 수 있는 양 이상으로 할 것

① 80 L/min   ② 90 L/min
③ 110 L/min   ④ 130 L/min

표준방수압력	0.1 MPa 이상
표준방수량	80 L/min(20분 이상)
설치간격	1.7~3.2 m
수원의 저수량	1.6 m³ × N

정답 ①

07 연결송수관설비의 방수구에 관한 설명으로 옳지 않은 것은? [기17, 21]

① 방수구의 위치표시는 표시등 또는 축광식 표지로 한다.
② 호스접결구는 바닥으로부터 0.5 m 이상 1 m 이하의 위치에 설치한다.
③ 개폐기능을 가진 것으로 설치하여야 하며, 평상시 닫힌 상태를 유지하도록 한다.
④ 연결송수관설비의 전용방수구 또는 옥내 소화전방수구로서 구경 50 mm의 것으로 설치한다.

◎ 연결송수관 설비는 전용방수구 또는 옥내 소화전 방수구로서 구경 65 mm의 것으로 설치한다.

정답 ④

08 개방형헤드를 사용하는 연결살수설비에 있어서 하나의 송수구역에 설치하는 살수헤드의 수는 최대 얼마 이하가 되도록 하여야 하는가? [기18, 21]

① 10개   ② 20개
③ 30개   ④ 40개

◎ 하나의 송수구역에 부착하는 살수헤드의 수가 10개 이하인 것은 단구형으로 설치할 수 있다.

정답 ①

CHAPTER 06 가스설비

빈출 Key Word
\# 건축기사(0.9문제), 산업기사(0.6문제)의 출제비중을 가지며 출제비중이 낮은 편임
\# 도시가스와 액화석유가스의 출제비중이 높음

01 도시가스와 액화석유가스

1. 연료용가스

연료용 가스는 각종 단체 가스의 혼합물이며 기초사항은 다음과 같다.

(1) 발열량
① 표준상태의 가스 1 Nm^3이 완전연소할 때 발생하는 발열량이며, 단위는 [kJ/Nm^3]으로 표시한다.
② 연소에 의해 발생한 열량에서 수증기가 가지고 있는 발열량을 뺀 값을 저위 발열량이라고 하며, 수증기가 가지고 있는 발열량을 포함한 것을 고위 발열량이라고 한다. 가스의 발열량은 일반적으로 고위발열량으로 표시한다.

(2) 비중
가스의 비중은 일반적으로 같은 온도, 압력, 부피의 공기와 중량비로 표시한다.

(3) 착화온도
가스의 연소는 가스 중의 가연성분과 공기 중의 산소와의 화학반응이며, 이 반응은 일정온도 이상에서만 반응하는 데 일어나는 최저의 온도를 착화온도라고 한다.

(4) 압력
가스가 정상적인 연소를 하기 위해서는 가스기구 입구의 압력이 일정해야 하며 이를 공급압력이라고 한다. 일반적으로 냉난방기기는 중압 또는 저압, 주방기기에서는 저압이 공급이 필요하다.

구 분	공급압력
저 압	0.1 MPa 미만
중 압	0.1 MPa 이상 ~ 1 MPa 미만
고 압	1 MPa 이상

2. 도시가스

LNG, LPG, 나프타 등을 혼합하여 제조하며, 우리나라에서는 이들 원료 중에서 LNG를 주원료로 해서 제조하여 LNG의 일반적인 특성을 띠고 있다.

3. 액화천연가스(LNG, Liquefied Natural Gas)

메탄가스(CH_4)를 주성분으로 그 외 에탄, 부탄 프로판을 함유하고 있는 천연가스를 −161°C로 냉각하여 액화한 것이다.

(1) 특 징
① 무공해, 무독성으로 열량이 높은 편이다.
② 비중이 공기보다 가벼워 창문으로 배기 가능하며, LPG보다 안전하다.
③ 누설 감지는 천장 30 cm 이내에 설치한다.
④ 도시가스는 가스공급을 위해 대규모 저장 시설 및 배관 등의 설치가 필요하므로 큰 초기 투자비용이 들어간다.

4. 액화석유가스(LPG, Lilquefied Petroleum Gas)

프로판, 프로필렌, 부탄, 부틸렌을 주성분으로 하는 탄화수소계 연료로서 비교적 낮은 압력에서 액화되어 저장과 운송에 편리하다. 가정용 취사, 난방, 운송 연료로 쓰인다.

(1) 특징
① 공기보다 무겁기 때문에 누설 시 위험성이 크다.
② 누설 시 무색무취이므로, 감지를 위해 부취제(에틸메르캅탄)를 첨가

Q1. 도시가스에서 중압의 가스압력은? (단, 액화가스가 기화되고 다른 물질과 혼합되지 아니한 경우 제외) [기19, 산13]

① 0.05 MPa 이상, 0.1 MPa 미만
② 0.01 MPa 이상, 0.1 MPa 미만
③ 0.1 MPa 이상, 1 MPa 미만
④ 1 MPa 이상, 10 MPa 미만

해설 도시가스 공급압력
저압 − 0.1[MPa] − 중압 − 1[MPa] − 고압

Q2. LPG와 LNG에 관한 설명으로 옳은 것은? [산16]

① LPG는 LNG보다 비중이 작다.
② LNG는 가스공급을 위해 큰 투자가 들지 않는다.
③ LPG의 가스누출감지기는 반드시 천장에 설치해야 한다.
④ LNG는 도시가스용으로 널리 사용되고 주성분은 메탄가스이다.

해설 액화가스(LPG)와 천연가스(LNG)
① LPG은 LNG보다 비중이 크다.
② LNG는 가스공급을 위해 큰 투자비용이 든다.
③ LPG의 가스누출감지기는 반드시 바닥면에 가까운 낮은 위치에 설치해야 한다.

02 가스공급과 배관방식

1. 공급방식

(1) 도시가스

각 지역의 도시가스 사업자가 각 가스 제조소에서 제조된 가스를 도로 하부에 매설된 가스 배관을 통해 각 수요가에게 공급한다.

가스제조 → 압송설비 → 저장설비 → 정압기 → 도관 → 수용가

① 공급압력

제조소의 출구에서는 수송 압력이 높고 순차적으로 정압기에 의해 감압된다.
- 고압본관: 1 MPa 이상
- 공업용 또는 건물의 보일러나 냉온수기 등의 중앙본관: 0.1~1.0 MPa
- 가정용, 상업용 등의 일반에게 공급되는 말단배관: 0.5~2.5 kPa

(2) 액화석유가스

① LPG는 상압, 상온에서는 기체이지만 압력을 가하면 액화되고, 그 체적은 약 1/250로 줄어들게 됨에 따라 가스저장용기에 가압·액화되어 공급

② 단지 내에 LPG 저장탱크를 설치하여 LPG에 저장하거나, 각 세대별로 소형의 가스봄베를 설치하여 사용한다.

㉠ 공급압력

용기 내 압력은 온도에 따라 다르며, 압력조정기에 의해 약 280 mmAq로 감압되어 가스기구에 공급된다.

㉡ LPG 용기 설치 시 주의사항
- 옥외에 설치한다.
- 화기와는 2 m 이상 이격한다.
- 통풍이 잘 되는 그늘진 곳에 설치한다.
- 충격을 금하며, 습기로 인한 부식을 고려한다.

2. 가스배관

(1) 가스배관

① 배관재는 강관으로 하고 주요 구조부는 관통하지 않도록 배관한다.
② 건물에서의 가스배관은 관리·검사가 용이하도록 노출배관을 원칙으로 한다.
③ 동관, 스테인리스관으로 이음쇠 없이 매립배관할 수 있다.
④ 지중 매설시에는 폴리에틸렌 피복강관이나 폴레에틸렌관을 사용하고
⑤ 60 cm 이하에 전선이나 상하수도관보다 0.6~1.2 m 아래에 매설해야 한다.
⑥ 관재료의 기밀시험은 최고사용압력의 1.1배 이상의 압력으로 진행한다.

[가스배관의 색상]

가스 배관의 종류		색상
지상배관		황색
매설배관	최고 사용압력이 저압인 경우	황색
	최고 사용압력이 중압인 경우	적색

(2) 가스 계량기

① 계량기 선정
- 가스사용량, 용도별로 선정한다.
- 최저가스 계량용량과 최대가스 계량용량 범위 내에서 선정

② 계량기 등급 산정
- 가정용은 동시사용률을 100% 적용하여 등급을 결정
- 영업용은 기구의 총 유량에 동시 사용률을 적용하여 결정
- 냉난방, 산업용은 주 열원기기의 용량에 따라 등급을 결정

③ 가스계량기 설치 기준
- 전기 미터기에서는 60 cm 이상 이격
- 전기점멸기(스위치), 전기콘센트, 굴뚝과는 30 cm 이상 이격 설치
- 저압전선에서 15 cm 이상 이격 설치
- 30 m^3/h 미만의 계량기는 바닥면으로부터 1.6~2.0 m 이내에 설치
  (다만 격납상자 설치 시와 계량기실 내에 설치 시는 예외로 한다.)

3. 가스설비용 기기

(1) 압력조정기(governor)

각 건물에서 사용되는 가스기기에 필요한 가스압력이 서로 다른 경우에는 높은 압력으로 공급받아서 그대로 사용하거나 기기에 따라서 필요한 압력으로 낮추어서 사용하기도 하는데 이때 압력을 조정하는 데 사용하는 기기

[압력조정기(governor)]

Q3. 도시가스 배관 시공에 관한 설명으로 옳지 않은 것은? [기12, 18]

① 배관 도중에 신축 흡수를 위한 이음을 한다.
② 건물의 주요 구조부를 관통하지 않도록 한다.
③ 건물 내에서는 반드시 은폐배관으로 한다.
④ 건물의 규모가 크고 배관 연장이 길 경우는 계통을 나누어 배관한다.

해설 가스배관
가스배관은 가스누출 시 환기를 위하여 노출배관을 원칙으로 한다.

Q4. 가스설비에 관한 설명으로 옳지 않은 것은? [산13]

① 저압은 일반적으로 0.1 MPa 미만의 압력을 말한다.
② 가스계량기와 전기점멸기는 30 cm 이상의 거리를 유지하여야 한다.
③ 가스계량기와 전기계량기는 60 cm 이상의 거리를 유지하여야 한다.
④ 가스공급방식 중 저압공급은 다량의 가스를 원거리에 수송할 경우에 주로 사용된다.

해설 가스설비
가스공급방식 중 고압공급은 다량의 가스를 원거리에 수송할 때 사용된다.

CHAPTER 06 필수 확인 문제

01 액화천연가스(LNG)에 관한 설명으로 옳지 않은 것은? [기19]

① 공기보다 가볍다.
② 무공해, 무독성이다.
③ 프로필렌, 부탄, 에탄이 주성분이다.
④ 대규모의 저장시설을 필요로 하며, 공급은 배관을 통하여 이루어진다.

○ LNG의 주성분은 메탄(CH_4)이다.
정답 ③

02 가스설비에서 LPG에 관한 설명으로 옳지 않은 것은? [기22]

① 공기보다 무겁다.
② LNG에 비해 발열량이 작다.
③ 순수한 LPG는 무색, 무취이다.
④ 액화하면 체적이 1/250 정도가 된다.

○ LPG는 LNG는 비하여 발열량이 크다.
정답 ②

03 압력에 따른 도시가스의 분류에서 고압의 기준으로 옳은 것은? [기18, 22]

① 0.1 MPa 이상
② 1 MPa 이상
③ 10 MPa 이상
④ 100 MPa 이상

○ 저압-0.1 MPa-중압-1 MPa-고압
정답 ②

04 가스배관 경로 선정 시 주의하여야 할 사항으로 옳지 않은 것은? [기20]

① 장래의 증설 및 이설 등을 고려한다.
② 주요구조부를 관통하지 않도록 한다.
③ 옥내배관은 매립하는 것을 원칙으로 한다.
④ 손상이나 부식 및 전식을 받지 않도록 한다.

○ 가스배관은 가스누출 시 환기를 위하여 노출배관을 원칙으로 한다.
정답 ③

05 가스사용시설에서 가스계량기의 설치에 관한 설명으로 옳지 않은 것은? [기17, 20]

① 전기접속기와의 거리가 최소 30 cm 이상이 되도록 한다.
② 전기점멸기와의 거리가 최소 60 cm 이상이 되도록 한다.
③ 전기개폐기와의 거리가 최소 60 cm 이상이 되도록 한다.
④ 전기계량기와의 거리가 최소 60 cm 이상이 되도록 한다.

◦ 전기점멸기와 전기콘센트는 최소 30 cm 이상 이격하여야 한다.
정답 ②

06 가스설비에 사용되는 거버너(governor)에 관한 설명으로 옳은 것은? [기17, 21]

① 실내에서 발생되는 배기가스를 외부로 배출시키는 장치
② 연소가 원활히 이루어지도록 외부로부터 공기를 받아들이는 장치
③ 가스가 누설되거나 지진이 발생했을 때 가스 공급을 긴급히 차단하는 장치
④ 가스공급회사로부터 공급받은 가스를 건물에서 사용하기에 적합한 압력으로 조정하는 장치

◦ ① 배기통
② 급기구
③ 가스누출자동차단장치
④ 거버너에 관련된 설명이다.
정답 ④

PART 3 핵심 기출 문제

01. 기초적인 사항

001 4℃의 물 800 L를 100로 가열하면 체적 팽창량은? (단, 물의 밀도는 4℃일 때 1 kg/L, 100일 때 0.9586 kg/L이다.) [산15]

① 약 35 L ② 약 40 L
③ 약 45 L ④ 약 50 L

해설
유체의 팽창
$$\Delta V = (\frac{\rho_c}{\rho_h} - 1)V = (\frac{1.0000}{0.9586} - 1) \times 800 = 35[L]$$

002 내경이 20 cm인 관내를 유속 1.2 m/s의 물이 흐르고 있을 때 유량은 얼마인가? [기12]

① 0.028 m³/s ② 0.038 m³/s
③ 0.048 m³/s ④ 0.058 m³/s

해설
연속의 법칙
$$Q[m^3/s] = A[m^2] \cdot v[m/s] = \pi \times (\frac{d}{2}[m])^2 \times v[m/s]$$
$$= 3.14 \times (\frac{0.2}{2})^2 \times 1.2 = 0.038[m^3/s]$$

003 직경 200 mm의 배관을 통하여 물이 1.5 m/s의 속도로 흐를 때 유량은? [기19]

① 2.83 m³/min ② 3.2 m³/min
③ 3.83 m³/min ④ 6.0 m³/min

해설
연속의 법칙
$$Q[m^3/s] = A[m^2] \cdot v[m/s] = \pi \times (\frac{d}{2}[m])^2 \times v[m/s]$$
$$= 3.14 \times (\frac{0.2}{2})^2 \times 1.5 = 0.471[m^3/s]$$
$$= 2.83[m^3/min]$$

004 관경이 100 mm인 주택의 급수관 내에 15 L/sec의 물이 흐를 때 관내 유속은? [산13]

① 1.5 m/sec ② 1.9 m/sec
③ 2.4 m/sec ④ 2.8 m/sec

해설
연속의 법칙
15[L/sec] = 0.015[m³/sec]
$Q = A \cdot v$에서,
$$v = \frac{Q}{A} = \frac{Q}{\pi \times (\frac{d}{2})^2} = \frac{0.015}{3.14 \times (0.1/2)^2} = 1.9[m/s]$$

005 다음 그림과 같이 관경이 20 mm에서 10 mm로 축소되는 원형관에서 유속 v의 값은? [산13]

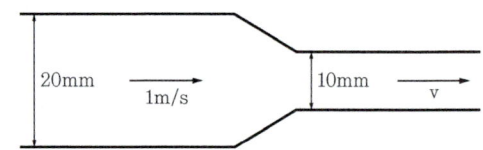

① 1 m/s ② 2 m/s
③ 3 m/s ④ 4 m/s

해설
연속의 법칙
$Q = A \cdot v$에서, $v = \frac{Q}{A} = \frac{Q}{\pi \times (\frac{d}{2})^2}$ 에서 속도는 관경의 제곱에 반비례한다.
관경이 반으로 줄면 속도는 4배가 된다. 따라서 속도는 1 m/s에서 4 m/s로 증가한다.

006 길이 1 m 구경, 구경 100 mm의 관내를 유속 2.0 m/s로 물이 흐르고 있을 때 직관부의 마찰손실은? (단, 물의 밀도는 1,000 kg/m³, 관마찰계수는 0.030이다.) [기14]

① 6 Pa ② 60 Pa
③ 600 Pa ④ 6,000 Pa

정답 001.① 002.② 003.① 004.② 005.④ 006.③

해설

배관 마찰손실

$\Delta P_f = \lambda \cdot \dfrac{l}{d} \cdot \dfrac{v^2}{2} \cdot \rho = 0.03 \times \dfrac{1}{0.1} \times \dfrac{2^2}{2} \times 1000 = 600\,[\text{pa}]$

007 배관의 마찰손실수두와 가장 관계가 먼 것은?
[산12]

① 관의 길이 ② 관내 유속
③ 배관재의 강도 ④ 관내 표면의 거칠기

해설

배관 마찰손실

배관 마찰손실수두 계산식은 $\Delta H = f \cdot \dfrac{l}{d} \cdot \dfrac{v^2}{2g}$ 이며,
① 관의 길이에 비례 ② 유속의 제곱에 비례 ④ 관내 표면의 거칠기에 비례하며, ④ 배관재의 강도와는 관계가 없다.

008 다음 그림과 같이 관경이 다른 관 내에 물이 흐를 경우에 관한 설명으로 옳은 것은?
[기15]

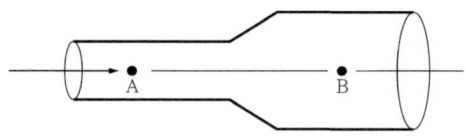

① 물의 속도는 A보다 B가 크며, 압력도 A보다 B가 크다.
② 물의 속도는 A보다 B가 크며, 압력도 B보다 A가 크다.
③ 물의 속도는 B보다 A가 크며, 압력도 A보다 B가 크다.
④ 물의 속도는 B보다 A가 크며, 압력도 B보다 A가 크다.

해설

베르누이 방정식

A와 B에서의 유량이 같고, A 단면적이 작으므로 물의 속도는 A보다 B가 크다.
베르누이 방정식에 의하여 속도가 빠르면 압력은 낮아진다.

009 물의 경도는 물 속에 녹아있는 칼슘, 마그네슘 등의 염류의 양을 무엇의 농도로 환산하여 나타낸 것인가?

① 탄산칼슘 ② 용존산소
③ 수소이온농도 ④ 염화마그네슘

해설

물의 경도

물의 경도는 물속에 녹아 있는 칼슘, 마그네슘의 양을 이것에 대응하는 탄산칼슘의 농도로 환산하여 나타낸 것이다.

010 배관용 동관의 관의 두께에 따른 분류에 해당하지 않는 것은?
[산12]

① K형 ② L형
③ M형 ④ N형

해설

배관 종류 및 특성

동관은 관의 두께에 따라서 K, L, M형으로 분류한다.
K관이 가장 두껍고 L, M 순으로 얇아진다.

011 경질 비닐관 공사에 관한 설명으로 옳은 것은?
[기18]

① 절연성과 내식성이 강하다.
② 자성체이며 금속관보다 시공이 어렵다.
③ 온도 변화에 따라 기계적 강도가 변하지 않는다.
④ 부식성 가스가 발생하는 곳에는 사용할 수 없다.

해설

배관 종류 및 특성

경질 염화비닐관은 절연성과 내식성이 강하고, 시공성이 용이하나 열에 약하고 기계적 강도가 약하다.

012 배관공사에서 동관과 스테인리스강관이 같이 서로 다른 재질의 배관을 접합할 경우 반드시 수행해야 하는 것은?
[기15]

① 보온 ② 절연
③ 탈산소 ④ 탈기포

해설

배관 종류 및 특성

다른 재질의 배관을 접합할 경우에는 금속에 따른 이온화 경향차에 의한 배관부식이 발생하므로 절연을 반드시 수행해야 한다.

정답 007. ③ 008. ③ 009. ① 010. ④ 011. ① 012. ②

013 급수설비의 주배관에서 배관의 수리 및 교체를 용이하게 하기 위해 설치하는 것은? [산13]

① 배수밸브　　② 플랜지 이음
③ 크로스 커넥션　　④ 버큠 브레이커

해설
배관연결 부속기구
② 배관의 연결 시 후일 수리·교체 등에 대비하여 50 mm 이하의 관에서는 유니언, 65 mm 이상의 관에서는 플랜지 이음을 이용한다.
③ 크로스 커넥션: 상수와 상수 이외의 물질이 혼합되어 오염시키는 것
④ 버큠 브레이커: 물이 역사이펀 작용에 의해 상수계통에서 역류하는 것을 방지

014 일반적으로 지름이 큰 대형관에서 배관 조립이나 관의 교체를 손쉽게 할 목적으로 이용되는 이음방식은? [산15]

① 신축 이음　　② 용접 이음
③ 나사 이음　　④ 플랜지 이음

해설
배관연결 부속기구
① 온도변화에 따른 관의 팽창과 수축을 흡수할 목적
② 저압이거나 분리될 필요가 있는 경우
③ 대관경에 영구적으로 이음할 곳에 사용

015 배관에 설치하는 밸브, 트랩, 기기 등의 앞에 설치하여 관 속의 유체가 섞여 있는 모래, 쇠부스러기 등의 이물질을 제거하여 기기의 성능을 보호하는 것은? [기11]

① 소켓　　② 플랜지
③ 유니언　　④ 스트레이너

해설
배관연결 부속기구
① 소켓: 배관의 직선 연결에 쓰임
② 플랜지: 유니언과 기능이 같음
③ 유니언: 배관의 최종 조립과 분해가 필요한 곳

016 앵글 밸브(Angle valve)에 관한 설명으로 옳지 않은 것은? [산15]

① 유량조절이 가능하다.
② 옥내소화전의 개폐밸브로 이용된다.
③ 게이트 밸브(gate valve)의 일종이다.
④ 유체의 흐름을 직각으로 바꿀 때 사용된다.

해설
밸브의 종류 및 특징
③ 앵글 밸브는 게이트 밸브가 아닌 글로브 밸브의 일종이다.

017 원심식 펌프의 일종으로 다수의 임펠러가 케이싱 내에서 고속회전하는 방식으로 일반건물의 급수·공조용으로 많이 사용하는 것은? [산15]

① 축류 펌프　　② 제트 펌프
③ 기어 펌프　　④ 볼류트 펌프

해설
펌프의 종류
원심식 펌프에는 볼류트 펌프와 터빈펌프가 있다.
안내깃이 있는 펌프가 터빈펌프 없는 펌프가 볼류트 펌프이다.

018 다음 중 급탕설비에서 온수 순환펌프로 주로 이용되는 것은? [기21]

① 사류 펌프
② 원심식 펌프
③ 왕복식 펌프
④ 회전식 펌프

해설
펌프의 종류
온수 순환펌프로는 주로 원심식 펌프가 이용된다.

019 급수설비에서 펌프의 실양정이 의미하는 것은? (단, 물을 높은 곳으로 보내는 경우) [기11, 20]

① 배관계의 마찰손실에 해당하는 높이
② 흡수면에서 토출수면까지의 수직거리
③ 흡수면에서 펌프축 중심까지의 수직거리
④ 펌프축 중심에서 토출수면까지의 수직거리

해설
펌프의 양정
① 마찰손실수두
③ 흡입 실양정
④ 토출 실양정 에 대한 설명이다.
전양정=실양정(흡입양정+토출양정)+마찰손실수두

020 높이 30 m의 고가수조에 매분 1 m³의 물을 보내려고 할 때 필요한 펌프의 축동력은? (단, 마찰손실수두 6 m, 흡입양정 1.5 m, 펌프효율 50%인 경우) [기10, 20]

① 약 2.5 kW
② 약 9.8 kW
④ 약 12.3 kW
④ 약 16.7 kW

해설
펌프의 동력
$Q_{pu} = 1[\text{m}^3/\text{min}] = 1,000[\text{L/min}]$
전양정은 = 실양정 + 전마찰손실 = 30 + 1.5 + 6 = 37.5[m]
$L_p = \dfrac{0.163 \cdot Q_{pu} \cdot H \cdot (1+\alpha)}{\eta_p} = \dfrac{0.163 \times 1,000 \times 37.5}{0.5}$
$= 12,225[\text{W}] = 12.3[\text{kW}]$

021 펌프의 전양정이 100 m, 양수량이 12 m³/h일 때, 펌프의 축동력은? (단, 펌프의 효율은 60%이다.) [산12, 15]

① 약 3.5 kW
② 약 4.0 kW
③ 약 4.5 kW
④ 약 5.5 kW

해설
펌프의 동력
$Q_{pu} = 12[\text{m}^3/\text{h}] = 200[\text{L/min}]$
$L_m = \dfrac{0.163 \cdot Q_{pu} \cdot H \cdot (1+\alpha)}{\eta_p} = \dfrac{0.163 \times 200 \times 100}{0.6}$
$= 5,433[\text{W}] = 5.5[\text{kW}]$

022 펌프로 옥상탱크에 24 m³/h의 물을 양수하고자 할때 펌프에 필요한 축동력은? (단, 펌프의 흡입양정은 2 m, 토출양정은 29 m, 펌프의 효율은 55%, 배관의 전마찰손실은 펌프실양정의 35%로 가정한다. [산13]

① 약 1.4 kW
② 약 5.0 kW
③ 약 9.4 kW
④ 약 12.5 kW

해설
펌프의 동력
전양정 = 실양정(흡입양정+토출양정) + 전마찰손실
= (2+29)×1.35 = 41.85
$Q_{pu} = 24[\text{m}^3/\text{h}] = 400[\text{L/min}]$
$L_p = \dfrac{0.163 \cdot Q_{pu} \cdot H}{\eta_p} = \dfrac{0.163 \times 400 \times 41.85}{0.55} = 4,961[\text{W}] = 5.0[\text{kW}]$

023 펌프의 양수량 10 m³/min, 전양정 10 m, 효율 80%일 때, 이 펌프의 소요동력은? (단, 여유율은 10%로 한다.) [기15, 19]

① 22.4 kW
② 26.5 kW
③ 30.6 kW
④ 32.4 kW

해설
펌프의 동력
$Q_{pu} = 10[\text{m}^3/\text{min}] = 10,000[\text{L/min}]$
$L_m = \dfrac{0.163 \cdot Q_{pu} \cdot H \cdot (1+\alpha)}{\eta_p} = \dfrac{0.163 \times 10,000 \times 10 \times (1+0.1)}{0.8}$
$= 22,413[\text{W}] = 22.4[\text{kW}]$

024 전양정 24 m, 양수량 13.8 m³/h, 효율 60%일 때 펌프의 축동력은? [기16]

① 0.5 kW
② 1.0 kW
③ 1.5 kW
④ 3.0 kW

해설
펌프의 동력
$Q_{pu} = 13.8[\text{m}^3/\text{h}] = 230[\text{L/min}]$
$L_p = \dfrac{0.163 \cdot Q_{pu} \cdot H}{\eta_p} = \dfrac{0.163 \times 230 \times 24}{0.6} = 1,500[\text{W}] = 1.5[\text{kW}]$

정답 019. ② 020. ③ 021. ④ 022. ② 023. ① 024. ③

025 다음과 같은 조건에 있는 양수펌프의 축동력은?
[기16, 20]

- 양수량: 490 L/min
- 전양정: 30 m
- 펌프의 효율: 60%

① 약 3 kW   ② 약 4 kW
③ 약 5 kW   ④ 약 6 kW

해설
펌프의 동력
$$L_p = \frac{0.163 \cdot Q_{pu} \cdot H \cdot (1+\alpha)}{\eta_p} = \frac{0.163 \times 490 \times 30}{0.6}$$
$$= 3,994[W] = 4[kW]$$

026 수량 20 m³/h를 양수하는데 필요한 펌프의 구경은? (단, 양수펌프 내 유속은 2 m/s로 한다.) [기17]

① 30 mm   ② 40 mm
③ 50 mm   ④ 60 mm

해설
펌프의 구경
$Q = 20[m^3/h] = (20/3,600)[m^3/s]$
$d = 1.13\sqrt{\frac{Q}{v}} = 1.13 \times \sqrt{\frac{(20/3,600)}{2}} = 0.060[m] = 60[mm]$

027 수량 22.4 m³/h 를 양수하는 데 필요한 터빈 펌프의 구경으로 적당한 것은? (단, 터빈 펌프 내의 유속은 2 m/s로 한다.) [기19]

① 65 mm   ② 75 mm
③ 100 mm   ④ 125 mm

해설
펌프의 구경
$Q = 22.4[m^3/h] = (22.4/3600)[m^3/s]$
$d = 1.13\sqrt{\frac{Q}{v}} = 1.13 \times \sqrt{\frac{(22.4/3600)}{2}} = 0.063[m] = 65[mm]$

028 양수 펌프의 회전수를 원래보다 20% 증가시켰을 경우 양수량의 변화로 옳은 것은? [기21]

① 20% 증가   ② 44% 증가
③ 73% 증가   ④ 100% 증가

해설
펌프의 상사법칙
펌프의 상사법칙에 의하여 양수량은 회전수에 비례한다.
회전수를 20% 증가하면 양수량은 20% 증가한다.

029 동일 특성을 갖는 펌프 2대를 직렬로 연결하여 운전할 경우에 관한 설명으로 옳은 것은? (단, 배관의 마찰저항이 없다고 가정한다.) [산12]

① 유량은 변하지 않고 양정은 2배로 높아진다.
② 양정은 변하지 않고 유량은 2배로 높아진다.
③ 유량은 변하지 않고 양정은 4배로 높아진다.
④ 양정은 변하지 않고 유량은 4배로 높아진다.

해설
펌프의 특성
동일 성능의 펌프를 2대를 직렬로 연결하면 유량은 변하지 않고 양정은 2배로 높아진다.
2대를 병렬로 연결하면 양정은 같고 유량은 2배로 늘어난다.

030 펌프의 회전수가 100 rpm에서 전양정이 40 m인 펌프가 있다. 회전수를 50 rpm으로 감소시켰을 때 전양정은? [산14]

① 10 m   ② 20 m
③ 40 m   ④ 80 m

해설
펌프의 상사법칙
펌프의 양정은 회전수의 제곱에 비례한다.
회전수가 1/2배가 되면 양정은 1/4배가 된다.

정답 025. ② 026. ④ 027. ① 028. ① 029. ① 030. ①

031 펌프에서 발생하는 공동현상(cavitation)의 방지 대책으로 가장 알맞은 것은? [기17]

① 펌프의 설치위치를 높인다.
② 펌프의 흡입양정을 낮춘다.
③ 펌프의 토출양정을 높인다.
④ 펌프의 토출구경을 확대한다.

|해설|
펌프의 공동현상
공동현상을 방지하기 위하여 펌프는 가급적 낮은 위치에 설치하여 흡입양정을 작게 한다.

032 펌프에 관한 설명으로 옳은 것은? [산12]

① 펌프의 토출량은 펌프 회전수에 비례한다.
② 펌프의 양정은 펌프 회전수에 반비례한다.
③ 터보형 펌프 중 비속도가 큰 펌프는 양정변화가 큰 용도에 사용할 수 없다.
④ 건축설비 분야에서는 피스톤 펌프와 같은 왕복식 펌프가 주로 사용된다.

|해설|
펌프의 특성
② 펌프 양정은 펌프의 회전수의 제곱에 비례한다.
③ 터보형 펌프 중 비속도가 큰 펌프는 양정변화가 큰 용도에 사용한다.
④ 건축설비 분야에서는 원심형 펌프가 주로 사용된다.

02. 급수 및 급탕 설비

033 0℃의 물 400 kg을 50℃로 올리는 데 30분이 소요되었다면 가열 열량은? (단, 물의 비열은 4.2 kJ/kg·K) [기12]

① 42,000 kJ/h ② 84,000 kJ/h
③ 126,000 kJ/h ④ 169,000 kJ/h

|해설|
급탕부하
$m = 400[\text{kg}/30\text{분}] = 800[\text{kg/h}]$
$Q = m \cdot C \cdot \Delta t [℃]$
$= 800 \times 4.2 \times (50-0) = 168,000 ≒ 169,000[\text{kJ/h}]$

034 어떤 건물의 급탕량이 3 m³/h일 때 급탕부하는? (단, 물의 비열은 4.2 kJ/kg·K, 급탕온도는 75℃, 급수온도는 5℃이다.) [산16]

① 195 kW ② 215 kW
③ 245 kW ④ 295 kW

|해설|
급탕부하
$m = 3[\text{m}^3/\text{h}] = (3,000/3,600)[\text{kg/s}]$
$Q = m[\text{kg/s}] \cdot C[\text{kJ/kg·K}] \cdot \Delta t [℃]$
$= (3,000/3,600)[\text{kg/s}] \times 4.2[\text{kJ/kg·K}] \times 70[℃] = 245[\text{kW}]$

035 1시간당 급탕량이 500 L/h일 때 급탕부하는? (단, 급수온도는 10℃, 급탕온도는 60℃, 물의 비열은 4.2 J/kg·K이다.) [산13]

① 15.7 kW ② 20.2 kW
③ 29.2 kW ④ 34.8 kW

|해설|
급탕부하
$m = 500[\text{L/h}] = (500/3,600)[\text{kg/s}]$
$Q = m \cdot C \cdot \Delta t [℃] = (500/3,600) \times 4.2 \times 50 = 29.2[\text{kW}]$

036 용량 1 kW의 커피포트로 1 L의 물을 10℃에서 100℃까지 가열하는데 걸리는 시간은? (단, 열손실은 없으며, 물의 비열은 4.2 kJ/kg·K, 밀도는 1 kg/L이다.)
[산16]

① 3.6분 ② 4.8분
③ 6.3분 ④ 12.2분

해설
급탕부하
커피포트 1[kW] = 1[kJ/s]
$Q = m \cdot C \cdot \Delta t = 1[kg] \times 4.2[kJ/kgK] \times (100-10)[℃]$
$= 378[kJ]$
걸리는 시간[s] = 378[kJ] ÷ 1[kJ/s] = 378[s] = 6.3[분]

037 다음 설명에 알맞은 급수방식은?
[기12, 18, 21]

- 위생성 측면에서 가장 바람직한 방식이다.
- 정전으로 인한 단수의 염려가 없다.

① 수도직결방식 ② 고가수조방식
③ 압력수조방식 ④ 펌프직송방식

해설
고가수조방식
위생성 측면에서 가장 바람직하고 정전으로 인한 단수의 염려가 없는 급수방식은 수도직결방식이다.

038 다음 중 위생성 측면에서 가장 바람직한 급수방식은?
[산12, 14]

① 고가탱크방식 ② 수도직결방식
③ 압력탱크방식 ④ 펌프직송방식

해설
수도직결방식
위생성 측면에서 가장 바람직한 급수방식은 수도직결방식이고 가장 불리한 방식은 고가탱크방식이다.

039 급수방식 중 수도직결방식에서 수도본관의 압력은 다음의 식을 만족하여야 한다. 다음 식의 P_1, P_2, P_3의 구성에 속하지 않는 것은? (단, P는 수도본관의 압력)
[기14]

$$P \geq P_1 + P_2 + P_3$$

① 제일 높은 수도꼭지까지의 높이
② 제일 높은 수도꼭지까지의 배관길이
③ 제일 높은 수도꼭지까지의 관마찰손실
④ 제일 높은 수도꼭지에서 필요한 압력

해설
수도직결방식
수도본관의 압력 = 제일 높은 수도꼭지까지의 (높이 + 관마찰손실) + 제일 높은 수도꼭지에서 필요한 압력

040 수도직결급수방식에서 기구의 소요압력이 70 kPa이고 수전 높이가 10 m 일 때 수도 본관에는 최소 얼마의 압력이 있어야 급수가 가능한가? (단, 배관 중 마찰손실을 40 kPa이다.)
[산16]

① 70 kPa ② 120 kPa
③ 170 kPa ④ 210 kPa

해설
수도직결방식
수도본관의 높이 압력 = 10[m] = 100[kPa]
수도본관 최소압력 = 수도본관에서 높이 + 기구 최저 필요압력
      + 마찰손실수압 = 100+70+40 = 210[kPa]

041 수도직결방식의 급수방식에서 수도 본관으로부터 8 m 높이에 위치한 기구의 소요압이 70 kPa이고 배관의 마찰손실이 20 kPa인 경우 이 기구에 급수하기 위해 필요한 수도본관의 최소 압력은?
[기19]

① 약 90 kPa ② 약 98 kPa
③ 약 170 kPa ④ 약 210 kPa

해설
수도직결방식
수도본관의 높이 압력 = 8[m] = 80[kPa]
수도본관 최소압력 = 수도본관에서 높이 + 기구 최저 필요압력
　　　　　　　　　　+ 마찰손실수압 = 80+70+20 = 170[kPa]

042 급수방식 중 고가탱크방식에 관한 설명으로 옳지 않은 것은? [산13]

① 급수압력의 변화가 심하다.
② 하향급수 배관방식이 사용된다.
③ 단수 시에도 일정량의 급수가 가능하다.
④ 물탱크에서 물이 오염될 가능성이 있다.

해설
고가탱크(수조)방식
①은 압력탱크방식의 설명이다.

043 급수방식 중 고가수조방식에 관한 설명으로 옳지 않은 것은? [산14]

① 급수압력이 일정하다.
② 대규모의 급수 수요에 쉽게 대응할 수 있다.
③ 단수 시에도 일정량의 급수를 계속할 수 있다.
④ 위생성 및 유지·관리 측면에서 가장 바람직한 방식이다.

해설
고가탱크(수조)방식
④는 수도직결방식에 대한 설명이다.

044 급수방식 중 고가탱크방식에 관한 설명으로 옳지 않은 것은? [산14]

① 급수압력이 일정하다.
② 물탱크에서 물이 오염될 가능성이 있다.
③ 일반적으로 상향급수 배관방식이 사용된다.
④ 단수시에도 일정량의 급수를 계속할 수 있다.

해설
고가탱크(수조)방식
고가탱크 방식은 일반적으로 하향급수 배관방식을 사용한다.

045 급수방식 중 고가수조방식에 관한 설명으로 옳지 않은 것은? [산15]

① 수질오염의 우려가 없다.
② 대규모 급수설비에 적합하다.
③ 일정한 수압으로 급수가 가능하다
④ 수조 중량에 의한 구조적 보강이 필요하다.

해설
고가수조(탱크)방식
수질오염의 우려가 가장 큰 방식은 고가수조방식이다.

046 건물 내의 급수방식 중 고가수조방식에 관한 설명으로 옳은 것은? [산16]

① 단수 시에도 일정량의 급수가 가능하다.
② 3층 이상의 고층으로의 급수가 불가능하다.
③ 수도 본관의 영향을 그대로 받아 수압 변화가 심하다.
④ 위생성 및 유지·관리 측면에서 가장 바람직한 방식이다.

해설
고가수조(탱크)방식
②, ③, ④는 수도직결방식에 대한 설명이다.

047 급수방식 중 고가수조방식에 관한 설명으로 옳은 것은? [기17]

① 상향급수 배관방식이 주로 사용된다.
② 3층 이상의 고층으로의 급수가 어렵다.
③ 압력수조방식에 비해 급수압 변동이 크다.
④ 펌프직송방식에 비해 수질오염 가능성이 크다.

정답 042. ①　043. ④　044. ③　045. ①　046. ①　047. ④

[해설]
고가수조(탱크)방식
① 하향급수배관 방식이 주로 사용된다.
② 3층이상의 고층으로의 급수가 어려운 방식은 수도직결방식이다.
③ 압력수조방식에 비해 급수압 변동이 작다.

048 급수방식 중 고가수조방식에 관한 설명으로 옳은 것은? [기20]

① 급수압력이 일정하다.
② 2층 정도의 건물에만 적용이 가능하다.
③ 위생성 측면에서 가장 바람직한 방식이다.
④ 저수조가 없으므로 단수 시에 급수가 불가능하다.

[해설]
고가수조(탱크)방식
②, ③, ④는 수도직결방식에 대한 설명이다.

049 급수방식 중 고가수조방식에 관한 설명으로 옳은 것은? [기20]

① 대규모의 급수 수요에 쉽게 대응할 수 있다.
② 저수조가 없으므로 단수 시에 급수할 수 없다.
③ 수도 본관의 영향을 그대로 받아 수압 변화가 심하다.
④ 위생 및 유지·관리 측면에서 가장 바람직한 방식이다.

[해설]
고가수조(탱크)방식
②, ③, ④는 수도직결방식에 대한 설명이다.

050 최고층에 설치된 플러시 밸브의 최소필요압력이 70 kPa인 경우, 밸브로부터 고가수조의 최저수면까지의 연직거리는 최소 얼마 이상 확보하여야 하는가? (단, 고가수조로부터 기구까지 발생되는 마찰손실수두는 1 m로 한다.) [산15]

① 5 m   ② 6 m
③ 7 m   ④ 8 m

[해설]
고가수조(탱크)방식
밸브의 최소필요압력 = 70[kPa] = 7[mAq]
최소 연직거리 > 최소필요압력 + 마찰손실수두 = 7 + 1 = 8[mAq]

051 고가수조 급수방식에서 물 공급순서로 옳은 것은? [기16]

① 상수도 → 저수조 → 펌프 → 고가수조 → 위생기구
② 상수도 → 고가수조 → 펌프 → 저수조 → 위생기구
③ 상수도 → 고가수조 → 저수조 → 펌프 → 위생기구
④ 상수도 → 저수조 → 고가수조 → 펌프 → 위생기구

[해설]
고가수조(탱크)방식
펌프를 이용하여 저수조(지하나 지상의 1층에 설치하는 수조)에서 고가수조로 물을 공급한다.

052 위생설비에 설치되는 저수 및 고가탱크에 관한 설명으로 옳지 않은 것은? [산13]

① 상수 탱크의 천장·바닥 또는 주변 벽은 건축물구조 부분과 겸용하도록 한다.
② 상수 탱크에 설치하는 뚜껑은 유효안지름 1,000 mm 이상의 것으로 한다.
③ 상수관 이외의 관은 상수용 탱크를 관통하거나 상부를 횡단해서는 안 된다.
④ 상수 탱크는 청소 시 급수에 지장이 있을 경우 또는 기간에 따라 급수부하의 변동이 있는 경우에 대비하여 분할하여 설치하거나 또는 칸막이를 설치한다.

[해설]
고가수조(탱크)방식
상수 탱크의 천장·바닥 또는 주변 벽은 건축물구조 부분과 겸용해서는 안된다.

053 압력수조방식의 급수방식에 대한 설명 중 옳지 않은 것은? [기11]

① 정전 시에 급수가 불가능하다.
② 급수공급압력이 항상 일정하다.
③ 시설비 및 유지관리비가 많이 든다.
④ 단수 시에 일정량의 급수가 가능하다.

[해설]
압력수조(탱크)방식
압력탱크방식은 급수압이 일정하지 않다.

054 급수방식으로 압력탱크방식을 채택하는 경우와 가장 거리가 먼 것은? [기14]

① 설치환경의 제약으로 고가탱크 방식의 적용이 어려운 경우
② 급수 공급압력의 변화가 심하고 수질오염의 우려가 큰 경우
③ 고가탱크 방식으로는 제일 높은 층에서 필요로 하는 압력을 얻을 수 없는 경우
④ 동일한 높이에 설치된 다른 장비에 적절한 수압을 얻을 수 없는 경우

[해설]
압력수조(탱크)방식
압력탱크는 급수압이 일정하지 않다.

055 압력수조 급수방식에 관한 설명으로 옳지 않은 것은? [기17]

① 정전 시 급수가 곤란하다.
② 고가수조가 필요 없어 미관상 좋다.
③ 고가수조방식에 비해 급수압의 변동이 크다.
④ 고가수조방식에 비해 수조의 설치위치에 제한이 많다.

[해설]
압력수조(탱크)방식
압력수조방식은 탱크의 설치 위치에 제한을 받지 않는다.

056 압력탱크 급수방식에 관한 설명으로 옳지 않은 것은? [기17]

① 정전 시 급수가 곤란하다.
② 급수 압력을 일정하게 유지할 수 있다.
③ 단수 시 저수조의 물을 사용 할 수 있다.
④ 탱크를 높은 곳에 설치하지 않아도 된다.

[해설]
압력수조(탱크)방식
압력탱크방식은 급수압이 일정하지 않다.

057 압력수조식 급수설계에서 최고층 수전까지의 수직높이가 9 m이고 관내 마찰손실수두가 5 m일 때 최고층 수전의 급수에 필요한 최저 필요압력은 얼마인가? (단, 최고층 수전의 소요압력은 70 kPa이다.) [산13]

① 약 70 kPa ② 약 120 kPa
③ 약 60 kPa ④ 약 210 kPa

[해설]
압력수조(탱크)방식
최고층 수압 = 9[m] = 90[kPa]
관내마찰손실 = 5[m] = 50[kPa]
최저필요압력 = 최고층 수압 + 마찰손실 + 기구별 소유압력
= 90 + 50 + 70 = 210[kPa]

058 압력탱크식 급수설비에서 탱크 내의 최고압력이 350 kPa, 흡입양정이 5 m인 경우, 압력탱크에 급수하기 위해 사용되는 급수펌프의 양정은? [기18]

① 약 3.5 m ② 약 8.5 m
③ 약 35 m   ④ 약 40 m

[해설]
압력수조(탱크)방식
탱크내의 최고압력 = 350[kPa] = 35[m]
압력탱크 급수양정 = 최고압력 + 흡입양정 = 35 + 5 = 40[m]

059 급수방식 중 펌프직송 방식에 대한 설명으로 옳지 않은 것은? [기15]

① 상향공급방식이 일반적이다.
② 전력공급이 중단되면 급수가 불가능하다.
③ 자동제어에 필요한 설비비가 적고, 유지관리가 간단하다.
④ 적절한 대수분할, 압력제어 등에 의해 에너지절약을 꾀할 수 있다.

[해설]
펌프 직송방식
③ 펌프 직송방식은 자동제어에 필요한 설비비가 많이 든다.

060 급수방식 중 펌프직송방식에 관한 설명으로 옳은 것은? [산15]

① 수질오염의 가능성이 있다.
② 급수 공급 방향은 일반적으로 하향식이다.
③ 전력공급이 안되는 경우에도 급수가 가능하다.
④ 배관 내 압력변동 등을 감지하여 펌프를 가동한다.

[해설]
펌프 직송방식
① 수질오염가능성이 낮다.
② 일반적으로 상향식이다.
③ 전력공급이 안되면 급수가 불가능하다.

061 급수방식 중 펌프직송방식에 관한 설명으로 옳지 않은 것은? [기18]

① 전력 차단 시 급수가 불가능하다.
② 고가수조방식에 비해 수질오염 가능성이 크다.
③ 건축적으로 건물의 외관 디자인이 용이해지고 구조적 부담이 경감된다.
④ 적정한 수압과 수량확보를 위해서는 정교한 제어장치 및 내구성 있는 제품의 선정이 필요하다.

[해설]
펌프 직송방식
수질오염 가능성이 가장 큰 급수방식은 고가수조방식이다.

062 급수가압 펌프에 관한 설명으로 옳지 않은 것은? [기14]

① 흡입관은 개별 배관으로 한다.
② 유량과 양정에 의해 동력이 정해진다.
③ 설치 위치나 장소 및 설치 조건 등에 따라 펌프의 형식이 결정된다.
④ 펌프의 흡입관에는 곡률반경이 작은 엘보를 사용하며 직관부는 짧게 해준다.

[해설]
펌프 직송방식
곡률반경이 작은 엘보를 사용하면 흡입관의 마찰손실이 커져서 공동현상 발생가능성이 높아진다.

063 각종 급수방식에 관한 설명 중 옳은 것은? [산12]

① 수도직결방식은 건물의 높이에 관계가 없다.
② 고가수조방식은 급수압력의 변동이 가장 크다.
③ 압력탱크방식은 수질오염 가능성이 가장 적다.
④ 탱크가 없는 부스터방식은 정전 시 급수가 불가능하다.

[해설]
급수방식
① 수도직결방식은 2층 이하의 건물에 사용된다.
② 급수압력의 변동이 가장 큰 방식은 압력탱크 방식이다.
③ 수질오염 가능성이 가장 적은 방식은 고가수조방식이다.

064 급수방식에 관한 설명으로 옳지 않은 것은? [산13]

① 고가탱크방식은 급수압력이 일정하다는 장점이 있다.
② 수도직결방식은 위생성 측면에서 가장 바람직한 방식이다.
③ 압력탱크방식은 국부적으로 고압이 필요한 경우에 유용하다.
④ 펌프직송방식 중 변속방식은 정속방식에 비해 압력변동이 심하기 때문에 아파트에서는 사용할 수 없다.

[해설]
급수방식
펌프직송방식 중 변속방식은 정속방식에 비해 압력변동이 적기 때문에 아파트에서 사용할 수 있다.

065 급수방식에 관한 설명으로 옳은 것은? [기13]

① 수조직결방식은 수질오염의 가능성이 작다.
② 고가수조방식은 급수공급압력의 변화가 심하다.
③ 압력수조방식은 압력을 항상 일정하게 유지할 수 있다.
④ 고가수조방식은 주로 상향급수 배관방식을 사용한다.

[해설]
급수방식
② 고가수조방식은 급수 공급압력의 변화가 거의 없다.
③ 압력수조방식은 압력의 변화가 있다.
④ 고가수조방식은 하향급수 배관방식을 사용한다.

066 초고층 건물에서 급수압력의 균등화를 위해 조닝(zoning)을 하여야 하는데, 다음 중 고가수조를 설치하는 경우의 조닝방식에 속하지 않는 것은? [산12]

① 중간수조방식 ② 감압밸브방식
③ 펌프분리방식 ④ 중간수조, 감압밸브병용방식

해설
초고층 건물의 급수조닝
초고층 건물의 조닝방식에 펌프분리방식이라는 조닝방식은 없다.

067 샤워기 5개가 설치되어 있는 급수배관의 주 배관경은 얼마인가? (단, 샤워기의 접속배관경은 20 mm, 동시사용률은 70%임) [기11]

[관 균등표]

관경(mm)	15	20	25
15	1		
20	2	1	
25	3.7	1.8	1
32	7.2	3.6	2
40	11	5.3	2.9

① 20 mm ② 25 mm
③ 32 mm ④ 40 mm

해설
급수관의 관경결정
20 mm의 15 mm의 관균등수는 2개
샤워기 (20 mm) 5개 동시사용률 70%의 관균등수는
관균등수 = 2 × 5 × 0.7 = 7
급수배관의 주배관경은 32 mm이다.

068 급수의 오염원인과 가장 거리가 먼 것은? [산12, 16]

① 워터해머 ② 배관의 부식
③ 크로스 커넥션 ④ 저수탱크의 정체수

해설
수질오염 방지방법
워터해머는 과도한 압력과 극격한 압력변화와 관계가 있다.

069 역류를 방지하여 오염으로부터 상수계통을 보호하기 위한 방법으로 옳지 않은 것은? [산14]

① 토수구 공간을 둔다.
② 역류방지 밸브를 설치한다.
③ 배관은 크로스 커넥션이 되도록 한다.
④ 대기압식 또는 가압식 진공브레이커를 설치한다.

해설
수질오염 방지방법
상수계통을 보호하기 위하여 크로스 커넥션이 되지 않도록 한다.

070 다음 중 역류를 방지하여 오염으로부터 상수계통을 보호하기 위한 방법과 가장 거리가 먼 것은? [기15]

① 토수구 공간을 둔다.
② 역류방지밸브를 설치한다.
③ 대기압식 또는 가압식 진공브레이커를 설치한다.
④ 플렉시블 조인트를 설치하거나 스위치블 이음으로 배관한다.

해설
수질오염 방지방법
플렉시블 조인트와 스위치블 이음은 배관의 신축을 흡수하기 위하여 사용된다.

071 다음 중 급수 계통의 오염 원인과 가장 거리가 먼 것은? [기21]

① 급수로의 배수 역류
② 저수탱크에 유해물질 침입
③ 수격작용(water hammering)
④ 크로스 커넥션(cross connection)

해설
수질오염 방지방법
배관내 유수의 급정지에 의하여 수격작용이 발생한다.

072 급수설비에서 크로스 커넥션에 따른 수질오염의 방지방법으로 가장 적절한 것은? [산13]

① 토수구 공간을 설치한다.
② 차광선 FRP 재질의 고가탱크를 설치한다.
③ 버큠 브레이커나 역류방지장치를 부착한다.
④ 각 계통마다의 배관을 색깔별로 구분하여 오접합을 방지한다.

> **해설**
> **크로스 커넥션**
> 크로스 커넥션은 서로 상이한 목적으로 설치된 배관이 연결되거나 오염된 지하수의 수압이 배관수압보다 높아 역류하여 상수, 음용수 등이 오염되는 것을 말한다.

073 다음 중 수격작용의 발생 원인과 가장 거리가 먼 것은? [기11, 19]

① 밸브의 급폐쇄 ② 감압밸브의 설치
③ 배관방법의 불량 ④ 수도본관의 고수압(高水壓)

> **해설**
> **수격작용(워터해머)**
> 감압밸브를 설치하면 압력이 낮아져서 수격작용 발생이 낮아진다.

074 다음 중 급수배관 내에서 수격작용(water hammering)이 발생되는 가장 주된 원인은? [산13]

① 관경의 축소 ② 관경의 확대
③ 배관 내의 온도변화 ④ 배관 내의 압력변화

> **해설**
> **수격작용(워터해머)**
> 수격작용의 가장 주된 원인은 배관 내의 급격한 압력변화이다.

075 워터해머가 발생할 우려가 있어, 이에 대한 대책을 고려하여야 하는 지점으로 옳지 않은 것은? [산14]

① 물 탱크 등에 설치된 볼탭
② 완폐쇄형 수도꼭지 사용개소
③ 펌프 토출측 및 양수관 구간에 설치된 체크밸브 상단
④ 급수배관 계통의 전자밸브, 모터밸브 등 급폐형 밸브설치 개소

> **해설**
> **수격작용(워터해머)**
> 말단부의 수도꼭지 사용개소는 워터해머를 고려하지 않는다.

076 급수설비에서 수격작용(워터해머)에 관한 설명으로 옳지 않은 것은? [기16]

① 관경이 클수록 발생하기 쉽다.
② 굴곡 개소로 인해 발생하기 쉽다.
③ 유속이 빠를수록 발생하기 쉽다.
④ 플러시 밸브나 수전류를 급격히 열고 닫을 때 발생하기 쉽다.

> **해설**
> **수격작용(워터해머)**
> 수격작용은 관경이 작을수록 발생하기 쉽다.

077 급수관에 워터해머(water hammer)가 생기는 가장 주된 원인은? [기18]

① 배관의 부식
② 배관 지름의 확대
③ 수원(水原)의 고갈
④ 배관 내 유수(流水)의 급정지

> **해설**
> **수격작용(워터해머)**
> 배관 내수의 급정지로 인한 압력의 변화가 워터해머의 가장 주된 원인이다.

정답 072. ④ 073. ② 074. ④ 075. ② 076. ① 077. ④

078 급수배관 계통 중에 공기실(Air chamber)을 설치하는 주된 목적은? [산14]

① 이상 충격압에 의한 수격작동을 방지하기 위하여
② 배관의 온도변화에 따른 신축을 흡수하기 위하여
③ 각 수전류에 공급되는 수압을 일정하게 조정하기 위하여
④ 배관 계통 내에 정체되어 있는 공기를 밖으로 배출하기 위하여

해설
공기실(Air chamber)
②는 신축이음쇠에 대한 설명이다.
④는 공기빼기 밸브에 대한 설명이다.

079 급수배관에 공기실을 설치하는 가장 주된 이유는? [산15]

① 통기를 위하여
② 수격작용을 방지하기 위하여
③ 배관구배를 유지하기 위하여
④ 배관내 이물질을 제거하기 위하여

해설
공기실(Air chamber)
①은 통기관 설치의 주된 이유이다.
④는 청소구 설치의 주된 이유이다.

080 다음 중 급수배관계통에서 공기빼기밸브를 설치하는 가장 주된 이유는? [기11, 22]

① 수격작용을 방지하기 위하여
② 배관 내면의 부식을 방지하기 위하여
③ 배관 내 유체의 흐름을 원활하게 하기 위하여
④ 배관 표면에 생기는 결로를 방지하기 위하여

해설
공기빼기 밸브
① 수격방지기
② 적합한 재료의 배관
④ 배관 단열재를 적용 설치한다.

081 바닥이나 벽을 관통하는 배관에 슬리브(sleeve)를 설치하는 가장 주된 이유는? [산15]

① 방동, 방로를 위하여
② 수격작용을 방지하기 위하여
③ 관의 설치 및 교체·수리를 위하여
④ 관 내 스케일 생성을 방지하기 위하여

해설
배관의 설계 및 시공
바닥이나 벽을 관통하는 배관의 경우 콘크리트를 칠 때 미리 철관을 묻어두는 데 이것을 슬리브 배관이라고 한다.

082 국소식 급탕방식에 관한 설명으로 옳지 않은 것은? [산15]

① 배관 열손실이 크다.
② 설비비는 중앙식보다 싸고 유지관리도 용이하다.
③ 용도에 따라 필요 온도의 온수를 간단히 얻을 수 있다.
④ 가열기의 종류는 가스 또는 전기 순간온수기가 주로 사용된다.

해설
개별식(국소식)급탕방식
①은 중앙식 급탕방식의 설명이다.

083 국소식 급탕방식에 관한 설명으로 옳지 않은 것은? [기20]

① 배관의 열손실이 적다.
② 급탕개소와 급탕량이 많은 경우에 유리하다.
③ 급탕개소마다 가열기의 설치 스페이스가 필요하다.
④ 건물 완공 후에도 급탕 개소의 증설이 비교적 쉽다.

해설
개별식(국소식)급탕방식
급탕개소와 급탕량이 많은 경우에는 중앙식 급탕방식이 유리하다.

정답 078. ① 079. ② 080. ③ 081. ③ 082. ① 083. ②

084 급탕설비 중 개별식 급탕방식에 관한 설명으로 옳지 않은 것은? [기21]

① 배관길이가 길어 배관 중의 열손실이 크다.
② 건물 완공 후에도 급탕 개소의 증설이 비교적 쉽다.
③ 급탕개소마다 가열기의 설치 스페이스가 필요하다.
④ 용도에 따라 필요한 개소에서 필요한 온도의 탕의 비교적 간단하게 얻을 수 있다.

해설
개별식(국소식) 급탕방식
①은 중앙식 급탕방식의 설명이다.
개별식 급탕방식은 배관길이가 짧아 배관 열손실이 작다.

085 중앙식 급탕방식에 관한 설명으로 옳지 않은 것은? [기15]

① 주로 중규모 이상의 건물에 적용하는 방식이다.
② 온수를 사용하는 개소마다 가열장치가 설치된다.
③ 직접가열방식, 간접가열방식 및 순간가열방식이 있다.
④ 상향 또는 하향 순환식 배관에 의해 필요개소에 온수를 공급한다.

해설
중앙식 급탕방식
②는 국소식 급탕방식 설명이다.

086 중앙식 급탕방식에 관한 설명으로 옳지 않은 것은? [기21]

① 온수를 사용하는 개소마다 가열장치가 설치된다.
② 상향 또는 하향 순환식 배관에 의해 필요개소에 온수를 공급한다.
③ 국소식에 비해 기기가 집중되어 있으므로 설비의 유지관리가 용이하다.
④ 호텔이나 병원 등과 같이 급탕개소가 많고 사용량이 많은 건물 등에 채용된다.

해설
중앙식 급탕방식
①은 국소식 급탕방식 설명이다.

087 중앙식 급탕방식 중 간접가열식에 관한 설명으로 옳지 않은 것은? [산12]

① 일반적으로 규모가 큰 건물에 사용된다.
② 가열보일러는 난방용보일러와 겸용할 수 없다.
③ 저탕조는 가열코일을 내장하는 등, 직접가열식에 비해 구조가 복잡하다.
④ 증기보일러 또는 고온수보일러를 사용하는 경우 고온의 탕을 얻을 수 있다.

해설
간접가열식 급탕설비
간접가열식에서는 가열보일러는 난방용 보일러와 겸용할 수 있다.

088 중앙식 급탕방식 중 간접가열식에 관한 설명으로 옳지 않은 것은? [산14]

① 가열보일러는 난방용 보일러와 겸용할 수 있다.
② 직접가열식에 비해 가열보일러의 열효율이 낮다.
③ 가열보일러는 중압 또는 고압 보일러를 사용해야 한다.
④ 저탕조는 가열코일을 내장하는 등 구조가 약간 복잡하다.

해설
간접가열식 급탕설비
간접가열식은 저압보일러를 사용할 수 있다.

089 간접가열식 급탕법에 관한 설명으로 옳지 않은 것은? [기18]

① 대규모 급탕설비에 적합하다.
② 보일러 내부에 스케일의 발생 가능성이 높다.
③ 가열코일에 순환하는 증기는 저압으로도 된다.
④ 난방용 증기를 사용하면 별도의 보일러가 필요 없다.

해설
간접가열식 급탕설비
간접가열식은 보일러 내부에 스케일의 발생가능성이 낮다.

정답 084. ① 085. ② 086. ① 087. ② 088. ③ 089. ②

090 간접가열식 급탕설비에 관한 설명으로 옳지 않은 것은? [기19]

① 대규모 급탕설비에 적당하다.
② 비교적 안정된 급탕을 할 수 있다.
③ 보일러 내면에 스케일이 많이 생긴다.
④ 가열 보일러는 난방용 보일러와 겸용할 수 있다.

해설
간접가열식 급탕설비
간접가열식은 보일러 내부에 스케일의 발생가능성이 낮다.

091 급탕설비에 관한 설명으로 옳은 것은? [산12]

① 중앙식 급탕법은 급탕개소가 적은 경우에 주로 채용된다.
② 국소식 급탕법은 배관에 의해 필요개소에 어디든지 급탕할 수 있다.
③ 간접가열식에 사용되는 가열보일러는 난방용보일러와 겸용할 수 있다.
④ 직접가열식은 열효율이 간접가열식에 비해 떨어지나 안정된 급탕을 할 수 있다.

해설
급탕설비
① 국소식 급탕법에 관한 설명이다. ② 중앙식 급탕법에 관한 설명이다.
④ 간접가열식에 관한 설명이다.

092 급탕설비에 관한 설명으로 틀린 것은? [기14, 19]

① 냉수, 온수를 혼합 사용해도 압력차에 따른 온도 변화가 없도록 한다.
② 배관은 적절한 압력손실 상태에서 피크시를 충족시킬 수 있어야 한다.
③ 도피관에는 압력을 도피시킬 수 있도록 밸브를 설치하고 배수는 직접배수로 한다.
④ 밀폐형 급탕시스템에는 온도상승에 따른 압력력을 도피시킬 수 있는 팽창탱크 등의 장치를 설치한다.

해설
급탕설비
③ 도피관의 도중에는 절대로 밸브를 설치해서는 안된다.

093 급탕설비에 관한 설명으로 옳지 않은 것은? [산16]

① 직접가열식은 열효율이 좋다.
② 강제순환식 급탕법은 순환펌프로 순환시킨다.
③ 중력식 급탕법은 탕의 순환이 온도차에 의해 이루어진다.
④ 직접가열식은 대형 건축물의 급탕설비에 가장 적합하다.

해설
급탕설비
대형 건축물의 급탕설비에 가장 적합한 가열방법은 직접가열식이다.

094 급탕배관에서 관의 신축을 고려한 조치사항으로 옳지 않은 것은? [기14]

① 수평관에 일정한 기울기를 둔다.
② 배관 중간에 신축이음을 설치한다.
③ 배관의 굽힘부분에는 스위블 이음으로 결합한다.
④ 건물의 벽관통부분의 배관에는 슬리브를 사용한다.

해설
신축이음
① 물빼기, 공기제거, 순환등을 위하여 급탕배관에는 일정한 기울기를 둔다.

095 급탕설비의 안전장치 중 보일러, 저탕조 등 밀폐가열장치 내의 압력상승을 도피시키기 위해 사용하는 것은? [산13]

① 팽창관 ② 용해전
③ 신축이음 ④ 온도조절밸브

해설
급탕설비의 안정장치
② 저탕조의 온도가 100℃를 넘지 않도록 설치
③ 온도에 따른 배관의 신축을 흡수
④ 일정한 온도가 이상이면 유체의 유입을 조절

정답 090. ③ 091. ③ 092. ③ 093. ④ 094. ① 095. ①

096 2개 이상의 엘보를 사용하여 나사회전을 이용해서 신축을 흡수하는 신축이음쇠는? [산13]

① 루프형 ② 스위블형
③ 슬리브형 ④ 벨로스형

해설
신축이음
① 원형으로 구부린 관을 이용
③ 본체 속에 미끄러질 수 있는 슬리브 이용
④ 벨로즈관(파형상으로 가압한 관)을 이용한다.

097 급탕 배관의 신축이음의 종류에 속하지 않는 것은? [기17]

① 루프형 ② 칼라형
③ 슬리브형 ④ 벨로스형

해설
신축이음
칼라이음은 석고시멘트나 철근 콘크리트의 관이음에 이용된다.

03. 배수 및 통기 설비

098 다음 중 최저필요급수압력이 가장 높은 대변기 세정수의 급수 방식은? [산12]

① 사이펀식 ② 로우탱크식
③ 하이탱크식 ④ 플러시 밸브식

해설
세정(플러쉬)밸브식 대변기
플러시 밸브(세정밸브)식 대변기의 최저 필요급수압력은 70 kPa(표준 100 kPa)이다.

099 대변기의 세정방식 중 바닥으로부터 1.6 m 이상 높은 위치에 탱크를 설치하고, 물 탭을 통하여 공급된 일정량의 물을 의한 저장하고 있다가 핸들 또는 레버의 조작에 의해 낙차에 의한 수압으로 대변기를 세척하는 방식은? [산13]

① 로우탱크식 ② 하이탱크식
③ 플러시 밸브식 ④ 사이펀 제트식

해설
하이탱크식 대변기
① 낮은 위치에 탱크를 설치하여 소음발생이 적음
③ 탱크가 없이 연속적으로 사용가능
④ 사이펀적용을 크게 하기 위해 분사구 설치

100 대변기의 세정방식 중 버큠 브레이커의 설치가 요구되는 것은? [산16]

① 세라식 ② 로우탱크식
③ 하이탱크식 ④ 세정밸브식

해설
세정(플러쉬)밸브식 대변기
세정밸브식은 크로스커넥션을 방지하기 위하여 진공방지기(vaccum breaker)를 함께 사용한다.

101 세정밸브식 대변기의 최소 급수관경은? [기17]

① 15 A ② 20 A
③ 25 A ④ 32 A

해설
세정(플러쉬)밸브식 대변기
하이탱크, 로우탱크식, 기압탱크식의 최소관경은 15 A, 세정밸브식의 최소관경은 25 A

102 대변기에 설치한 세정밸브(flush valve)의 최저 필요 압력은? [기17]

① 10 kPa 이상
② 30 kPa 이상
③ 50 kPa 이상
④ 70 kPa 이상

해설
세정(플러쉬)밸브식 대변기
세정밸브식은 대변기는 물탱크없이 압력으로 세정하기 때문에 상대적으로 높은 압력(70kPa)이 필요하다.

103 배수트랩에 관한 설명으로 옳지 않은 것은? [산12]

① 유효봉수깊이가 너무 낮으면 봉수를 손실하기 쉽다.
② 유효봉수깊이는 일반적으로 50 mm 이상 100 mm 이하이다.
③ 배수관계통의 환기를 도모하여 관 내부를 청결하게 유지하는 역할을 한다.
④ 유효봉수깊이가 너무 크면 유수의 저항이 증가되어 통수능력이 감소된다.

해설
배수트랩
③은 통기관의 역할이다.

104 배수트랩에 관한 설명으로 옳지 않은 것은? [기14]

① 내부 치수가 동일한 S 트랩은 사용하지 않는 것이 좋다.
② 하나의 배수관에 직렬로 2개 이상의 트랩을 설치하지 않는다.
③ 수봉식 트랩은 중력식 배수방식에서 하수가스 침입 방지 장치로서 안전하고 신뢰성이 높다.
④ 유수의 힘으로 가동부분이 열리고 유수가 끝나면 자동으로 닫히게 되는 구조의 것이 좋다.

해설
배수트랩
기계식의 경우는 오동작·내구성의 문제로 인해 현재는 더 이상 허용하지 않고 있다.

105 다음 중 일반적으로 사용이 금지되는 트랩에 속하지 않는 것은? [기16]

① 2중 트랩
② 격벽 트랩
③ 수봉식 트랩
④ 가동부분이 있는 트랩

해설
배수트랩
수봉식 트랩은 중력식 배수방식에서 하수가스 침입 방지 장치로서 안전하고 신뢰성이 높다.

106 배수트랩에 관한 설명으로 옳지 않은 것은? [기19]

① 트랩은 이중으로 설치하면 효과적이다.
② 트랩의 봉수깊이가 너무 깊으면 통수능력이 감소된다.
③ 트랩은 하수가스의 실내 침입을 방지하는 역할을 한다.
④ 트랩은 위생기구에 가능한 한 접근시켜 설치하는 것이 좋다.

해설
배수트랩
배수트랩은 이중으로 설치하지 않는다.

107 배수트랩의 필요조건으로 옳지 않은 것은? [기13]

① 봉수깊이는 50 mm 이상 100 mm 이하일 것
② 봉수부에 이음을 사용하는 경우 금속제 이음은 사용하지 않을 것
③ 기구내장 트랩의 내벽 및 배수로의 단면형상에 급격한 변화가 없을 것
④ 봉수의 소제구는 나사식 플러그 및 적절한 가스켓을 이용한 구조일 것

해설
트랩의 필요조건
배수트랩의 재질은 내식성(금속제)이 있어야 한다.

108 트랩(Trap)의 유효봉수 깊이로 가장 알맞은 것은? [기10]

① 30~50 mm ② 50~100 mm
③ 100~150 mm ④ 150~200 mm

해설
봉수깊이
봉수가 깊으면 바닥에 오물이 쌓이기 쉽고 얕으면 봉수가 유지되기 힘들기 때문에 적정한 깊이(50~100mm)가 필요하다.

109 다음 그림에서 트랩의 봉수깊이를 올바르게 나타낸 것은? [산15]

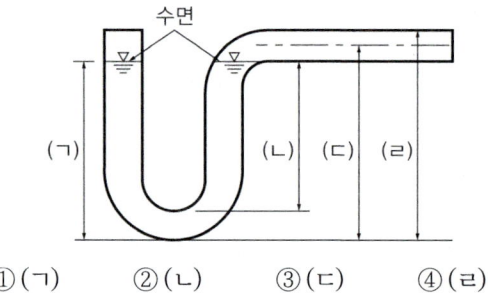

① (ㄱ) ② (ㄴ) ③ (ㄷ) ④ (ㄹ)

해설
봉수깊이
디프보다 낮은 위치에 있으면 하수가스의 침입을 방지할 수 없기 때문에 디프보다 높은 위치에 있도록 해야 한다.
봉수의 깊이는 위어(weir)에서 디프(dip)까지의 깊이를 말한다.

110 배수트랩에서 봉수깊이에 관한 설명으로 옳지 않은 것은? [기21]

① 봉수깊이는 50~100 mm로 하는 것이 보통이다.
② 봉수깊이가 너무 낮으면 봉수를 손실하기 쉽다.
③ 봉수깊이를 너무 깊게 하면 통수능력이 감소된다.
④ 봉수깊이를 너무 깊게 하면 유수의 저항이 감소된다.

해설
봉수깊이
④ 봉수깊이를 너무 깊게 하면 유속의 저항이 증가된다.

111 가옥트랩으로서 공공하수관으로부터 해로운 하수가스가 집안으로 침입하는 것을 방지하기 위해 사용되는 것은? [산11]

① P트랩 ② S트랩
③ U트랩 ④ 드럼트랩

해설
트랩의 종류
① ② P트랩에 비하여 S트랩은 사이펀 작용에 취약하다.
④ 드럼과 같은 형으로 되어서 바닥 배수에 많이 사용

112 옥내 수평주관에 사용하며, 공공 하수관으로부터의 유독가스를 차단하기 위해 사용하는 트랩은? [산16]

① S트랩 ② U트랩
③ 벨트랩 ④ 드럼트랩

해설
트랩의 종류
① S트랩은 사이펀 작용에 취약하다.
③ 종모양을 한 부품을 배수구로 덮어서 싱크대, 바닥 배수 등에 많이 사용
④ 드럼과 같은 형으로 되어서 바닥 배수에 많이 사용

113 다음 중 배수 트랩에 속하지 않는 것은? [기12]

① S트랩 ② 벨트랩
③ 드럼트랩 ④ 버킷트랩

해설
트랩의 종류
버킷트랩은 증기트랩에 속한다.

114 구조가 간단하고 자기사이펀 작용을 일으키면 자정 작용을 갖는 배수 트랩으로 사이펀 작용을 일으키기 쉽기 때문에 사이펀 트랩이라고도 불리우는 것은? [기13]

① 벨트랩 ② 관트랩
③ 버킷트랩 ④ 드럼트랩

해설
트랩의 종류
관트랩은 사이펀형 트랩이며 S트랩, P트랩, U트랩이 있다.

115 배수용 트랩에 속하지 않는 것은? [산14]

① 관 트랩 ② 벨 트랩
③ 드럼 트랩 ④ 벨로스 트랩

해설
트랩의 종류
벨로스 트랩(bellows trap)은 증기난방용 트랩이다.

116 다음 중 트랩의 봉수 파괴 원인과 가장 거리가 먼 것은? [기12]

① 증발 작용 ② 모세관 현상
③ 자정 작용 ④ 자기사이펀 작용

해설
봉수의 파괴 원인
트랩은 유수에 의해 통수로 내면을 세척하는 자정작용이 있는 구조여야 한다.

117 배수트랩의 봉수 파괴 원인에 해당하지 않는 것은? [산12]

① 증발작용 ② 서어징 현상
③ 모세관 현상 ④ 유도사이펀 작용

해설
봉수의 파괴 원인
봉수 파괴는 유도사이펀, 자기사이펀, 증발작용 및 모세관현상이 원인이 된다.

118 집을 오랫동안 비워 두었더니 트랩의 봉수가 파괴되었다. 다음 중 그 원인으로 가능성이 가장 큰 것은? [산16]

① 증발현상 ② 공동현상
③ 자기사이펀 작용 ④ 유도사이펀 작용

해설
봉수의 파괴 원인
증발현상에 의한 봉수파괴를 방지하기 위하여 트랩 봉수 보급수 장치를 설치한다.

119 다음 중 배수설비에서 봉수의 파괴 원인과 가장 거리가 먼 것은? [산16]

① 증발현상 ② 공동현상
③ 모세관 현상 ④ 자기사이펀 작용

해설
봉수의 파괴 원인
② 유체 속에서 압력이 낮은 곳이 생기면 액체 내에 증기 기포가 발생하는 현상으로 캐비테이션의 원인이 된다.

120 다음 중 증발에 따른 트랩의 봉수파괴를 방지하기 위한 방법으로 가장 적절한 것은? [산15]

① 헝겊조각 등을 제거한다.
② 급수보급장치를 설치한다.
③ 배수구에 격자를 설치한다.
④ 트랩 주변에 통기관을 설치한다.

해설
봉수의 파괴 방지방법
①, ③는 모세관 작용, ④는 사이펀작용에 의한 봉수파괴를 방지하기 위한 방법이다.

121 배수트랩의 봉수파괴 원인 중 통기관을 설치함으로써 봉수파괴를 방지할 수 있는 것이 아닌 것은? [기18, 22]

① 분출작용 ② 모세관 현상
③ 자기사이펀 작용 ④ 유도사이펀 작용

해설
봉수의 파괴 방지방법
모세관 작용에 의한 봉수파괴를 막기 위해서는 천조각이나 머리카락 제거가 필요하다.

정답 115. ④ 116. ③ 117. ② 118. ① 119. ② 120. ② 121. ②

122 배수트랩의 봉수가 파손되는 것을 방지하기 위한 방법으로 옳지 않은 것은? [기22]

① 자기사이펀 작용에 의한 봉수 파괴를 방지하기 위하여 S트랩을 설치한다.
② 유도사이펀 작용에 의한 봉수 파괴를 방지하기 위하여 도피통기관을 설치한다.
③ 증발현상에 의한 봉수 파괴를 방지하기 위하여 트랩 봉수 보급수 장치를 설치한다.
④ 역압에 의한 분출작용을 방지하기 위하여 배수 수직관의 하단부에 통기관을 설치한다.

[해설]
봉수의 파괴 방지방법
① 자기사이펀 작용에 의한 봉수파괴를 방지하기 위하여 각개통기관을 설치한다.

123 배수배관에 관한 설명으로 옳지 않은 것은? [기15]

① 배수계통은 원칙적으로 중력에 의해 옥외로 배출하도록 한다.
② 고온의 배수는 원칙적으로 45℃ 미만으로 냉각한 후 배수한다.
③ 건물 내에서 피트 내 또는 가공배관은 피하고 지중배관을 한다.
④ 엘리베이터 샤프트, 수변전실에서 배수배관을 설치하지 않는다.

[해설]
배수배관
건물내 배수 수직주관은 샤프트, 피트 내에 배관한다.

124 사무소 건물에서 다음과 같이 위생기구를 배치하였을 때 이들 위생기구 전체로부터 배수를 받아들이는 배수수평지관의 관경으로 가장 알맞은 것은? [기20]

기구종류	바닥배수	소변기	대변기
배수부하단위	2	4	8
기구수	2	8	2

관경(mm)	배수수평지관의 배수부하단위
75	14
100	96
125	216
150	372

① 75 mm ② 100 mm
③ 125 mm ④ 150 mm

[해설]
배관관경
배수부하단위는 = 2×2 + 4×8 + 8×2 = 52 이므로 관경은 100 mm를 적용한다.

125 배수관의 관경과 구배에 관한 설명으로 옳지 않은 것은? [기22]

① 배관구배를 완만하게 하면 세정력이 저하된다.
② 배수관경을 크게 하면 할수록 배수능력은 향상된다.
③ 배관구배를 너무 급하게 하면 흐름이 빨라 고형물이 남는다.
④ 배관구배를 너무 급하게 하면 관로의 수류에 의한 파손 우려가 높아진다.

[해설]
배관 관경과 구배
② 배수관경을 필요 이상으로 크게 할수록 배수능력은 저하된다.
③ 배수배관의 구배가 증가하면 유속이 증가하여 유수깊이가 감소하여 고형물이 남는다.

126 다음 중 배수 통기관의 설치 목적과 가장 관계가 먼 것은? [기10]

① 트랩의 봉수보호 ② 배수의 원활한 흐름
③ 배관의 소음 감소 ④ 배수관 계통의 환기

| 해설 |

통기관의 설치 목적
① 트랩의 봉수보호
② 배수의 원활한 흐름
④ 배수관계통의 환기가 주된 목적이다
보기에서 배관의 ③소음감소는 가장 관계가 멀다.

127 통기관의 설치 목적과 가장 거리가 먼 것은? [기13]

① 배수의 원활
② 트랩의 봉수 보호
③ 배수관의 환기
④ 사이펀 작용 촉진

| 해설 |

통기관의 설치 목적
④ 사이펀 작용을 억제한다.

128 통기관을 설치하는 목적과 가장 거리가 먼 것은? [산15]

① 수격작용의 방지
② 배수관 내의 흐름 원활
③ 배수관 내의 환기와 청결 유지
④ 사이펀 작용 및 배압으로부터 트랩 내 봉수 보호

| 해설 |

통기관의 설치 목적
② 배수관내의 흐름 원활
③ 배수관계통의 환기
④ 트랩내 봉수보호가 주된 목적이다.
보기에서 ① 수격작용의 방지는 가장 목적과 거리가 멀다.

129 다음 설명에 알맞은 통기방식은? [산12, 13, 16]

- 각 기구의 트랩마다 통기관을 설치한다.
- 트랩마다 통기되기 때문에 가장 안정도가 높은 방식이다.

① 루프통기방식
② 각개통기방식
③ 신정통기방식
④ 회로통기방식

| 해설 |

각개통기관
각 기구의 트랩마다 통기관을 설치하여 안정도가 가장 높은 방식은 각개통기 방식이다.

130 각개통기관에 관한 설명으로 옳은 것은? [산16]

① 2개 이상의 트랩을 보호하기 위해 설치한다.
② 통기와 배수의 역할을 함께 하는 통기관이다.
③ 트랩마다 설치되므로 가장 안정도가 높은 방식이다.
④ 배수수직관 상부에서 관경을 축소하지 않고 연장하여 대기 중에 개방한다.

| 해설 |

각개통기관
① 루프통기관, ② 습식통기관, ④는 신정통기관의 설명이다.

131 다음 설명에 알맞은 통기방식은? [기12, 21]

- 회로통기방식이라고도 한다.
- 2개 이상의 기구트랩에 공통으로 하나의 통기관을 설치하는 방식이다.

① 각개통기방식
② 루프통기방식
③ 신정통기방식
④ 결합통기방식

| 해설 |

루프(회로)통기관
회로통기관은 2 ~ 8개의 기구트랩에 공통으로 설치하여 통기수직관에 접속한다.

132 통기수직관을 설치한 배수·통기계통에 이용되며, 2개 이상의 기구트랩에 공통으로 하나의 통기관을 설치하는 통기방식은? [산14]

① 습통기방식
② 루프통기방식
③ 신정통기방식
④ 각개통기방식

| 해설 |

루프(회로)통기관
2개 이상의 통기관(2~8개)의 기구트랩에 설치하여 통기수직관에 접속하는 통기관은 루프(회로)통기관이다.

정답 127. ④ 128. ① 129. ② 130. ③ 131. ② 132. ②

133 배수, 통기계통 간의 공기의 유통을 원활히 하기 위해 설치하는 통기관으로, 루프통기의 효과를 높이는 역할도 하는 것은? [산13]

① 습식통기관　　② 도피통기관
③ 각개통기관　　④ 공용통기관

해설
도피통기관
루프통기관의 통기를 돕기 위하여 설치하며, 루프통기관에서 가장 먼 하류의 기구배수관 사이의 배수수평지관에 연결한다.

134 다음 설명에 알맞은 통기관의 종류는? [기14]

최상부의 배수수평관이 배수입상관에 접속한 지점보다도 더 상부 방향으로 그 배수입상관을 지붕 위까지 연장하여 이것을 통기관으로 사용하는 관을 말한다.

① 루프통기관　　② 신정통기관
③ 결합통기관　　④ 각개통기관

해설
신정통기관
신정통기관에 관련된 설명이다.

135 오배수 입상관으로부터 취출하여 위쪽의 통기관에 연결되는 배관으로, 오배수 입상관 내의 압력을 같게 하기 위한 도피통기관은? [산14, 16]

① 습통기관　　② 각개통기관
③ 결합통기관　　④ 공용통기관

해설
결합통기관
결합통기관에 관련된 설명이며, 관지름은 통기수직관에 필요한 최소 크기 이상으로 한다.

136 배수수직관 내의 압력변화를 방지 또는 완화하기 위해 배수수직관으로부터 분기·입상하여 통기수직관에 접속하는 도피통기관은? [기16]

① 각개통기관　　② 신정통기관
③ 결합통기관　　④ 루프통기관

해설
결합통기관
결합통기관에 관련된 설명이다.
주요 목적은 배수수직관의 압력변화의 방지 및 완화이다.

137 다음 설명에 알맞은 통기관의 종류는? [기11, 22]

기구가 반대방향(좌우분기) 또는 병렬로 설치된 기구배수관의 교점에 접속하여 입상하며, 그 양기구의 트랩 봉수를 보호하기 위한 1개의 통기관을 말한다.

① 공용통기관　　② 결합통기관
③ 각개통기관　　④ 신정통기관

해설
공용통기관
공용통기관에 대한 설명이다.

138 통기관에 대한 설명 중 옳지 않은 것은? [기10]

① 사이펀 작용 및 배압에 의해서 트랩봉수가 파괴되는 것을 방지한다.
② 배수관 계통의 환기를 도모하여 관내를 청결하게 유지한다.
③ 각개통기방식은 기능적으로 가장 우수하고 이상적이다.
④ 신정통기방식은 회로통기방식이라고도 하며, 통기수직관을 설치한 배수·통기계통에 이용된다.

해설
통기방식
④ 신정통기방식에서는 통기수직관을 설치하지 않는다.

정답 133. ② 134. ② 135. ③ 136. ③ 137. ① 138. ④

139 다음의 통기방식에 관한 설명 중 옳지 않은 것은? [기10]

① 신정통기방식에서는 통기수직관을 설치하지 않는다.
② 루프 통기방식은 각 기구의 트랩마다 통기관을 설치하고 각각을 통기 수평지관에 연결하는 방식이다.
③ 신정통기방식은 배수수직관의 상부를 연장하여 신정통기관으로 사용하는 방식으로, 대기중에 개구한다.
④ 각개통기방식은 트랩마다 통기되기 때문에 가장 안정도가 높은 방식으로, 자기사이펀 작동의 방지에도 효과가 있다.

해설
통기방식
②는 각개통기방식의 설명이다.

140 통기관에 대한 설명 중 옳지 않은 것은? [기11]

① 각개통기관은 1개의 기구트랩을 통기하기 위해 설치하는 통기관이다.
② 통기의 목적 외에 배수관으로도 이용되는 부분을 습통기관이라고 한다.
③ 루프통기관은 배수와 통기 양 계통 간의 공기의 유통을 원활히 하기 위해 설치하는 통기관이다.
④ 신정통기관은 최상부의 배수수평관이 배수수직관에 접속된 위치보다도 더욱 위로 배수수직관을 끌어올려 대기중에 개구하여 통기관으로 사용하는 부분을 말한다.

해설
통기방식
③은 도피통기관에 관한 설명이다.

141 통기배관에 관한 설명으로 옳지 않은 것은? [산12]

① 각개통기방식의 경우 반드시 통기수직관을 설치한다.
② 통기수직관과 빗물수직관은 겸용하는 것이 경제적이며 이상적이다.
③ 배수수직관의 상부는 연장하여 신정통기관으로 사용하며, 대기중에 개구한다.
④ 통기수직관의 하부는 최저위치에 있는 배수수평지관보다 낮은 위치에서 배수수직관에 접속하거나 또는 배수수평주관에 접속한다.

해설
통기방식
통기수직관은 다른 관과 겸용해서는 안 된다.

142 통기방식에 관한 설명으로 옳지 않은 것은? [기20]

① 신정통기방식에서는 통기수직관을 설치하지 않는다.
② 루프통기방식은 각 기구의 트랩마다 통기관을 설치하고 각각을 통기 수평지관에 연결하는 방식이다.
③ 신정통기방식은 배수수직관의 상부를 연장하여 신정통기관으로 사용하는 방식으로, 대기중에 개구한다.
④ 각개통기방식은 트랩마다 통기되기 때문에 가장 안정도가 높은 방식으로, 자기사이펀 작용의 방지에도 효과가 있다.

해설
통기방식
② 각 기구의 트랩마다 통기관을 설치하고 각각의 통기 수평지관에 연결하는 방식은 각개통기방식이다.

정답 139. ② 140. ③ 141. ② 142. ②

04. 오수정화설비

143 다음 중 생물화학적 산소요구량을 나타내는 것은? [산12]

① COD ② DO
③ BOD ④ PPM

[해설] **수질관련용어**
COD는 화학적 산소요구량, DO는 용존산소, PPM은 농도를 나타내는 단위이다.

144 수질 관련 용어 중 BOD가 의미하는 것은? [산16]

① 용존산소량 ② 수소이온농도
③ 화학적 산소요구량 ④ 생물화학적 산소요구량

[해설] **수질관련용어**
①의 약자는 DO, ②의 약자는 pH, ③의 약자는 COD 이다.

145 오수의 BOD 제거율이 95%인 정화조에서 정화조로 유입되는 오수의 BOD농도가 300 ppm일 경우, 방류수의 BOD 농도는? [기12, 15]

① 15 ppm ② 85 ppm
③ 150 ppm ④ 285 ppm

[해설] **BOD 농도**
방류수 BOD = 유입수 BOD × (100 − BOD 제거율)[%]

146 주택의 1인 1일 오수량이 0.05/인·일이고 오수의 BOD 농도가 260 g/m³일 때 1인 1일당 BOD 부하량은? [기17]

① 5 g/인·일 ② 13 g/인·일
③ 26 g/인·일 ④ 50 g/인·일

[해설] **BOD 부하량**
BOD 부하량 = 유입수 BOD 농도 × 오수량
= 260[g/m³] × 0.05[m³/인·일]
= 13[g/인·일]

147 평균 BOD 150 ppm인 가정오수 1000 m³/d가 유입되는 오수정화조의 1일 유입 BOD량은? [기20]

① 150 kg/d ② 300 kg/d
③ 45,000 kg/d ④ 150,000 kg/d

[해설] **BOD 부하량**
BOD 부하량 = 유입수 BOD 농도 × 오수량
= 150[g/m³] × 1,000[m³/d] = 150,000[g/d]
= 150[kg/d]

148 정화조에서 유입된 오수를 혐기성균에 의하여 소화작용으로 분리침전이 이루어지도록 하는 곳은? [산14]

① 산화조 ② 부패조
③ 소독조 ④ 여과조

[해설] **정화조**
- 2개 이상의 부패조(침전 분리조)와 예비 여과조로 구성된다.
- 제1, 제2 부패조와 예비 여과조의 용적비는 4:2:1 또는 4:2:2 정도이다.
- 공기(산소)를 차단하여 혐기성균이 활동하도록 하여 오물을 분해시키는 곳이다.

149 오수정화조의 설치에 관한 설명으로 옳지 않은 것은? [산14]

① 주변의 공지는 녹화하는 것이 좋다.
② 배수의 수위 변동에 의한 오수의 역류가 없도록 한다.
③ 건물로부터의 배수가 펌프에 의해 유입될 수 있도록 한다.
④ 환경문제가 발생하지 않도록 건물로부터 멀리 설치하는 것이 좋다.

정답 143. ③ 144. ④ 145. ① 146. ② 147. ① 148. ② 149. ③

해설

정화조
건물로부터의 배수가 펌프에 유입되지 않도록 한다.

05. 소방시설

150 다음의 소방시설 중 소화설비에 속하지 않는 것은?
[산15]

① 옥내소화전설비　② 스프링클러설비
③ 연결송수관설비　④ 물분무등소화설비

해설

소방시설
연결송수관 설비, 비상콘센트설비는 소화활동설비에 속한다.

151 옥내소화전설비에 관한 설명으로 옳지 않은 것은?
[산15]

① 가압송수장치의 주펌프는 전동기에 따른 펌프로 설치한다.
② 옥내소화전 방수구는 바닥으로부터의 높이가 1.5 m 이하가 되도록 한다.
③ 수원의 유효저수량은 소화전의 설치개수가 가장 많은 층의 소화전수에 2.3 m³를 곱한 값 이상이 되도록 한다.
④ 해당 특정소방대상물의 각 부분으로부터 하나의 옥내소화전 방수구까지의 수평거리가 25 m 이하가 되도록 한다.

해설

옥내소화전설비
옥내소화전의 개당 필요 소화수량은 2.6 m³/N이고 최대 개수는 5개이다.

152 옥내소화전설비에 관한 설명으로 옳지 않은 것은?
[산15]

① 송수구는 구경 65 mm의 쌍구형 또는 단구형으로 한다.
② 송수구는 소방차가 쉽게 접근할 수 있는 잘 보이는 장소에 설치한다.
③ 각 소화전의 노즐선단에서의 방수량은 1분당 50 L 이상이 되도록 한다.
④ 건축물의 각 층에 옥내소화전이 2개씩 설치될 경우 저수량은 최소 5.2 m³ 이상이 되도록 한다.

해설

옥내소화전설비
소화펌프의 토출량 = 130[L/min] × N(설치대수, 최대 5대)

153 다음의 옥내소화전설비에 관한 설명 중 ( )안에 알맞은 내용은?
[기12, 16]

> 옥내소화전방수구는 특정소방대상물의 층마다 설치하되, 해당 특정소방대상물의 각 부분으로부터 하나의 옥내소화전 방수구까지의 수평거리가 ( )m 이하가 되도록 해야 한다.

① 40 m　② 35 m
③ 30 m　④ 25 m

해설

옥내소화전설비
소화전의 설치간격은 건물의 각 부분에서 수평거리 25 m 이하이다.

154 옥내소화전설비에 관한 설명으로 옳지 않은 것은?
[기21]

① 옥내소화전 방수구는 바닥으로부터의 높이가 1.5 m 이하가 되도록 설치한다.
② 옥내소화전설비의 송수구는 구경 65 mm의 쌍구형 또는 단구형으로 한다.
③ 전동기에 따른 펌프를 이용하는 가압송수 장치를 설치하는 경우, 펌프는 전용으로 하는 것이 원칙이다.
④ 어느 한 층의 옥내소화전을 동시에 사용할 경우 각 소화전의 노즐선단에서의 방수압력은 최소 0.7 MPa 이상이 되어야 한다.

정답 150. ③　151. ③　152. ③　153. ④　154. ④

[해설]
옥내소화전설비
④ 옥내소화전의 표준방수압력은 0.17 MPa 이상이어야 한다.

155 옥내소화전설비에 가압수조를 이용한 가압송수장치를 설치하였을 경우, 화재안전기준에 따른 방수량 및 방수압이 최소 몇 분 이상 유지될 수 있는 성능으로 하여야 하는가? [기10]

① 20분　② 30분
③ 40분　④ 50분

[해설]
옥내소화전 가압송수장치
옥내 소화전 1개의 방수량은 130 L/min이며 20분 이상 방수할 수 있어야 한다.

156 다음은 옥내소화전설비에서 전동기에 따른 펌프를 하는 가압송수장치에 관한 설명이다. ( ) 안에 알맞은 것은? [기14]

펌프의 토출량은 옥내소화전이 가장 많이 설치된 층의 설치개수(옥내소화전이 5개 이상 설치된 경우에는 5개)에 ( )를 곱한 양 이상이 되도록 하여야 한다.

① 70 L/min　② 130 L/min
③ 260 L/min　④ 250 L/min

[해설]
옥내소화전 가압송수장치
옥내소화전의 표준 방수량은 130 L/min · N이다.

157 옥내소화전설비를 설치하여야 하는 특정소방대상물에서 옥내소화전이 가장 많이 설치된 층의 설치개수가 3개일 때, 소화펌프의 토출량은 최소 얼마 이상이 되도록 하여야 하는가? [산13]

① 200 L/min　② 390 L/min
③ 450 L/min　④ 700 L/min

[해설]
옥내소화전 가압송수장치
소화펌프의 토출량 = 130[L/min] × N(설치대수, 최대 5대)

158 다음은 옥내소화전설비에서 전동기에 따른 펌프를 이용하는 가압송수장치에 관한 설명이다. ( ) 안에 알맞은 것은? [기19]

특정소방대상물의 어느 층에 있어서도 해당 층의 옥내소화전(5개 이상 설치된 경우에는 5개의 옥내 소화전)을 동시에 사용할 경우 각 소화전의 노즐 선단에서의 방수압력이 (㉠)이상이고, 방수량이 (㉡)이상이 되는 성능의 것으로 할 것

① ㉠ 0.17 MPa, ㉡ 130 L/min
② ㉠ 0.17 MPa, ㉡ 250 L/min
③ ㉠ 0.34 MPa, ㉡ 130 L/min
④ ㉠ 0.34 MPa, ㉡ 250 L/min

[해설]
옥내소화전 가압송수장치
옥내소화전은 표준방수압력은 0.17 MPa 이상, 표준방수량은 130 L/min 설치간격은 25 m 이하, 소화수량은 2.6 m³/N이고 최대 개수는 5개이다.

159 옥내소화전의 설치개수가 가장 많은 층의 설치개수가 4개인 경우, 옥내소화전설비의 수의 저수량은 최소 얼마 이상이 되도록 하여야 하는가? [기11, 산12]

① 6.4 m³　② 10.4 m³
③ 14 m³　④ 28 m³

[해설]
옥내소화전 소화수량
옥내소화전의 개당 필요 소화수량은 2.6[m³/N]이고 최대 개수는 5개다.

160 각 층마다 옥내소화전이 3개씩 설치되어 있는 건물에서 옥내소화전설비의 수원의 저수량은 최소 얼마 이상이 되도록 하여야 하는가? [기11, 14, 20]

① 6.9 m³　② 7.2 m³
③ 7.5 m³　④ 7.8 m³

[해설]
옥내소화전 소화수량
옥내소화전 소화수량 = 2.6[m³/N] × 3 = 7.8[m³]

161 어느 건물에서 옥내소화전의 설치개수가 가장 많은 층의 설치 개수가 7개인 경우, 옥내소화전설비의 수원의 저수량은 최소 얼마 이상이 되도록 하여야 하는가? [산12]

① 7.8 m³ ② 13 m³
③ 18.2 m³ ④ 26 m³

해설
옥내소화전 소화수량
옥내소화전 소화수량 = 2.6[m³/N] × 5(최대) = 13[m³]

162 다음은 옥내소화전의 화재안전기준에 관한 내용이다. ( ) 안에 알맞은 것은? [산12, 14]

옥내소화전설비의 수원은 그 저수량이 옥내소화전의 설치개수가 가장 많은 층의 설치개수(5개 이상 설치된 경우에는 5개)에 ( )를 곱한 양 이상이 되도록 하여야 한다.

① 1.3 m³ ② 2.6 m³
③ 5 m³ ④ 7 m³

해설
옥내소화전 소화수량
옥내소화전의 개당 필요 소화수량은 2.6 m³/N이고 최대 개수는 5개다. 따라서 설치개수가 6개 이상인 경우에는 13.0 m³이다.

163 옥내소화전설비의 설치 대상 건축물로서 옥내 소화전의 설치개수가 가장 많은 층의 설치 개수가 6개인 경우, 옥내소화전설비 수원의 유효 저수량은 최소 얼마 이상이 되어야 하는가? [기18]

① 7.8 m³ ② 10.4 m³
③ 13.0 m³ ④ 15.6 m³

해설
옥내소화전 소화수량
옥내소화전 소화수량 = 2.6[m³/N] × 5(최대) = 13[m³]

164 해당 특정소방대상물에 설치된 2개의 옥외소화전을 동시에 사용할 경우 각 옥외소화전의 노즐선단에서의 방수압력은 최소 얼마이상이어야 하는가? (단, 전동기 또는 내연기관에 따른 펌프를 이용하는 가압송수장치를 사용할 경우) [산13]

① 0.07 MPa ② 0.17 MPa
③ 0.25 MPa ④ 0.34 MPa

해설
옥외소화전
옥외소화전의 방수압력은 0.25 MPa이다.

165 물과 오리피스가 분리되어 동파를 방지할 수 있는 스프링클러헤드로 정의되는 것은? [기15]

① 조기반응형헤드 ② 건식 스프링클러헤드
③ 폐쇄형 스프링클러헤드 ④ 개방형 스프링클러헤드

해설
스프링클러
건식 스프링클러는 동파의 위험이 있는 곳에 설치하며, 습식보다 설비비가 고가이다.

166 스프링클러헤드의 디플렉터(defilector)에 관한 설명으로 옳은 것은? [기16]

① 방수구에 물을 보내어 압력을 가하게 하는 부분이다.
② 방수구에 수압이 가해지게 하여 하중이 걸리게 하는 부분이다.
③ 방수구에서 유출되는 물을 확산시키는 작용하는 부분이다.
④ 방수구에서 유출되는 물에 혼합된 공기를 분류하는 부분이다.

해설
스프링클러
①, ② 가압송수장치(펌프)에 관련된 설명이다.

167 스프링클러 설치장소가 아파트인 경우, 스프링클러 헤드의 기준개수는? (단 폐쇄형 스프링클러헤드를 사용하는 경우) [기14, 19]

① 10개　　② 20개
③ 30개　　④ 40개

해설
스프링클러 설치개수
아파트의 기준개수는 10개, 판매시설·복합상가 및 11층 이상인 소방대상물은 30개

168 최대 방수구역에 설치된 스프링클러헤드의 개수가 20개인 경우 스프링클러설비의 수원의 저수량은 최소 얼마 이상이어야 하는가? (단, 개방형 스프링클러헤드 사용) [기10]

① 16 m³　　② 32 m³
③ 48 m³　　④ 56 m³

해설
스프링클러 저수량
스프링클러의 개당 필요 소화수량은 1.6 m³/N이다.

169 최대 방수구역에 설치된 스프링클러헤드의 개수가 10개일 때 스프링클러설비의 수원의 최소 필요 저수량은? (단, 개방형 스프링클러헤드를 사용하는 스프링클러설비의 경우) [산16]

① 8 m³　　② 16 m³
③ 40 m³　　④ 32 m³

해설
스프링클러 저수량
스프링클러의 개당 필요 소화수량은 1.6 m³/N이다.

170 스프링클러설비의 배관에 관한 설명으로 옳지 않은 것은? [산14]

① 가지배관은 각 층을 수직으로 관통하는 수직배관이다.
② 급수배관은 수원 및 옥외송수구로부터 스프링클러헤드에 급수하는 배관이다.
③ 교차배관이란 직접 또는 수직배관을 통하여 가지배관에 급수하는 배관이다.
④ 신축배관은 가지배관과 스프링클러헤드를 연결하는 구부림이 용이하고 유연성을 가진 배관이다.

해설
스프링클러 배관
가지배관은 교차배관에서 스프링클러 헤드로 분산되는 배관을 말한다.

171 스프링클러설비에서 각 층을 수직으로 관통하는 수직배관을 의미하는 것은? [산14]

① 주배관　　② 가지배관
③ 교차배관　　④ 급수배관

해설
스프링클러 배관
스프링클러설비에서 각 층을 수직으로 관통하는 수직배관은 주배관에 해당한다.

172 소방시설은 소화설비, 경보설비, 피난설비, 소화활동설비 등으로 구분할 수 있다. 다음 중 소화활동설비에 속하지 않는 것은? [기15]

① 제연설비　　② 연결살수설비
③ 비상방송설비　　④ 연소방지설비

해설
소화활동설비
소방법령상 소화활동설비에 속하는 설비는 제연설비, 연결송수관설비, 연결살수설비, 연소방지설비, 비상콘센트설비 및 무선통신보조설비이다. 비상방송설비는 경보설비에 속한다.

정답　167. ①　168. ②　169. ②　170. ①　171. ①　172. ③

06. 가스설비

173 액화천연가스(LNG)에 관한 설명으로 옳지 않은 것은? [기21]

① 메탄이 주성분이다.
② 무공해, 무독성이다.
③ 비중이 공기보다 크다.
④ 일반적으로 배관을 통해 공급한다.

해설
액화천연가스(LNG)
③ LNG는 공기보다 가볍다.

174 LPG에 관한 설명으로 옳지 않은 것은? [기17]

① 비중이 공기보다 작다.
② 액화석유가스를 말한다.
③ 액화하면 그 체적은 약 1/250로 된다.
④ 상압에서는 기체이지만 압력을 가하면 액화된다.

해설
액화석유가스(LPG)
LPG는 비중이 공기보다 커서 인화폭발의 염려가 있다.

175 액화석유가스(LPG) 가스용기(봄베)의 보관온도는? [산16]

① 최대 10℃ 이하
② 최대 20℃ 이하
③ 최대 30℃ 이하
④ 최대 40℃ 이하

해설
액화석유가스(LPG)
LPG의 가스용기의 보관온도는 최대 40℃ 이하로 보관하도록 규정되어 있다.

176 도시가스사용시설의 시설기준에 관한 설명으로 옳지 않은 것은? [기12]

① 건축물 안의 배관은 매설하여 시공하는 것을 원칙으로 한다.
② 가스계량기와 전기계량기의 거리는 60 cm 이상 유지하여야 한다.
③ 지상배관은 부식방지도장 후 표면색상을 황색으로 도색하는 것이 원칙이다.
④ 가스계량기는 보호상자 안에 설치할 경우 직사광선이나 빗물을 받을 우려가 있는 곳에 설치할 수 있다.

해설
가스배관과 계량기
가스배관은 가스누출 시 환기를 위하여 노출배관을 원칙으로 한다.

177 가스 사용시설의 지상배관은 어떤 색으로 도색하는 것이 원칙인가? [산14]

① 백색
② 황색
③ 적색
④ 청색

해설
가스배관
지상배관: 황색
매설배관(저압): 황색
매설배관(중압): 적색

178 도시가스사용시설에서 가스계량기와 전기계량기는 최소 얼마 이상의 거리를 유지하여야 하는가? [산14]

① 15 m
② 30 cm
③ 45 cm
④ 60 cm

해설
가스설비
가스계량기와 전기계량기는 60 cm 이상의 거리를 유지하여야 한다.

정답 173. ③ 174. ① 175. ④ 176. ① 177. ② 178. ④

179 가스사용시설의 가스계량기에 관한 설명으로 옳지 않은 것은? [기19]

① 가스계량기와 전기점멸기와의 거리는 30 cm 이상 유지하여야 한다.
② 가스계량기와 전기계량기와의 거리는 60 cm 이상 유지하여야 한다.
③ 가스계량기와 전기개폐기와의 거리는 60 cm 이상 유지하여야 한다.
④ 공동주택의 경우 가스계량기는 일반적으로 대피공간이나 주방에 설치한다.

> [해설]
>
> **가스설비**
> 사람이 거주하는 공간 및 가스계량기에 나쁜 영향을 미칠 우려가 있는 곳에 가스계량기 설치를 금지한다.

180 도시가스 설비에서 도시가스 압력을 사용처에 맞게 낮추는 감압 기능을 갖는 기기는? [기20]

① 기화기 ② 정압기
③ 압송기 ④ 가스홀더

> [해설]
>
> **거버너(정압기)**
> 정압기는 가스공급회사로부터 공급받은 가스를 건물에서 사용하기에 적합한 압력으로 조정하는 장치이다.

PART 4

공기조화설비

CHAPTER

01 기초적인 사항
02 환기 및 배연 설비
03 난방설비
04 공기조화용 기기
05 공기조화방식

공기조화설비 최근 5개년 기출 누적개수

- 기초적인 사항: 30
- 환기 및 배연 설비: 11
- 난방설비: 24
- 공기조화용 기기: 20
- 공기조화방식: 10

공기조화설비파트는 기사시험에서는 대략 6문제가 출제되고 산업기사시험에서는 7~8문제가 출제되어 출제빈도가 높다. 기초적인사항, 환기 및 배연설비, 난방설비, 공기조화용기기, 공기조화방식으로 구성되어 있다.

기사시험에서는 각 부분에 걸쳐 1~2문제가 출제되고 기초적인 사항(2.1문제), 난방설비(1.7문제), 공기조화용기기(1.4문제), 공기조화방식(0.7문제), 환기 및 배연설비(0.8문제) 순으로 비중이 높다. 기초적인 사항에서는 습공기의 성질 및 습공기선도, 공기조화(냉난방부하), 공기조화계산식과 공조프로세스가 비슷한 비중으로 출제되어 전체적으로 볼 필요가 있다.

산업기사시험에서는 각 부분에 걸쳐 1~3문제가 출제되고, 난방설비(2.8문제), 기초적인사항(1.9문제), 공기조화방식(1.5문제), 공기조화용기기(0.8문제), 환기 및 배연설비(0.6문제) 순으로 출제 비중이 높다. 난방설비에서는 난방설비의 종류 및 특징과 난방실비 구성요소 및 특징이 비슷한 비중으로 출제된다.

CHAPTER 01 기초적인 사항

빈출 KEY WORD
건축기사(2.1문제), 산업기사(1.8문제)의 출제비중을 가짐
공기조화(냉난방)부하, 습공기의 성질 및 습공기선도, 공기조화계산식과 공조프로세스 순으로 출제비중이 높음

01 공기의 기본 구성

공기는 건공기와 수증기로 구성되며 공기 내 수증기의 포함여부에 따라 건공기와 습공기로 분류된다.

1. 건공기(Dry air)

수증기를 전혀 포함하지 않은 공기를 말한다.

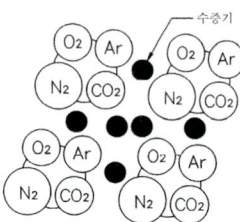
[건공기(Dry air)]

2. 습공기(Moist air)

건공기와 수증기를 포함한 자연공기를 말한다.

[습공기(Dry air)]

02 습공기의 성질 및 습공기선도

1. 습공기의 성질

온도에 따라 일정한 부피의 공기에 포함될 수 있는 수증기량은 한계가 있다.

(1) 포화공기(Saturated air)

최대 수증기를 포함한 공기(상대습도 100%)
① 온도 상승(가열)하면 포화수증기량은 증가하고 포화압력은 상승한다.
② 온도 하강(냉강)하면 포화수증기량은 감소하고 포화압력은 하강한다.

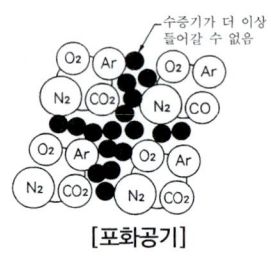
[포화공기]

(2) 불포화공기(Unsaturated air)

① 포화점에 도달하지 못한 습공기로 실제의 대부분은 불포화 공기이다.
② 포화공기를 가열하면 불포화 공기가 된다.

2. 습공기선도

(1) 개요

① 습공기 상태를 표시한 그래프를 습공기선도라고 한다.
② 습공기선도는 1) 건구온도 2) 습구온도 3) 노점온도 4) 절대습도 5) 상대습도 6) 수증기분압 7) 엔탈피 8) 비체적 등의 관련성을 나타낸 것이다.

▶ 기류속도는 표시되지 않는다.

③ 습공기 상태값 중에서 2가지를 알게 되면 그 습공기의 다른 상태값을 알 수 있다.

(2) 습공기 선도 구성요소

① 건구온도(Dry Bulb temperature, DB, t) [℃]

보통의 온도계로 측정한 온도이다.

② 습구온도(Wet Bulb temperatrue, WB, t') [℃]

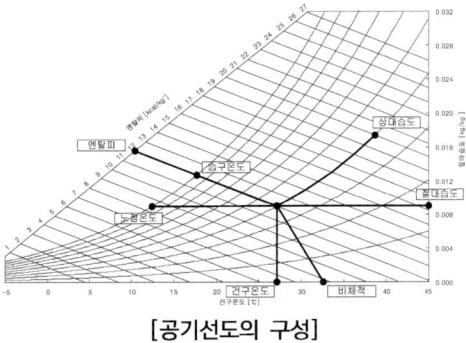

[공기선도의 구성]

- 습구온도를 이용하여 측정한 온도이다.
- 대기중의 수증기량과 관계가 있으며 습도가 높으면 건구온도와 차이가 적어진다.

③ 노점온도(Dew Point temperature, DP, t'') [℃]

- 응축이 시작되는 온도이다.
- 결로상태가 되면 건구온도 = 습구온도 = 노점온도가 된다.
- 결로 발생을 제외하고는 건구온도 > 습구온도 > 노점온도

④ 절대습도(Absolute Humidity, AH, x) [kg/kg′, kg/kg(DA)]

건조공기 1 kg 중에 포함되어 있는 수증기의 양

$$절대습도 = \frac{수증기량[kg]}{건조공기의\ 중량[kg']}$$

⑤ 상대습도(Relative Humidity, RH, ϕ) [%]

현재 공기의 수증기량(수증기압)과 동일 온도에서의 포화공기수증기량(수증기압)의 비이다.

$$상대습도 = \frac{현포화공기의\ 수증기량}{포화공기의\ 수증기량} \times 100$$

⑥ 수증기분압(Vapor Pressure, VP, P) [kPa]

습공기 속에서 수증기가 갖는 압력으로 수증기압이라고도 한다.

⑦ 엔탈피(Enthalpy, h, i) [kJ/kg]

- 건공기의 엔탈피(h_a)와 수증기의 엔탈피(h_v)의 합
- 현열과 잠열의 합

$$h = h_a + xh_v = C_p \cdot t + x(r + C_{vp} \cdot t) = 1.01t + x(2,501 + 1.85t)$$

여기서, C_p: 건공기 정압비열 [1.01 kJ/kg · K]

t: 건공기의 온도 [℃]

x: 습공기의 절대습도 [kg/kg′]

r: 0℃에서 포화수의 증발잠열 [2,501 kJ/kg]

C_{vp}: 수증기의 정압비열 [1.85 kJ/kg · K]

⑧ 비체적(Specific Volume, SV)

수증기에 포함되어 있는 건공기 1 kg에 대한 습공기의 체적

$$비체적 = \frac{습공기\ 체적[m^3]}{건공기\ 체적[kg]}$$

> 현열비와 열수분비의 정의에 대한 이해가 필요하다.

⑨ 현열비(Sensible Heat Factor, SHF)

전열량에 대한 현열량의 비

$$현열비(SHF) = \frac{현열부하}{전열부하} = \frac{현열부하}{현열부하 + 잠열부하}$$

⑩ 열수분비(Enthalpy-humidity difference ratio)

공기의 상태변화 시 엔탈피 변화량과 절대습도 변화량의 비

$$열수분(u) = \frac{엔탈피의\ 변화량}{절대습도의\ 변화량}$$

> 습공기의 상태변화에 따른 습공기 선도의 구성요소의 변화에 대한 이해가 필요하다.

(3) 습공기선도의 해석

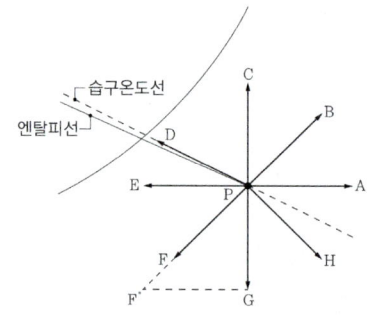

P→ A: 가열(加熱)
P→ B: 가열가습(加熱加濕)
P→ C: 등온가습(等溫加濕)
P→ D: 증발냉각(蒸發冷却)
P→ E: 현열냉각(顯熱冷却)
P→ F: 냉각감습(冷却減濕)
P→ G: 등온감습(等溫減濕))

[공기의 각종 상태 변화]

① 포화범위 내에서 공기를 가열하거나 냉각해도 절대습도는 변함이 없다.
② 절대습도의 변화 없이 건구온도만 상승시키면 상대습도는 낮아지고, 노점온도는 절대습도의 변화가 없으므로 일정하게 되며, 비체적은 증가한다.
③ 상대습도 100%에서는 건구온도, 습구온도, 노점온도값은 동일하다.
④ 습공기를 가열할 경우 엔탈피, 비체적, 건구온도는 증가한다.
⑤ 습공기를 가열하면 포화수증기압의 증가로 상대습도는 낮아진다.

Q1. 습공기의 건구온도와 습구온도를 알 때 습공기선도를 사용하여 구할 수 있는 상태 값이 아닌 것은?
[기16, 20]

① 엔탈피 ② 비체적
③ 기류속도 ④ 절대습도

[해설] 습공기선도를 이용하면 건구온도, 습구온도, 노점온도, 절대습도, 상대습도, 포화도, 수증기압, 엔탈피, 비체적, 현열비를 알 수 있다.

Q2. 습공기를 가열하였을 경우 상태량이 변하지 않는 것은?
[기20]

① 엔탈피 ② 비체적
③ 절대습도 ④ 상대습도

[해설] 습공기를 가열하면 엔탈피, 비체적은 증가, 상대습도는 감소한다.

03 공기조화(냉난방)부하

공기조화부하란 실내를 필요한 온습도로 유지하기 위하여 냉각, 가열, 감습, 가습하는 데 필요한 열량을 총칭한 값이다.

1. 냉방부하

(1) 냉방부하의 종류

① 냉방기에 실내의 온습도를 일정하게 유지하기 위하여 획득열량을 제거하는 필요한 열량
② 획득열량은 온도가 높아지는 현열과 습도가 높아지는 잠열로 나뉜다.

구 분		세부사항	열종류	
			현열	잠열
실부하	외피부하	• 전열부하(외벽, 천장, 유리, 바닥)	○	
		• 일사(유리)	○	
		• 틈새바람	○	○
	내부부하	• 조명·기기부하	○	
		• 인체부하	○	○
장치(공조)부하		• 환기부하(신선외기)	○	○
		• 팬 열획득	○	
		• 덕트 열획득	○	
		• 재열부하	○	
		• 혼합손실	○	
열원부하		• 펌프 열획득	○	
		• 배관 열획득	○	

▶ 냉방부하 요소 중 현열만 포함하는 요소와 현열과 잠열을 포함하는 요소 구분이 중요하다.

(2) 상당외기온도차(Elquivalent Temperature Difference)

① 불투명한 벽면 또는 지붕면에서 태양열을 받으면 일부는 반사되고 일부는 흡수되어 외표면온도가 점점 상승하게 된다.
② 외표면의 온도상승은 일사량 외에 벽체의 구조와 외기온도에 영향을 받는다.

▶ 냉방부하 계산에 상당외기온도차 개념은 중요하게 다루어진다.

Q3. 공조부하 중 현열 및 잠열이 동시에 발생하는 것은? [기21]

① 인체의 발생열량
② 벽체로부터의 취득열량
③ 유리로부터의 취득열량
④ 덕트로부터의 취득열량

해설 인체의 발생열량, 환기, 침기에 의한 공조부하는 현열 및 잠열이 동시에 발생한다.

Q4. 다음과 조건에 있는 실의 틈새바람에 의한 현열부하는? [기17, 18, 20, 21]

• 실의 체적: 400 m³ • 공기의 밀도: 1.2 kg/m³
• 환기 횟수: 0.5회/h • 공기의 정압비열: 1.01 kJ/kg·K
• 실내온도: 20℃, 외기온도 0℃

① 약 654 W   ② 1124 W
③ 약 1347 W ④ 1542 W

해설 $Q = n \cdot V = 0.5 \times 400 = 200 [m^3/h]$
$q_{IL} = 0.34 \times Q \times (t_o - t_i)$
$= 0.34 \times 200 \times (20-0) = 1,360 [W]$

③ 상승된 온도를 상당외기온도라 하며, 실내온도와의 차를 상당외기온도차라고 한다.

(3) 틈새바람에 의한 냉방부하

틈새바람에 의한 냉방부하는 현열부하와 잠열부하로 구분된다.

현열부하(q_{IS}) $= 0.34 \cdot Q \cdot (t_o - t_r)$ [W]

잠열부하(q_{IL}) $= 834 \cdot Q \cdot (x_o - x_r)$ [W]

여기서, Q: 틈새바람량 [m³/h]

t_o, t_i: 외기, 실내온도 [℃]

x_o, x_i: 외기, 실내의 절대습도 [kg/kg′]

2. 난방부하

(1) 난방부하의 종류

구 분	세부사항	열종류	
		현열	잠열
외피부하	• 구조체 관류에 위한 손실열량	○	
	• 틈새바람 손실열량	○	○
장치(공조)부하	• 환기로 인한 손실열량	○	○
	• 덕트 등에서 손실되는 열량	○	

• 실내열획득(조명, 기기, 인체)은 난방부하가 감소하므로 난방부하 계산에 고려하지 않는다.

(2) 외벽의 열손실량

① 열관류율
   • 어떤 구조물의 맞은편에 온도차가 있을 때 열전달 능력을 측정하는 단위

Q5. 난방부하 계산에 일반적으로 고려하지 않는 사항은? [산20]

① 환기에 의한 손실 열량
② 구조체를 통한 손실 열량
③ 재실 인원에 따른 손실 열량
④ 틈새바람에 의한 손실 열량

해설 재실 인원에 의해 열획득이 이루어져 난방부하 시 고려하지 않는다.

Q6. 다음과 같은 조건에서 북측에 위치한 면적 12 m²인 콘크리트 외벽체를 통한 관류에 의한 손실 열량은? [산16]

• 외기온도 = −1℃, 실내온도 = 18℃
• 벽체의 열관류율 = 1.71 W/m²K
• 벽체의 방위계수 = 1.2

① 383.7 W ② 411.0 W
③ 429.0 W ④ 468.0 W

해설 $Q = K \cdot A \cdot \Delta t \cdot C$
$= 1.71 \times 12 \times (18 - (-1)) \times 1.2 = 468$ [W]

$$K = \frac{1}{1/a_1 + \sum(\frac{d}{\lambda}) + 1/a_2} [\text{W/m}^2\text{K}]$$

여기서, a_1, a_2: 실내 · 외의 열전달률

d: 벽체의 두께 [m]

λ: 열전도율

$1/\lambda$: 열전도저항

$\sum(1/\lambda)$: 열전도저항의 합계

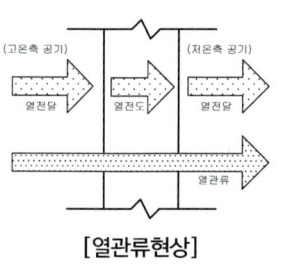

[열관류현상]

② 외벽의 열손실량

$Q = K \cdot A \cdot \Delta t \cdot C$

여기서, K: 열관류율 [W/m²K]

A: 구조체 면적 [m²]

Δt: 실내외 온도차 [℃]

C: 방위계수

(3) 침입외기량 산출방법

구 분	내 용
틈새법	• 창 및 문의 틈새길이를 계산하여 틈새바람의 양계산 • 풍속 및 창문의 형식과 재질에 따라 다름
면적법	• 창 및 문의 총면적에 풍속과 문에 따른 단위면적, 단위시간당 침기외기량을 곱하여 구함
환기횟수법	• 환기횟수 = 시간당 외기량[m³/h] / 실의 용적 [m³]

04 공기조화계산식과 공조프로세스

1. 공기조화계산식

(1) 혼합공기의 온도

$$t_3 = \frac{m_1}{m_1 + m_2} \times t_1 + \frac{m_2}{m_1 + m_2} \times t_2$$

(2) 현열비 산출

$$\text{현열비(SHF)} = \frac{\text{현열부하}}{\text{전열부하}} = \frac{\text{현열부하}}{\text{현열부하} + \text{잠열부하}}$$

(3) 현열부하의 산출

현열부하(q_s) = $0.34 \times Q \times \Delta t$

여기서, Q: 송풍량 [m³/h], Δt: 온도변화량 [℃], q_s: 현열량 [W]

[공기의 혼합]

(4) 송풍공기량

$$Q = \frac{q_s}{0.34 \times \Delta t} \ [\text{m}^3/\text{h}]$$

2. 공조프로세스

(1) 바이패스 팩터(By-pass Factor, BF)
가열·냉각코일을 통과하는 공기 중 코일 표면에 접촉하지 않고 그대로 통과하는 공기의 비율

(2) 콘택트 팩터(Contact Factor, CF)
가열·냉각코일을 통과하는 공기 중 코일 표면에 완전히 접촉하면서 통과하는 공기의 비율

$$CF = 1 - BF$$

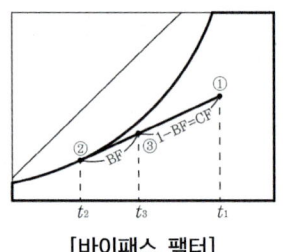

[바이패스 팩터]

Q7. 건구온도 26°C인 실내공기 8,000 m³/h와 건구온도 32°C인 외부공기 2,000 m³/h를 단열혼합하였을 때 혼합공기의 건구온도는? [기16, 19]

① 27.2°C ② 27.6°C
③ 28.0°C ④ 29.0°C

해설 $\dfrac{26[°C] \times 8000 + 32[°C] \times 2000}{8000 + 2000} = 27.2[°C]$

Q8. 냉방부하 계산 결과 현열부하가 620 W, 잠열부하가 155 W일 경우, 현열비는? [기14, 19]

① 0.2   ② 0.25
③ 0.4   ④ 0.8

해설 현열비(SHF) $= \dfrac{현열}{현열 + 잠열} = \dfrac{620}{620 + 115} = 0.84$

CHAPTER 01 필수 확인 문제

01 습공기선도에 표현되어 있지 않은 것은? [산18]

① 비체적
② 노점온도
③ 절대습도
④ 엔트로피

> 습공기선도는 건구온도, 습구온도, 절대습도, 상대습도, 수증기압, 엔탈피, 비체적의 상호관계를 나타내는 도표이다
>
> 정답 ④

02 건구온도 30℃인 건공기 1 kg에 수증기가 0.015 kg이 포함된 습공기의 엔탈피는?(단, 건공기의 정압비열=1.01 kJ/kg·K, 수증기의 정압비열=1.85 kJ/kg·K, 0℃에서 포화수의 증발잠열=2,501 kJ/kg이다.) [산12]

① 58.65 kJ/kg
② 68.65 kJ/kg
③ 78.65 kJ/kg
④ 88.65 kJ/kg

> $h = C_{pa} \cdot t + (r_0 + C_{pw} \cdot t) \cdot x$
> $= 1.01 \times 30 + (2501 + 1.85 \times 30) \times 0.015$
> $= 68.65 [KJ/kg]$
>
> 정답 ②

03 어떤 습공기를 가열했을 때 습공기선도에서 변화하지 않는 것은? [기13]

① 엔탈피
② 습구온도
③ 절대습도
④ 상대습도

> 포화범위 내에서 공기를 가열하거나 냉각해도 절대습도는 변함이 없다.
>
> 정답 ③

04 습공기를 가열할 경우 감소하는 상태값은? [산21]

① 엔탈피
② 비체적
③ 상대습도
④ 건구온도

> 습공기를 가열하면 포화수증기압이 증가하여 상대습도는 감소한다.
>
> 정답 ③

05 공조부하 계산 시 현열과 잠열이 동시에 발생하는 것은? [기14]

① 인체의 발생열량
② 벽체로부터의 취득열량
③ 유리로부터의 취득열량
④ 덕트로부터의 취득열량

> 현열 + 잠열: 인체부하, 틈새바람, 환기를 위한 신선외기 도입
>
> 정답 ①

06 다음의 냉방부하 발생요인 중 현열부하만 발생시키는 것은? [기19, 20]

① 인체의 발생열량
② 벽체로부터의 취득열량
③ 극간풍에 의한 취득열량
④ 외기의 도입으로 인한 취득열량

> ① 인체의 발생열량, ③ 벽체열전도, ④ 외기는 현열부하와 잠열부하를 발생시킨다.
>
> 정답 ②

07 다음과 같은 조건에서 바닥면적 300 m², 천장고 2.7 m인 실의 난방부하 산정 시 틈새바람에 의한 외기부하는? [기18]

- 실내 건구온도: 20℃
- 외기온도: -10℃
- 환기횟수: 0.5회/h
- 공기의 비열: 1.01 kJ/kg·K
- 공기의 밀도: 1.2 kg/m³

① 3.4 kW ② 4.1 kW
③ 4.7 kW ④ 5.2 kW

$Q = n \cdot V$
$= 0.5 \times 300 \times 2.7 = 405 [m^3/h]$
$q_{IS} = 0.34 \times Q \times (t_o - t_r)$
$= 0.34 \times 405 \times (20 - (-10))$
$= 4131[W] = 4.1[kW]$

정답 ②

08 상당외기온도차에 관한 설명으로 옳지 않은 것은? [산17]

① 난방부하의 계산에는 적용하지 않는다.
② 건물의 방위와 계산시각에 따라 달라진다.
③ 일사량이 클수록 상당외기온도차는 작아진다.
④ 외벽 및 지붕의 구조체 종류에 따라 달라진다.

③ 일사량이 클수록 상당외기온도차는 커진다.

정답 ③

09 다음과 같이 구성되어 있는 벽체의 열관류율은? (단, 내표면 연전달률은 8 W/m²K, 의표면, 연전달율은 20 W/m²·K이다.) [산17]

재료	두께 [m]	열전도율 [W/m·k]	열저항 [m²·K/W]
모르타르	0.02	0.93	-
벽돌	0.10	0.53	-
공기층	-	-	0.21
벽돌	0.21	0.53	-
모르타르	0.02	0.93	-

① 0.99 W/m²·K ② 1.18 W/m²·K
③ 1.22 W/m²·K ④ 1.28 W/m²·K

$\sum(\frac{d}{\lambda}) = \frac{0.02}{0.93} + \frac{0.1}{0.53} + 0.21$
$+ \frac{0.21}{0.53} + \frac{0.02}{0.93}$
$= 0.84$
$K = \frac{1}{1/a_1 + \sum(\frac{d}{\lambda}) + 1/a_2}$
$= \frac{1}{\frac{1}{8} + 0.84 + \frac{1}{20}} = 0.99[W/m^2K]$

정답 ①

10 다음과 같은 벽체에서 관류에 의한 열손실량은? [산19]

- 벽체의 면적: 10 m²
- 벽체의 열관류율: 3 W/m²K
- 실내 온도: 18℃, 외기온도: -12℃

① 360 W ② 540 W
③ 780 W ④ 900 W

$H_c = K \cdot A \cdot \Delta t$
$= 3 \times 10 \times (18 - (-12)) = 900[W]$

정답 ④

11 냉난방 부하에 관한 설명으로 옳지 않은 것은? [기18]

① 틈새바람부하에는 현열부하 요소와 잠열부하 요소가 있다.
② 최대부하를 계산하는 것은 장치의 용량을 구하기 위한 것이다.
③ 냉방부하 중 실부하란 전열부하, 일사에 의한 부하 등을 말한다.
④ 인체 발생열과 조명기구 발생열은 난방부하를 증가시키므로 난방부하계산에 포함시킨다.

○ ④ 인체 발생열과 조명기구 발생열은 난방부하를 감소시키므로 난방부하계산에 포함하지 않는다.
정답 ④

12 35℃의 옥외공기 30 kg과 27℃의 실내공기 70 kg을 단열혼합 하였을 때 혼합공기의 온도는? [산14, 17]

① 28.20℃ ② 29.40℃
③ 30.60℃ ④ 32.60℃

○ $t_3 = \dfrac{m_1 \times t_1 + m_2 \times t_2}{m_1 + m_2}$
$= \dfrac{30 \times 35 + 70 \times 27}{30 + 70} = 29.4[℃]$
정답 ②

13 실내 냉방부하 중에서 현열량이 3,000 W, 잠열량이 500 W일 때 현열비는? [산13, 18]

① 0.74 ② 0.68
③ 0.86 ④ 0.92

○ 현열비(SHF) $= \dfrac{현열}{잠열}$
$= \dfrac{현열}{현열 + 잠열}$
$= \dfrac{3,000}{3,000 + 500} = 0.86$
정답 ③

14 다음과 같은 조건에서 실의 현열부하가 7,000 W인 경우 실내 취출풍량은? [기18]

- 실내온도: 22℃
- 취출공기온도: 12℃
- 공기의 비열: 1.01 kJ/kg·K
- 공기의 밀도: 1.2 kg/m³

① 1042 m³/h ② 2079 m³/h
③ 3472 m³/h ④ 6944 m³/h

○ $Q = \dfrac{q_s[\text{W}]}{0.34 \times \Delta t}$
$= \dfrac{7000}{0.34 \times (22-12)}$
$= 2058[\text{m}^3/\text{h}] ≒ 2079[\text{m}^3/\text{h}]$
정답 ②

15 건구온도 30℃, 상대습도 60%인 공기를 냉수 코일에 통과시켰을 때 공기의 상태변화로 옳은 것은? (단, 코일 입구수온 5℃, 코일 출구수온 10℃) [설17, 21]

① 건구온도는 낮아지고 절대습도는 높아진다.
② 건구온도는 높아지고 절대습도는 낮아진다.
③ 건구온도는 높아지고 상대습도는 높아진다.
④ 건구온도는 낮아지고 상대습도는 높아진다.

○ 건구온도는 낮아지고 상대습도는 90% 정도로 높아진다.
정답 ④

CHAPTER 02 환기 및 배연 설비

빈출 KEY WORD

\# 건축기사(0.8문제), 산업기사(0.6문제) 시험 출제비중이 낮음
\# 오염물질의 종류 및 필요환기량, 환기설비 종류 및 특징 순으로 출제비중이 높음
\# 필요 환기량 계산식 및 계산방법 숙지가 필요함

01 오염물질의 종류 및 필요환기량

1. 오염물질의 종류

> 실내오염물질의 종류는 많으며, 실내환기량의 기준은 CO_2를 환기상태의 척도로 사용된다.
> (유지기준: 1,000ppm 이하)

- 실내공간의 오염물질에는 부유세균, 미세먼지(PM, Particle Matters 10), 일산화탄소(CO), 이산화탄소(CO_2), 이산화질소(NO_2), 오존(O_3), 포름알데히드(HCHO), 라돈(Rn), 휘발성유기화합물(VOC, Volatile Organic Compound, 톨루엔(Toluene), 벤젠(Benzene)), 석면(Asbestos) 등
- 실내공간에서 이산화탄소 농도가 증가하면 산소의 양이 부족하게 되므로 이산화탄소를 실내공기질 또는 환기상태의 종합적 지표로 사용된다.

2. 다중이용시설의 실내공기질 기준(환경부령)

	오염물질	1	2	3
유지 기준	미세먼지($\mu g/m^3$)	150 이하	100 이하	200 이하
	이산화탄소(ppm)		1,000 이하	
	포름알데히드($\mu g/m^3$)		100 이하	
	총부유세균(CFU/m^3)	–	800 이하	–
	일산화탄소(ppm)		10 이하	25 이하
권고 기준	이산화질소(ppm)		0.05 이하	0.30 이하
	라돈(Bq/m^3)		148 이하	
	총휘발성유기화합물($\mu g/m^3$)	500 이하	400 이하	1,000 이하
	석면(개/cc)		0.01 이하	
	오존(ppm)		0.06 이하	0.08 이하

1. 지하역사, 지하도상가, 여객자동차터미널의 대합실, 철도역사의 대합실, 공항시설 중 여객터미널, 항만시설 중 대합실, 도서관·박물관 및 미술관, 장례식장, 목욕장, 대규모점포, 영화상영관, 학원, 전시시설, 인터넷·컴퓨터시설 제공업 영업시설
2. 의료기관, 보육시설, 국공립 노인요양시설 및 노인전문병원, 산후조리원
3. 실내주차장

Q1. 일반적으로 실내 환기량의 기준이 되는 것은? [기17]

① 공기 온도　　② O 농도
③ CO_2 농도　　④ SO_2 농도

해설　일반적으로 이산화탄소(CO_2)를 실내공기질 또는 환기상태의 척도로 사용하고 있다.

Q2. 이산화탄소의 실내공기질 유지기준으로 옳은 것은? (단, 다중이용시설 중 실내주차장의 경우) [기15]

① 200 ppm 이하　　② 500 ppm 이하
③ 1,000 ppm 이하　　④ 2,000 ppm 이하

해설　이산화탄소 1,000 ppm, 일산화탄소 25 ppm 이하

3. 다중이용시설의 필요환기량(건축물의 설비기준 등에 관한 규칙)

다중이용시설		필요환기량(m^2/인·h)	비고
지하시설	지하역사	25 이상	
	지하도상가	36 이상	매장(상점)기준
문화 및 집회시설		29 이상	
판매 및 영업시설		29 이상	
의료시설		36 이상	
교육연구 및 복지시설		36 이상	
자동차 관련시설		27 이상	
그 밖의 시설		25 이상	

4. 필요환기량

(1) CO_2 농도에 의한 필요환기량

$$Q = \frac{K}{C_i - C_o}$$

여기서, Q : 필요환기량 [m^3/h]

K : 실내에서 발생한 CO_2량 [m^3/h]

C_i : 실내 CO_2 허용농도 [m^3/m^3]

C_o : 실외 신선외기 CO_2 농도 [m^3/m^3]

(2) 발열량 제거

$$Q = \frac{H_s}{0.34 \times (t_i - t_o)}$$

여기서, Q : 필요환기량 [m^3/h]

H_s : 발열량 [W]

t_i : 실내 허용온도 [℃]

t_o : 외기온도 [℃]

> 발열량 제거 계산식은 송풍량 계산식과 동일한 식을 적용한다.

02 환기설비의 종류 및 특징

1. 자연환기

실내 주위의 바람에 의한 공기압력과 실내외의 온도차에 의해 발생하는 압력차를 이용한다.

① 자연환기는 외기의 풍속, 풍향 및 온도에 의한 영향을 받는다.
② 건물의 외벽체에 설치된 급기구와 배기구의 기능이 바뀔 수 있다.

$$Q = \alpha A \sqrt{2gh\left(1 - \frac{273 + t_o}{273 + t_i}\right)}$$

여기서, Q : 환기량 [m³/s] α : 유량계수(개구부의 저항)
A : 개구부의 면적 [m²] g : 중력가속도 [9.8m/s²]
h : 중성대에서의 거리[m] t_i, t_o : 실내, 실외의 기온[℃]

2. 기계환기

기계력(송풍기, 배풍기)을 이용한다.

(1) 1종 환기

① 송풍기와 배풍기를 이용하여 환기하는 방식
② 실내압은 일정압을 가진다.
③ 일반공조, 보일러실, 변전실 등에 사용된다.

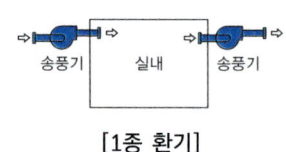
[1종 환기]

(2) 2종 환기

① 급기구에 송풍기를 설치하여 강제급기로 하고, 배기는 자연배기
② 실내압을 정압(+)으로 유지하여 유해물질의 유입을 방지
③ 수술실, 공기청정실 등에 사용된다.

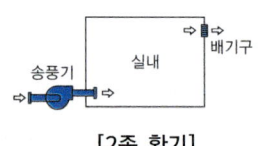
[2종 환기]

Q3. 실내의 탄산가스 허용농도가 1000 ppm, 외기의 탄산가스 농도가 400 ppm 일 때, 실내 1인당 필요한 환기량은? (단, 실내 1인당 탄산가스 배출량은 15 L/h이다.) [기12, 19]

① 15 m³/h ② 20 m³/h
③ 25 m³/h ④ 30 m³/h

해설 $15\,[\text{L/h}] = 0.015\,[\text{m}^3/\text{h}]$

$Q = \dfrac{k}{C - C_0} = \dfrac{0.015}{0.001 - 0.0004} = 25\,[\text{m}^3/\text{h}]$

Q4. 실내에 500 W의 열을 발산하는 기기가 있을 때, 이 열을 제거하기 위한 필요 환기량은? [기13, 20]

- 실내온도: 20℃ • 환기온도: 10℃
- 공기의 정압비열: 1.01 kJ/kg·K
- 공기의 밀도: 1.2 kg/m³

① 41.3 m³/h ② 148.5 m³/h
③ 413 m³/h ④ 1485 m³/h

해설 $Q = \dfrac{500}{0.34 \times (20 - (-10))} = 147\,[\text{m}^3/\text{h}] \fallingdotseq 148.5\,[\text{m}^3/\text{h}]$

(3) 3종 환기

① 급기는 자연급기하고, 배기구에 배풍기를 설치하여 강제배기
② 실내압을 부압(-)으로 유지하여 실내의 오염물질이 외부로 배출되지 않도록 한다.
③ 화장실, 조리장, 음압격리 병실 등에 사용된다.

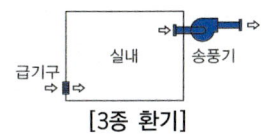
[3종 환기]

[기계환기의 구분]

구분	급기	배기	실내압력	용도
제1종환기	송풍기	송풍기	대기압	기계실, 전기실
제2종환기	송풍기	자연	정압	수술실, 공기청정실
제3종환기	자연	송풍기	부압	주방, 화장실, 음압격리 병실

▶ 기계환기 구분에 관련된 문제의 출제비중이 높음

3. 전반환기와 국소환기

(1) 전반환기(全般換氣)

열, 수증기, 먼지 등 유해물질의 발생원이 널리 분포되어 있거나 이동하여 실전체를 환기하는 것

(2) 국소환기(局所換氣)

- 발생원이 고정되어 있는 경우 적합한 장치를 설정하여 부분적으로 환기하는 것
- 전반환기에 비해 국소환기가 처리풍량이 적기 때문에 에너지를 절약할 수 있다.

4. 환기설비 설치 시 고려사항

① 기밀성이 높은 주택의 경우 잦은 기계 환기를 통해 실내 공기의 오염을 낮추는 것이 바람직하다.
② 공기의 오염농도가 높은 도로에 면해 있는 건물의 경우, 공기조화설비 계통의 외기도입구를 가급적 높은 위치에 설치한다.
③ 환기는 복수의 실을 각각 단일 계통으로 하여, 각 실별로 환기 필요조건을 파악하여 환기해야 한다.
④ 필요환기량은 실의 이용 목적과 사용 상황을 충분히 고려하여 결정한다.
⑤ 외기를 받아들이는 경우에는 외기의 오염도에 따라서 공기청정장치를 설치한다.
⑥ 전열교환기에서 열회수를 하는 배기계통에는 악취나 배기가스 등 오염물질을 수반하는 배기는 사용하지 않는다.

> 배연설비에 관련된 5년간 기출문제는 없으므로, 배연설비의 개념만 확인 필요

03 배연설비

건축물에서 사람들의 피난이나 소화활동 등에 장애가 되는 화재연기를 신속하게 실외로 배출(배연)하는 설비이다.

(1) 대상

규 모	건축물의 용도
모든 규모	요양병원, 정신병원, 노인요양시설, 장애인거주시설, 장애인의 의료재활시설
6층 이상	문화 및 집회시설, 의료시설, 운동시설, 숙박시설, 관광휴게시설, 종교시설, 운수시설, 판매시설, 연구소, 아동관련시설, 노인복지시설, 유스호스텔, 업무시설, 위락시설, 장례식장, 다중생활시설(제2종근린생활시설)

(2) 구조 기준

구 분	구조 기준
배연창의 위치	• 건축물의 방화구획에 설치된 경우, 그 구획마다 1개소 이상의 배연창을 설치하되 배연창의 상변과 천장 또는 반자로부터 수직거리가 0.9 m 이내일 것 • 다만, 반자 높이가 3 m 이상인 경우 배연창의 하변이 바닥으로부터 2.1 m 이상의 위치에 높이도록 설치
배연창의 유효면적	• 1 m^2 이상으로서 바닥면적의 1/100 이상 • 다만, 거실바닥면적의 1/20 이상으로 환기창을 설치한 거실의 바닥면적은 제외
배연구 구조	• 연기감지기, 열감지기에 의해 자동으로 열 수 있는 구조로 하되 손으로 여닫을 수 있도록 할 것 • 예비전원에 의해 열 수 있도록 할 것
기계실 배연설비	소방관계령의 규정에 따름

Q5. 환기방식에 관한 설명으로 옳지 않은 것은? [산14]

① 기계환기는 환기용량의 제어가 가능하다.
② 자연환기는 외기의 풍속, 풍향 및 온도에 의해 영향을 받는다.
③ **강제급기와 자연배기의 조합은 화장실, 욕조 등의 환기에 주로 사용된다.**
④ 자연환기에서는 건물의 외벽체에 설치된 급기구와 배기구의 기능이 바뀔 수 있다.

해설 ③ 화장실, 욕조의 환기는 자연급기와 강제배기의 조합을 사용한다.

Q6. 급기와 배기측에 팬을 부착하여 정확한 환기량과 급기량 변화에 의해 실내압을 정압(+) 또는 부압(-)으로 유지할 수 있는 환기방법은? [산20]

① 자연환기 ② **제1종환기**
③ 제2종환기 ④ 제3종환기

해설 급기와 배기측에 팬을 부착하여 환기하는 방법으로 제1종환기에 해당한다.

(3) 특별피난계단 및 비상용승강기의 승강장의 배연설비
   (건축물의 설비 기준 등에 관한 규칙 제10조)

구 분		설비 기준
배연구 및 배연풍도		불연재료로 하고, 화재가 발생한 경우 원활하게 배연시킬 수 있는 규모로서 외기 또는 평상시에 사용하지 아니하는 굴뚝에 연결할 것
배연구 구조		• 배연구에 설치하는 수동개방장치 또는 자동개방장치는 손으로도 열고 닫을 수 있도록 할 것 • 평상시에는 닫힌 상태를 유지하고, 열린 경우에는 배연에 의한 기류로 인하여 닫히지 아니하도록 할 것 • 배연구와 외기에 접하지 아니하는 경우에는 배연기를 설치할 것
배연기	개폐방식	배연구의 열림에 따라 자동적으로 작동하고, 충분한 공기 배출 또는 가압 능력이 있을 것
	전원	예비전원을 설치할 것
공기유입방식		급기 가압방식 또는 급배기 방식으로 하는 경우 소방관계 규정을 따를 것

CHAPTER 02 필수 확인 문제

01 다중이용시설 등의 실내공기질 관리법령에 따른 실내공간 오염물질에 속하지 않는 것은? [기13]

① 오존 ② 라돈
③ 일산화질소 ④ 폼알데하이드

> 실내공기 오염물질에는 부유세균, 미세먼지, 일산화탄소, 이산화탄소, 이산화질소, 오존, 포름알데히드, 라돈, 톨루엔 및 벤젠, 휘발성 유기화합물, 석면 등이 있다.
> **정답** ③

02 900명을 수용하는 극장에서 실내 CO_2량을 0.1%로 유지하기 위해 필요한 환기량은? (단, 외기 CO_2량은 0.04%, 1인당 CO_2 토출량은 18 L/h이다.) [기14, 18]

① 27,000 m³/h ② 30,000 m³/h
③ 60,000 m³/h ④ 66,000 m³/h

> $18[L/hr] = 0.018[m^3/hr]$
> $Q = \dfrac{k}{C - C_o}$
> $= \dfrac{0.018 \times 900}{0.001 - 0.0004} = 27,000[m^3/h]$
> **정답** ①

03 실내 CO_2 발생량이 17 L/h, 실내 CO_2 허용농도가 0.1%, 외기의 CO_2 농도가 0.04%일 경우 필요환기량은? [기20]

① 약 28.3 m³/h ② 약 35.0 m³/h
③ 약 40.3 m³/h ④ 약 42.5 m³/h

> $Q = \dfrac{k}{C - C_o} = \dfrac{17}{0.001 - 0.0004}$
> $= 28,333[L/h] = 28.3[m^3/h]$
> **정답** ①

04 2000명을 수용하는 극장에서 실온을 20℃로 유지하기 위한 필요환기량은? (단, 외기온도 10℃, 1인당 발열량(현열) = 60 W, 공기의 정압비열 = 1.01 kJ/kg·K, 공기의 밀도 = 1.2 kg/m³, 전등 및 기타 부하는 무시한다.) [기15, 21]

① 11,110 m³/h ② 21,222 m³/h
③ 30,444 m³/h ④ 35,644 m³/h

> $Q = \dfrac{H_i}{0.34 \times \Delta t}$
> $= \dfrac{2000 \times 60}{0.34 \times (20 - 10)}$
> $= 35,294[m^3/h] \fallingdotseq 35,644[m^3/h]$
> **정답** ④

05 5000 W의 열을 발산하는 기계실의 온도를 26℃로 유지시키기 위한 필요 환기량[m³/h]은? (단, 외기온도 6℃, 공기의 밀도 1.2 kg/m³, 공기의 정압비열 1.01 kJ/kg·K, 기계실의 열전달 손실은 무시한다.) [산21]

① 225.0 m³/h ② 396.8 m³/h
③ 594.1 m³/h ④ 742.6 m³/h

$$Q = \frac{H_i}{0.34 \times \Delta t}$$
$$= \frac{5,000}{0.34 \times (26-6)}$$
$$= 735 [m^3/h] ≒ 742.6 [m^3/h]$$

정답 ④

06 백화점 화장실에서 일반적으로 사용되는 환기방식은? [산12]

① 자연급기-강제배기 ② 자연급기-자연배기
③ 강제급기-자연배기 ④ 강제급기-강제배기

화장실에서 일반적으로 사용되는 환기방식은 제3종환기(자연급기-강제배기)가 적당하다.

정답 ①

07 환기에 관한 설명으로 옳지 않은 것은? [기18, 21]

① 화장실은 송풍기(급기팬)와 배풍기(배기팬)를 설치하는 것이 일반적이다.
② 기밀성이 높은 주택의 경우 잦은 기계환기를 통해 실내 공기의 오염을 낮추는 것이 바람직하다.
③ 병원의 수술실은 오염공기가 실내로 들어오는 것을 방지하기 위해 실내 압력을 주변공간보다 높게 설정한다.
④ 공기의 오염농도가 높은 도로에 면해 있는 건물의 경우, 공기조화설비 계통의 외기도입구를 가급적 높은 위치에 설치한다.

① 화장실은 제3종 기계환기법을 적용하여 배기팬만 설치한다.

정답 ①

08 환기설비에 관한 설명으로 옳지 않은 것은? [산14, 19]

① 환기는 복수의 실을 동일 계통으로 하는 것을 원칙으로 한다.
② 필요 환기량은 실의 이용목적과 사용 상황을 충분히 고려하여 결정한다.
③ 외기를 받아들이는 경우에는 외기의 오염도에 따라서 공기청정장치를 설치한다.
④ 전열교환기에서 열회수를 하는 배기계통에는 악취나 배기가스 등 오염물질을 수반하는 배기는 사용하지 않는다.

① 환기는 복수의 실을 동일계통으로 하면 실의 사용용도 및 공기의 오염 등으로 바람직하지 않다.

정답 ①

CHAPTER 03 난방설비

빈출 KEY WORD
\# 건축기사(1.4문제), 산업기사(2.8문제)의 출제비중을 가져 산업기사에서 출제비중이 높음
\# 건축기사시험의 경우 난방설비 종류 및 특징, 산업기사시험의 난방설비 구성요소 및 특징의 출제 비중이 높음

01 난방설비의 종류 및 특징

1. 난방방식의 분류

(1) 개별난방

열원기기를 실내에 설치하여 난방 (ex 난로, 온풍기, 화로 등)

(2) 중앙난방

건물의 중앙기계실에 온수나 증기 등의 열매를 만들어 실내의 난방장치로 공급

① 간접난방

중앙기계실의 공기가열 장치에서 가열한 공기를 덕트를 통해 실내로 통풍

② 직접난방

- 난방하는 실내에 직접 방열장치를 설치하여 그 방열장치에 의해 실내의 온도를 조절하는 난방
- 방열체의 방열 방식에 따라 대류난방, 복사난방 구분
- 사용열매에 따라 증기난방, 온수난방, 온풍난방으로 구분

난방방식	열 이용		
	현열	잠열	복사
증기난방		○	
온수난방	○		
복사난방			○
온풍난방	○		

2. 증기난방

보일러로 물을 가열하여 증기를 발생시키고 증기를 공급관(증기관)을 통해 발열기로 보내면 방열기에서 증기의 증발잠열로 주위의 공기를 가열하는 방식

Q1. 중앙난방방식을 직접난방과 간접난방으로 구분할 경우, 다음 중 직접난방에 해당하지 않는 것은? [산13]

① 온수난방 ② 증기난방
③ **온풍난방** ④ 복사난방

해설 온풍난방은 간접난방에 속한다.

Q2. 난방설비에 관한 설명으로 옳은 것은 [산18]

① **복사난방은 패널의 복사열을 주로 이용하는 방식이다.**
② 증기난방은 증기의 현열을 주로 이용하는 방식이다.
③ 온풍난방은 온풍의 잠열을 주로 이용하는 방식이다.
④ 온수난방은 온수의 잠열을 주로 이용하는 방식이다.

해설 ② 증기난방은 증기의 잠열을 이용한다.
③, ④ 온풍난방과 온수난방은 현열을 이용한다.

(1) 장단점

장점	• 열매온도가 낮으므로 방열기의 방열면적이 적어진다. • 온수난방의 경우보다 가열시간 및 증기순환이 빠르다. • 열운반 능력이 커서 주관의 관경이 작아도 된다. • 설비비가 싸다. • 예열시간이 짧아 간헐운전에 적합하다. • 온수난방에 비해 한랭지에서 동결우려가 적다.
단점	• 계통별 용량제어가 곤란하다. • 부하변동에 따른 방열기의 방열량 제어가 힘들다. • 방열기의 표면온도가 높아 온수난방보다 쾌적성이 낮다. • 스팀해머에 의한 소음 발생 가능성이 있다. • 응축수 배관이 부식되기 쉽다. • 증기트랩의 고장 및 응축수 처리에 배관상 기술이 요구 • 방열기를 바닥에 설치하므로 복사난방에 비하여 실내바닥의 유효면적이 줄어든다.

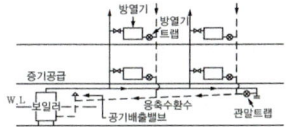

[중력환수식]

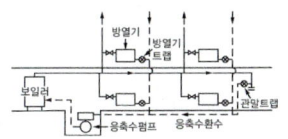

[기계환수식]

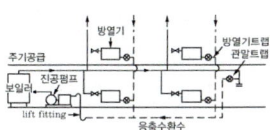

[진공환수식]

(2) 응축수 환수방식에 따른 분류

구분	특징
중력환수식	• 응축수를 펌프를 사용하지 않고 중력만으로 보일러 환수하는 방식 • 보일러와 방열기의 높이차를 충분히 유지할 수 있는 소규모의 저압 증기설비에 적용 • 현재는 거의 사용되지 않는다.
기계환수식	• 응축수탱크에 응축수를 모아 펌프로 보일러에 환수시키는 방식 • 방열기 설치위치에 제한을 받지 않는다.
진공환수식	• 기계환수식의 한 방식 • 진공펌프로 장치 내의 공기를 제거하면서 환수관 내의 응축수를 보일러에 환수하는 방식 • 응축수 환수방식 중 순환이 가장 빠르다. • 방열기, 보일러 등의 설치위치에 제한을 받지 않는다.

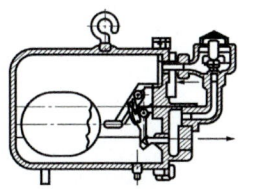

[플로트트랩]

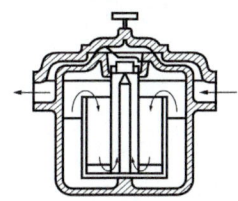

[버킷트랩]

(3) 증기트랩

응축수를 자동적으로 급속히 환수관측 등에 배출하는 기구이다.

구분	응축수 회수원리	종류
기계식	증기와 응축수의 비중차 이용	플로트트랩, 버킷트랩
열동식	증기와 응축수의 온도차 이용	바이메탈식 트랩 벨로스 트랩
열역학적	증기와 응축수의 열역학적 특성인 운동에너지의 차 이용	디스크트랩, 피스톤 오피리스, Y형 트랩

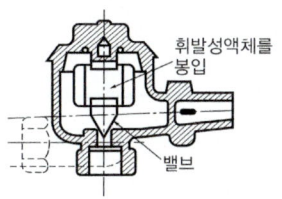

[벨로즈트랩]

(4) 증기난방의 배관방법

① 리프트 이음(Lift fitting)

- 진공환수식 난방장치에 환수관에 사용
- 방열기보다 높은 곳에 환수관을 배관 또는
- 환수주관보다 높은 위치에 진공 펌프를 설치하는 경우

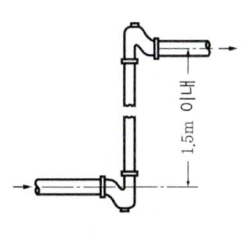

[리프트이음]

- 환수관에 응축수를 끌어올리기 위해 사용
- 가능한 환수주관 말단의 진공펌프 가까이에 설치
- 흡상높이는 1.5 m 이내

② 하트포트 연결법
- 저압증기 난방장치에서 보일러 하단에 환수관을 직접 연결하면 보일러 내의 증기압력에 의해 수면이 안전수위 이하로 내려가거나 환구관 일부 파손의 위험이 있다.
- 환수관과 증기관을 밸런스관을 통해 연결하고 급수지점을 안전수면보다 높은 곳에 접속시키는 방법이다.
- 환수압과 증기압의 균형을 유지
- 환수주관에 침적된 찌꺼기가 보일러에 유입되는 것을 방지

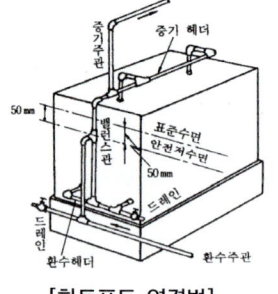

[하트포트 연결법]

3. 온수난방

보일러로 가열한 온수(65~85℃)를 배관을 통해 방열기로 공급하여 난방하는 방식이다.

(1) 장단점

장점	• 난방부하의 변동에 따라 공급 열매(물)의 온도를 조절할 수 있으므로 실내를 적정 온도로 유지할 수 있다. • 열용량이 크므로 보일러를 정지시켜도 실온은 급변하지 않는다. • 실내공기의 상하차가 작아 증기난방보다 실내 쾌감도가 좋다. • 열매의 온도가 높지 않아 배관 열손실이 적다. • 고장이 잦은 트랩이 필요없고 적정 배관인 경우 소음이 적다. • 방열기와 배관은 냉방용으로도 사용가능하다. • 환수배관의 부식이 적고 수명이 길다.

Q3. 증기난방에 관한 설명으로 옳지 않은 것은? [산13]
① 온수난방에 비해 예열시간이 짧다.
② 온수난방에 비해 한랭지에서 동결의 우려가 적다.
③ **온수난방에 비해 열용량이 크므로 간헐운전에는 부적합하다.**
④ 온수난방에 비해 부하변동에 따른 실내방열량의 제어가 곤란하다.

해설 ③ 증기난방은 온수난방에 비해 예열시간이 짧아 간헐운전에 적합하다.

Q4. 증기난방에서 응축수 환수를 위해 사용되는 장치는? [산17]
① 리턴콕 ② 인젝터
③ **증기트랩** ④ 플러시밸브

해설 ① 리턴콕: 온수의 유량조절에 사용
② 인젝터: 증기 보일러의 급수장치
④ 플러시밸브: 대변기에 사용

단점	• 열용량이 크므로 온수의 순환시간과 예열에 장시간이 필요하다. • 증기난방에 비해 방열면적과 관경이 커서 설비비가 높아진다. • 한랭지에서 난방 정지 시 동결의 우려가 있다. • 일반 저온수용 보일러는 사용압력에 제한이 있으므로 고층 건물에는 부적당하다.

(2) 온수난방의 분류

① 온수온도에 따른 분류

온수온도	특 징	밀폐탱크
저온수식	100℃ 이하의 온수를 사용	개방형
고온수식	100℃ 이상의 고온수를 사용	밀폐식

② 배관방식에 따른 분류

배관방식	특 징	밀폐탱크
단관식	1개의 관으로 공급관 환수관 겸함	설비비가 저렴하나 효율이 나쁘다.
복관식	공급관과 환수관을 별도로 설치	설비비가 많이 드나 효율이 좋다.

③ 온수순환방식

순환방식	특 징
중력순환식	• 온수의 온도차에 의한 대류작용으로 자연 순환 • 방열기는 보일러보다 높은 위치에 설치
강제순환식	• 환수주관 보일러 측 말단에 순환펌프를 설치하여 강제로 순환시키는 방식 • 온수순환이 신속하며 균등하게 이루어진다. • 방열기 설치위치에 제한을 받지 않는다.

④ 환수방식

환수방식	특 징
직접환수 (Direct return)	• 급수로부터 환수까지의 배관 길이차로 인한 배관저항이 달라진다. • 유량을 균일하게 하기 위하여 조절밸브로 조절 필요
역환수 (Reverse return)	• 급수로부터 각 유닛을 거쳐오는 총길이가 동일 • 배관저항이 동일하여 유량이 균일하다. • 환수관이 길어지고 2중으로 되므로 배관스페이스를 차지하고 설비비가 많이 든다.

(3) 팽창탱크

보일러·칠러 등 물이나 브라인의 순환계에서 액체 온도의 상하에 의해 계 전체의 체적이 팽창과 수축을 하면서 변화한다. 이 변화하는 양을 흡수하고 오버플로(월류)나 공기의 침입을 방지하기 위해 배관계 내에 설치하는 탱크가 팽창탱크이며, 개방식(100℃ 이하의 온수)과 밀폐식(100℃ 이상의 고온수)이 있다.

① 온수의 체적 팽창량

$$\Delta v = \left(\frac{1}{\rho_h} - \frac{1}{\rho_c}\right) V$$

여기서, Δv: 온수의 체적 팽창량 [L], V: 장치 내의 전수량 [L]

ρ_h: 높은 온도의 물의 밀도 [kg/L], ρ_c: 낮은 온도의 물의 밀도 [kg/L]

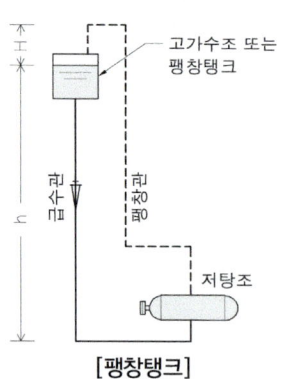

[팽창탱크]

② 팽창탱크의 용량
- 개방식 팽창탱크의 용량

$$V = (2.0 \sim 2.5)\Delta v$$

- 밀폐식 팽창탱크의 용량

$$V = \frac{P_1 P_2}{(P_2 - P_1)P_0} \times \Delta v$$

여기서, P_0 : 밀폐식 팽창탱크의 봉입 절대압 [kPa]

P_1 : 팽창탱크 위치에서 가열 전 절대압 [kPa]

P_2 : 장치의 허용최대절대압 [kPa]

4. 복사난방

방을 구성하는 구조체인 바닥, 벽, 천장에 온수관(coil)을 매입하여 이들 벽면을 가열면으로 이용, 복사열로서 난방하는 방법이다.

(1) 바닥 복사난방의 장단점

장점	• 실내 온도 분포가 균일하여 쾌감도가 높다. • 방열기가 필요하지 않아 바닥의 이용도가 높다. • 동일 방열량에 대하여 손실열량이 적다. • 천장이 높아도 난방효과가 크다. • 방을 자주 개방하여도 난방효과가 있다.
단점	• 예열 시간이 길어 외기 급변에 따른 방열량 조절이 어렵다. • 시공이 까다롭고 설비비가 비싸다. • 열손실을 막기 위한 단열층이 필요하다. • 매입배관으로 고장요소의 발견이 어렵다.

Q5. 온수난방에 관한 설명으로 옳지 않은 것은? [기21]

① 증기난방에 비해 예열시간이 길다.
② 온수의 잠열을 이용하는 난방하는 방식이다.
③ 한랭지에서 운전정지 중에 동결의 우려가 있다.
④ 증기난방에 비해 난방부하 변동에 따른 온도조절이 비교적 용이하다.

해설 ② 온수난방은 현열을 이용하는 난방방식으로 증기난방에 비하여 쾌감도가 높다.

Q6. 온수난방의 배관계통에서 물의 온도변화에 따른 체적 증감을 흡수하기 위하여 설치하는 것은? [산15]

① 컨벡터
② 감압밸브
③ 팽창탱크
④ 열교환기

해설 ① 대류현상을 이용한 실내난방장치
② 유체의 압력을 감소시키는 밸브
④ 유체 사이의 열교환하는 장치

5. 지역난방

대규모 열공급 시설에서 생산된 열에너지(증기, 고온수)를 열공급 배관을 통해 지역내에 존재하는 복수의 건물에 공급하는 난방 시스템이다.

(1) 장단점

장점	• 높은 열효율로 난방비가 저렴하다. • 각 건물마다 보일러시설을 할 필요가 없다. • 설비의 고도화에 따른 도시의 매연 저감 가능
단점	• 개별난방 대비 따뜻하지 않다. • 초기 설치비용이 비싸다. • 배관이 길어져 열손실이 크다. • 시간적 계절적 변동이 크다.

02 난방설비의 구성요소 및 특징

1. 보일러의 종류 및 특징

(1) 원통형 보일러

① 직경이 큰 통과 노통, 화실, 연관 등으로 구성되는 보일러
② 구조상 고압용은 곤란하여 증기 0.05 MPa, 온수 0.3 MPa 이하
③ 전열면적이 제한되어 대용량에 적합하지 않아 주택 등에 사용

장점	• 설치면적이 작아 협소한 장소에 설치가 가능하다. • 소용량 용도로 사용되며 구조가 매우 간단하다.
단점	• 전열면적이 작고, 전체적인 열효율이 낮다. • 내부 청소가 까다롭다. • 연소실이 작아서 불완전연소의 우려가 있다.

Q7. 온바닥복사난방에 관한 설명으로 옳지 않은 것은? [기17]

① 천장이 높은 실의 난방에는 사용할 수 없다.
② 실내의 온도분포가 비교적 균등하고 쾌감도가 높다.
③ 예열시간이 길어 일시적인 난방에는 바람직하지 않다.
④ 방열기를 설치하지 않아 실내 바닥면의 이용도가 높다.

해설 ① 복사열전달은 거리에 상관이 없다.

Q8. 지역난방에 관한 설명으로 옳지 않은 것은? [산13]

① 초기투자비는 싸지만 사용요금의 분배가 곤란하다.
② 설비의 고도화에 따라 도시의 매연을 경감시킬 수 있다.
③ 각 건물의 설비면적을 줄이고 유효면적을 넓힐 수 있다.
④ 각 건물마다 보일러 시설을 할 필요가 없으나 배관중의 열손실이 많다.

해설 ① 지역난방은 초기투자비가 크다.

[노통연관 보일러]

(2) 노통연관 보일러

① 노통 내의 파이프 속으로 연소가스를 통과시켜 밖에 있는 물을 가열 또는 증발 시킨다.
② 공통 베드상에 버너, 자동장치, 송풍기, 급수펌프, 수량계 등이 설치되어 있는 패키지형 보일러이다.
③ 사용압력: 0.4 ~ 0.7 MPa
④ 공조 및 급탕을 겸하며 비교적 큰 건물(학교, 사무소, 아파트 백화점 등)

장점	• 부하변동에 잘 적응된다. • 보유수면이 넓어서 급수용량 제어가 쉽다. • 수처리가 비교적 간단하다.
단점	• 예열시간이 길고 반입 시 분할이 어려우며 수명이 짧다. • 고압이나 대용량 적용 시에 문제가 있다.

(3) 수관식 보일러

[수관식 보일러]

① 드럼과 드럼 간에 여러 개의 수관을 연결하고, 연소용 가스가 보일러 수관 외부로 통과하여 수관 내부에 있는 물로 열전도되어 스팀을 발생
② 사용압력: 1 MPa 이상
③ 대형 건물(병원, 호텔)이나 지역난방에 사용

장점	• 부하변동에 대한 추종성이 높다. • 사용압력이 높고 예열시간이 짧다. • 열효율이 좋다.
단점	• 초기투자비가 많이 든다. • 고도의 수처리가 필요하다. • 수명이 짧고 압력변화가 심하다.

(4) 관류식 보일러

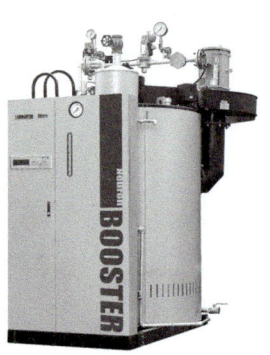

[관류식 보일러]

① 수관보일러와 같이 다량의 수관으로 되어 있으나 드럼(수실)이 없다.
② 보일러의 수관에 펌프로 공급하며 차례로 가열·포화·증발되어 증기가 발생
③ 중소규모의 일반 공조용에 많이 이용
④ 수처리공법과 자동제어장치가 발달함에 따라 널리 사용된다.

장점	• 보유수량이 적어서 예열시간이 빠르다. • 부하변화에 대한 응답이 빠르다. • 보일러의 효율이 넓다.
단점	• 수처리가 복잡하고 스케일 처리에 유의해야 한다.

(5) 주철제 보일러

① 주철제된 여러 장의 섹션을 난방부하 크기에 따라 조립하여 사용
② 사용압력: 증기 0.1 MPa 이하, 온수 0.3 MPa 이하

③ 규모가 비교적 작은 건물(소규모 주택 등)의 난방용으로 사용
④ 최근에는 잘 사용되지 않는다.

장점	• 조립식 구조로서 분할·반입이 용이하다. • 용량 증감이 간편하다. • 재질이 주철이므로 내식성이 강하며 수명이 길다.
단점	• 재질이 약하며 고압으로 사용할 수 없다. • 구조가 복잡하여, 청소나 검사 시 불편하다. • 전열효율 및 연소효율이 좋지 않다.

(6) 입형 보일러
① 수직으로 세운 드럼 내에 연관 또는 수관이 있는 소규모의 패키지형으로 되어 있다.
② 설치 면적이 작고 취급은 용이하나 사용압력이 낮다.

2. 보일러의 효율 및 용량

(1) 보일러의 효율

$$\eta = \frac{W \times C \times (t_2 - t_1)}{G \times H_L}$$

여기서, W : 온수출탕량 [kg/h]
C : 물의 비열 [4.19 kJ/kg·K]
t_2 : 온수의 평균 출구온도 [℃]
t_1 : 온수의 평균 입구온도 [℃]
H_L : 연료의 저위발열량 [kJ/kg]
G : 연료소비량 [kg/h]

Q9. 각종 보일러에 관한 설명으로 옳은 것은? [기16]

① 관류보일러는 보유수량이 많아 예열시간이 길다.
② 주철제 보일러는 사용 내압이 높아 고압용으로 주로 사용되며 용량도 크다.
③ 수관보일러는 소용량으로 소규모 건물에 적합하며 지역난방으로는 사용이 불가능하다.
④ 노통 연관보일러는 부하 변동에 잘 적응되며, 보유수면이 넓어서 급수용량 제어가 쉽다.

해설 ① 관류보일러는 보유수량이 적어 예열시간이 짧다.
② 주철제 보일러는 저압용 보일러이다.
③ 수관보일러는 대형건물이나 지역난방에 사용

Q10. 보일러에 관한 설명으로 옳지 않은 것은? [산19]

① 주철제보일러는 내식성이 강하여 수명이 길다.
② 입형보일러는 설치 면적이 작고 취급이 용이하다.
③ 관류보일러는 보유수량이 크기 때문에 가동시간이 길다.
④ 수관보일러는 대형건물 또는 병원 등과 같이 고압증기를 다량 사용하는 곳에 사용된다.

해설 ③ 관류보일러는 보유수량이 작으므로 가동시간이 짧다.

(2) 보일러의 출력

① 정미출력
- 난방부하와 급탕부하를 합한 용량
- 정미출력 = 난방부하 + 급탕부하

② 상용출력
- 정격출력에서 예열부하는 뺀 값으로 정미출력에 5~10%를 가산한다.
- 상용출력 = 난방부하 + 급탕부하 + 배관부하

③ 정격출력
- 연속해서 운전할 수 있는 보일러의 능력
- 정격출력 = 난방부하 + 급탕부하 + 배관부하 + 예열부하
- 보통 보일러 선정 시에는 정격 출력에 기준을 둔다.

④ 과부하출력
- 운전초기나 과부하가 발생하여 정격출력 이상의 부하가 걸린 상태
- 정격출력의 10~20% 정도 증가하여 운전할 때의 출력

(3) 보일러 마력(BHP, Boiler Horse Power)
- 난방용 등 저압 증기용 보일러의 용량을 표시할 때 사용하는 단위
- 매시 100℃의 물 15.7 kg이 전부 증가가 되는 증발능력
- 1 BHP ≒ 35,222 kJ/h ≒ 9.8 kW
- 현재는 쓰이지 않는다.

(4) 상당증발량(Equivalent evaporation)
- 보일러의 증기 생성능력을 나타내는 척도
- 실제 증발량을 기준상태의 증발량으로 환산한 것
- 실제 증발량과 그에 따른 엔탈피의 변화량을 증발잠열(100℃의 포화수에서 100℃의 증기를 만드는 데 소요되는 열량)로 나눈 값

> ▶ 보일러의 출력표시방법의 출제 비중은 높음
> 정미출력 = 난방부하 + 급탕부하
> 상용출력 = 정미출력 + 배관부하
> 정격출력 = 상용출력 + 예열부하
> 과부하출력 = 정격출력 × (1.1~1.2)

> ▶ 상당증발량
> $G_e = \dfrac{G(h_2 - h_1)}{2,256}$
> 여기서, G: 실제 증발량 [kg/h]
> h_1: 급수의 엔탈피 [kJ/kg]
> h_2: 발생증기의 엔탈피 [kJ/kg]
> 100℃ 물의 증발 잠열 [2,256 kJ/kg]

Q11. 다음의 보일러 출력표시 방법 중 그 값이 가장 큰 것은? [기14]

① 정미출력　② 정격출력
③ 상용출력　**④ 과부하출력**

해설 ① 정미출력 = 난방부하 + 급탕부하
② 정격출력 = 상용출력 + 예열부하
③ 상용출력 = 정미출력 + 배관부하
④ 과부하출력: 보일러에 정격출력 이상의 부하가 걸린 상태

Q12. 보일러의 출력 중 상용출력의 구성에 속하지 않는 것은? [산13, 17, 20]

① 난방부하　② 급탕부하
③ 예열부하　④ 배관부하

해설 상용출력 = 난방부하 + 급탕부하 + 배관부하

3. 방열기

증기나 온수의 공급을 받아 복사, 대류 등에 의해 열을 발산시키는 난방장치

(1) 표준방열량

표준상태에서 방열면적 1 m²당 방열되는 방열량

	표준방열량 [kW/m²]	표준온도차 [℃]	표준상태에서의 온도[℃]	
			열매온도	실온
증기	0.756	81	102	21
온수	0.523	62	80	18

(2) 상당방열면적(EDR, Equivalent Direct Radiation)

난방에 있어서 보일러 능력을 방열기의 방열면적[m²]으로 환산표시값

① 증기난방

$$상당방열면적[m^2] = \frac{손실\ 열량(방열기의\ 방열량)}{표준\ 방열량} = \frac{H_L[kW]}{0.756[kW/m^2]}$$

② 온수난방

$$상당방열면적[m^2] = \frac{손실\ 열량(방열기의\ 방열량)}{표준\ 방열량} = \frac{H_L[kW]}{0.523[kW/m^2]}$$

(3) 실내 방열기 설치 시 고려사항

- 응축수량이 적을 것
- 사용하는 열매종류에 적합할 것
- 실내온도 분포가 균일하게 될 것
- 설치장소에 적합한 디자인에 견고성을 가질 것

> **표준방열량**
> 증기: 0.756 [kW/m²]
> 온수: 0.523 [kW/m²]

> **방열기의 온수순환량**
> $$G = \frac{3600 \cdot Q}{C \cdot \Delta t}$$
> 여기서, G: 온수순환량 [kg/h]
> Q: 방열기의 방열량 [kW]
> C: 물의 비열 [≒4.2 kJ/kg·K]
> Δt: 방열기의 출구 및 입구의 온도차 [K]

Q13. 열매인 증기의 온도가 102℃이고, 실내온도가 18.5℃인 표준상태에서 방열기 표면적을 1 m²를 통하여 발산되는 방열량은? [산19]

① 450 W ② 523 W
③ 650 W ④ **756 W**

해설 증기난방의 경우의 표준방열량은 756 W, 온수난방의 경우 523 W이다.

Q14. 방열기의 입구 수온이 90℃이고 출구 수온이 80℃이다. 난방부하가 3000 W인 방을 온수난방 할 경우 방열기의 온수순환량은? (단, 물의 비열은 4.2 J/ kg·K로 한다.) [기18]

① 143 kg/h ② **257 kg/h**
③ 368 kg/h ④ 455 kg/h

해설 $G = \dfrac{3,600 \times Q}{C \cdot \Delta T} = \dfrac{3,600 \times 3}{4.2 \times (90-80)} = 257[kg/h]$

CHAPTER 03 필수 확인 문제

01 난방방식에 관한 설명으로 옳지 않은 것은? [기20]

① 증기난방은 잠열을 이용한 난방이다.
② 온수난방은 온수의 현열을 이용한 난방이다.
③ 온풍난방은 온습도 조절이 가능한 난방이다.
④ 복사난방은 열용량이 작으므로 간헐난방에 적합하다.

◎ ④ 복사난방은 열용량이 크므로 간헐난방에 부적합하다.
정답 ④

02 증기난방에 관한 설명으로 옳지 않은 것은? [기18]

① 온수난방에 비해 예열시간이 짧다.
② 운전 중 증기해머로 인한 소음발생의 우려가 있다.
③ 온수난방에 비해 한랭지에서 동결의 우려가 적다.
④ 온수난방에 비해 부하변동에 따른 실내 방열량 제어가 용이하다.

◎ 증기난방은 높은 응축잠열을 이용하므로 방열량 제어가 힘들다.
정답 ④

03 진공환수식 난방 장치에 있어서 부득이 방열기보다 높은 곳에 환수관을 배관하지 않으면 안될 때 또는 환수주관보다 높은 위치에 진공펌프를 설치할 때, 환수관에 응축수를 끌어올리기 위해 사용하는 것은? [산13]

① 볼 조인트
② 리프트 이음
③ 루프형 이음
④ 슬리브형 이음

◎ 볼 조인트, 루프형 이음, 슬리브형 이음은 신축조인트이다.
정답 ②

04 온수난방에 관한 설명으로 옳지 않은 것은? [기19]

① 증기난방에 비해 보일러의 취급이 비교적 쉽고 안전하다.
② 동일 방열량인 경우 증기난방보다 관지름을 작게 할 수 있다.
③ 증기난방에 비해 난방부하의 변동에 따른 온도 조절이 용이하다.
④ 보일러 정지 후에도 여열이 남아 있어 실내 난방이 어느 정도 지속된다.

◎ ② 온수난방은 증기난방에 비해 방열면적과 관경이 크다.
정답 ②

05 온수난방 배관에 역환수 방식(reverse return)을 채택하는 가장 주된 이유는? [산18]

① 배관경을 가늘게 하기 위해서
② 배관의 신축을 원활히 흡수하기 위해서
③ 온수를 방열기에 균등히 분배하기 위해서
④ 배관 내 스케일 발생을 감소시키기 위해서

◎ 리버스 리턴은 계통별로 마찰저항을 균등하게 하여 온수를 방열기에 균등히 분배할 수 있다.
정답 ③

06 바닥복사난방에 관한 설명으로 옳지 않은 것은? [산19]

① 쾌적감이 높다.
② 매립코일이 고장나면 수리가 어렵다.
③ 열용량이 작기 때문에 간헐난방에 적합하다.
④ 외기침입이 있는 곳에서도 난방감을 얻을 수 있다.

③ 바닥복사난방은 열용량이 크기 때문에 간헐난방에 부적합하다.
정답 ③

07 지역난방 방식에 관한 설명으로 옳지 않은 것은? [기18]

① 열원설비의 집중화로 관리가 용이하다.
② 설비의 고도화로 대기오염 등 공해를 방지 할 수 있다.
③ 각 건물의 이용시간차를 이용하면 보일러의 용량을 줄일 수 있다.
④ 고온수난방을 채용할 경우 감압장치가 필요하며 응축수 트랩이나 환수관이 복잡해진다.

④ 지역난방 방식은 증기난방과 달리 응축수 트랩이 필요없으며 환수관이 복잡하지 않다.
정답 ④

08 주철제 보일러에 관한 설명으로 옳지 않은 것은? [기16, 19]

① 재질이 약하여 고압으로는 사용이 곤란하다.
② 섹션(Section)으로 분할되므로 반입이 용이하다.
③ 재질이 주철이므로 내식성이 약하여 수명이 짧다.
④ 규모가 비교적 작은 건물의 난방용으로 사용된다.

③ 주철제 보일러는 내식성이 우수하고 수명이 길다.
정답 ③

09 다음의 보일러 출력표시 방법 중 가장 작은 값으로 나타나는 것은? [산13, 16]

① 정격출력 ② 상용출력
③ 정미출력 ④ 과부하출력

③ 정미출력 = 난방부하 + 급탕부하
① 정격출력 = 상용출력 + 예열부하
② 상용출력 = 정미출력 + 배관부하
④ 과부하출력: 정격출력이상
정답 ③

10 방열기의 용량표시와 관계되는 EDR이 의미하는 것은? [산15]

① 중량 ② 상당증발량
③ 실제증발량 ④ 상당방열면적

EDR(Equivalent Direct Radiation) 상당방열면적
정답 ④

11 방열량이 4200 W이고 입출구 수온차가 10℃인 방열기의 순환수량은? (단, 물의 비열은 4.2 kJ/kg·K이다.) [산19]

① 100 kg/h ② 360 kg/h
③ 500 kg/h ④ 720 kg/h

$G = \dfrac{3600 \cdot Q}{C \cdot \Delta t} = \dfrac{3,600 \times 4.2}{4.2 \times 10} = 360 [kg/h]$
정답 ②

CHAPTER 04 공기조화용 기기

빈출 KEY WORD
\# 건축기사(1.1문제), 산업기사(1.5문제)의 출제비중을 가짐
\# 열원기기에 대한 출제 비중이 높음

01 공기조화기의 구성요소
- 공기조화기는 공조시스템 기본 구성 요소 중의 하나이다.
- 공기의 가열, 냉각, 가습, 감습, 공기청정을 목적으로 한다.
- 냉각코일, 가열코일, 가습기, 여과기, 송풍기로 구성되어 있다.

1. 냉온수 코일

[냉온수코일]

- 공조기 내에서 공기를 냉각·가열하는 장치
- 코일 안쪽으로 냉매를 통하게 하고 바깥쪽에 핀을 부착하여 공기를 통하게 하는 열교환기이다.
- 코일 내 정면 풍속은 2.0~3.0 m/s 범위로 하고, 코일 내 유속은 1.0 m/s 전후

2. 가습기(Humidifier)
증기취출식(증기발생식), 수분무식, 증발식의 세 가지 방식이 있다.

3. 공기여과기(Air filter)
건식여과기, 점성여과기, 전기식여과기, 활성탄흡착식 여과기

▶ **HEPA Filter(High Efficiency Particle Air Filter)**
0.3㎛ 크기의 미세먼지를 99.97%를 여과하는 고성능 필터

▶ **ULPA Filter(Ultra Low Penetration Air)**
완전무균에 가까운 조건을 갖춘 고성능 필터
(0.1㎛ 99.9975%여과)

구분	여과기
일반 공기조화기	건식여과기
병원, 클린룸, 방사성 물질 취급장소	HEPA, ULPA
정밀기계공장, 고급빌딩	전기식 집진기

02 덕트와 부속기구

공기 또는 공기를 매체로 하여 열, 수분, 가스 및 분진을 운반하는 경로로 이용

1. 덕트의 종류

(1) 형상에 따른 분류

[장방형 덕트]
출처: google

형상	특 징
장방형 덕트	• 일반적인 덕트로 널리 사용되며 시공비용 저렴 • 일반공조용 및 저속덕트에 주로 사용됨 • 종횡비는 최대 8:1, 보통 4:1 이하가 적당함
원형 덕트	• 단면의 형상이 원형이며 강도에 강함 • 덕트의 마찰손실이 적어야 할 경우 주로 사용 • 고속덕트에 적합하며 사각 덕트에 비해 고가

[원형 덕트]
출처: 나무위키

(2) 풍속에 따른 분류

	저속덕트	고속덕트
풍속	15 m/s 이하	16~25 m/s
소음	적음 흡음제 사용(소음장치 불필요)	소음과 진동이 발생 소음장치 사용
용도	일반건물, 공조, 환기용	송풍용
형상	주로 장방형 덕트 사용	주로 원형 덕트 사용

2. 덕트의 설계·시공

(1) 덕트 치수 결정 방법

방법	특 징
등속법	• 덕트 내 풍속을 일정하게 유지하도록 덕트치수 결정 • 취출구가 하나인 덕트, 기본계획 시 대략 크기 결정
정압법 (등압법)	• 덕트의 단위 길이당 마찰저항을 일정하게 하여 결정 • 가장 많이 사용하는 방법 • 각 취출구의 압력이 달라 정확한 풍량 취득이 어려움

Q1. HEPA 필터에 관한 설명으로 옳지 않은 것은? [산17]

① HEPA 필터 유닛 시공 시 공기 누설이 없어야 한다.
② 클린룸이나 방사성 물질을 취급하는 시설에 사용된다.
③ 0.1μm의 미세한 분진까지 높은 포집률로 포집할 수 있다.
④ HEPA 필터의 수명연장을 위해 HEPA 필터의 앞에 프리 필터를 설치한다.

[해설] ③ 0.3 μm 정도 미세한 분진까지 제거할 수 있다.

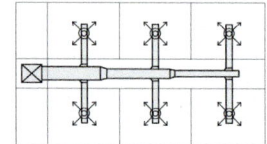
[간선덕트]

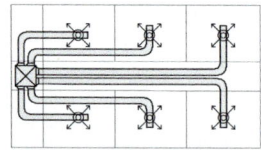
[개별덕트]

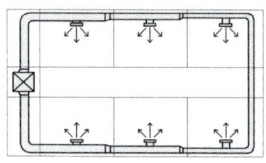
[환상덕트]

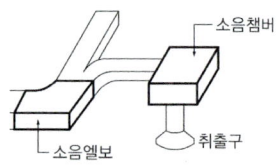
[소음장치]

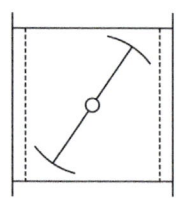
[단익댐퍼]

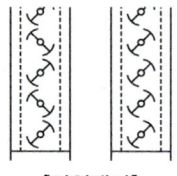
[다익댐퍼]

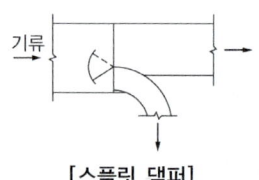
[스플릿 댐퍼]

방법	특 징
정압 재취득법	• 덕트 각 부의 국부저항은 전압 기준에 의해 손실계수를 이용하여 구하고 • 각 취출구 까지의 전압력 손실이 같아지도록 단면결정 • 정압법보다 송풍 동력이 절약되며, 풍량밸런스 양호 • 저속덕트의 경우 압력이 적으므로 덕트 치수가 커짐.

(2) 덕트 배치 방법

배치방법	특 징
간선덕트 방식	• 가장 간단한 방법 • 설비비가 싸고 덕트 스페이스가 작다
개별덕트 방식	• 취출구마다 덕트를 단독으로 설치 • 풍량조절이 용이
환상덕트 방식	• 덕트를 연결하여 루프를 만드는 방식 • 말단 취출구의 압력 조절이 용이

(3) 덕트의 소음 방지 방법

① 덕트에 흡음제를 부착한다.
② 송풍기 출구 부근에 소음 체임버(chamber)를 설치한다.
③ 덕트의 적당한 장소에 소음을 위한 흡음장치(셀형, 플레이트형)를 설치한다.
④ 댐퍼 취출구에 흡음재를 부착한다.

3. 부속기구

(1) 댐퍼

종류		특 징
풍량조절	단익댐퍼 (버터플라이)	단익댐퍼로 소형 덕트에 사용 덕트 내의 풍량을 조절하거나 폐쇄용 복잡한 환기장치 설치 시 소음이 발생하고 풍량조절 기능이 떨어짐
	다익댐퍼	2개 이상의 날개 대형 덕트용
	스플릿 댐퍼	덕트 분기점에서 풍량조절
	슬라이드 댐퍼	전체의 개폐를 목적
방화댐퍼		덕트 내의 온도가 72°C 이상이면 가용편 융해 자동적으로 댐퍼가 닫혀 다른 실로의 연소를 방지

(2) 가이드 베인(Guide vane)

• 덕트의 곡부에서 일어나는 원심력에 의한 와류를 최소화하여 저항을 줄이기 위해 덕트 내에 설치하는 부속
• 곡부의 내측에 조밀하게 붙이는 것이 효과적

[가이드 베인]

03 취출구·흡입구와 기류분포

취출구는 취출공기와 실내공기를 혼합확산하여 실내공간의 온도분포가 균일하도록 하는 데 목적이 있다.

1 취출구의 성능

(1) 유인비(Induction ratio)

- 취출구에서 나온 공기(1차공기)는 주위 실내공기(2차공기)를 자기 흐름 속에 유인하여 혼합공기가 되면서 점차 풍량은 증가하고 속도는 감소한다.
- $\dfrac{v_1}{v_2} = \dfrac{Q_3}{Q_1} = \dfrac{Q_1 + Q_2}{Q_1}$ 의 관계가 성립된다.

여기서, 첨자 1, 2, 3: 1차공기, 2차공기, 혼합공기
v, Q: 풍속, 풍량

- 유인비 = $\dfrac{Q_3}{Q_1}$

(2) 도달거리, 강하거리, 상승거리

취출구로부터의 거리	
최소도달거리	기류의 중심속도가 0.5 m/s로 되는 곳까지의 수평거리
최대도달거리	기류의 중심속도가 0.25 m/s로 되는 곳까지의 수평거리

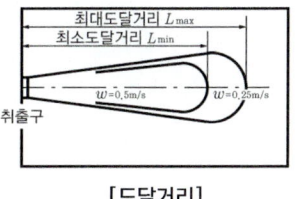

[도달거리]

- 도달거리는 취출기류의 풍속에 비례
- 강하거리나 상승거리는 기류의 풍속 및 실내공기와의 온도차에 비례

Q2. 고속덕트에 관한 설명으로 옳지 않은 것은? [기13, 19]

① 원형덕트의 사용이 불가능하다.
② 동일한 풍량을 송풍할 경우 저속덕트에 비해 송풍기 동력이 많이 든다.
③ 공장이나 창고 등과 같이 소음이 별로 문제가 되지 않는 곳에 사용된다.
④ 동일한 풍량을 송풍할 경우 저속덕트에 비해 덕트의 단면치수가 작아도 된다.

해설 ① 고속덕트인 경우 장방형 단면보다 원형 단면이 효과적이다.

Q3. 덕트의 분기부에 설치하여 풍량조절용으로 사용되는 댐퍼는? [기13, 21, 산14, 시16]

① 스플릿 댐퍼   ② 평행익형 댐퍼
③ 대향익형 댐퍼   ④ 버터플라이 댐퍼

해설 ② 서로 이웃하는 날개가 같은 방향으로 회전
③ 서로 이웃하는 날개가 반대 방향으로 회전
④ 회전축을 중심으로 1개의 날개를 가진 댐퍼

[베인격자형]

[팬형]

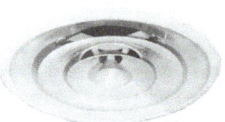

[아네모스탯형]

[노즐형]

> 취출구에 관련해서는 아네모스탯형을 묻는 문제가 많이 출제된다.

2. 취출구와 흡입구의 종류

종류	특징
그릴 형	• 풍량조절이 불가능 • 저속의 환기구나 흡기구에 사용
베인격자형	• 그릴형의 가동식 날개를 부착한 것 • 취출구에 사용
레지스터형	• 그릴형에 셔터나 댐퍼를 부착 • 풍량조절이 가능
팬형	• 구조가 간단하지만 기류방향의 균등성을 얻기 힘듦 • 난방 시에는 온풍이 천장에 체류해 실내에 온도차가 발생
아네모스탯형	• 팬형의 단점을 보완 • 콘(Cone)이라 불리는 여러 개의 동심원추 또는 각추형의 날개로 되어 있음 • 풍량을 광범위하게 조절할 수 있음 • 확산반경이 크고 도달거리가 짧음
노즐형	• 소음이 적기 때문에 5 m/s 이상에서 사용 • 소음규제가 심한 방송국, 스튜디오, 음악감상실 사용
캄라인형	• 선형으로 외부존이나 내부존에 사용
매시 룸 형	• 바닥 밑에 배기용 덕트를 유도하여 직접 바닥에 배기

04 열원기기

1. 보일러

CH4. 난방설비 참고

2. 냉동기

저온의 어떤물체에서 열을 흡수하여 고온의 다른 물체로 운반하는 작용을 하는 운반장치로 냉매에 의한 냉동 사이클을 형성한다.

(1) 압축식 냉동기

전기에너지를 압축기에서 기계적 에너지로 전환하여 냉동효과를 얻는 방식

① 압축식 냉동 사이클

압축기 → 응축기 → 팽창밸브 → 증발기

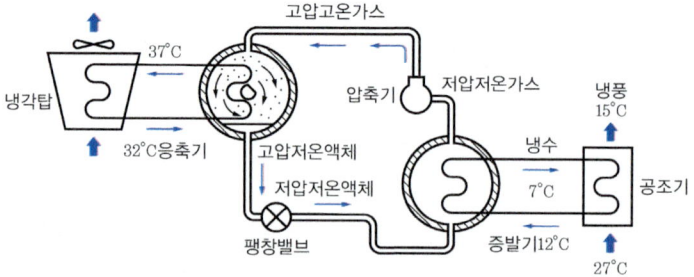

[압축식 냉동사이클]

구분	특징/작용
압축기 (Compressor)	• 냉매가스를 응축 액화하기 쉽게압축 • 저압저온가스 → 고압고온가스
응축기 (Condensor)	• 냉배가스를 공기나 물을 접축시켜 응축 액화 • 고압고온가스 → 고압저온액체
팽창밸브 (Expansion valve)	• 냉매액을 증발기에 증발하기 쉽도록 팽창 • 고압저온액체 → 저압저온 액체
증발기 (Evaporator)	• 냉매가 실내 공기로부터 열을 흡수하여 증발하여 냉동 • 저압저온액체 → 저압저온가스

② 종류별 특징

구분	특징	용도
터보식 (원심식)	• 효율이 적고 가격이 쌈 • 냉매는 고압가스가 아니므로 취급 용이 • 부하가 30% 이하일 때 운전이 불가능 • 겨울철에 주의 요함(서징현상)	일반적으로 사용 대규모 공조 및 냉동
왕복동식	• 회전수가 크므로 냉동능력에 비해 기계가 적고 가격이 쌈 • 높은 압축비가 필요한 경우 적합 • 냉동용량 조절 가능 • 피스톤 왕복에 의한 진동·소음이 큼	냉동 및 중소 규모의 공조, 히트펌프
회전식 (스크류식)	• 고가이므로 냉방전용으로 부적합 • 압축비가 높은 경우 적합 • 용량 제어성이 좋음 • 왕복 부분이 없어 진동·소음이 적음	공기열원 히트펌프

[터보 냉동기]

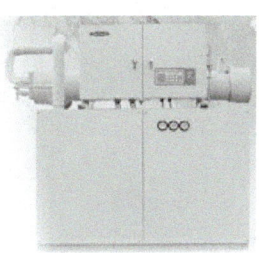

[왕복동식 냉동기]

[스크류식 냉동기]

③ 특징

- 운전이 용이하다.
- 초기 설비비가 적게 든다.
- 기계적 동작에 의하여 소음이 크다.
- 구동에너지가 전기로 전력소비가 많다.

(2) 흡수식 냉동기

압축냉동기의 압축기가 하는 압축을 흡수제를 이용하여 화학적으로 치환하여 냉동 사이클을 형성하는 냉동기

① 흡수식 냉동 사이클

증발기 → 흡수기 → 발생기(재생기) → 응축기

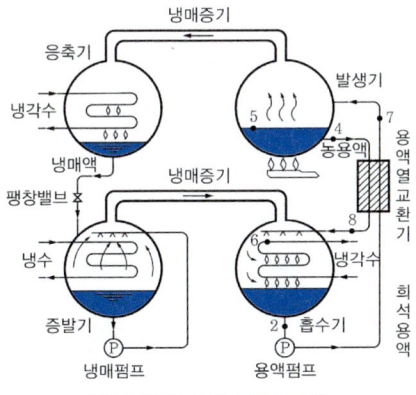

[흡수식 냉동기 작동원리]

구분	특징/작용
증발기	• 물은 압력이 낮은 용기 내에서 5℃ 낮은 온도에서 증발 • 증발기에 코일을 설치하여 물(냉매)를 떨어뜨리면 • 설치된 코일 내의 물은 증발 잠열로 냉수가 됨
흡수기	• 증발기 내의 증발로 압력이 상승됨 • 증기를 제거하기 위하여 NaCl, LiBr(흡수제)를 사용
발생기(재생기)	• 희석된 수용액에 열을 가하여 증기를 분리
응축기	• 분리된 고온의 증기를 냉각시켜 물로 응축 • 냉각수(냉각탑)가 필요

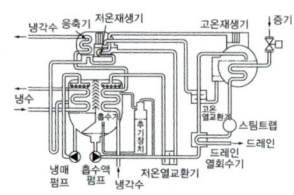

[2중효용 흡수식냉동기]

② 2중 효용 흡수식 냉동기
- 발생기를 저온발생기와 고온발생기로 구성
- 단효용 흡수식에 비해 높은 효율을 나타낸다.

③ 특징
- 증기나 고온수를 구동력으로 한다.
- 냉매는 물(H2O), 흡수액은 브롬화리튬(LiBr) 사용한다.
- 진동, 소음이 적다.
- 증기 보일러가 필요하다.

3. 냉각탑

냉동기의 응축기에 사용된 냉각용수를 재차 사용하기 위하여 실외공기와 직접 접속시켜 냉각용수의 물을 냉각하는 열교환 장치이다.

(1) 냉각탑의 종류
① 개방형 냉각탑
- 냉각수가 냉각탑 내에서 대기에 노출되는 개방회로 방식
- 공기조화에서 일반적으로 채용하는 방식

Q4. 압축식 냉동기의 냉동사이클로 옳은 것은?
[기17, 21, 산20]

① 압축 → 응축 → 팽창 → 증발
② 압축 → 팽창 → 응축 → 증발
③ 응축 → 증발 → 팽창 → 압축
④ 팽창 → 증발 → 압축 → 응축

해설 압축: 냉매가스를 압축
응축: 냉매가스를 공기나 물을 접촉 응축액화
팽창: 냉매액을 증발히기 쉽도록 팽창
증발: 냉매가 실내공기로부터 열을 흡수

Q5. 다음의 냉동기 중 기계적 에너지가 아닌 열에너지에 의해 냉동효과를 얻는 것은? [기13, 15, 산16]

① 원심식 냉동기
② 흡수식 냉동기
③ 스크류식 냉동기
④ 왕복동식 냉동기

해설 흡수식 냉동기는 냉매의 증발에 따른 열에너지, 압축식 냉동기(왕복동식, 터보식, 스크류식)는 전기에 따른 기계적에너지로 냉동하는 것이 기본원리이다.

구분	특징
직교류식	• 떨어지는 냉각수와 공기흐름이 직각
향류식	• 공기는 수직상부로, 물은 수직하부로 이동 • 서로 마주보고 흐르는 방식

[직교류형 냉각탑]

② 밀폐형 냉각탑
- 냉각수배관이 밀폐된 것으로 순환수의 오염을 방지
- 연중 사용하는 전산실 등의 운전에 적합

(2) 설치 시 주의 사항
① 통풍이 잘 되는 곳에 설치할 것
② 진동, 소음이 주거환경에 영향을 미치지 않을 것
③ 물의 비산작용으로 인접건물에 피해가 발생하지 않을 것
④ 겨울철 사용 시 동파방지용 히터를 설치할 것

[대향류형 냉각탑]

4. 히트펌프(Heat pump)

저온의 열원(대기, 지하수, 폐열)에서 열을 흡수하여 고온의 수열체(실내공기 또는 온수)로 열을 이용하며 필요한 동력에너지보다 더 많은 에너지를 열에너지의 형태로 공급하는 에너지 절약형 열공급 장치이다.

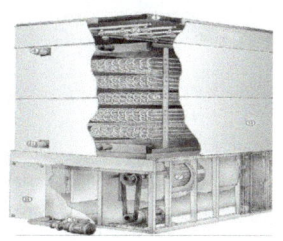
[밀폐형 냉각탑]

(1) 냉난방
① 냉방 시에는 실내 열교환기가 증발기, 실외열교환기가 응축기로 작동
② 난방 시에는 실내 열교환기가 응축기, 실외열환기기가 증발기로 작동

(2) 종류
① EHP(Electric Heat Pump)
전기를 열원으로 모터가 장착된 압축기를 직접 구동하여 히트펌프를 가동시키는 냉·난방기를 말한다.
② GHP(Gas engine driven Heat Pump)
도시가스를 열원으로 엔진을 구동하고, 엔진으로 압축기를 구동하여 히트펌프를 가동시키는 냉·난방기를 말한다.

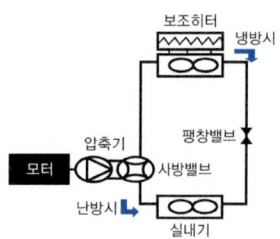
[EHP 시스템]

5 빙축열 시스템

여름철 건물의 과도한 냉방 사용 등으로 인한 전력부하 불균형 해소와 에너지 절감 냉방을 위해 전기 요금이 저렴한 심야시간(22:00~ 08:00)의 전기를 사용하여 얼음과 냉기를 만들어 저장하고, 낮 시간에 저장해 둔 얼음과 냉기로 냉방을 하는 시스템

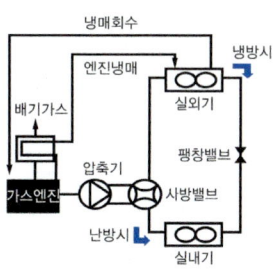
[GHP 시스템]

(1) 특징

① 저온용 냉동기기가 필요하다.
② 얼음을 축열 매체로 사용하여 전력을 사용한다.
③ 응고 및 융해열을 이용하므로 저장열량이 크다.
④ 백화점 등 냉방부하가 크고 냉방기간이 긴 건물에 적합하다.

05 전열교환기

실내에서 배기하는 열(온열, 냉열)에 의하여 외기에서 들어오는 공기를 따뜻하게 (또는 차갑게) 해주기 위한 열교환기로서 현열과 잠열 양방의 열교환이 가능하다.

[전열교환기]

1. 특징

(1) 공조기는 물론 보일러나 냉동기의 용량의 용량을 줄일 수 있다.
(2) 연료비를 줄 일 수 있는 에너지 절약기기로 공기방식의 중앙공조시스템이나 공장 등에서 환기에서의 에너지 회수방식으로 많이 사용된다.
(3) 전열교환기를 사용한 공조시스템에서 중간기(봄, 가을)를 제외한 냉방기와 난방기의 열회수량은 실내·외 온도차가 클수록 크다.

2. 전열교환기의 효율

$$\eta = \frac{\text{실제 전열 엔탈피차}}{\text{외기와 환기의 최대 엔탈피차}} = \frac{X_2 - X_1}{X_3 - X_1}$$

Q6. 냉동기의 압축기에서 토출된 고온, 고압의 냉매 증기는 응축기에서 방열하고 액화된다. 이때 방열되는 응축열로 물이나 공기를 가열하여 난방에 이용하는 장치는?
[산15]

① 열펌프　　　　② 냉각탑
③ 전열교환기　　④ 공기조화기

해설 냉동기는 냉방만 가능하나 열펌프의 경우에는 냉방과 난방이 모두 가능하다.

Q7. 빙축열 시스템에 관한 설명으로 옳지 않은 것은?
[산15, 19]

① 저온용 냉동기가 필요하다.
② 얼음을 축열 매체로 사용하여 냉열을 얻는다.
③ 주간의 피크부하에 해당하는 전력을 사용한다.
④ 응고 및 융해열을 이용하므로 저장열량이 크다.

해설 ③ 값싼 심야전력을 이용하며 주간의 피크부하보다 낮은 전력을 사용한다.

06 펌프와 송풍기

1. 펌프

CH3 위생설비 01 기초적인 사항 참조

2. 송풍기

송풍기는 임펠러의 회전운동으로 공기에 에너지를 가하여 공기량과 압력을 얻는 공기 기계

	팬(Fan)	블로우어(Blower)	압축기(Compressor)
배출압력 [kPa]	10 이하	10~100	100 이상

[터보형 송풍기]

(1) 송풍기의 종류

구분	특징	종류
원심형 (Centrifugal)	• 공기의 임펠러의 반경방향으로 이송되면서 공기량과 압력을 발생시키는 송풍기 • 임펠러의 날개깃의 형상과 설치각도에 따라 특성이 변한다.	후곡형(turbo) 다익형(sirocco) 익형(airfoil) 방사형(radial) 관류형(tubular)
축류형 (Axial)	• 날개의 앞에서 공기를 당기고 뒤로 배출하여 공기가 회전축을 따라 직선방향으로 이송된다. • 고정날개에 의해 원심력은 압력상승으로 나타난다.	프로펠러형 (propeller) 튜브 축류형 (tube axial)

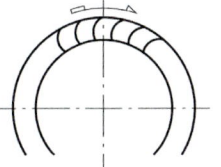

[다익형 송풍기]

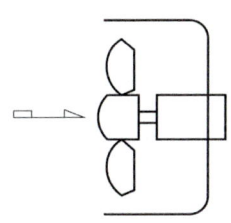

[축류형 송풍기]

(2) 송풍기의 상사법칙

변화	회전수(rpm) $N_1 \rightarrow N_2$
송풍량 Q [m³/min]	$Q_2 = (\dfrac{N_2}{N_1})Q_1$
압력 P [Pa]	$P_2 = (\dfrac{N_2}{N_1})^2 P_1$
송풍기 동력 L [kW]	$L_2 = (\dfrac{N_2}{N_1})^3 L_1$

(3) 풍량 제어방법

① 토출댐퍼에 의한 제어

② 흡입댐퍼에 의한 제어

③ 흡입베인에 의한 제어

④ 회전수에 의한 제어

- 에너지 절약효과

  회전수 제어 > 가변 Pitch > 흡인 Vane > 흡인 Damper > 토출 Damper

- 송풍기의 풍량이 변화에 따라 송풍기의 동력 또는 축동력이 급격하게 변동하는 것이 에너지 절약효과가 높은 풍량적용 방식이다.

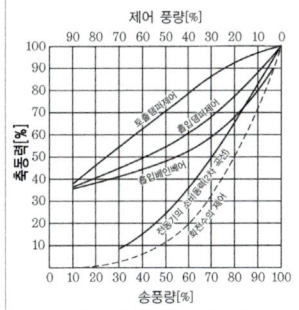

[제어방법 별 축동력]

CHAPTER 04 필수 확인 문제

01 공기조화설비에서 사용되는 고속덕트에 관한 설명으로 옳은 것은? [기16]

① 소음 및 진동이 발생하지 않는다.
② 공기혼합상자를 설치하여야 한다.
③ 덕트 설치공간을 작게 할 수 있다.
④ 공장이나 창고에는 적용할 수 없다.

① 덕트 내의 풍속이 15~20 m/s로 고압이며 소음이 발생한다.
② 공기혼합상자는 이중덕트 방식에 사용된다.
④ 소음이 문제가 되지 않는 공장이나 창고에 사용된다.

정답 ③

02 다음 설명에 알맞은 취출구의 종류는? [기12]

- 확산형 취출구의 일종으로 몇 개의 콘(cone)이 있어서 1차공기에 의한 2차공기의 유인성능이 좋다.
- 확산반경이 크고 도달거리가 짧기 때문에 천장 취출구로 많이 사용된다.

① 팬형 ② 노즐형
③ 아네모스탯형 ④ 브리즈라인형

③ 미국의 아네모스탯사가 개발한 천장에 부착하는 취출구의 일반적인 명칭으로, 동심원상의 여러 장의 판을 겹쳐 빈틈을 만들고 그 틈으로부터 공기를 취출함과 동시에 실내공기를 유인하여 환산시킨다.

정답 ③

03 다음 중 압축기가 필요 없는 냉동기는? [기15]

① 흡수식 냉동기 ② 원심식 냉동기
③ 회전식 냉동기 ④ 왕복동식 냉동기

① 기계적인 에너지(압축기)가 아닌 열에너지에 의해 냉동효과를 얻는다.

정답 ①

04 흡수식 냉동기에 관한 설명으로 옳지 않은 것은? [기16]

① 열에너지가 아닌 기계적 에너지에 의해 냉동효과를 얻는다.
② 증발기, 흡수기, 재생기(발생기), 응축기 등으로 구성되어 있다.
③ 냉방용의 흡수식 냉동기는 물과 브롬화리튬의 혼합 용액을 사용한다.
④ 2중효용 흡수식 냉동기는 단효용 흡수식 냉동기보다 에너지 절약적이다.

① 흡수식 냉동기는 냉매의 증발에 따른 열에너지, 압축식 냉동기는 기계적에너지로 냉동하는 것이 기본 원리이다.

정답 ①

05 터보식 냉동기에 관한 설명으로 옳지 않은 것은? [기13, 21]

① 임펠러의 원심력에 의해 냉매가스를 압축한다.
② 대용량에서는 압축효율이 좋고 비례 제어가 가능하다.
③ 대·중형 규모의 중앙식 공조에서 냉방용으로 사용된다.
④ 기계적 에너지가 아닌 열에너지에 의해 냉동효과를 얻는다.

터보식 냉동기는 압축식 냉동기의 한 종류로서 흡수식 냉동기에 비해 소음 및 진동이 크다.

정답 ④

06 압축식 냉동기의 주요 구성요소가 아닌 것은? [기18]

① 재생기
② 압축기
③ 증발기
④ 응축기

> 압축식 냉동기는 압축기-응축기-팽창밸브-증발기
> 흡수식 냉동기는 응축기-증발기-흡수기-재생기(발생기)로 구성된다.
> 정답 ①

07 터보식 냉동기에 관한 설명으로 옳지 않은 것은? [산16]

① 흡수식에 비해 소음 및 진동이 심하다.
② 피스톤의 왕복운동에 의해 냉매증기를 압축한다.
③ 출력이 지나치게 낮은 경우 서징 현상이 발생한다.
④ 대용량에서는 압축효율이 좋고 비례 제어가 가능하다.

> ②는 왕복식 냉동기에 대한 설명이다.
> 정답 ②

08 응축기용의 냉각수를 재사용하기 위하여 대기와 접촉시켜서 물을 냉각하는 장치는? [기15]

① 냉동기
② 냉각기
③ 냉각탑
④ 냉각코일

> 냉각탑에 관한 설명이다.
> 정답 ③

09 냉각탑에 대한 설명으로 옳은 것은? [기17, 20]

① 고압의 액체냉매를 증발시켜 냉동효과를 얻게 하는 설비이다.
② 증발기에서 나온 수증기를 냉각시켜 물이 되도록 하는 설비이다.
③ 대기중에서 기체냉매를 냉각시켜 액체냉매로 응축하기 위한 설비이다.
④ 냉매를 응축시키는 데 사용된 냉각수를 재사용하기 위하여 냉각시키는 설비이다.

> ①은 증발기, ② 흡수기, ③ 응축기에 관련된 설명이다.
> 정답 ④

10 공조시스템의 전열교환기에 관한 설명으로 옳지 않은 것은? [기19]

① 공기 대 공기의 열교환기로서 현열만 교환이 가능하다.
② 공조기는 물론 보일러나 냉동기의 용량을 줄일 수 있다.
③ 공기방식의 중앙공조시스템이나 공장 등에서 환기에서의 에너지 회수방식으로 사용된다.
④ 전열교환기를 사용한 공조시스템에서 중간기(봄, 가을)를 제외한 냉방기와 난방기의 열회수량은 실내·외의 온도차가 클수록 많다.

> ① 현열만 교환하는 장치는 현열교환기이며, 전열교환기는 현열 및 잠열을 교환시키는 장치이다.
> 정답 ①

CHAPTER 05 공기조화방식

빈출 KEY WORD
\# 건축기사(0.9문제), 산업기사(1.5문제)의 출제 비중을 가짐
\# 각종 공조방식의 특징에 관련된 출제 비중이 높음

01 공기조화방식의 분류

- 열의 분배 방법에 따라 중앙식과 개별식
- 열매체에 따라 전공기방식, 공기-수방식, 전수방식, 냉매방식으로 나뉜다.

설치방법	열(냉)매	공기조화방식
중앙식	전공기 방식	단일덕트 정풍량방식, 단일덕트 변풍량방식 이중덕트 방식 멀티존 유닛방식 각층 유닛방식 덕트 병용 패키지 방식
	전수방식	팬코일유닛 방식(FCU)
	공기-수방식 (유닛병용)	유인유닛 방식 덕트병용 팬코일유닛 방식(FCU) 덕트병용 복사냉난방 방식
개별식	냉매방식	패키지유닛 방식 룸 쿨러방식 멀티유닛방식

1. 열의 분배 방법에 의한 분류

(1) 중앙식(중앙집중식, 중앙냉난방방식)
- 중앙기계실로부터 조화된 공기나 냉·온수를 각 실로 공급하는 방식
- 규모가 큰 건물에 적용

장점	• 중앙기계실에 집중되어 있으므로 유지관리 편리 • 대용량이고 운전효율이 좋다. • 부하특성에 맞게 대수를 분할 설치하여, 부분부하 대응 가능
단점	• 넓은 기계실이 필요 • 덕트 및 파이프 스페이스, 샤프트가 필요

(2) 개별방식

각 층 또는 각 존에 각각 공기조화 유닛을 분산시켜 설치하는 방식

장점	• 개별 제어 및 국소운전이 가능 • 에너지 절약적 • 전용 기계실이 필요 없다.
단점	• 유닛마다 냉동기를 갖추고 있어서 소음과 진동 • 외기냉방이 불가능 • 유닛이 여러 곳에 분산되어 관리가 불편하다.

2 운반되는 열매체에 의한 분류

(1) 전 공기방식(All air system)

① 중앙공조기로부터 덕트를 통해 냉·온풍을 공급받는다.
② 단일덕트 방식, 이중덕트 방식, 덕트 병용패키지, 각층 유닛방식 등
③ 소규모(10,000 m²), 중규모 건물 기준층의 내부존, 극장의 관객석같이 풍량이 많이 필요한 곳, 병원의 수술실, 공장의 클린룸

장점	• 송풍량이 많아서 실내공기의 오염이 적다. • 중간기에 외기냉방이 가능 • 실내 기구의 노출이 없어서 실내유효면적을 넓힌다. • 실내에 배관으로 인한 누수의 우려도 적다.
단점	• 대형덕트로 인하 덕트 스페이스가 필요 • 냉·온풍의 운반에 필요한 소요동력이 냉·온수를 운반하는 펌프동력보다 많이 든다. • 넓은 공조실 필요

Q1. 다음의 공기조화방식 중 전공기방식에 해당하는 것은? [산14, 20]

① 유인유닛 방식　　② **멀티존유닛 방식**
③ 팬코일유닛 방식　④ 패키지유닛 방식

해설 ① 수공기방식 ③ 전수방식 ④ 냉매방식

Q2. 공기조화방식 중 전공기 방식에 관한 설명으로 옳지 않은 것은? [산13, 20]

① 중간기에 외기냉방이 가능하다.
② 실내에 배관으로 인한 누수의 염려가 없다.
③ **덕트 스페이스가 필요 없으며 공조실의 면적이 작다.**
④ 팬코일유닛과 같은 기구의 노출이 없어 실내 유효면적을 넓힐 수 있다.

해설 ③ 전공기 방식은 덕트 스페이스가 필요하며, 공조실의 면적을 많이 차지한다.

(2) 전수방식(Air-water system)

① 보일러로부터 증기 또는 온수나 냉동기로부터 냉수를 각 실에 있는 유닛(팬 코일 유닛(FCU))으로 공급시켜 냉난방

② 객실, 업무용 사무실, 병실 등 극간풍이 많고 재실인원이 적은 실

장점	• 덕트 스페이스가 필요 없다. • 열의 운송동력이 공기에 비해 적게 든다. • 각 실의 제어가 쉽다.
단점	• 송풍공기가 없어서 실내공기의 오염이 심하다. • 실내 배관에 의하여 누수될 우려가 있다.

(3) 공기-수방식(Air-water system)

① 공기방식과 수방식을 병용한 것

② 덕트 병용 팬코일유닛 방식, 덕트병용 복사냉난방방식, 유인유닛 방식

③ 사무소건축, 병원, 호텔 등에서 외부존에서 수방식으로 내부존은 공기방식으로 하는 경우가 많다.

장점	• 유닛 1대로 극소의 존을 만들 수 있어서 존의 구성이 용이하다. • 수동으로 각실의 온도제어가 쉽게 가능하다. • 열운반동력은 전 공기방식에 비하면 적게 든다.
단점	• 유닛내 필터가 저성능이므로 공기의 청정에 큰 도움이 못되고 정기적인 청소가 필요 • 실내에 수배관이 있으므로 누수의 우려 • 유닛의 소음 및 유닛의 설치공간이 필요

(4) 냉매 방식(Direct expansion system)

① 냉동기 또는 히트펌프 등의 열원을 갖춘 패키지 유닛을 사용하는 방식

② 룸쿨러, 멀티유닛형 룸쿨러, 패키지형 등이 있다.

Q3. 다음의 공기조화방식 중 전수방식에 속하는 것은? [기20, 산12, 19]

① 단일 덕트 방식
② 2중 덕트 방식
③ 멀티존 유니트 방식
④ 팬 코일 유니트 방식

해설 ①, ②, ③은 전공기방식이다.

Q4. 공기조화방식 중 전수방식에 관한 설명으로 옳지 않은 것은? [기20]

① 각 실의 제어가 용이하다.
② 실내 배관에 의한 누수의 우려가 있다.
③ 극장의 관객석과 같이 많은 풍량을 필요로 하는 곳에 주로 사용된다.
④ 열매체가 증기 또는 냉·온수이므로 열의 운송동력이 공기에 비해 적게 소요된다.

해설 ③ 풍량이 많이 필요한 곳에서는 전공기 방식을 사용한다.

02 각종 공조방식 및 특징

1. 전공기방식

(1) 단일덕트 정풍량 방식(Coonstant Air Volume System, CAV)
① 송풍량은 항상 일정하게 하고 실내의 열부하에 따라 송풍온도를 변화
② 1대의 공조기에 1개의 덕트를 통하여 건물 전체 냉온풍을 송풍하는 방식
③ 중·소규모 건물, 극장, 공장 등

장점	• 덕트가 1계통이므로 소규모에서 설치비가 저렴하다. • 외기냉방이 가능하며 청정도가 높다. • 고성능의 공기정화장치가 가능하다.
단점	• 각 실이나 존의 부하변동에 즉시 대응할 수 없다. • 부하특성이 다른 여러 개의 실이나 존이 있는 건물에 적응하기가 곤란하다. • 비교적 덕트면적이 크게 요구된다. • 변풍량방식에 비해 에너지가 많이 든다.

> **외기냉방**
> 외기를 직접 실내로 끌어들여 냉방하는 방식이다. 1년 동안 냉방을 할 경우(백화점, 데이터 센터 등) 가을부터 봄 이전까지는 외기 온도가 낮기 때문에 냉동기를 운전하지 않아도 외기만으로 냉방 운전이 가능하다.

(2) 단일덕트 변풍량 방식(Variable Air Volume System, VAV)
① 송풍온도를 일정하게 하고 실내부하의 변동에 따라 송풍량 변화
② 가장 에너지가 절약되는 방식
③ 대규모 사무소의 내부존, 인텔리전트 빌딩, 점포 등

장점	• 실온을 유지하므로 에너지 손길이 가장 적다. • 각 실별 또는 존별 개별 제어가 가능하다. • 칸막이 등 부하변동에 대응하기 쉽다. • 부분부하 시 송풍기 동력절감이 가능하다.
단점	• 설비비가 비싸다. • 송풍량을 변화시키기 위한 기계적 어려움이 있다. • 실내부하가 감소되면 송풍량도 감소되기 때문에 실내공기의 오염이 심해진다.

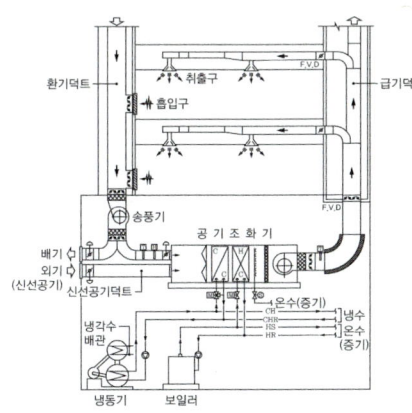

[정풍량 단일덕트 방식]

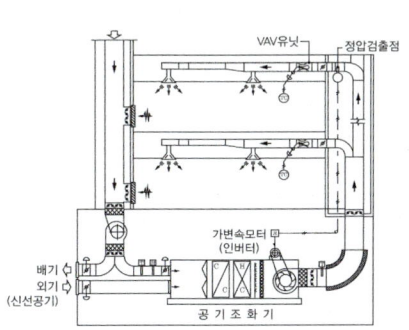

[변풍량 단일덕트 방식]

(3) 이중덕트 방식

① 냉풍과 온풍은 각각 별개의 덕트를 통해 각 실이나 존으로 송풍
② 냉·난방부하에 따라 혼합상자(mixing box)에서 혼합하여 취출
③ 우리나라에서는 채용한 예가 없다.

장점	• 부하특성이 다른 다수의 실내나 존에도 적용이 가능하다. • 부하변동이 생기면 즉시 냉·온풍을 혼합하여 취출하므로 적응속도가 빠르다. • 방의 설계변경이나 완성 후 용도변동에도 쉽게 대처 가능하다. • 냉·난방부하가 감소되어 취출공기의 부족현상은 없다. • 전공기 방식의 특성이 있다.
단점	• 덕트가 2개의 계통이므로 설비비가 많이 든다. • 혼합상자에서 소음과 진동이 발생한다. • 냉·온풍의 혼합으로 인한 혼합손실이 있어서 에너지 소비량이 많다. • 덕트 샤프트 및 덕트 스페이스를 크게 차지한다.

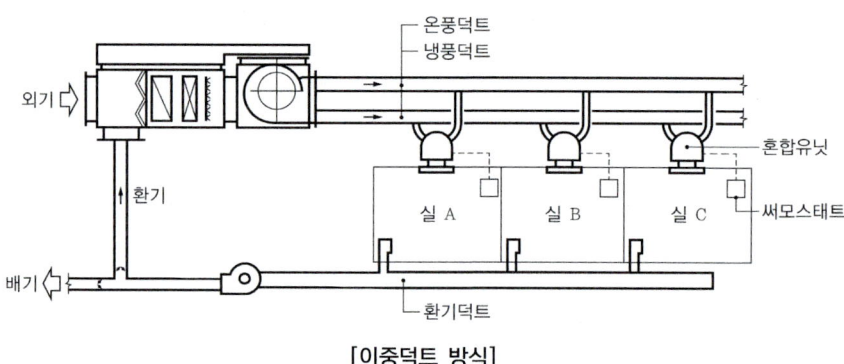

[이중덕트 방식]

Q5. 정풍량 단일덕트 공조방식에 관한 설명으로 옳은 것은? [산17]

① 공조 대상실의 부하 변동에 따라 송풍량을 조절하는 전공기식 공조방식
② 실내에 설치한 팬코일유닛에 냉수 또는 온수를 공급하여 공조하는 방식
③ **송풍량을 일정하게 하고 공조 대상실의 부하변동에 따라 송풍온도를 조절하는 전공기식 공조방식**
④ 냉풍과 온풍의 2개 덕트를 사용하여 말단의 혼합 유닛으로 냉풍과 온풍을 혼합해 송풍하는 전공기식 공조방식

해설 ① 단일덕트 변풍량, ② 팬코일유닛 방식, ④ 이중덕트 방식에 대한 설명이다.

Q6. 변풍량 단일덕트 방식에서 송풍량 조절의 기준이 되는 것은? [기18, 20]

① 실내 청정도   ② 실내 기류속도
③ **실내 현열부하**   ④ 실내 잠열부하

해설 ③ 변풍량 방식은 실내 현열부하에 따라 송풍량이 변화한다.

(4) 멀티존 유닛방식

① 이중덕트 방식의 일종

② 공조기에서 송풍되는 냉·온풍을 혼합댐퍼(mixing damper)에 의해 일정한 비율로 냉·온풍을 혼합한 후 각 존 또는 실로 보내는 방식

(5) 각층 유닛방식

① 외기처리용 1차 공조기에서 처리된 외기를 각층의 2차 공조기(유닛) 보내고

② 부하에 따라 가열 또는 냉각하여 송풍하는 방식

장점	• 각 층, 각 실을 구획하여 온습도 조절이 가능하다. • 각 층마다 부분운전이 가능하다. • 외기 냉방이 가능하다. • 덕트가 작아도 가능하다.
단점	• 공조기 대수가 많아지므로 설비비가 많이 소요된다. • 공조기가 분산되어 유지관리가 어렵다. • 각 층마다 공조기 설치공간이 필요하고 소음진동이 발생한다.

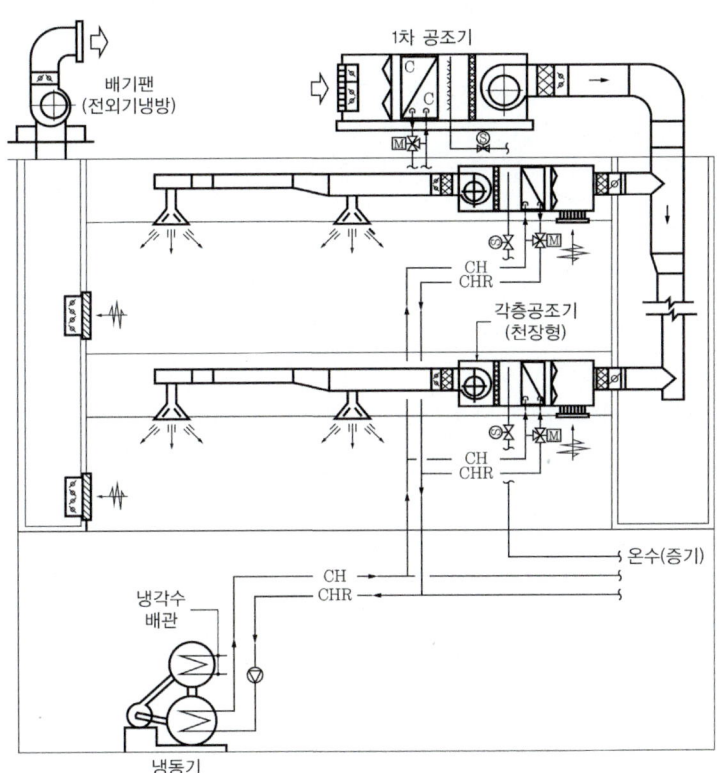

[각층 유닛방식]

2. 전수방식

(1) 팬코일유닛 방식

① 중앙기계실의 냉·열원기기 등으로부터 냉수 또는 온수나 증기를 각 실에 있는 팬코일유닛에 공급하여 실내공기와 열교환시키는 방식

② 팬코일유닛은 송풍기와 열교환이 가능한 코일 및 환기가 가능한 에어필터를 단일 유닛의 내부에 집약시켜 하나의 소형유닛으로 만든 공기조화장치

3. 공기-수방식

(1) 유인유닛 방식

중앙공조기의 고속덕트로부터 보내온 1차 공기를 송풍기 없이 냉·온수 코일이 장착된 실내 유닛의 노즐로부터 취출시켜서 유인력에 의해 실내공기를 흡입·혼합하여 2차공기로 만들어 다시 실내로 최종적으로 취출시키는 방식이다.

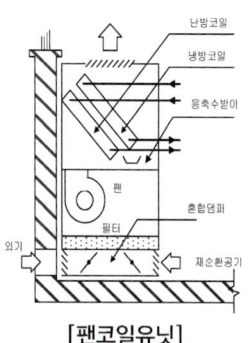

[팬코일유닛]

[천장형 팬코일유닛]
출처: google

장점	• 개실제어(실별, 구역별) 용이하다. • 열 반송동력이 적게 든다. • 중앙공조기가 비교적 소형이며 온·습도 조절이 쉽다. • 송풍기가 없어 사용연수가 길다.
단점	• 유닛별 개별제어가 안 된다. • 1·2차 공기의 혼합손실이 발생한다. • 고속덕트·중앙공조기의 설치비용이 발생한다. • 팬코일유닛 방식 대비 비싸다.

(2) 덕트 병용 팬코일유닛 방식

① 중앙공조기로는 1차공기인 외기를 조화하여 덕트를 통해 각실로 공급

② 중앙공조기에서 난방 시에는 외기를 냉각·감습, 난방 시에는 가열·가습

③ 실내유닛인 팬코일유닛으로서는 실내환기를 조화

④ 중앙공조기는 내부존을 팬코일유닛은 외부존의 부하를 담당

⑤ 대형건축물의 내부 존과 외부 존을 구분하여 공조하는 시스템에 적용

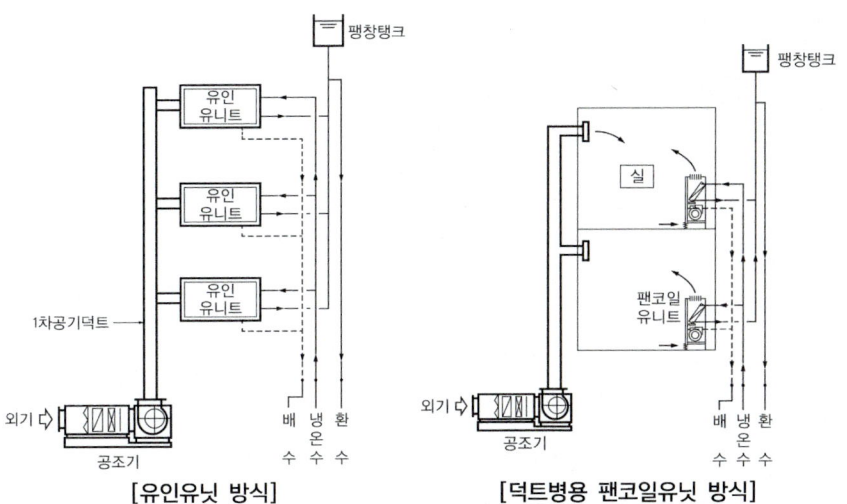

[유인유닛 방식]   [덕트병용 팬코일유닛 방식]

4. 냉매방식

(1) 패키지유닛 방식

① 압축기, 응축기, 증발기(냉각코일), 전동기, 필터를 케이싱 내에 수납하고 실내나 기계실 바닥에 설치하여 사용하는 것이다.

② 주택, 식당, 카페, 상점 등 소규모 건물, 시간외 운전이 필요한 회의실, 수위실, 특수한 온도조절이 필요한 전산실 등에 사용된다.

장점	• 시공과 취급이 간단하고 대량생산으로 원가 절감이 가능하다. • 현장 설치가 간단하고 공사기간이 짧아 설비비가 저렴하다. • 국부냉방에 유리하고 자동조작으로 간편하다.
단점	• 동시부하율이 고려되지 않아 전체용량이 중앙식보다 커진다. • 소음이 크다.

Q7. 공기조화방식 중 이중덕트 방식에 관한 설명으로 옳지 않은 것은? [산18]

① 혼합상자에서 소음과 진동이 생긴다.
② 부하특성이 다른 다수의 실이나 존에도 적용할 수 있다.
③ 덕트 스페이스가 작으며 습도의 완벽한 조절이 용이하다.
④ 냉·온풍의 혼합으로 인한 혼합손실이 있어서 에너지 소비량이 많다.

해설 ③ 덕트 스페이스가 크며, 습도의 완벽한 조절이 어렵다.

Q8. 공기조화방식 중 팬코일유닛 방식에 관한 설명으로 옳지 않은 것은? [기18]

① 덕트 방식에 비해 유닛의 위치 변경이 용이하다.
② 유닛을 창문 밑에 설치하면 콜드 드래프트를 줄일 수 있다.
③ 전공기 방식으로 각 실에 수배관으로 인한 누수의 염려가 없다.
④ 각 실의 유닛은 수동으로도 제어할 수 있고, 개별 제어가 용이하다.

해설 ③ 팬코일유닛 방식은 전수방식으로 누수의 염려가 있다.

03 조닝계획과 에너지절약계획

1. 조닝계획

- 건물 내부를 몇 개의 계통으로 구분하고 각 각의 공조계통이 담당하는 구역별로 구분하여 공조방식을 결정하는 것
- 조닝으로 구분된 각 각의 구역을 존(zone)이라 한다.

(1) 존의 구분

공조방식, 열부하, 실내공기 환경조건, 실 사용용도, 실 사용시간대별로 구분한다.

(2) 열부하 특성별 조닝

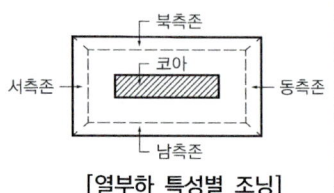
[열부하 특성별 조닝]

외부존 (Perimeter zone)	• 일사부하, 외기조건에 영향을 받는다. • 보통 건물 벽면에서 3~6 m 떨어진 구간이다. • 부하의 변동이 심함(냉난방 동시 발생가능)
내부존 (Interior zone)	• 조명, 인체, 기기발열 부하가 주요 부하이다. • 외부존에 비해 부하 변동이 적다. • 대부분 냉방부하가 발생한다.

2. 에너지절약계획

(1) 열원설비

① 열원설비는 부분부하 및 전부하 운전효율이 좋은 것을 선정한다.
② 난방기기, 냉방기기, 급탕기는 고효율 제품 또는 이와 동등 이상의 효율을 가진 제품을 설치한다.
③ 보일러의 배출수·폐열·응축수 및 공조기의 폐열, 생활배수 등의 폐열을 회수하기 위한 열회수설비를 설치한다. 폐열회수를 위한 열회수설비를 설치할 때에는 중간에 대비한 바이패스(by-pass)설비를 설치한다.
④ 냉방기기는 전력피크 부하를 줄일 수 있도록 하여야 하며, 상황에 따라 심야전기를 이용한 축열·축냉시스템, 가스 및 유류를 이용한 냉방설비, 집단에너지를 이용한 지역냉방방식, 소형열병합발전을 이용한 냉방방식, 신·재생에너지를 이용한 냉방방식을 채택한다.

(2) 공조설비

① 중간기 등에 외기도입을 의하여 냉방부하를 감소시키는 경우에는 실내 공기질을 저하시키지 않는 범위 내에서 이코노마이저시스템 등 외기냉방시스템을 적용한다. 다만, 외기냉방시스템의 적용이 건축물의 총에너지비용을 감소시킬 수 없는 경우에는 그러하지 아니한다.
② 공기조화기팬은 부하변도에 따른 풍량제어가 가능하도록 가변익축류방식, 흡입베인제어방식, 가변속제어방식 등 에너지절약적 제어방식을 채택한다.

> **외기냉방**
> 외기를 직접 실내로 끌어들여 냉방하는 방식이다. 1년동안 냉방을 할 경우 가을부터 봄 이전까지는 외기온도가 낮기 때문에 냉동기 운전하지 않아도 외기만으로 냉방운전이 가능하다.

(3) 반송설비

① 냉방 또는 난방 순환수 펌프, 냉각수 순환 펌프는 운전효율을 증대시키기 위해 가능한 한 대수제어 또는 가변속제어방식을 채택하여 부하상태에 따라 최적 운전상태가 유지될 수 있도록 한다.
② 급수용 펌프 또는 급수가압펌프의 전동기에는 가변속제어방식 등 에너지절약적 제어방식을 채택한다.
③ 공조용 송풍기, 펌프는 효율이 높은 것을 채택한다.

(4) 환기 및 제어설비

① 환기를 통한 에너지손실 저감을 위해 성능이 우수한 열회수형환기장치를 설치한다.
② 기계환기설비를 사용하여야 하는 지하주차장의 환기용 팬은 대수제어 또는 풍량조절(가변익, 가변속도), 일산화탄소(CO)의 농도에 의한 자동(on-off) 제어 등의 에너지 절약적 제어방식을 도입한다.
③ 건축물의 효율적인 에너지절약 및 에너지이용 효율의 향상을 위하여 컴퓨터에 의한 자동제어시스템 또는 네트워킹이 가능한 현장제어장치 등을 사용한 에너지제어시스템을 채택하거나, 분산제어 시스템으로서 각 설비별 에너지제어 시스템에 개방형 통신기술을 채택하여 설비별 제어시스템 간 에너지관리 데이터의 호환과 집중제어가 가능하도록 한다.

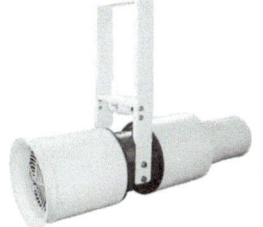

[주차장용 Jet Fan]

Q9. 공기조화계획에서 내부존의 조닝 방법에 속하지 않는 것은? [기15]

① 방위별 조닝
② 부하 특성별 조닝
③ 온·습도 설정별 조닝
④ 용도에 따른 시간별 조닝

해설 방위별 조닝: 일사 및 일조 조건이 다른 동서남북 측의 존(zone)으로 구분하는 방법
내부존: 온·습도 설정에 따른 부하 특성별, 사용시간별, 사용목적별, 사용자별 구분

Q10. 건축물의 에너지절약을 위한 기계부분의 권장사항으로 옳지 않은 것은? [기16]

① 냉방기기는 전력피크부하를 줄일 수 있도록 한다.
② 난방순환수 펌프는 가능한 한 대수제어 또는 가변속제어방식을 채택한다.
③ 폐열회수를 위한 열회수설비를 설치할 때에는 중간기에 대비한 바이패스(by-pass)설비를 설치한다.
④ 위생설비 급탕용 저탕조의 설계온도는 65℃ 이하로 하고 필요한 경우에는 부스터히터 등으로 승온하여 사용한다.

해설 ④ 위생설비 급탕용 저탕조 설계온도는 55℃ 이하로 하고 필요한 경우에는 부스터히터 등으로 승온하여 사용한다.

CHAPTER 05 필수 확인 문제

01 공기조화방식 중 전공기방식에 관한 설명으로 옳지 않은 것은? [기15]

① 중간기에 외기냉방이 가능하다.
② 실의 유효스페이스가 증대된다.
③ 실내공기의 질을 높일 수 있는 가능성이 크다.
④ 수방식에 비해 열의 운송동력이 적게 소요된다.

○ ④ 수방식에 비해 열의 운송동력이 많이 소비된다.

정답 ④

02 다음의 공기조화방식 중 전공기 방식에 속하지 않는 것은? [산15, 21]

① 단일덕트 방식   ② 이중덕트 방식
③ 팬코일유닛 방식   ④ 멀티존유닛 방식

○ 팬코일유닛 방식은 전수방식에 속한다.

정답 ③

03 공기조화 방식 중 단일덕트 방식에 대한 설명으로 옳지 않은 것은? [산20]

① 냉, 온풍의 혼합손실이 없다.
② 이중덕트 방식에 비해 덕트 스페이스가 적게 든다.
③ 각 실이나 존의 부하변동에 즉시 대응할 수 있다.
④ 부하특성이 다른 여러 개의 실이나 존이 있는 건물에 적응하기가 곤란하다.

○ 단일덕트 방식은 부하특성상 여러 개의 실이나 존에 적응하기 곤란하며 부하변동에 대응하기 곤란하다.

정답 ③

04 송풍온도를 일정하게 하고 송풍량을 변경해 부하변동에 대응하는 공기조화방식은? [산13, 17]

① 이중덕트 방식   ② 멀티존 유닛방식
③ 단일덕트 정풍량 방식   ④ 단일덕트 변풍량 방식

○ 송풍량을 변경하는 변풍량 방식에 대한 설명이다.

정답 ④

05 단일덕트 변풍량 방식에 관한 설명으로 옳지 않은 것은? [기21]

① 전공기 방식의 특성이 있다.
② 각 실이나 존의 온도를 개별제어할 수 있다.
③ 일사량 변화가 심한 페리미터 존에 적합하다.
④ 정풍량 방식에 비해 설비비는 낮아지나 운전비가 증가한다.

○ ④ 정풍량 방식에 비해 설비비는 높아지나 운전비는 감소한다.

정답 ④

06 공기조화방식 중 냉풍과 온풍을 공급받아 각 실 또는 각 존의 혼합유닛에서 혼합하여 공급하는 방식은? [기18]

① 단일덕트 방식
② 이중덕트 방식
③ 유인유닛 방식
④ 팬코일유닛 방식

◎ 냉풍과 온풍을 각각 공급하는 이중덕트 방식에 대한 설명이다.
[정답] ②

07 공기조화방식 중 이중덕트 방식에 관한 설명으로 옳지 않은 것은? [산19]

① 혼합상자에서 소음과 진동이 생긴다.
② 덕트가 1개의 계통이므로 설비비가 적게 든다.
③ 부하특성이 다른 다수의 실이나 존에도 적용할 수 있다.
④ 냉·온풍의 혼합으로 인한 혼합손실이 있어서 에너지 소비량이 많다.

◎ ② 덕트가 2개의 계통이므로 설비비가 많이 든다.
[정답] ②

08 다음 중 서로 상이한 실에 냉난방을 동시에 해야 하는 경우 가장 적절한 공조방식은? [기15]

① VAV방식
② CAV방식
③ 유인유닛 방식
④ 멀티존유닛 방식

◎ ④ 이중덕트 방식의 변형으로 공기기 1대로 냉·온풍을 동시에 만들어 공조기 출구에서 각 존마다 필요한 냉·온풍을 혼합한 후 각각의 덕트로 송기하는 방식
[정답] ④

09 다음의 공기조화방식 중 전공기 방식에 속하지 않는 것은?

① 단일덕트 방식
② 이중덕트 방식
③ 유인유닛 방식
④ 멀티존유닛 방식

◎ ③ 유인유닛 방식은 수공기방식이다.
[정답] ③

10 공기조화방식 중 전수방식에 관한 설명으로 틀린 것은? [기14]

① 덕트 스페이스가 필요 없다.
② 실내의 배관에 의해 누수의 우려가 있다.
③ 송풍공기가 없어 실내공기의 오염이 적다.
④ 열매체가 증기 또는 냉·온수로 열의 운송동력이 공기에 비해 적게 소요된다.

◎ ③ 외기량이 부족하여 실내공기 오염이 심할 수 있다.
[정답] ③

11 공조방식 중 팬코일 유닛방식에 관한 설명으로 옳지 않은 것은? [기21, 산16]

① 유닛의 개별제어가 용이하다.
② 수배관이 없어 누수의 우려가 없다.
③ 덕트 샤프트나 스페이스가 필요 없다.
④ 덕트방식에 비해 유닛의 위치변경이 용이하다.

◎ ② 팬코일 유닛방식은 전수방식으로 수배관으로 인한 누수의 우려가 있다.
[정답] ②

PART 4 핵심 기출 문제

01. 기초적인 사항

001 습공기의 건구온도와 습구온도를 알 때 습공기선도를 사용하여 구할 수 있는 것이 아닌 것은? [기12, 산21]

① 기류 ② 엔탈피
③ 상대습도 ④ 절대습도

해설
습공기선도
습공기선도에서 건구온도, 습구온도, 노점온도, 절대습도, 상대습도, 포화도, 수증기압, 엔탈피, 비체적 현열비 등을 알 수 있다.

002 공기의 건구온도와 상대습도를 알고 있을 때 습공기선도를 통해 구할 수 없는 것은? [기15]

① 엔탈피 ② 절대습도
③ 습구온도 ④ 탄산가스 함유량

해설
1번 해설 참조

003 습공기선도에 나타나는 사항이 아닌 것은? [산13]

① 노점온도 ② 습구온도
③ 절대습도 ④ 열관류율

해설
1번 해설 참조

004 온열 습공기의 엔탈피에 관한 설명으로 옳은 것은? [기13]

① 건구온도가 높을수록 커진다.
② 절대습도가 높을수록 작아진다.
③ 수증기의 엔탈피에서 건공기의 엔탈피를 뺀 값이다.
④ 습공기를 냉각·가습할 경우, 엔탈피는 항상 감소한다.

해설
습공기 선도
①, ② 건구온도와 절대습도가 높아질수록 엔탈피는 커진다.
③ 습공기 엔탈피 = 수증기엔탈피 + 건공기엔탈피
④ 습공기를 가습할 경우 엔탈피는 증가한다.

005 습공기의 상태변화에 관한 설명으로 옳지 않은 것은? [기12, 16, 19]

① 가열하면 엔탈피는 증가한다.
② 냉각하면 비체적은 감소한다.
③ 가열하면 절대습도는 증가한다.
④ 냉각하면 습구온도는 감소한다.

해설
습공기의 상태변화
포화범위에서는 공기를 가열하거나 냉각하여도 절대습도의 변화는 없다.

006 어떤 상태의 습공기를 절대습도의 변화 없이 건구온도만 상승시킬 때, 습공기의 상태변화로 옳은 것은? [기12, 15, 20]

① 엔탈피는 증가한다.
② 상대습도는 증가한다.
③ 노점온도는 낮아진다.
④ 비체적은 감소한다.

해설
습공기의 상태변화
② 상대습도는 낮아지고 ③ 노점온도는 변화가 없으며 ④ 비체적은 증가한다.

정답 001. ① 002. ④ 003. ④ 004. ① 005. ③ 006. ①

007 다음 중 상대습도(R.H) 100%에서 그 값이 같지 않은 온도는? [건17]

① 건구온도 ② 효과온도
③ 습구온도 ④ 노점온도

해설
습공기의 상태
상대습도 100%에서는 건구온도=습구온도=노점온도

008 습공기를 가열하였을 경우 상태량이 변하지 않는 것은? [기18]

① 절대습도 ② 상대습도
③ 건구온도 ④ 습구온도

해설
습공기의 상태변화
습공기를 가열하면 상대습도는 감소, 건구온도, 습구온도는 증가한다.

009 습공기를 가열할 경우 감소하는 상태값은? [기20, 산14]

① 엔탈피 ② 비체적
③ 상대습도 ④ 건구온도

해설
습공기의 상태변화
습공기를 가열하면 엔탈피, 건구온도, 습구온도 비체적은 증가한다.

010 습공기를 가열할 경우 증가하지 않는 상태값은? [산13]

① 엔탈피 ② 비체적
③ 상대습도 ④ 습구온도

해설
습공기의 상태변화
습공기를 가열하면 엔탈피, 건구온도, 습구온도 비체적은 증가한다.

011 습공기를 가습하는 경우, 다음의 상대 값 중 변화하지 않는 것은? [산16]

① 건구온도 ② 습구온도
③ 절대습도 ④ 상대습도

해설
습공기의 상태변화
습공기를 가습하는 경우 건구온도는 변하지 않는다.

012 습공기선도 상에서 별도의 수분 증가 및 감소 없이 건구 온도만 상승시킬 경우 변화하지 않는 것은? [산15]

① 엔탈피 ② 절대습도
③ 비체적 ④ 습구온도

해설
습공기의 상태변화
건구온도만 상승시킬 때 엔탈피, 비체적, 습구온도는 증가하고, 절대습도의 변화는 없다.

013 습공기를 가열하였을 경우 상태값이 감소하는 것은? [산20]

① 비체적 ② 상대습도
③ 습구온도 ④ 절대습도

해설
습공기의 상태변화
습공기를 가열하면 포화수증기압이 높아져 상대습도가 감소한다.

014 다음 습공기의 성질에 관한 설명이 아닌 것은? [산20]

① 공기를 가열하면 상대습도는 낮아진다.
② 공기를 냉각하면 절대습도는 높아진다.
③ 건구온도와 습구온도가 동일하면 상대습도는 100%이다.
④ 습구온도는 건구온도 보다 높을 수 없다.

해설
습공기의 상태변화
습공기를 냉각하면 절대습도가 같거나 낮아진다.

015 습공기에 관한 설명으로 옳지 않은 것은? [산20]

① 건구온도가 낮아지면 비체적은 감소한다.
② 상대습도 100%인 경우 습구온도와 노점온도는 동일하다.
③ 열수분비는 엔탈피의 변화량을 습구온도 변화량으로 나눈 값이다.
④ 습공기를 가열하면 상대습도는 감소하나 절대습도는 변하지 않는다.

[해설]
열수분비
열수분비는 엔탈피의 변화량을 절대습도 변화량으로 나눈 값이다.

016 습공기에 관한 설명으로 옳지 않은 것은? [산20]

① 건구온도가 낮아지면 비체적은 감소한다.
② 상대습도 100%인 경우 습구온도와 노점온도는 동일하다.
③ 열수분비는 엔탈피의 변화량을 습구온도 변화량으로 나눈 값이다.
④ 습공기를 가열하면 상대습도는 감소하나 절대 습도는 변하지 않는다.

[해설]
열수분비
열수분비는 엔탈피의 변화량을 절대습도 변화량으로 나눈 값이다.

017 다음의 습공기 선도상의 변화과정을 옳게 설명한 것은? [산16]

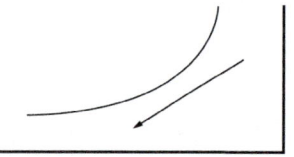

① 가열가습과정
② 가열감습과정
③ 냉각가습과정
④ 냉각감습과정

[해설]
습공기선도의 해석
좌측으로 이동하면 냉각과정 아래로 이동하면 감습과정으로 좌측 아래로 이동하면 냉각감습과정이다.

018 다음 중 공기조화설계에서 현열부하와 잠열부하를 모두 고려하여야 하는 것에 속하지 않는 것은? [산15]

① 재열부하
② 인체발생열
③ 틈새바람에 의한 취득열량
④ 외기도입에 의한 취득열량

[해설]
냉방부하의 종류
인체발생열, 틈새바람, 외기도입에 의한 취득열량은 현열부하와 잠열부하를 고려하고, 재열부하는 현열부하만 고려한다.

019 냉방부하 중 현열부하로만 작용하는 것은? [기21]

① 인체부하
② 외기부하
③ 조명기구부하
④ 틈새바람에 의한 부하

[해설]
냉방부하의 종류
인체의 발생열량, 극간풍 및 외기의 도입으로 인한 취득열량은 현열과 잠열을 포함한다.

020 냉방부하의 종류 중 현열만을 포함하고 있는 것은? [기16]

① 인체의 발생열량
② 유리로부터의 취득열량
③ 극간풍에 의한 취득열량
④ 외기의 도입으로 인한 취득열량

[해설]
냉방부하의 종류
인체의 발생열량, 극간풍 및 외기의 도입으로 인한 취득열량은 현열과 잠열을 포함한다.

021 다음 중 냉방부하 계산 시 현열과 잠열 모두 고려하여야 하는 요소는? [기20]

① 덕트로부터의 취득열량
② 유리로부터의 취득열량
③ 벽체로부터의 취득열량
④ 극간풍에 의한 취득열량

해설
냉방부하의 종류
①, ②, ③은 냉방부하 계산 시 현열만 고려한다.

022 냉방부하 계산 시 현열과 잠열을 모두 고려하여야 하는 부하의 종류에 속하지 않는 것은? [산13]

① 인체의 발생열
② 벽체로부터의 취득열
③ 극간풍에 의한 취득열
④ 외기의 도입으로 인한 취득열

해설
냉방부하의 종류
② 벽체로부터의 취득열은 현열만 고려한다.

023 다음의 냉방부하의 종류 중 잠열부하가 발생하는 것은? [산16]

① 덕트로부터의 취득열량
② 송풍기에 의한 취득열량
③ 외기의 도입으로 인한 취득열량
④ 일사에 의한 유리로부터의 취득열량

해설
냉방부하의 종류
③ 외기의 도입으로 인한 취득열량에는 현열 및 잠열부하가 발생한다.

024 다음 조건에 있는 실의 환기에 의한 현열부하는? [기14, 17, 18, 20, 21, 산15]

- 실의 체적: 400m³
- 환기회수 0.5회/h
- 실내온도: 20℃, 외기온도: 0℃
- 공기의 밀도: 1.2kg/m³, 비열: 1.01kJ/kg·K

① 약 654 W   ② 약 972 W
③ 약 1,347 W   ④ 약 1,654 W

해설
틈새바람에 의한 냉방부하
환기량: $Q = n \cdot V = 0.5 \times 400 = 200[m^3/h]$
현열: $Q_{SH} = 0.34 \times Q \times (t_o - t_i)$
$= 0.34 \times 200 \times (20-0) = 1,360[W]$

025 외기온도 34℃, 상대습도 70%, 실내온도 27℃, 상대습도 60%인 조건하에서 틈새바람 100 m³/h가 실내로 유입되었다. 이로 인해 발생하는 냉방현열부하는? (단, 공기의 밀도는 1.2 kg/m³, 공기의 정압비열은 1.01 kJ/kg·K이다.) [산12]

① 약 174 W   ② 약 236 W
③ 약 350 W   ④ 약 465 W

해설
틈새바람에 의한 냉방부하
$Q_{SH} = 0.34 \times Q \times (t_o - t_r) = 0.34 \times 100 \times (34-27) = 238[W]$

026 실내온도 20℃, 외기온도 -10℃인 방의 환기량이 60 m³/h경우, 환기로 인한 손실 현열량은? (단, 공기의 밀도는 1.2 kg/m³, 비열은 1.01 kJ/kg·k이다.) [산15]

① 0.3 kW   ② 0.6 kW
③ 0.9 kW   ④ 1.2 kW

해설
틈새바람에 의한 냉방부하
$Q_{SH} = 0.34 \cdot Q \cdot (t_o - t_r) = 0.34 \times 60 \times (20-(-10)) = 612[W]$
$= 0.6[kW]$

정답 021. ④ 022. ② 023. ③ 024. ③ 025. ② 026. ②

027 다음과 같은 조건에 있는 크기가 가로 10 m, 세로 7 m, 높이 3 m인 교실에서 환기를 시간당 2회로 행할 때 환기로 인한 손실 현열량은? [산15]

- 실내온도: 20, 외기온도: −5
- 공기의 밀도: 1.2kg/m³
- 공기의 비열: 1.01kJ/kg·K

① 2.0 kW ② 2.5 kW
③ 3.0 kW ④ 3.5 kW

해설
틈새바람에 의한 냉방부하
$Q = 10 \times 7 \times 3 \times 2 = 420[m^3/h]$
$Q_{SH} = 0.34 \cdot Q \cdot (t_o - t_r) = 0.34 \times 420 \times (20 - (-5))$
$= 3,570[W] = 3.5[kW]$

028 다음과 같은 조건에서 냉방시 외기 3,000 m³/h가 실내로 인입될 때 외기에 의한 현열 부하는? [산16]

- 실내온도: 26℃
- 외기온도: 31℃
- 공기의 밀도: 1.2kg/m³
- 공기의 정압비열: 1.01kJ/kg·K

① 840 W   ② 3500 W
③ 5050 W ④ 8720 W

해설
틈새바람에 의한 냉방부하
$Q_{SH} = 0.34 \cdot Q \cdot (t_o - t_r) = 0.34 \times 3000 \times (31 - 26) = 5,100[W]$

029 다음과 같은 조건에서 틈새바람 100 m³/h가 실내로 유입되었다. 이로 인해 발생하는 냉방현열부하는? [산19]

- 실내공기: 온도 27℃, 상대습도 60%
- 외기: 온도 34℃, 상대습도 70%
- 공기의 밀도: 1.2kg/m³
- 공기의 정압비열: 1.01kJ/kg·K

① 약 174 W ② 약 236 W
③ 약 350 W ④ 약 465 W

해설
틈새바람에 의한 냉방부하
$Q_{SH} = 0.34 \cdot Q \cdot (t_o - t_r)[W] = 0.34 \times 100 \times (34 - 27) = 238[W]$

030 실내기온 26℃(절대습도=0.0107 kg/kg'), 외기온 33℃(절대습도=0.0184 kg/kg'), 1시간당 침입 공기량이 500 m³일 때 침입외기에 의한 잠열 부하는? (단, 공기의 밀도 1.2 kg/m³, 0℃에서 물의 증발 잠열 2,501 kJ/kg) [산20]

① 약 1,192 W ② 약 3,210 W
③ 약 3,576 W ④ 약 4,768 W

해설
$Q_{LH} = 834 \cdot Q \cdot (x_o - x_r) = 834 \times 500 \times (0.0184 - 0.0107) = 3,210[W]$

031 태양 복사열이 벽체에 미치는 영향을 고려한 가상의 온도차를 무엇이라 하는가? [산15]

① 상당외기온도차 ② 유효외기온도차
③ 실효외기온도차 ④ 효과외기온도차

해설
상당외기온도차
상당외기온도차에 대한 설명이다.

032 냉방부하의 산정 시 외벽 또는 지붕에서 일사의 영향을 고려한 온도는? [산17]

① 유효온도   ② 평균복사온도
③ 상당외기온도 ④ 대수평균온도

해설
상당외기온도
상당외기온도에 대한 설명이다.

033 건축물의 냉방부하를 감소시키기 위한 유리창 계획으로 옳지 않은 것은? [산18]

① 유리창의 면적을 작게 한다.
② 반사율이 큰 유리를 사용한다.
③ 차폐계수가 큰 유리를 사용한다.
④ 열관류율이 작은 유리를 사용한다.

해설
냉방부하
③ 냉방부하를 감소시키기 위하여 차폐계수가 작은 유리를 사용한다.

034 겨울철 벽체를 통해 실내에서 실외로 빠져나가는 열손실량을 계산할 때 필요하지 않은 요소는? [기18]

① 외기온도
② 실내습도
③ 벽체의 두께
④ 벽체 재료의 열전도율

해설
열관류율
② 열관류율 계산에는 실내습도는 포함되지 않는다.

035 다음 중 난방부하 계산에서 일반적으로 고려하지 않는 것은? [산14]

① 외벽을 통한 관류부하
② 유리창을 통한 관류부하
③ 도입외기에 의한 외기부하
④ 인체의 발생열량에 의한 인체부하

해설
난방부하
④ 인체의 발생열량에 의하여 난방부하가 증가하므로 난방부하 계산에 고려하지 않는다.

036 10 cm 두께의 콘크리트 벽 양쪽 표면의 온도가 각각 5℃, 15℃로 일정할 때, 벽을 통과하는 전도 열량은? (단, 콘크리트의 열전도율은 1.6 W/m·K이다.) [산19]

① 16 W/m²
② 32 W/m²
③ 160 W/m²
④ 320 W/m²

해설
전도에 의한 열전달
$$Q = \frac{\lambda}{d} \cdot A \cdot \Delta t \, [W]$$
$$\frac{Q}{A} = \frac{\lambda}{d} \cdot \Delta t = \frac{1.6}{0.1} \times (15-5) = 160 \, [W/m^2]$$

037 벽체의 열관류율 계산에 직접적으로 필요한 요소가 아닌 것은? [산15]

① 벽체의 온도
② 구성재료의 두께
③ 벽체의 표면열전달률
④ 구성재료의 열전도율

해설
열관류율
$$K = \frac{1}{1/a_1 + \sum(\frac{d}{\lambda}) + 1/a_2} \, [W/m^2 K]$$

038 다음과 같은 조건에 있는 아파트 외벽의 열손실량은? [산12]

- 벽체의 크기: 2×3m
- 벽체의 열관류율: 1.2W/m²·K
- 실내온도: 10℃
- 외기온도: -5℃
- 방위계수: 1.1

① 36 W
② 79.2 W
③ 98.2 W
④ 118.8 W

해설
외벽의 열손실량
$Q = K \cdot A \cdot \Delta t \cdot C$
(K: 열관류율 A: 구조체면적 Δt: 실내외 온도차 C: 방위계수)
$Q = 1.2 \times (2 \times 3) \times (10 - (-5)) \times 1.1 = 118.8 \, [W]$

039 난방부하 계산 시 각 외벽을 통한 손실열량은 방위에 따른 방향계수에 의해 값을 보정하는데, 계수 값의 대소관계가 옳게 표현된 것은? [산19]

① 북 > 동·서 > 남
② 북 > 남 > 동·서
③ 동 > 남·북 > 서
④ 남 > 북 > 동·서

해설
외벽의 열손실량

	남	동·서	북
방위계수	1.0	1.10	1.20

040 열관류율 K=2 W/m² · K인 벽체의 양쪽 공기온도가 각각 22℃, -3℃일 때, 이 벽체 1 m²당 이동되는 열량은? [산12]

① 25 W
② 50 W
③ 75 W
④ 100 W

해설
외벽의 열손실량
$Q = K \cdot A \cdot \Delta t = 2 \times 1 \times (22-(-3)) = 50[W]$

041 열관류율 K=5 W/m² · K인 유리창을 통하여 이동하는 열량은? (단, 유리창의 면적은 10 m²이며, 실내외 공기의 온도차는 30℃이다.) [산12]

① 50 W
② 150 W
③ 300 W
④ 1,500 W

해설
외벽의 열손실량
$Q = K \cdot A \cdot \Delta t = 5 \times 10 \times 30 = 1,500[W]$

042 다음과 같은 조건에서 길이 10 m, 높이 3 m인 남측 외벽을 통한 손실열량은? [산21]

- 벽의 열관류율: 0.4 W/m²K
- 외기온도: -7℃
- 실내온도: 22℃

① 264 W
② 348 W
③ 418 W
④ 524 W

해설
외벽의 열손실량
$Q = K \cdot A \cdot \Delta t \cdot C = 0.4 \times (10 \times 3) \times (22-(-7)) \times 1.0 = 348[W]$

043 침입외기량 산정 방법에 속하지 않는 것은? [산17]

① 인원수에 의한 방법
② 창 면적에 의한 방법
③ 환기 횟수에 의한 방법
④ 창문의 틈새 길이에 의한 방법

해설
침입외기량 산출방법
① 인원수에 의한 방법은 환기량 산정방법에 속한다.

044 다음 중 환기횟수에 관한 설명으로 가장 알맞은 것은? [산20, 21]

① 한 시간 동안에 창문을 여닫는 횟수를 의미한다.
② 하루 동안에 공조기를 작동하는 횟수를 의미한다.
③ 한 시간 동안의 환기량을 실의 용적으로 나눈 값이다.
④ 하루 동안의 환기량을 실의 면적으로 나눈 값이다.

해설
침입외기량 산출방법
환기횟수 = 시간당 외기량[m³/h] / 실의 용적[m³]

045 건축설비 관련 용어의 단위가 옳지 않은 것은? [기13]

① 상대습도: %
② 비열: KJ/kg·K
③ 열전도율: W/m²·K
④ 열관류 저항: m²·K/W

해설
열전도율
열이 한쪽에서 다른 한쪽으로 전달되는 정도의 차이로 물질의 특성 [W/m·K]

046 벽체를 구성하는 재료의 열전도율 단위로 옳은 것은? [산17]

① W/m·K
② W/m·h
③ W/m·h·K
④ W/m²·K

해설
열전도율
열이 한쪽에서 다른 한쪽으로 전달되는 정도의 차이로 물질의 특성 [W/m·K]

047 다음 중 외기온과 실온변화에 있어서 시간지연에 직접적인 영향을 미치는 요소는? [산19]

① 열관류율
② 기류속도
③ 표면복사율
④ 구조체의 열용량

해설
축열
구조체의 열용량이 클수록 시간지연효과가 커진다.
기류속도, 표면복사율은 열관류율에 영향을 미친다.

048 35℃의 공기 300 m³와 27℃의 공기 700 m³를 단열혼합하였을 경우, 혼합공기의 온도는? [기16]

① 28.2℃
② 29.4℃
③ 30.6℃
④ 32.6℃

해설
혼합공기의 온도
$$35℃ \times \frac{300}{300+700} + 27℃ \times \frac{700}{300+700} = 29.4℃$$

049 건구 온도가 25℃인 실내공기 8000 m³/h와 건구 온도 31℃인 외부공기 2000 m³/h를 단열혼합하였을 때 혼합공기의 건구온도는? [기17]

① 24.8℃
② 26.4℃
③ 27.5℃
④ 29.8℃

해설
혼합공기의 온도
$$25[℃] \times \frac{8000}{8000+2000} + 32[℃] \times \frac{2000}{8000+2000} = 26.4[℃]$$

050 건구온도 26℃인 공기 1000 m³과 건구온도 32℃인 공기 500 m³를 단열혼합하였을 경우, 혼합공기의 건구온도는? [산19, 21]

① 27℃
② 28℃
③ 29℃
④ 30℃

해설
혼합공기의 온도
$$t_3 = \frac{m_1}{m_1+m_2} \times t_1 + \frac{m_2}{m_1+m_2} \times t_2$$
$$= \frac{1000}{1000+500} \times 26 + \frac{500}{1000+500} \times 32 = 28[℃]$$

정답 045. ③ 046. ① 047. ④ 048. ② 049. ② 050. ②

051 어떤 실내의 취득열량 중 현열이 35000 W 이고 잠열이 9000 W이다. 실내의 공기조건을 25℃, 50%(RH)로 유지하기 위해서 취출온도 10℃로 송풍하고자 할 때 현열비는? [기12]

① 0.6 ② 0.8
③ 1.9 ④ 3.9

해설
현열비 산출

$$\text{현열비(SHF)} = \frac{\text{현열}}{\text{현열} + \text{잠열}} = \frac{35,000}{35,000+9,000} = 0.76 ≒ 0.8$$

052 어떤 실의 취득열량이 현열 35,000 W, 잠열 15,000 W이었을 때, 현열비는? [기21]

① 0.3 ② 0.4
③ 0.7 ④ 2.3

해설
현열비 산출

$$\text{현열비(SHF)} = \frac{\text{현열}}{\text{현열} + \text{잠열}} = \frac{35,000}{35,000+15,000} = 0.7$$

053 어떤 사무실의 취득 현열량이 15,000 W일 때 실내온도를 26℃로 유지하기 위하여 16℃의 외기를 도입할 경우, 실내에 공급하는 송풍량은 얼마로 해야 하는가? (단, 공기의 정압비열은 1.01 kJ/kg·K, 밀도는 1.2 kg/m³이다.) [기18]

① 2,455 m³/h ② 4,455 m³/h
③ 6,455 m³/h ④ 8,455 m³/h

해설
송풍공기량

$$Q = \frac{q_s[W]}{0.34 \times \Delta t} = \frac{15000}{0.34 \times (26-16)} = 4,411[m^3/h] ≒ 4,455[m^3/h]$$

054 설계온도가 22℃인 실의 현열부하가 9.3 kW일 때 송풍공기량은? (단, 취출공기온도 32℃, 공기의 밀도 1.2 kg/m³, 비열 1.005 kJ/kg·K이다.) [산18]

① 2,314 m³/h ② 2,776 m³/h
③ 2,968 m³/h ④ 3,299 m³/h

해설

$$Q = \frac{q_s[W]}{0.34 \times \Delta t} = \frac{9300}{0.34 \times (32-22)} = 2,735[m^3/h] ≒ 2,776[m^3/h]$$

055 건구온도 18℃, 상대습도 60%인 공기가 여과기를 통과한 후 가열 코일을 통과하였다. 통과 후의 공기 상태는? [산14, 19]

① 건구온도 증가, 비체적 감소
② 건구온도 증가, 엔탈피 감소
③ 건구온도 증가, 상대습도 증가
④ 건구온도 증가, 습구온도 증가

해설
공조프로세스
④ 여과기를 통과하고 가열코일을 통과하는 경우, 건구온도 및 습구온도는 증가한다.

056 공기조화기 설계에서 사용되는 바이패스 팩터(bypass factor)의 의미로 옳은 것은? [기17]

① 급기팬을 통과하는 공기 중 건공기의 비율
② 공기조화기의 도입외기가 환기(return air)의 비율
③ 실내로부터의 환기(return air) 중 공기조화기로 도입되는 공기의 비율
④ 냉온수코일의 통과 공기 중 냉온수코일과 접촉하지 않고 통과하는 공기의 비율

해설
공조프로세스
콘택트 팩터: 가열, 냉각코일을 통과하는 공기 중 코일 표면에 완전히 접촉하면서 통과하는 공기의 비율 CF = 1−BF

02. 환기 및 배연 설비

057 실내공기오염의 종합적 지표로서 사용되는 오염 물질은? [기19]

① 부유분진 ② 이산화탄소
③ 일산화탄소 ④ 이산화질소

해설
오염물질의 종류
실내공간에서 이산화탄소 농도가 증가하면 산소의 양이 부족하게 되므로 이산화탄소를 실내공기질 또는 환기상태의 척도로 사용하고 있다.

058 100명을 수용하고 있는 회의실에서 1인당 CO_2배출량이 17 L/h일 때 실내의 CO_2 농도를 1,000 ppm이하로 유지시키기 위한 필요환기량은? (단, 외기의 CO_2 농도는 300 ppm이다.) [기15]

① 약 1,120 m^3/h ② 약 1,750 m^3/h
③ 약 2,140 m^3/h ④ 약 2,430 m^3/h

해설
필요 환기량
17 l/hr = 0.017 m^3/h
$Q = \dfrac{k}{C - C_o} = \dfrac{100 \times 0.017}{0.001 - 0.0003} = 2,429 [m^3/h]$

059 실내공기의 탄산가스 함유량을 0.1%로 유지하는데 필요한 환기량은? (단, 실내발생 탄산가스량은 51 L/h, 외기의 탄산가스 함유량은 0.03%이다.) [기16]

① 약 23 m^3/h ② 약 35 m^3/h
③ 약 43 m^3/h ④ 약 73 m^3/h

해설
필요 환기량
51 L/h = 0.051 m^3/hr
$Q = \dfrac{k}{C - C_0} = \dfrac{0.051}{0.001 - 0.0003} = 73 [m^3/h]$

060 500명을 수용하는 극장에서 실온을 20℃로 유지하기 위한 필요 환기량은? (단, 외기온도는 10℃, 1인당 발열량은 60 W, 공기의 정압비열은 1.01 kJ/kg·K, 공기의 밀도는 1.2 kg/m^3이다.) [기12]

① 약 8910 m^3/h ② 약 12820 m^3/h
③ 약 16210 m^3/h ④ 약 18450 m^3/h

해설
발열량 제거
$Q = \dfrac{H_i}{0.34 \times \Delta t} = \dfrac{500 \times 60}{0.34 \times (20 - 10)} = 8,824 [m^3/h] \fallingdotseq 8910 [m^3/h]$

061 실내에 4500 W를 발열하고 있는 기기가 있다. 이 기기의 발열로 인해 실내 온도상승이 생기지 않도록 환기를 하려고 할 때, 필요한 최소 환기량은? (단, 공기의 밀도는 1.2 kg/m^3, 비열은 1.01 kJ/kg·K, 실내온도는 20℃, 외기온도는 0℃ 이다.) [기14]

① 약 452 m^3/h ② 약 668 m^3/h
③ 약 856 m^3/h ④ 약 928 m^3/h

해설
발열량 제거
$Q = \dfrac{H_i}{0.34 \times \Delta t} = \dfrac{4,500}{0.34 \times (20 - 0)} = 662 [m^3/h] \fallingdotseq 668 [m^3/h]$

062 전기실에 설치된 변압기 등의 발열량은 46.5 kW이다. 32℃의 외기를 이용하여 전기실 실내를 40℃로 유지하고자 할 경우 도입해야 할 필요 외기량은? (단, 공기의 비열은 1.01 kJ/kg·K, 공기의 밀도는 1.2 kg/m^3이다.) [산18]

① 약 5,000 m^3/h ② 약 17,265 m^3/h
③ 약 20,834 m^3/h ④ 약 25,100 m^3/h

해설
발열량 제거
$Q = \dfrac{H_i}{0.34 \times \Delta t} = \dfrac{46,500}{0.34 \times (40 - 32)}$
$= 17,095 [m^3/h] \fallingdotseq 17625 [m^3/h]$

정답 057. ② 058. ④ 059. ④ 060. ① 061. ② 062. ②

063 실내에서 발생하는 취기와 수증기 등이 다른 공간으로 유출되지 않도록 실내가 부압이 되도록 하는 환기방식은? [기14]

① 자연환기
② 급기팬과 배기팬의 조합
③ 급기팬과 자연배기의 조합
④ 자연급기와 배기팬의 조합

[해설]
기계환기
② 제1종 기계환기법
③ 제2종 기계환기법
④ 제3종 기계환기법

064 환기에 관한 설명으로 옳지 않은 것은? [기18, 21]

① 화장실은 송풍기(급기팬)와 배풍기(배기팬)를 설치하는 것이 일반적이다.
② 기밀성이 높은 주택의 경우 잦은 기계 환기를 통해 실내 공기의 오염을 낮추는 것이 바람직하다.
③ 병원의 수술실은 오염공기가 실내로 들어오는 것을 방지하기 위해 실내 압력을 주변공간보다 높게 설정한다.
④ 공기의 오염농도가 높은 도로에 면해 있는 건물의 경우, 공기조화설비 계통의 외기도입구를 가급적 높은 위치에 설치한다.

[해설]
기계환기
① 화장실은 제3종 기계환기법을 적용하여 배기팬만 설치한다.

065 다음 중 실내를 부압으로 유지하며 실내의 냄새나 유해물질을 다른 실로 흘려 보내지 않으므로 욕실, 화장실 등에 사용되는 환기 방식은? [기20]

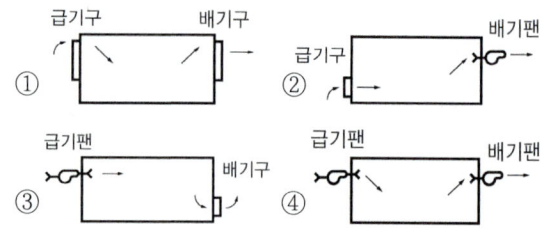

[해설]
기계환기
② 제3종 기계환기에 대한 설명이다.

066 백화점 화장실에서 일반적으로 사용되는 환기방식은? [산12]

① 자연급기-강제배기
② 자연급기-자연배기
③ 강제급기-자연배기
④ 강제급기-강제배기

[해설]
기계환기
① 화장실에서 일반적으로 사용되는 환기방식은 제3종 환기(자연급기-강제배기)가 적당하다.

067 환기에 관한 설명으로 옳지 않은 것은? [산17]

① 온도차에 의해 환기가 이루어질 수 있다.
② 환기지표로는 이산화탄소가 사용되기도 한다.
③ 오염원이 있는 실은 급기 위주 방식을 사용한다.
④ 급기만을 송풍기로 하는 방식은 실내압이 정압이 된다.

[해설]
환기
③ 오염원이 있는 실은 배기 위주 방식을 사용하는 것이 좋다.

068 실의 용도별 주된 환기목적으로 적절하지 않은 것은? [산18]

① 화장실 - 열, 습기 제거
② 옥내주차장 - 유독가스 제거
③ 배전실 - 취기, 열, 습기 제거
④ 보일러실 - 열 제거, 연소용 공기공급

해설
환기의 목적
① 화장실의 환기목적은 악취 및 습기 제거이다.

03. 난방설비

069 난방용 열매 중 증기에 관한 설명으로 옳지 않은 것은? [산14]

① 증기의 포화온도는 압력의 변화에 따라 변한다.
② 포화증기의 비체적은 증기의 압력이 증가할수록 증가한다.
③ 증기의 압력이 증가하면 포화증기가 갖게 되는 잠열은 감소하게 된다.
④ 건포화증기를 다시 가열하면 증기의 온도는 포화온도보다 높아지며 체적은 더욱 증가한다.

해설
난방방식
② 포화증기의 비체적은 증기압의 압력이 증가할수록 감소한다.

070 다음의 각종 난방방식에 관한 설명 중 옳지 않은 것은? [기12]

① 증기난방은 잠열을 이용한 난방이다.
② 온풍난방은 간접 난방방식에 속한다.
③ 온수난방은 온수의 현열을 이용한 난방이다.
④ 복사난방은 열용량이 작으므로 간헐난방에 적합하다.

해설
난방방식
④ 복사난방은 열용량이 크고 방열량 조절이 어려우며 예열시간도 길기 때문에 간헐난방에 부적합하다.

071 난방방식에 관한 설명으로 옳은 것은? [산20]

① 증기난방은 온수난방에 비해 예열시간이 길다.
② 온수난방은 증기난방에 비해 방열온도가 높으며 장치의 열용량이 작다.
③ 복사난방은 실을 개방상태로 하였을 때 난방효과가 없다는 단점이 있다.
④ 온풍난방은 가열 공기를 보내어 난방 부하를 조달함과 동시에 습도의 제어도 가능하다.

해설
난방방식
① 증기난방은 온수난방에 비해 예열시간이 짧다.
② 온수난방은 증기난방에 비해 방열온도가 낮으며 장치의 열용량이 크다.
③ 복사난방은 실을 개방상태로 하였을 때 난방 효과가 있다.

072 증기난방에 관한 설명으로 옳지 않은 것은? [기13]

① 예열시간이 짧다.
② 계통별 용량제어가 곤란하다.
③ 온수난방에 비해 한랭지에서 동결의 우려가 적다.
④ 온수난방에 비해 부하변동에 따른 실내방열량의 제어가 용이하다.

해설
증기난방
④ 증기난방은 부하변동에 따른 실내방열량 제어가 곤란하다.

073 증기난방에 관한 설명으로 옳지 않은 것은? [기14]

① 계통별 용량제어가 곤란하다.
② 한랭지에서 동결의 우려가 적다.
③ 예열시간이 온수난방에 비하여 짧다.
④ 부하변동에 따른 실내방열량의 제어가 용이하다.

해설
증기난방
④ 증기난방은 보일러에서 생산된 증기를 방열기로 보내 증기의 응축잠열을 이용하는 난방이므로 방열량 제어가 곤란하다.

074 증기난방에 관한 설명으로 옳지 않은 것은? [기14]

① 계통별 용량제어가 곤란하다.
② 응축수 환수관 내에 부식이 발생하기 쉽다.
③ 방열기를 바닥에 설치하므로 복사난방에 비해 실내 바닥의 유효면적이 줄어든다.
④ 온수난방에 비해 예열시간이 길어서 충분한 난방감을 느끼는 데 시간이 걸린다.

해설
증기난방
④ 증기난방은 온수난방에 비해 예열시간이 짧아 간헐운전에 적합하다.

075 증기난방에 관한 설명으로 옳지 않은 것은? [기15]

① 스팀 해머를 발생할 수 있다.
② 예열시간이 길고, 간헐 운전에 사용할 수 없다.
③ 온수난방에 비하여 배관경이나 방열기가 작아진다.
④ 증기의 유량 제어가 어려우므로 실온 조절이 곤란하다.

해설
증기난방
② 증기난방은 온수난방에 비해 예열시간이 짧아 간헐운전에 적합하다.

076 증기난방에 관한 설명으로 옳지 않은 것은? [기17]

① 계통별 용량제어가 곤란하다.
② 한랭지에서 동결의 우려가 적다.
③ 예열시간이 온수난방에 비하여 짧다.
④ 부하변동에 따른 실내방열량의 제어가 용이하다.

해설
증기난방
④ 큰 응축잠열을 이용하는 난방으로 방열량 제어가 곤란하다.

077 온수난방과 비교한 증기난방의 설명으로 옳은 것은? [기17, 21]

① 예열시간이 길다.
② 한랭지에서 동결의 우려가 있다.
③ 부하변동에 따른 방열량 제어가 용이하다.
④ 열매온도가 높으므로 방열기의 방열면적이 작아진다.

해설
① 예열시간이 짧다.
② 온수난방에 비하여 증기난방은 한랭지에서의 동력의 우려가 적다.
③ 부하변동에 따른 방열량 제어가 곤란하다.

078 증기난방에 관한 설명으로 옳지 않은 것은? [기19]

① 온수난방에 비해 예열시간이 짧다.
② 온수난방에 비해 한랭지에서 동결의 우려가 적다.
③ 운전 시 증기해머로 인한 소음을 일으키기 쉽다.
④ 온수난방에 비해 부하변동에 따른 실내방열량의 제어가 용이하다.

해설
증기난방은 응축잠열을 이용하는 난방이므로 방열량 제어가 곤란하다.

079 증기난방에 관한 설명으로 옳은 것은? [산12]

① 온수난방에 비해 예열시간이 길다.
② 온수난방에 비해 한랭지에서 동결의 우려가 크다.
③ 간헐난방을 필요로 하는 학교 등의 난방에 이용이 곤란하다.
④ 온수난방에 비해 부하변동에 따른 실내방열량의 제어가 곤란하다.

해설
증기난방
① 예열시간이 짧다.
② 한랭지 동력의 우려가 적다.
③ 간헐난방에 용이하다.

080 증기난방에 관한 설명으로 옳지 않은 것은? [산13]

① 실내 상하온도차가 크다.
② 계통별 용량제어가 곤란하다.
③ 열매온도가 낮아 예열시간이 길다.
④ 부하변동에 따른 실내방열량의 제어가 곤란하다.

해설
증기난방
③ 증기난방은 열매(증기)의 온도가 높고 예열시간이 짧다.

081 증기난방에 관한 설명으로 옳지 않은 것은? [산15]

① 온수난방에 비해 방열기의 방열면적이 작다.
② 운전 시 증기해머로 인한 소음을 일으키기 쉽다.
③ 온수난방에 비해 한랭지에서 동결의 우려가 적다.
④ 온수난방에 비해 열용량이 크므로 예열시간이 길다.

해설
증기난방
④ 온수난방에 비해 예열시간이 짧다.

082 난방설비에서 온수난방과 비교한 증기난방의 특징으로 옳지 않은 것은? [산17]

① 배관 구경이나 방열기가 작아진다.
② 예열시간이 짧고 간헐 운전에 적합하다.
③ 건물 높이에 관계없이 증기를 쉽게 운반할 수 있다.
④ 증기의 유량제어가 용이하여 실내온도 조절이 쉽다.

해설
증기난방
④ 증기의 유량제어가 용이하지 못하여 실내온도 조절이 어렵다.

083 다음의 난방방식 중 예열시간이 짧아 간헐적으로 이용되는 실에 가장 적합한 난방방식은? [산15]

① 온수난방
② 증기난방
③ 복사난방
④ 고온수난방

해설
증기난방
증기난방은 예혈시간이 짧아서 간헐적으로 이용되는 학교 등의 난방에 용이하다.

084 다음중 증기난방에 대한 설명이 아닌 것은? [산20]

① 응축수 환수관 내에 부식이 발생하기 쉽다.
② 온수난방에 비해 방열기 크기나 배관의 크기가 작아도 된다.
③ 방열기를 바닥에 설치하므로 복사난방에 비해 실내바닥의 유효면적이 줄어든다.
④ 온수난방에 비해 예열시간이 길어서 충분한 난방에 시간이 걸린다.

해설
증기난방
증기난방은 예열시간이 짧으며 난방온도 도달시간이 짧다.

085 다음 중 증기난방에 대한 설명으로 옳지 않은 것은? [산21]

① 온수난방에 비해 예열시간이 길어서 충분히 난방감을 느끼는 데 시간이 걸린다.
② 온수난방에 비해 방열기 크기나 배관의 크기가 작아도 된다.
③ 방열기를 바닥에 설치하므로 복사난방에 비해 실내바닥의 유효면적이 줄어든다.
④ 응축수 환수관 내에 부식이 발생하기 쉽다.

해설
증기난방
① 온수난방에 대한 설명이다.

정답 080. ③ 081. ④ 082. ④ 083. ② 084. ④ 085. ①

086 다음 중 잠열을 이용한 난방방식으로 예열시간이 짧고 간헐운전에 적합하지만 스팀해머를 발생할 수 있는 것은? [산21]

① 온수난방　　② 증기난방
③ 복사난방　　④ 온풍난방

해설
증기난방
잠열을 이용한 난방방식은 증기난방이다.

087 증기난방의 응축수 환수방식 중 환수가 가장 원활하고 신속하게 이루어지는 것은? [산18]

① 진공식　　② 기계식
③ 중력식　　④ 복관식

해설
응축수 환수방식
① 진공펌프를 사용하여 환수가 가장 빠르다.
② 펌프를 이용한 환수하는 방식
③ 중력만으로 환수하는 방식 소규모 저압 증기설비에 이용한다.

088 증기난방설비에서 방열기나 증기코일 및 배관 내에 공기가 고였을 경우에 관한 설명으로 옳지 않은 것은? [산13]

① 증기나 응축수의 흐름을 방해한다.
② 장치 내에 있는 공기가 열전달을 저하시켜 예열이 지연된다.
③ 방열기나 증기코일의 내벽면에 공기막을 형성하여 전열을 저해한다.
④ 공기의 분압만큼 증기의 실질압력이 높아져 증기의 온도가 내려간다.

해설
증기난방설비
④ 배관이나 증기코일 등에 공기가 고인(정체하는) 경우에는 공기의 분압만큼 증기의 실질 압력이 낮아져 증기의 온도가 내려간다.

089 증기난방 설비에서 스팀헤더(steam header)를 사용하는 주된 이유는? [산15]

① 응축수를 배출하기 위해서
② 증기의 압력을 보충하기 위해서
③ 각 계통으로 분류 송기하기 위해서
④ 관의 신축조절을 용이하도록 하기 위해서

해설
증기난방설비
① 증기트랩
② 증기축열기
④ 신축이음에 대한 설명이다.

090 증기난방의 방열기 트랩에 속하지 않는 것은? [산17]

① U트랩　　② 버킷트랩
③ 폴로드 트랩　　④ 벨로스 트랩

해설
방열기 트랩
① U트랩은 배수트랩의 일종이다.

091 벨로스(Bellows)형 방열기 트랩을 사용하는 이유는? [산18]

① 관내의 압력을 조절하기 위하여
② 관내의 증기를 배출하기 위하여
③ 관내의 고형 이물질을 제거하기 위하여
④ 방열기 내에 생긴 응축수를 환수시키기 위하여

해설
방열기 트랩
① 감압밸브
③ 스트레이너의 사용 이유이다.

092 다음 중 기계식 증기트랩에 속하지 않는 것은? [산19]

① 버킷 트랩　　② 플로트 트랩
③ 바이메탈 트랩　　④ 플로트·서모스탯 트랩

해설
방열기 트랩
③ 바이메탈 트랩은 온도식 트랩이다.

정답 086. ② 087. ① 088. ④ 089. ③ 090. ① 091. ④ 092. ③

093 다음중 난방용 트랩이 아닌 것은? [산21]

① 버킷 트랩(Bucket Trap)
② 드럼 트랩(Drum Trap)
③ 플로트 트랩(Float Trap)
④ 벨로스 트랩(Bellows Trap)

해설
방열기 트랩
① 버킷트랩, ③ 플로트 트랩은 난방용 기계식 트랩이며, ④ 벨로스 트랩은 난방용 온도조절트랩이다.
② 드럼트랩은 배수트랩이다.

094 진공환수식 난방 장치에 있어서 부득이하게 방열기보다 높은 곳에 환수관을 배관하지 않으면 안될 때 또는 환수주관보다 높은 위치에 진공 펌프를 설치할 때, 환수관에 응축수를 끌어올리기 위해 사용하는 것은? [산21]

① 리프트 이음
② 볼 조인트
③ 루프형 이음
④ 슬리브형 이음

해설
증기난방의 배관 방법
②, ③, ④는 온도변화에 따른 배관의 신축을 흡수하기 위한 신축이음이다.

095 온수난방의 일반적인 특징에 관한 설명으로 옳지 않은 것은? [기12]

① 한랭지에서는 운전정지 중에 동결의 위험이 있다.
② 난방을 정지하여도 난방 효과가 어느 정도 지속된다.
③ 현열을 이용한 난방이므로 증기난방에 비해 쾌감도가 높다.
④ 증기난방에 비하여 소요방열면적과 배관경이 적게 되므로 설비비가 적게 든다.

해설
온수난방
④ 온수난방은 증기난방에 비해 방열면적과 배관의 관경이 커야 하므로 설비비가 약간 비싸게 된다.

096 온수난방에 관한 설명으로 옳지 않은 것은? [기13]

① 증기난방에 비해 예열시간이 길다.
② 온수의 잠열을 이용하여 난방하는 방식이다.
③ 한랭지에서 운전정지 중에 동결의 우려가 있다.
④ 증기난방에 비해 난방부하 변동에 따른 온도조절이 비교적 용이하다.

해설
온수난방
② 온수난방은 현열을 이용한 난방이므로 증기난방에 비해 쾌감도가 높다.

097 다음 중 온수난방에서 복관식 배관에 역환수 방식(reverse return)을 채택하는 가장 주된 이유는? [기12]

① 공사비를 절약할 목적으로
② 순환펌프를 설치하기 위하여
③ 온수의 순환을 평균화시킬 목적으로
④ 중력식으로 온수를 순환하기 위하여

해설
온수난방
역환수방식은 온수 순환의 평균화가 주목적이다.

098 증기난방과 비교할 때 온수난방의 특징으로 옳지 않은 것은? [기16]

① 열용량이 크다.
② 예열부하가 적다.
③ 용량제어가 용이하다.
④ 배관 부식의 우려가 적다.

해설
온수난방
② 온수난방은 증기난방에 비해 예열시간이 길고 예열부하가 커서 간헐운전에 부적합하다.

정답 093. ② 094. ① 095. ④ 096. ② 097. ③ 098. ②

099 온수난방에 관한 설명으로 옳지 않은 것은? [기16]

① 증기난방에 비하여 예열시간이 짧다.
② 온수의 현열을 이용하여 난방하는 방식이다.
③ 한랭지에서 운전 정지 중에 동결의 우려가 있다.
④ 온수의 순환방식에 따라 중력식과 강제식으로 구분할 수 있다.

해설
온수난방
① 온수난방은 증기난방에 비해 예열시간이 길고 예열부하가 커서 간헐운전에 부적합하다.

100 복사난방에 대한 설명으로 옳지 않은 것은? [기15]

① 열용량이 커서 예열시간이 짧다.
② 대류난방에 비하여 설비비가 비싸다.
③ 방을 개방상태로 하여도 난방효과가 있다.
④ 수직온도분포가 균일하고 실내가 쾌적하다.

해설
복사난방
① 복사난방은 열용량이 크고, 방열량 조절이 어려우며, 예열시간도 길기 때문에 간헐난방에 부적합하다.

101 구조체를 가열하는 복사난방에 관한 설명으로 옳지 않은 것은? [기18]

① 복사열에 의하므로 쾌적성이 좋다.
② 바닥, 벽체, 천장 등을 방열면으로 할 수 있다.
③ 예열시간이 길고 일시적인 난방에는 바람직하지 않다.
④ 방열기의 설치로 인해 실의 바닥면적의 이용도가 낮다.

해설
복사난방
④ 복사난방은 방열판을 천장이나 입면에 설치할 수 있어서 이용도가 높다.

102 바닥복사 난방방식에 관한 설명으로 옳지 않은 것은? [기19]

① 열용량이 커서 예열시간이 짧다.
② 방을 개방상태로 하여도 난방효과가 있다.
③ 다른 난방방식에 비교하여 쾌적감이 높다.
④ 실내에 방열기를 설치하지 않으므로 바닥이나 벽면을 유용하게 이용할 수 있다.

해설
복사난방
① 바닥복사 난방은 열용량이 커서 예열시간이 길다.

103 복사난방에 관한 설명으로 옳지 않은 것은? [산12]

① 복사열에 의한 난방이므로 쾌감도가 높다.
② 열용량이 작기 때문에 간헐난방에 적합하다.
③ 천장고가 높은 곳에서도 난방감을 얻을 수 있다.
④ 실내에 방열기를 설치하지 않으므로 바닥이나 벽면을 유용하게 이용할 수 있다.

해설
복사난방
② 복사난방은 열용량이 크기 때문에 간헐난방에 적합하지 않다.

104 복사난방에 관한 설명으로 옳지 않은 것은? [산13]

① 열용량이 작아 간헐난방에 적합하다.
② 매립코일이 고장나면 수리가 어렵다.
③ 외기침입이 있는 곳에서도 난방감을 얻을 수 있다.
④ 실내에 방열기를 설치하지 않으므로 바닥을 유용하게 이용할 수 있다.

해설
복사난방
① 열용량이 커서 간헐난방에 부적합하다.

105. 복사난방에 관한 설명으로 옳지 않은 것은? [산14]

① 복사열에 의해 난방하므로 쾌감도가 높다.
② 온수관이 매입되므로 시공, 보수가 용이하다.
③ 열용량이 크기 때문에 방열량 조절에 시간이 걸린다.
④ 실내에 방열기를 설치하지 않으므로 바닥이나 벽면을 유용하게 이용할 수 있다.

해설
복사난방
② 온수관이 매입되므로 시공, 보수가 용이하지 않다.

106. 복사난방에 대한 설명으로 옳지 않은 것은? [산14]

① 방이 개방상태에서도 난방 효과가 있다.
② 실내의 온도 분포가 균등하고 쾌감도가 높다.
③ 방열기가 필요치 않으며 바닥면의 이용도가 높다.
④ 열용량이 작아 외기변화에 따른 방열량 조절이 용이하다.

해설
복사난방
④ 복사난방은 열용량이 커서 방열량 조절이 어렵다.

107. 바닥복사난방에 관한 설명으로 옳지 않은 것은? [산16]

① 실내바닥면의 이용도가 높다.
② 하자 발견이 어렵고 보수가 어렵다.
③ 천장이 높은 방의 난방은 불가능하다.
④ 방이 개방상태에서도 난방 효과가 있다.

해설
바닥복사난방
③ 복사를 이용한 난방으로 천장이 높은 방의 난방도 가능하다.

108. 바닥복사난방에 관한 설명으로 옳지 않은 것은? [산18]

① 실내의 쾌적감이 높다.
② 바닥의 이용도가 높다.
③ 방을 개방상태로 하여도 난방효과가 있다.
④ 방열량 조절이 용이하여 간헐난방에 적합하다.

해설
바닥복사난방
④ 바닥복사난방은 열용량이 크기 때문에 방열량 조절이 어렵다.

109. 바닥복사난방에 관한 설명으로 옳지 않은 것은? [산18]

① 복사열에 의하므로 쾌감도가 높다.
② 방열기가 없으므로 바닥 면적의 이용도가 높다.
③ 외기침입이 있는 곳에서도 난방감을 얻을 수 있다.
④ 난방부하 변동에 따른 방열량 조절이 용이하므로 간헐난방에 적합하다.

해설
바닥복사난방
④ 바닥복사난방은 난방부하 변동에 따른 방열량 조절이 어렵다.

110. 복사난방에 관한 설명으로 옳지 않은 것은? [산21]

① 복사열에 의해 난방하므로 쾌감도가 높다.
② 온수관이 매입되므로 시공, 보수가 용이하다.
③ 열용량이 크기 때문에 방열량 조절에 시간이 걸린다.
④ 실내에 방열기를 설치하지 않으므로 바닥이나 벽면을 유용하게 이용할 수 있다.

해설
복사난방
② 복사난방은 온수관이 바닥면에 매입되므로, 시공, 보수가 어렵다.

정답 105. ② 106. ④ 107. ③ 108. ④ 109. ④ 110. ②

111 다음 중 지역난방에 적용하기에 가장 적합한 보일러는? [기21]

① 수관보일러
② 관류보일러
③ 입형보일러
④ 주철제보일러

해설
수관보일러
수관보일러는 다량의 고압증기를 필요로 하는 병원이나 호텔 지역난방의 대형 원심냉동기 구동을 위한 증기터빈용으로 사용된다.

112 보일러 하부의 물드럼과 상부의 기수드럼을 연결하는 다수의 관을 연소실 주위에 배치한 구조로 상부 기수드럼 내의 증기를 사용하는 보일러는? [기17]

① 수관 보일러
② 관류 보일러
③ 주철제 보일러
④ 노통연관 보일러

해설
수관보일러
수관보일러는 일반적으로 기수(steam) 드럼과 물(water) 드럼을 상하로 배치하고, 그 사이를 다수의 수관에 의해서 연결한 보일러를 말한다.

113 수관식 보일러에 관한 설명으로 옳지 않은 것은? [기19]

① 사용압력이 연관식보다 낮다.
② 설치면적이 연관식보다 넓다.
③ 부하변동에 대한 추종성이 높다.
④ 대형건물과 같이 고압증기를 다량 사용하는 곳이나 지역난방 등에 사용된다.

해설
수관보일러
① 사용압력이 연관식보다 높다.

114 수관보일러에 관한 설명으로 옳지 않은 것은? [산12]

① 지역난방에 사용이 가능하다.
② 예열시간이 짧고 효율이 좋다.
③ 부하변동에 대한 추종성이 높다.
④ 연관식보다 사용압력은 낮으나 설치면적이 작다.

해설
수관보일러
④ 수관보일러는(노통)연관식보다 사용압력이 높으며 설치면적이 크다.

115 주철제 보일러에 관한 설명으로 옳지 않은 것은? [산16]

① 내식성이 우수하다.
② 조립식이므로 분할 반입이 용이하다.
③ 재질이 약하여 고압으로 사용이 곤란하다.
④ 대형건물이나 지역난방 등에 주로 사용된다.

해설
주철제 보일러
④ 대형건물이나 지역난방 등에 주로 사용되는 보일러는 수관식 보일러이다.

116 관류형 보일러에 관한 설명으로 옳지 않은 것은? [산18]

① 기동시간이 짧다.
② 수처리가 필요없다.
③ 수드럼과 증기드럼이 없다.
④ 부하변동에 대한 추종성이 좋다.

해설
관류형 보일러
② 관류형 보일러는 수처리가 필요하다.

정답 111. ① 112. ① 113. ① 114. ④ 115. ④ 116. ②

117 다음 설명에 알맞은 보일러는? [기12, 산18]

- 수직으로 세운 드럼 내에 연관 또는 수관이 있는 소규모의 패키지형으로 되어 있다.
- 설치 면적이 작고 취급이 용이하다.

① 관류 보일러　　② 입형 보일러
③ 수관 보일러　　④ 주철제 보일러

해설
입형 보일러
설치면적이 작고 취급이 간단하며 소용량의 사무소, 점포, 주택 등에 사용되면 효율은 다른 보일러에 비해 떨어지지만 구조가 간단하고 가격이 싸다.

118 노통연관식 보일러에 대한 설명으로 옳지 않은 것은? [산20]

① 부하변동에 대한 안정성이 없다.
② 예열시간이 길다.
③ 분할 반입이 어렵다.
④ 부유수면이 넓어서 급수용량 제어가 쉽다.

해설
노통연관식 보일러
부하변동에 대한 안정성이 있고, 보유수면이 넓어 급수용량제어가 용이, 분할 반입이 어려우며, 예열시간이 길고 고가이다. 0.7~1.0 MPa의 스팀 사용 시 적합하다.

119 다음 중 보일러의 용량 결정과 가장 관계가 먼 것은? [산12]

① 예열부하　　② 급탕부하
③ 냉방부하　　④ 배관부하

해설
보일러의 출력
보일러 정격출력 = 난방부하 + 급탕부하 + 배관부하 + 예열부하

120 다음 중 보일러의 능력을 나타내는 데 사용되는 정격출력을 가장 알맞게 나타낸 것은? [산12]

① 난방부하+배관손실
② 난방부하+급탕부하
③ 난방부하+급탕부하+배관손실
④ 난방부하+급탕부하+배관손실+예열부하

해설
보일러의 출력
③은 상용출력을 나타낸다.

121 보일러의 출력 중 상용출력의 구성에 속하지 않는 것은? [산13, 17, 20]

① 난방부하　　② 급탕부하
③ 예열부하　　④ 배관부하

해설
보일러의 출력
상용출력 = 난방부하 + 급탕부하 + 배관부하

122 보일러의 상용출력을 올바르게 나타낸 것은? [산15, 20]

① 난방부하 + 급탕부하
② 난방부하 + 급탕부하 + 예열부하
③ 난방부하 + 급탕부하 + 배관손실
④ 난방부하 + 급탕부하 + 예열부하 + 배관손실

해설
보일러의 출력
①은 정미출력 ④은 정격출력을 나타낸다.

정답　117. ②　118. ①　119. ③　120. ④　121. ③　122. ③

123 다음의 보일러 출력표시 방법 중 가장 작은 값으로 나타나는 것은? [산16]

① 정격출력
② 상용출력
③ 정미출력
④ 과부하출력

[해설]
보일러의 출력
① 정격출력 = 상용출력 + 예열부하
② 상용출력 = 정미출력 + 배관부하
③ 정미출력 = 난방부하 + 급탕부하
④ 과부하출력 = 정격출력 × (1.1~1.2)

124 보일러의 출력표시 중 난방부하와 급탕부하를 합한 용량으로 표시되는 것은? [산18]

① 정미출력
② 상용출력
③ 정격출력
④ 과부하출력

[해설]
123번 해설 참조

125 증기난방방식을 채용한 실의 손실열량이 25 kW일 경우 필요한 방열면적은? (단, 표준상태이며, 표준방열량은 756 W/m²이다.) [산15]

① 29.8 m²
② 33.1 m²
③ 47.6 m²
④ 55.6 m²

[해설]
상당방열면적
$$= \frac{\text{손실 열량(방열기의 방열량)}}{\text{표준 방열량}} = \frac{H_L}{756} = \frac{25 \times 1000}{756} = 33.1 [\text{m}^2]$$

126 방열기 입구의 온수 온도가 85℃이고 출구 온도가 80℃일 때 온수의 순환량은? (단, 방열기의 방열량은 5,000 W, 물의 비열은 4.2 kJ/kg·K이다.) [산15, 산18]

① 857.1 kg/h
② 914.2 kg/h
③ 957.4 kg/h
④ 998.5 kg/h

[해설]
방열기의 온수 순환량
$$Q = \frac{G \cdot C \cdot \Delta t}{3600}$$
$$G = \frac{3600 \cdot Q}{C \cdot \Delta t} = \frac{3{,}600 \times 5}{4.2 \times 5} = 857.1 [\text{kg/h}]$$

127 실내에 설치할 방열기기의 선정 시 고려할 사항과 가장 거리가 먼 것은? [산16]

① 응축수량이 많을 것
② 사용하는 열매종류에 적합할 것
③ 실내온도 분포가 균일하게 될 것
④ 설치장소에 적합한 디자인과 견고성을 가질 것

[해설]
방열기 설치 시 고려사항
① 방열기기 선정 시 응축수량이 적은 것이 좋다.

128 열매가 증기인 경우 방열기의 표준 방열량은? [산16]

① 0.450 kW/m²
② 0.523 kW/m²
③ 0.650 kW/m²
④ 0.756 kW/m²

[해설]
표준방열량
증기: 0.756 [kW/m²]
온수: 0.523 [kW/m²]

정답 123. ③ 124. ① 125. ② 126. ① 127. ① 128. ④

129 열매가 온수인 경우, 표준상태(열매온도 80℃, 실온 18.5℃)에서 방열기 표면적 1 m²당 방열량은? [산20]

① 450 W
② 523 W
③ 650 W
④ 756 W

해설
표준방열량
열매가 온수인 경우 표준상태(열매온도 80℃, 실온 18.5℃)에서 방열기 표면적 1 m² 당 방열량은 523 W/m²이다.

130 난방부하가 3.5 kW인 방을 온수난방 하고자 했다. 방열기의 온수 순환수량은 얼마인가? (단, 방열기의 입구 수온은 80℃이고 출구 수온은 70℃이며, 물의 비열은 4.2 kJ/kg·K이다.) [산21]

① 300 L/h
② 600 L/h
③ 900 L/h
④ 1,200 L/h

해설
방열기의 온수 순환량
$$Q = \frac{G \cdot C \cdot \Delta t}{3,600}$$
$$G = \frac{3,600 \cdot Q}{C \cdot \Delta t} = \frac{3,600 \times 3.5}{4.2 \times 10} = 300[kg/h] = 300[L/h]$$

131 증기난방에 사용되는 방열기의 표준 방열량은? [산20]

① 0.523 kW/m²
② 0.650 kW/m²
③ 0.756 kW/m²
④ 0.924 kW/m²

해설
표준방열량
증기난방의 표준방열량은 0.756 kW/m², 온수난방의 표준방열량은 0.523 kW/m²이다.

132 어떤 방의 전열에 의한 손실열량이 3000 W, 환기에 의한 손실열량이 1500 W일 때, 이 방에 설치하는 온수 방열기의 상당방열면적은? (단, 표준상태이며, 표준방열량은 523 W/m²이다.) [산15]

① 4.3 m²
② 5.2 m²
③ 8.6 m²
④ 10.4 m²

해설
상당방열면적
$$= \frac{\text{손실 열량(방열기의 방열량)}}{\text{표준 방열량}} = \frac{H_L}{523} = \frac{3,000+1,500}{523} = 8.6[m^2]$$

133 보일러 주변을 하트포드(Hartford) 접속으로 하는 가장 주된 이유는? [산19]

① 소음을 방지하기 위해서
② 효율을 증가시키기 위해서
③ 스케일(Scale)을 방지하기 위해서
④ 보일러 내의 안전수위를 확보하기 위해서

해설
증기난방의 배관방법
저압증기 난방장치에서 보일러의 하단에 환수관을 직접연결하면 증기 압력에 의해 수면이 안전수위 이하로 내려갈 위험이 있다.
이를 위해서 하트포드접속을 하게 된다.

04. 공기조화용 기기

134 덕트의 치수 결정방법에 속하지 않는 것은? [기17]

① 균등법
② 등속법
③ 등마찰법
④ 정압재취득법

해설
덕트와 부속기구
덕트 치수 결정방법에는 등속법, 등마찰법, 정압재취법이 있다.

정답 129. ② 130. ① 131. ③ 132. ③ 133. ④ 134. ①

135 덕트 설비에 관한 설명으로 옳은 것은? [기20]

① 고속덕트에는 소음상자를 사용하지 않는 것이 원칙이다.
② 고속덕트는 관마찰저항을 줄이기 위하여 일반적으로 장방형 덕트를 사용한다.
③ 등마찰손실법은 덕트 내의 풍속을 일정하게 유지할 수 있돌고 덕트 치수를 결정하는 방법이다.
④ 같은 양의 공기가 덕트를 통해 송풍될 때 풍속을 높게 하면 덕트의 단면치수를 작게 할 수 있다.

[해설]
덕트와 부속기구
① 고속덕트는 고압이며 소음이 발생하므로 소음상자를 사용하는 것이 원칙이다.
② 고속덕트는 일반적으로 원형 덕트를 사용한다.
③ 등속법에 대한 설명이다.

136 덕트(Duct)에 관한 설명으로 옳은 것은? [산18]

① 정방형 덕트는 관마찰저항이 가장 적다.
② 고속덕트의 단면은 보통 장방향으로 한다.
③ 스플릿 댐퍼는 분기부에 설치하여 풍량조절용으로 사용된다.
④ 버터플라이 댐퍼는 대형 덕트의 개폐용으로 주로 사용된다.

[해설]
덕트와 부속기구
① 원형덕트가 관마찰저항이 가장 적다.
② 고속덕트의 단면은 보통 원형으로 한다.
④ 버터플라이 댐퍼는 소형 덕트의 개폐용으로 주로 사용된다.

137 덕트의 분기부에 설치하여 풍량조절용으로 사용되는 댐퍼는? [기13, 16, 21, 산14]

① 스플릿 댐퍼
② 평행익형 댐퍼
③ 대향익형 댐퍼
④ 버터플라이 댐퍼

[해설]
덕트와 부속기구
① 덕트 부속품 중 덕트 분기부에서 풍량조절은 스플릿 댐퍼(Slit Damper)가 사용된다.

138 공조시스템의 소음방지 대책으로 옳지 않은 것은? [기14]

① 덕트의 도중에 댐퍼를 설치한다.
② 덕트의 내부에 흡음재를 부착한다.
③ 송풍기의 출구 부근에 플리넘 챔버를 장치한다.
④ 덕트의 적당한 장소에 셀형이나 플레이트형의 흡음 장치를 설치한다.

[해설]
덕트와 부속기구
① 댐퍼는 풍량을 조절하는 용도로 사용된다.

139 아네모스탯형 취출구에 관한 설명으로 옳지 않은 것은? [산14]

① 전장 취출구로 많이 사용된다.
② 확산반경이 크고 도달거리가 짧다.
③ 몇 개의 콘(cone)이 있어서 1차 공기에 의한 2차 공기의 유인성능이 좋다.
④ 라인형 취출구의 일종으로 선의 개념을 통하여 인테리어 디자인에서 미적인 감각을 살릴 수 있다.

[해설]
취출구
④ 아네모스탯형 취출구는 원형 또는 사각형태의 취출구에 해당한다.

140 취출구 방향을 상하좌우 자유롭게 조절할 수 있어 주방, 공장 등의 국부냉방에 적용되는 취출구는? [산17]

① 팬형
② 라인형
③ 핑거루버
④ 아네모스탯형

[해설]
취출구
핑거루버에 대한 설명이다.

정답 135. ④ 136. ③ 137. ① 138. ① 139. ④ 140. ③

141 흡수식 냉동기에 관한 설명으로 옳지 않은 것은? [기12]

① 열에너지가 아닌 기계적 에너지에 의해 냉동효과를 얻는다.
② 냉방용의 흡수냉동기는 물과 브롬화리튬의 혼합용액을 사용한다.
③ 증발기, 흡수기, 재생기(발생기), 응축기 등으로 구성되어 있다.
④ 2중효용 흡수식 냉동기는 단효용 흡수식 냉동기보다 에너지 절약적이다.

[해설]
흡수식 냉동기
① 흡수식 냉동기는 냉매의 증발에 따른 열에너지, 압축식 냉동기는 전기에 따른 기계적 에너지로 냉동하는 것이 기본원리이다.

142 2중효용 흡수식 냉동기에 관한 설명으로 옳은 것은? [기14]

① 냉매로서 LiBr 수용액을 사용한다.
② LiBr 수용액의 농축을 위하여 증발기를 사용한다.
③ 발생기, 압축기, 흡수기, 증발기로 구성되어 있다.
④ 발생기는 저온발생기와 고온발생기로 구성되어 있다.

[해설]
흡수식 냉동기
① 냉매로서 물을 사용한다.
② LiBr 수용액의 농축을 위하여(고온, 저온)발생기를 사용한다.
③ 증발기, 흡수기, 발생기(고온발생기, 저온발생기), 응축기로 구성된다.

143 단효용 흡수식 냉동기와 비교한 2중효용 흡수식 냉동기의 특징으로 옳은 것은? [기17]

① 저온 흡수기와 고온 흡수기가 있다.
② 저온 발생기와 고온 발생기가 있다.
③ 저온 응축기와 고온 응축기가 있다.
④ 저온 팽창밸브와 고온 팽창밸브가 있다.

[해설]
흡수식 냉동기
2중효용 흡수식 냉동기는 저온발생기와 고온발생기가 있어 단효용 흡수식 냉동기보다 효율이 높다.

144 흡수식 냉동기의 주요 구성부분에 속하지 않는 것은? [기21]

① 응축기 ② 압축기
③ 증발기 ④ 재생기

[해설]
흡수식 냉동기
흡수식 냉동기는 응축기-증발기-흡수기-재생기(발생기)
압축식 냉동기는 압축기-응축기-팽창밸브-증발기로 구성된다.

145 터보식 냉동기에 관한 설명으로 옳지 않은 것은? [기13, 21]

① 임펠러의 원심력에 의해 냉매가스를 압축한다.
② 대용량에서는 압축효율이 좋고 비례 제어가 가능하다.
③ 대·중형 규모의 중앙식 공조에서 냉방용으로 사용된다.
④ 기계적 에너지가 아닌 열에너지에 의해 냉동효과를 얻는다.

[해설]
압축식 냉동기
흡수식 냉동기는 냉매의 증발에 따른 열에너지, 압축식 냉동기는 전기에 따른 기계적 에너지로 냉동하는 것이 기본원리이다.

146 터보식 냉동기에 관한 설명으로 옳지 않은 것은? [기14]

① 흡수식에 비해 소음 및 진동이 적다.
② 임펠러의 원심력에 의해 냉매가스를 압축한다.
③ 대용량에서는 압축효율이 좋고 비례 제어가 가능하다.
④ 중·대형 규모의 중앙식 공조에서 냉방용으로 사용된다.

[해설]
압축식 냉동기
① 터보식 냉동기는 압축식 냉동기의 한 종류로서 흡수식 냉동기에 비해 소음 및 진동이 크다.

정답 141. ① 142. ④ 143. ② 144. ② 145. ④ 146. ①

147 압축식 냉동기의 주요 구성요소가 아닌 것은? [기18]

① 재생기　　　　　② 압축기
③ 증발기　　　　　④ 응축기

해설
압축식 냉동기
압축식 냉동기는 압축기-응축기-팽창밸브-증발기
흡수식 냉동기는 응축기-증발기-흡수기-재생기(발생기)로 구성된다.

148 터보 냉동기에 관한 설명으로 옳지 않은 것은? [기20]

① 왕복동식에 비하여 진동이 적다.
② 흡수식에 비해 소음 및 진동이 심하다.
③ 임펠러 회전에 의한 원심력으로 냉매가스를 압축한다.
④ 일반적으로 대용량에는 부적합하며 비례제어가 불가능하다.

해설
압축식 냉동기
④ 왕복동식 냉동기의 특징이다.

149 다음 중 증기압축식 냉동기에 속하지 않는 것은? [산12]

① 터보식 냉동기　　② 왕복동식 냉동기
③ 스크류식 냉동기　④ 흡수식 냉동기

해설
압축식 냉동기
증기압축식 냉동기에는 터보식(회전식)냉동기, 왕복동식 냉동기, 스크류식(회전식)냉동기가 있다.

150 압축식 냉동기의 주요 구성요소에 속하지 않는 것은? [산16]

① 흡수기　　　　　② 응축기
③ 증발기　　　　　④ 팽창밸브

해설
압축식 냉동기
압축식 냉동기는 압축기-응축기-팽창밸브-증발기
흡수식 냉동기는 응축기-증발기-흡수기-재생기(발생기)로 구성된다.

151 압축식 냉동기의 냉동사이클에서, 냉매가 압축기에서 응축기로 들어갈 때의 상태는? [산20]

① 저온 고압의 액체　② 저온 저압의 액체
③ 고온 고압의 기체　④ 고온 저압의 기체

해설
압축식 냉동기
압축기는 증발기에서 넘어온 저온, 저압의 냉매 가스를 응축, 액화하기 쉽도록 압축하여 응축기로 보내는데 이때 냉매 가스는 고온, 고압의 기체상태로 된다.

152 냉방설비의 냉각탑에 관한 설명으로 옳은 것은? [기19]

① 열에너지에 의해 냉동효과를 얻는 장치
② 냉동기의 냉각수를 재활용하기 위한 장치
③ 임펠러의 원심력에 의해 냉매가스를 압축하는 장치
④ 물과 브롬화리튬 혼합용액으로부터 냉매인 수증기와 흡수제인 LiBr로 분리시키는 장치

해설
냉각탑
①은 흡수식 냉동기, ③은 압축기, ④는 발생기에 관한 설명이다.

153 건축물에서 냉각탑을 설치하는 주된 목적은? [산18]

① 공기를 가습하기 위하여
② 공기의 흐름을 조절하기 위하여
③ 오염된 공기를 세정시키기 위하여
④ 냉동기의 응축열을 제거하기 위하여

해설
① 가습기, ② 댐퍼, ③ 공기 세정기의 주된 목적이다.

정답 147. ① 148. ④ 149. ④ 150. ① 151. ③ 152. ② 153. ④

154 빙축열시스템에 관한 설명으로 옳지 않은 것은?
[산12]

① 냉동기의 용량은 커지나 가동률은 높아진다.
② 얼음의 잠열을 이용하여 빙축열조가 필요하다.
③ 값싼 심야전력을 이용하며 전력의 피크부하를 감소시킨다.
④ 백화점 등 냉방부하가 크고 냉방기간이 긴 건물에 적합하다.

해설
빙축열 시스템
① 빙축열 시스템은 냉동기의 용량을 줄일 수 있다.

155 송풍기의 적용에 관한 설명으로 옳지 않은 것은?
[기15]

① 지붕형의 경우 후익형으로 한다.
② 원심송풍기의 설치는 바닥설치를 원칙으로 한다.
③ 정압이 3,000 Pa을 초과하는 경우에는 다익형으로 한다.
④ 화장실, 욕실의 배기는 습기나 가스에 강한 내식성 재질의 축류송풍기로 한다.

해설
송풍기
③ 정압이 3,000 Pa을 초과하는 경우에는 다익형(sirroco fan)보다는 익형(air foil)로 한다.

---

05. 공기조화방식

156 공기조화방식 중 전공기방식에 속하지 않는 것은?
[기16]

① 이중덕트 방식
② 팬코일 유닛 방식
③ 멀티존 유닛 방식
④ 변풍량 단일덕트 방식

해설
전공기방식
② 팬코일 유닛방식은 전수(All water) 방식에 속한다.

157 공기조화방식 중 전공기방식에 속하는 것은?
[기17]

① 패키지 방식
② 이중덕트 방식
③ 유인유닛 방식
④ 팬코일유닛 방식

해설
전공기방식
단일덕트 방식, 이중덕트 방식, 멀티존유닛 방식, 덕트병용패키지 방식, 각층 유닛 방식이 전공기 방식에 속한다.

158 공기조화방식 중 전공기 방식에 관한 설명으로 옳지 않은 것은?
[산14]

① 팬코일유닛 방식 등이 있다.
② 중간기에 외기 냉방이 가능하다.
③ 송풍량이 많아서 실내공기의 오염이 적다.
④ 대형 덕트로 인한 덕트 스페이스가 요구된다.

해설
전공기방식
① 팬코일유닛 방식은 공기와 물을 병용하는 방식에 해당한다.

159 공기조화방식 중 전공기방식에 관한 설명으로 옳지 않은 것은?
[산15]

① 덕트 스페이스가 필요없다.
② 중간기에 외기냉방이 가능하다.
③ 실내에 배관으로 인한 누수의 우려가 없다.
④ 냉·온풍의 운반에 필요한 팬의 소요동력이 냉·온수를 운반하는 펌프동력보다 많이 든다.

해설
전공기방식
① 전공기방식은 덕트 스페이스가 필요하다.

160 공기조화방식 중 전공기방식에 관한 설명으로 옳지 않은 것은? [산16]

① 반송동력이 적게 든다.
② 겨울철 가습이 용이하다.
③ 실내의 기류분포가 좋다.
④ 실의 유효 스페이스가 증대된다.

[해설]
전공기방식
① 반송동력이 많이 필요하여 에너지 다소비 방식에 해당된다.

161 공기조화방식 전공기방식에 속하는 것은? [산21]

① 패키지 방식　　② 이중덕트 방식
③ 유인유닛 방식　④ 팬코일유닛 방식

[해설]
전공기방식
① 열매방식 ③ 수공기 방식 ④ 전수방식 혹은 수공기 방식

162 공기조화방식 중 단일덕트방식에 관한 설명으로 옳지 않은 것은? [기15]

① 전공기방식의 특성이 있다.
② 냉·온풍의 혼합손실이 없다.
③ 각 실이나 존의 부하변동에 즉시 대응할 수 있다.
④ 이중덕트 방식에 비해 덕트 스페이스를 적게 차지한다.

[해설]
단일덕트 정풍량방식
③ 단일덕트 방식은 각 실에서의 온습도 조절이 곤란하므로, 각 실이나 존의 부하변동에 즉시 대응할 수 없다.

163 공기조화방식 중 단일덕트 변풍량 방식에 관한 설명으로 옳지 않은 것은? [기14]

① 전공기방식의 특성이 있다.
② 각 실이나 존의 온도를 개별제어할 수 있다.
③ 단일덕트 정풍량방식보다 설비비가 적게 든다.
④ 실내부하가 적어지면 송풍량을 줄일 수 있으므로 에너지 절감효과가 크다.

[해설]
단일덕트 변풍량방식
③ 변풍량 유닛으로 인해 저풍량방식보다 설비비가 증가한다.

164 급기온도를 일정하게 하고 송풍량을 변화시켜서 실내온도를 조절하는 공기조화방식은? [기17]

① FCU 방식　　　② 이중덕트 방식
③ 정풍량 단일덕트 방식　④ 변풍량 단일덕트 방식

[해설]
단일덕트 변풍량방식
변풍량 방식의 설명이다.

165 공기조화방식 중 가변풍량 단일덕트 방식에 관한 설명으로 옳은 것은? [산15]

① 환기성능이 떨어질 염려가 없다.
② 공조 대상실의 부하변동에 따라 송풍량을 조절하는 전공기식 공조 방식이다.
③ 냉난방을 동시에 할 수 있으므로 계절마다 냉난방의 전환이 필요하지 않다.
④ 일정 온도로 송풍되므로 부하특성이 비교적 고른 사무소 건물의 내부 존에 적합하다.

[해설]
단일덕트 변풍량 방식
① 환기성능이 떨어질 염려가 있다.
③ 이중덕트방식에 대한 설명
④ 단일덕트 정풍량 방식에 대한 설명

정답　160. ①　161. ②　162. ③　163. ③　164. ④　165. ②

166 단일덕트 변풍량 방식에 관한 설명으로 옳지 않은 것은? [산19]

① 송풍량을 조절할 수 있다.
② 전공기방식의 특성이 있다.
③ 각 실이나 존의 개별제어가 불가능하다.
④ 일사량 변화가 심한 페리미터 존에 적합하다.

해설
단일덕트 변풍량방식
③ 단일덕트 변풍량 방식은 각 실이나 존의 개별제어가 가능하다.

167 이중덕트 방식에 관한 설명으로 옳은 것은? [기17]

① 부하감소에 따라 송풍량이 감소된다.
② 부하변동에 따른 적응속도가 느리다.
③ 혼합손실로 인한 에너지 소비량이 크다.
④ 부하특성이 다른 여러 실에 적용하기 곤란하다.

해설
이중덕트 방식
① 부하변동에 따른 냉온풍의 비율을 조절하여 송풍량 변화가 없다.
② 부하변동에 따른 적응속도가 빠르다.
④ 부하특성이 다른 여러 실에 적용하기 용이하다.

168 공기조화방식 중 이중덕트 방식에 관한 설명으로 옳지 않은 것은? [기21]

① 전공기방식에 속한다.
② 냉·온풍의 혼합으로 인한 혼합손실이 있어 에너지 소비량이 많다.
③ 단일덕트방식에 비해 덕트 샤프트 및 덕트 스페이스를 크게 차지한다.
④ 부하특성이 다른 여러 개의 실이나 존이 있는 건물에는 적용할 수 없다.

해설
이중덕트 방식
④ 부하특성이 다른 여러 개의 실이나 존별로 온·습도의 제어가 가능하다.

169 2중덕트방식에 관한 설명으로 옳지 않은 것은? [산12]

① 혼합상자에서 소음과 진동이 생긴다.
② 부하특성이 다른 다수의 실이나 존에도 적용할 수 있다.
③ 덕트스페이스가 작으며 습도의 완벽한 조절이 가능하다.
④ 냉·온풍의 혼합으로 인한 혼합손실이 있어서 에너지 소비량이 많다.

해설
이중덕트방식
③ 이중덕트 방식은 덕트 스페이스가 차지하는 면적이 넓다.

170 공기조화방식 중 2중덕트방식에 관한 설명으로 옳지 않은 것은? [산13]

① 혼합상자에서 소음과 진동이 생긴다.
② 덕트가 1개의 계통이므로 설비비가 적게 든다.
③ 부하특성이 다른 다수의 실이나 존에도 적용할 수 있다.
④ 냉·온풍의 혼합으로 인한 혼합손실이 있어서 에너지 소비량이 많다.

해설
이중덕트 방식
② 이중덕트 방식은 덕트가 2중으로 설치되므로 설비비가 많이 든다.

171 공기조화방식 중 이중덕트 방식에 관한 설명으로 옳지 않은 것은? [산14]

① 전공기방식의 특성이 있다.
② 혼합상자에서 소음과 진동이 생긴다.
③ 냉·온풍을 혼합사용하므로 에너지 절감효과가 크다.
④ 부하특성이 다른 다수의 실이나 존에도 적용할 수 있다.

해설
이중덕트 방식
③ 냉·온풍을 혼합사용하므로 에너지 소비가 커진다.

정답 166. ③ 167. ③ 168. ④ 169. ③ 170. ② 171. ③

172 냉풍과 온풍을 혼합하여 부하조건이 다른 계통마다 공기를 공급하는 공기조화방식은? [산15]

① 팬코일유닛 방식
② 멀티존유닛 방식
③ 변풍량 단일덕트 방식
④ 정풍량 단일덕트 방식

해설
멀티존유닛 방식
이중덕트 방식의 변형인 멀티존유닛 방식에 대한 설명이다.

---

173 공기조화방식 중 전수방식에 관한 설명으로 옳지 않은 것은? [기20]

① 각 실의 제어가 용이하다.
② 실내 배관에 의한 누수의 우려가 있다.
③ 극장의 관객석과 같이 많은 풍량을 필요로 하는 곳에 주로 사용된다.
④ 열매체가 증기 또는 냉·온수이므로 열의 운송동력이 공기에 비해 적게 소요된다.

해설
전수방식
③ 풍량이 많이 필요한 곳에서는 전공기 방식을 사용한다.

---

174 다음의 공기조화방식 중 전수방식에 속하는 것은? [산18]

① 룸 쿨러방식
② 단일덕트방식
③ 팬코일 유닛방식
④ 멀티존 유닛방식

해설
전수방식
①은 냉매방식, ②, ④는 전공기방식이다.

---

175 공기조화방식 중 전수방식(all water system)의 일반적 특징으로 옳지 않은 것은? [산19]

① 덕트 스페이스가 필요없다.
② 팬코일유닛 방식 등이 있다.
③ 실내 배관에서 누수의 우려가 있다.
④ 실내공기의 청정도 유지가 용이하다.

해설
전수방식
④ 전공기방식에 대한 설명이다.

---

176 공기조화방식 중 팬코일유닛 방식에 관한 설명으로 옳지 않은 것은? [기12]

① 덕트 방식에 비해 유닛의 위치 변경이 용이하다.
② 유닛을 창문 밑에 설치하면 콜드 드래프트를 줄일 수 있다.
③ 각 실의 유닛은 수동으로도 제어할 수 있으며 개별제어가 용이하다.
④ 송풍기에 의해 공기를 이송하므로 펌프에 의한 냉·온수의 이송동력보다 적게 든다.

해설
팬코일유닛
④ 팬코일 유닛(Fan Coil Unit) 방식은 전수(All-Water)방식으로 펌프에 의해 냉·온수를 이송하므로 송풍기에 따른 공기의 이송 동력 보다 적게 든다.

---

177 공기조화방식 중 팬코일유닛 방식에 관한 설명으로 옳지 않은 것은? [기14]

① 덕트 방식에 비해 유닛의 위치 변경이 쉽다.
② 각 실에 수배관으로 인한 누수의 우려가 있다.
③ 덕트 샤프트나 스페이스가 필요 없거나 작아도 된다.
④ 유닛을 수동으로 제어할 수 없어 개별 제어가 불가능하다.

해설
팬코일유닛
④ 팬코일유닛(Fan Coil Unit) 방식은 각 유닛을 수동으로 제어할 수 있다.

178 공기조화방식 중 팬코일유닛 방식에 관한 설명으로 옳지 않은 것은? [기16]

① 전수방식에 속한다.
② 덕트샤프트와 스페이스가 반드시 필요하다.
③ 각 실에 수배관으로 인한 누수의 우려가 있다.
④ 각 실의 유닛은 수동으로도 제어할 수 있고, 개별제어가 쉽다.

해설
팬코일 유닛
② 팬코일유닛 방식은 전수방식으로 덕트샤프트나 스페이스가 필요 없거나 작아도 된다.

179 공기조화방식 중 팬코일 유닛방식에 관한 설명으로 옳지 않은 것은? [기19]

① 각 실에 수배관으로 인한 누수의 우려가 있다.
② 덕트 샤프트나 스페이스가 필요 없거나 작아도 된다.
③ 각 실의 유닛은 수동으로도 제어할 수 있고, 개별제어가 쉽다.
④ 유닛을 창문 밑에 설치하면 콜드 드래프트(cold draft)가 발생할 우려가 높다.

해설
팬코일 유닛
④ 창문 밑에 팬코일 유닛을 설치하면 콜드 드래프트를 막을 수 있다.

180 팬코일유닛(FCU) 방식에 관한 설명으로 옳지 않은 것은? [산18]

① 각 유닛의 개별제어가 가능하다.
② 각 실의 공기 정화능력이 우수하다.
③ 수배관으로 인한 누수의 우려가 있다.
④ 덕트 샤프트나 스페이스가 필요 없거나 작아도 된다.

해설
팬코일 유닛
② 팬코일유닛 방식은 전수방식으로 공기 정화능력이 떨어진다.

181 공기조화방식 중 팬코일유닛 방식에 대한 설명으로 옳지 않은 것은? [산21]

① 외기량이 부족하여 실내공기의 오염이 심하다.
② 중앙기계실의 면적이 작아도 된다.
③ 덕트 샤프트와 스페이스가 반드시 필요하다.
④ 각 실의 유니트의 수동으로도 제어할 수 있고, 개별제어가 쉽다.

해설
팬코일 유닛
③ 전수방식의 팬코일유닛 방식은 덕트샤프트가 필요없다.

182 공기조화방식에 관한 설명으로 옳은 것은? [기12]

① 전공기방식의 종류에는 단일덕트방식, 팬코일유닛 방식 등이 있다.
② 공기·수방식은 각 실의 온도제어는 곤란하나, 관리 측면에서 유리하다.
③ 전수방식은 실내 공기가 오염되기 쉬우나 개별제어, 개별운전이 가능한 장점이 있다.
④ 전공기방식은 중간기에 외기냉방은 불가능하나, 다른 방식에 비해 열매의 반송동력이 적게 든다.

해설
공기조화방식
① 팬코일유닛 방식은 전수(All Water) 방식이다.
② 공기·수 방식은 수동으로 각 실의 온도제어를 쉽게 할 수 있다.
④ 전공기 방식은 큰 덕트공간이 필요하고 반송동력이 증가한다.

183 각종 공기조화방식에 관한 설명으로 옳지 않은 것은? [기13]

① 단일덕트방식은 전공기방식이다.
② 이중덕트 방식은 냉·온풍의 혼합으로 인한 혼합 손실이 있다.
③ 팬코일유닛 방식은 전공기방식으로 수배관으로 인한 누수의 우려가 없다.
④ 단일덕트방식은 부하특성이 다른 여러 개의 실이나 존이 있는 건물에는 적용하기가 곤란하다.

해설
공기조화방식
③ 팬코일유닛 방식은 전수방식으로 수배관으로 인한 누수의 우려가 있다.

184 다음의 공기조화방식 중 반송동력이 가장 적게 소요되는 방식은? [산16]

① 팬코일유닛 방식
② 정풍량 단일덕트 방식
③ 변풍량 단일덕트 방식
④ 덕트병용 팬코일유닛 방식

해설
공기조화방식
① 팬코일유닛 방식은 전수방식으로 반송동력이 적게 소요된다.

185 다음의 공기조화방식 중 에너지 손실이 가장 큰 것은? [산19]

① 이중덕트 방식
② 유인유닛 방식
③ 정풍량 단일덕트 방식
④ 변풍량 단일덕트 방식

해설
공기조화방식
① 이중덕트 방식은 온풍과 냉풍을 혼합하여 에너지 손실이 크다.

186 다음 공기조화방식 중 에너지 절감적인 측면에서 가장 유리한 것은? [산21]

① 멀티존 유닛 방식
② 이중덕트 정풍량 방식
③ 단일덕트 정풍량 방식
④ 단일덕트 가변풍량 방식

해설
공기조화방식
①, ②는 온풍과 냉풍 혼합에 의한 에너지 손실이 발생하며, ③ 정풍량 방식에 비하여 ④변풍량 방식은 송풍기 동력절감이 가능하다.

187 공기조화설비의 에너지 절약방법 중 배열을 회수하여 이용하는 방식은? [기17]

① 변유량 방식
② 외기냉방 방식
③ 전열교환 방식
④ 전력수요제어 방식

해설
에너지 절약계획
① 반송동력을 절감할 수 있다.
② 외기를 이용한 냉방으로 냉동기 운영시간을 줄일 수 있다.
④ 피크초과가 예상되는 경우 예측 전력이 목표전력 이하가 되도록 조절한다.

188 건축물의 에너지절약설계기준에 따른 건축물의 단열을 위한 권장사항으로 옳지 않은 것은? [기19]

① 외벽 부위는 내단열로 시공한다.
② 열손실이 많은 북측 거실의 창 및 문의 면적은 최소화한다.
③ 외피의 모서리 부분은 열교가 발생하지 않도록 단열재를 연속적으로 설치한다.
④ 발코니 확장을 하는 공동주택에는 단열성이 우수한 로이(Low-E) 복층창이나 삼중창 이상의 단열성능을 갖는 창을 설치한다.

해설
에너지 절약계획
① 외단열은 내단열에 비하여 열교환 현상 감소에 유리하므로 외단열로 시공한다.

189 중간기 또는 동계에 발생하는 냉방부하를 실내 엔탈피보다 낮은 도입외기에 의하여 제거 또는 감소시키는 시스템은? [산13]

① 축열, 축냉시스템
② 이코노마이저시스템
③ 빙축열식 냉방시스템
④ 잠열축열식 냉방시스템

정답 184. ① 185. ① 186. ④ 187. ③ 188. ① 189. ②

> 해설

에너지 절약계획
외기냉방(이코노마이저시스템)에 대한 설명이다.

190 공기조화설비에서 에너지 절약을 위한 방법으로 옳지 않은 것은? [산16]

① 열교환기를 청소한다.
② 전열교환기를 설치한다.
③ 적절한 조닝을 실시한다.
④ 예열운전 시에 외기도입을 최대한 늘린다.

> 해설

에너지 절약계획
④ 예열운전 시에 외기도입을 최소화한다.

정답 190. ④

PART 5

운송설비

CHAPTER 01 엘리베이터(Elevator)
  02 에스컬레이터(Escalator)

운송설비 최근 5개년 기출 누적개수

- 엘리베이터(Elevator): 32
- 에스컬레이터(Escalator): 5

운송설비는 크게 엘리베이터와 에스컬레이터 설비로 구분할 수 있으며, 일반적으로 에스컬레이터 설비 대비 엘리베이터 부문의 출제비중이 현저히 높다. 엘리베이터 부문에서 자주 출제되는 분야는 엘리베이터 안전장치, 조작방식, 승강장의 구조 및 건축물 용도별 승강기 설치 대수를 구하는 문제이다. 에스컬레이터 설비에서도 배치 유형과 더불어 기본이론/구조 및 고려사항에 관해 꾸준히 1~2문항 정도 출제되고 있다.

CHAPTER 01 엘리베이터(Elevator)

빈출 KEYWORD # 엘리베이터 종류별 특징과 안전장치 # 승용(비상용) 승강기 대수 산정
엘리베이터 운전방식별 특징 # 비상용 승강기의 승강장 구조

엘리베이터(Elevator)는 건축물이나 고정된 시설물에 설치되어 일정한 경로에 따라 사람이나 화물을 옮기는 데에 사용되는 설비로서 기계, 전기·전자, 제어, 정보통신 기술이 융합된 복합 설비로 구성은 기계실, 승강로 및 승강장(카 또는 케이지)으로 구성된다.

▶ **화물용 엘리베이터**
- 운전자 1인 탑승 가능
- 300 kg 미만 제외

▶ **소형 화물용 엘리베이터**
- 사람 탑승 불가
- 300 kg 이하, 바닥면적 0.5 m², 높이 0.6 m 이하 제외

01 엘리베이터 종류와 주요내용

분류기준	구 분	주요 내용
용도	승객용	승객용, 병원용, 피난용, 전망용, 장애인용 등
	화물용	소형 화물용, 화물용 (300 kg 이상)
구동방식	전기식(로프식)	구동기에 의해 수직 또는 경사로를 따라 운행
	유압식	유압책에 의해 수직 또는 경사로를 따라 운행 • 기계실이 하부에 위치
속도	저속도	45 m/min 이하(소규모 아파트 등) • 구동방식은 교류 1단, 교류 2단 방식임
	중속도	60~105 m/min(중건물 상업용, 병원 등) • 구동방식은 교류 2단, 직류 Geared 방식
	고속도	120~240 m/min 이상(대형 사무실, 백화점 등) • 구동방식은 직류 Gearless 방식
	초고속	300~1200 m/min 이상(30층 이상 고층 건축물) • 구동방식은 직류 Gearless 방식
속도제어 방식	교류 1단 속도제어	직입기동 방식, 저항 기동방식
	교류 2단 속도제어	감속과 착상은 저속권선으로, 기동과 주행은 고속 권선사용
	교류귀환 전압 제어	싸이리스터의 점호각을 바꿔 유도전동기의 속도를 제어
	교류 VVVF 제어	인버터 제어 – 전압, 주파수 동시 제어로 속도 제어
	직류 워드-레오나드	직류 M.G(전동 발전기) 또는 사이리스터 사용하여 속도제어
권상기	Geared	권상기 내 감속기어를 넣어 속도를 조절
	Gearless	권상기 내부에 감속기어 없어 모터의 힘으로 직접 운행
기계실 type	기계실 있는 type	ELEV 샤프트 상·하부 기계실 내 권상기, 제어반 등 수용
	기계실 없는 type	기계실 없이 승강로 내 모든 시스템을 설치하는 type

02 엘리베이터 비교

【교류와 직류 엘리베이터 비교】

항목	교류 엘리베이터	직류 엘리베이터
기동 토크	작음	큼(쉽게 얻을 수 있음)
속도 조정	속도 선택과 속도제어가 불가	속도 선택과 속도제어 가능
운행 속도	60 m/min 이하	90 m/min 이상
착상 오차	수 mm 오차 발생	1 mm 이내 오차
승차감	직류에 비해 저하	승차감 양호

【전기식(로프식)과 유압식 엘리베이터 비교】

항목	전기식(로프식)	유압식
기계실 위치	승강로 직상부에 설치	기계실을 승강로 직상부에 설치할 필요가 없어 배치가 자유로움
하중	하중이 최상부에 집중	하중이 최상부에 걸리지 않음
정격속도와 정지층수(행정거리)	제한 받지 않음	유압잭 사용과 큰 적재량으로 행정거리에 제한이 있음
소요전력	유압식에 비해 적음	균형추를 사용하지 않아 전동기 소요동력과 소요전력이 큼
기동빈도	기동빈도에 영향 받지 않음	기동빈도가 높으면 과열로 동작 어려움 (냉각장치 필요)

03 엘리베이터 기계실

1. 기계실

(1) 일반적으로 승강로 직상부에 설치하나 부득이한 경우 승강로 옆 또는 하단에 설치 가능

(2) 기계실의 구조는 내화구조 및 방화구조

(3) 조명은 100 lx 이상, 환기창 크기는 바닥면적의 1/20 이상

2. 권상기(Traction machine)

(1) 전동기 회전력을 로프에 전달하는 기기로 권상기 내부에 감속용 기어를 사용하여 작동하는 것을 Geared식 권상기라고 하며, 종류로는 Warm Gear 방식과 Helical Gear 방식이 있다.

항목	Warm gear(저속)	Helical gear(중속)
효율	낮음	높음
소음	작음	큼
역구동	어려움	쉬움
최대적용 속도	120 m/min 이하	150 m/min 이하
주요특징	큰 감속비(1/100)를 얻을 수 있음	웜기어에 비해 회전이 원활하고 조용

> **엘리베이터 기계실 구조**
> - 주요 기기로부터 기둥/벽까지의 수평거리는 30 cm 이상
> - 바닥면적은 승강로 수평투영 면적의 2배 이상
> - 바닥면부터 보의 하부까지의 수직거리는 2 m 이상
> - 내화구조 또는 방화구조로 구획
> - 내장은 준불연재료 이상의 재료로 마감
> - 천장에는 기기 양정을 위한 고리 설치

(2) 기어레스(Gearless) 형식: 고속

모터 제어기술의 발달로 감속기어 없이 엘리베이터의 속도를 모터로 직접 조절하므로 가속 및 감속을 유연하게 할 수 있어 승차감이 좋으며 고속 운행하는 엘리베이터에 적합한 방식이다.

3. 제동기(Brake)

(1) 엘리베이터가 층에 도착 시 도어가 닫히기 전까지 정지시키는 장치를 말한다.
(2) 승객용 엘리베이터는 125% 부하, 화물용은 120%의 부하에 전속도로 하강중인 카를 안전하게 감속, 정지시킬 수 있어야 한다.

4. 조속기(Governor)

(1) 조속기는 카와 같은 속도로 움직이는 조속기 로프로 회전되어 카 속도를 감지하여 가속도를 검출하는 장치를 말한다.
(2) 카가 정격속도의 115%를 초과하게 되면 동작하여 전원을 차단하고 전자 브레이크를 작동시킨다.

5. 전기제어반

(1) 엘리베이터 전원을 공급하는 전원 공급반, 속도 제어반 등을 말한다.
(2) 엘리베이터의 운전, 정지상태와 문의 개폐 제어를 목적으로 설치

04 엘리베이터 카(Car)

(1) 카 내 사람, 적재물이 카 벽 부분에 충격을 가해도 안전한 재료로 사용(불연성 재료)
(2) 승객용 엘리베이터는 한 사람당의 하중을 75 kg으로 계산하여 정원 산정

> 엘리베이터의 바닥면적은 1인당 0.2~0.23 m² 정도 소요된다.

$$최대정원(인) = \frac{정격하중[kg]}{75[kg]}$$

(3) 적재하중 300 kg 이상은 반드시 화물 취급자가 탑승해야 하는 화물용 엘리베이터로 설치

05 승강로(Elevator shaft)

1. 완충기

(1) 카나 균형추가 어떤 원인으로 최하층을 지나 피트로 추락 시 충격을 완화시켜 주는 장치

(2) 정격속도가 60 m/min 이하는 스프링식 적용, 60 m/min 초과는 유압식 완충기 적용

2. 권상로프

(1) 다수의 승객을 로프로 매달아 승강하므로 강도가 큰 것과 유연성이 풍부한 특성 필요

(2) 강도는 고탄소강을 사용해 얻고, 유연성은 꼬임방법과 소선 수를 다수로 하여 얻을 수 있음

(3) 일반적으로 직경은 8 mm 이상, 소선 수는 3가닥 이상이며, 주로프의 안전율은 12 이상임

(4) 권상 도르래와 현수로프의 직경 비는 40배 이상

3. 균형추(Counter weight)

(1) 권상기의 부하를 줄이고 전기 절약(전동기 소요용량)을 목적으로 카의 반대측에 설치

(2) 균형추의 중량 = 카의 중량 + 최대적재하중 × (0.4~0.6)

4. 가이드 레일

(1) 엘리베이터 출입구와 평면적 위치를 갖도록 설치하여 카와 균형추의 주행 안내

(2) 비상정지 장치가 작동 시 반력을 공급하기 위해 승강로 내에 수직으로 설치된 레일(T자형)

5. 카 가이드 슈(Car guide shoe)

카, 균형추의 수직운동을 위해 가이드 레일을 잡는 장치

6. 비상정치 장치

가이드 레일에 작용하며 이상속도 발생 시 조속기에서 신호를 받아 카 또는 균형추의 하강 또는 상승을 강제로 정지시키는 안전장치

7. 리미트(Limit) 스위치

가이드 레일에 작용하며 이상속도 발생 시 조속기에서 신호를 받아 카 또는 균형추의 하강 또는 상승을 강제로 정지시키는 안전장치

> ▶ 파이널 리미트 스위치: 승강기가 리미트 스위치를 지나쳐 그 이상으로 초과 운행하는 경우, 전력을 차단하여 정지시키는 스위치로 파이널 리미트 스위치 동작 후 정상 운행을 위한 복귀는 자동으로 이루어지지 않아야 한다(종점 스위치 고장을 대비해 주회로를 차단하는 스위치).

06 엘리베이터 안전장치

안전장치	주요 내용
과부하 감지장치	정격 적재하중을 초과해 적재(승차)시 경보가 울리고 도어가 열림
비상호출장치	정전 시나 고장으로 승객이 갇혔을 때 외부와의 연락을 위한 장치
문닫힘 안전장치	승강기 문에 승객 또는 물건이 끼었을 때, 자동으로 다시 열리는 장치
리타이어링 캠	카 문과 승강장의 문을 동시에 개폐시키는 장치
조속기	카가 정격속도의 115%를 초과 시 동작하여 전원 차단
비상정지 장치	조속기 동작에 따라 레일을 움켜 잡아 카의 낙하 방지
완충기	카가 최하층을 지나 피트로 미끄러질 때 충격을 완화시켜 주는 장치
전자 브레이크	전동기의 토크 손실 시 엘리베이터를 정지
종점 스위치	최상, 최하층에서 카 정지 스위치를 잊은 경우 자동 정지시키는 장치
제한 스위치	종점 스위치 고장 시를 대비하는 것으로 카를 자동으로 급정지 시키는 장치
안전 스위치	카 위에 위치하여 보수점검 시 사용
리미트 스위치	최상층이나 최하층에서 정상 운행 위치를 벗어나 그 이상으로 운행하는 것 방지

07 엘리베이터 설계

건축물 용도, 규모, 사용목적을 바탕으로 빌딩 특성 및 입지조건(환경, 혼잡도, 층수, 층고 등)을 파악하고 건물 내 사람 또는 물품의 이동 패턴을 분석하여 건축물의 최적 엘리베이터 배치를 계획한다(일반적으로 peak 시간대를 중심으로 시뮬레이션 기법 활용의 고려가 수반).

1. 엘리베이터 시스템 계획의 기본요소

(1) 교통계산 결과 관계 건축물의 교통수요에 적합한 대수 결정
(2) 엘리베이터의 대기시간을 어떤 허용 값 이하로 고려
(3) 엘리베이터의 배치, 배열의 계획

2. 엘리베이터 설치대상

(1) 6층 이상으로 연면적이 2,000 m² 이상인 건축물(단, 6층인 건축물로서 각 층 거실의 바닥 면적이 300 m² 이내마다 1개소 이상의 직통계단을 설치한 건축물에는 엘리베이터를 설치하지 않아도 됨)
(2) 높이 31 m를 초과하는 건축물에는 엘리베이터뿐만 아니라 비상용 엘리베이터를 추가로 설치
(3) 고층 건축물에 설치하는 승용엘리베이터 중 1대 이상을 피난용 엘리베이터로 설치

3. 비상용 승강기의 승강장 구조

(1) 승강장의 창문, 출입구 기타 개구부를 제외한 부분은 당해 건축물의 다른 부분과 내화구조의 바닥 및 벽으로 구획할 것
(2) 승강장은 각 층의 내부와 연결될 수 있도록 하되, 그 출입구(승강로 출입구 제외)에는 갑종 방화문을 설치할 것(단, 피난층에는 갑종 방화문을 설치하지 아니할 수 있음)
(3) 노대 또는 외부를 향하여 열 수 있는 창문이나 배연설비를 설치할 것
(4) 벽 및 반자가 실내에 접하는 부분의 마감재로는 불연재료로 할 것
(5) 채광이 되는 창문이 있거나 예비전원에 의한 조명설비를 할 것
(6) 승강장의 바닥면적은 비상용 승강기 1대에 대하여 6 m² 이상으로 할 것
(7) 피난층이 있는 승강장의 출입구(승강장이 없는 경우 승강로 출입구)로부터 도로 또는 공지에 이르는 거리가 30 m 이하일 것

4. 승강기 대수 산정

(1) 승강기 적재하중, 정격속도, 대수 및 운행 층을 적용하여 5분간 수송능력과 평균운전간격의 기준을 만족해야 한다.
(2) 건축물 용도별 승용 승강기의 설치 기준(대수 산정)
  ※ 건축법 제64조 제1항에 따른 건축물에 설치하는 승용승강기의 설치기준 별표 1의 2

> **비상용승강기를 설치하지 아니할 수 있는 건축물**
> ① 높이 31 m를 넘는 각층을 거실외의 용도로 쓰는 건축물
> ② 높이 31 m를 넘는 각층의 바닥면적의 합계가 500 m² 이하인 건축물
> ③ 높이 31 m를 넘는 층수가 4개층 이하로서 당해 각층의 바닥면적의 합계 200 m² (벽 및 반자가 실내에 접하는 부분의 마감을 불연재료로 한 경우에는 500 m²) 이내마다 방화구획으로 구획된 건축물

> **비상용승강기의 승강장에 설치하는 배연설비 구조**
> ① 배연구 및 배연풍도는 불연재료일 것
> ② 배연구에 설치하는 수동 또는 자동개방장치는 손으로도 열고 닫을 수 있을 것
> ③ 배연구는 평상시 닫힌 상태를 유지하고, 연 경우에는 배연에 의한 기류로 인해 닫히지 않을 것
> ④ 배연구가 외기에 접하지 아니하는 경우에는 배연기를 설치할 것
> ⑤ 배연기는 배연구의 열림에 따라 자동적으로 작동하고, 충분한 공기배출 또는 가압 능력이 있을 것
> ⑥ 배연기에는 예비전원을 설치할 것
> ⑦ 공기유입장식을 급기가압방식 또는 급·배기방식으로 하는 경우에는 소방관계법령의 규정에 적합할 것

건축물 용도	6층 이상의 바닥면적 합	
	3,000 m² 이하	3,000 m² 초과
• 문화집회시설 - 공연장, 집회장 및 관람장만 해당 • 판매시설 • 의료시설	2대	2대에 3000 m²를 초과하는 2000 m² 이내마다 1대를 더한 대수
• 문화집회시설 - 전시장 및 동식물원만 해당 • 업무시설 • 숙박시설 • 위락시설	1대	1대에 3000 m²를 초과하는 2000 m² 이내마다 1대를 더한 대수
• 공동주택 • 교육연구시설 • 노유자 시설 • 그 밖의 시설	1대	1대에 3000 m²를 초과하는 3000 m² 이내마다 1대를 더한 대수

※ 8인승 이상 15인승 이하 엘리베이터는 1대의 엘리베이터로, 16인승 이상은 2대의 엘리베이터로 산정

> 서울특별시 초고층 건축물 승강기 설치 가이드 라인 참조
> 5분간 수송능력: 동일 승강기 그룹을 이용하는 전체 인원 중 동일 승강기 그룹을 통해 5분간 운송된 승객수를 총 인원에 대한 비율로 나타내는 것

$$5분간 운송능력(\%) = \frac{\frac{승강기\,1대\,탑승객수 \times 300(5분)}{평균\,운전간격}}{동일\,승강기\,그룹\,이용\,전체\,인원} \times 100$$

【별표 1】 5분간 수송능력

용도	주거시설		숙박시설		업무시설 [m²]				판매시설	
					전용	구간용(로컬)		급행용(셔틀)		
	급행용(셔틀)	구간용(로컬)	급행용(셔틀)	구간용(로컬)		준전용	소규모임대		급행용(셔틀)	구간용(로컬)
5분간 수송능력(%)	8~10	5~7	12~15	10~15	13~16	13~15	12~14	15~20	10~15	5~7

※ 주) 1. 오피스텔 중 주거위주 사용은 주거시설 기준을 업무위주 사용은 업무시설 기준을 따른다.

> 평균운전간격: 로비에서 승강기가 출발하고 다음 승강기가 출발할 때까지의 평균 간격을 말하며 일주시간을 동일 그룹의 전체 승강기 대수로 나눈 값에 의해 산출

【별표 2】 평균 운전간격

용도	주거시설		숙박시설		업무시설 [m²]		판매시설	
	급행용(셔틀)	구간용(로컬)	급행용(셔틀)	구간용(로컬)	구간용(로컬)	급행용(셔틀)	급행용(셔틀)	구간용(로컬)
평균 운전간격(초)	40~50	40~90	35~40	30~50	20~30	25~30	30~35	40~60

> 일주시간: 승강기가 출발 층에 되돌아온 시점부터 출발층에서 승객을 태우고 상부층을 운행하고 다시 출발 층에 되돌아오기까지의 시간
> 일주시간 = 주행시간 + 도어 개폐시간 + 승객출입시간 + 손실시간

(3) 비상용 승강기 설치 기준

비상용 승강기 설치 조건	비상용 승강기 설치 대수
높이 31 m를 넘는 각 층의 바닥면적 중 최대 바닥면적이 1,500 m² 이하인 건축물	1대 이상
높이 31 m를 넘는 각 층의 바닥면적 중 최대 바닥면적이 1,500 m²를 넘는 건축물	1대에 1,500 m²를 넘는 3,000 m² 이내마다 1대씩 더한 대수 이상

※ 시행령 제90조(비상용 승강기의 설치)

4. 엘리베이터의 교통계획(현대 엘리베이터 자료 활용)

> 엘리베이터 교통량 계산은 엘리베이터의 효율적 대수, 속도, 크기 및 배치에 대해 최적의 운행조건을 산출하는 것

구 분	항 목	주요 내용
설치대수 계획	속도 결정	• 엘리베이터 속도는 건물 층수와의 관계에서 결정 • 직통 운행하는 데 소요시간 30초 이내를 목표로 기본치 설정
	대수 결정	• Peak 시 수송능력, 대기시간이 서비스 수준 이내 되도록 결정 • 교통계산 시뮬레이션 (대수, 정원, 서비스 층수 결정 시 수치적으로 검토)
	정원 결정	• Peak 시 집중도와 건물 성격을 고려하여 계획
운용 계획	서비스 층수 결정	• 20층 초과 시 수송시간 단축 및 임대율 향상을 위해 Zoning 계획 (Zone 층수는 10~15층 정도)
	배치 결정	• 이용의 편의성을 최대한 고려하여 계획 • 보행거리를 단축시키는 교통동선 중심에 설치 • 일렬배치 시 4대까지 한도 • 4대 이상인 경우 대면 배치(대면거리는 3.5~4 m)
	운전방식 결정	• 무운전원 방식, 군 관리 방식검토

5. 엘리베이터 운전방식

구 분	운전방식	주요 내용
요운전원 방식	카 스위치	• 운전원이 기동과 정지 버튼을 조작
	레코드 컨트롤	• 운전원이 목적층과 승강장의 호출 신호를 보고 제어 (정지는 자동)
	시그널 컨트롤	• 기동은 운전원이 조작, 정지는 승강장 호출 신호로 자동 정지
무운전원 방식	단식자동	• 승강장으로부터의 호출신호에 의해 자동적으로 기동, 정지하며 운전 중 다른 신호가 있어도 운전종료까지 그 호출에 응하지 않음
	승합 전자동	• 승강장으로부터의 호출신호에 의해 자동적으로 기동, 정지하며 누른 순서에 관계없이 각 호출에 응하여 자동 정지
	하강 승합 자동	• 상승 중 호출 신호가 있어도 정지하지 않고 최고 호출신호에 응해 정지한 후 자동적으로 역전하여 하강
군관리 방식	전자동 군관리	• 평상시 교통수요 변동에 대응 가능하도록 3~5대의 엘리베이터에 적용하는 경제적인 운전조작 방식
	피크서비스 전자동 군관리	• 출퇴근 등 일시적으로 교통수요 피크가 발생하는 사무실 건축물에 적용하여 교통수요의 혼잡을 해소하는 조작 방식
	예약안내 전자동 군관리	• 층간의 교통수요 혼잡을 해소하기 위한 교통처리 기능을 가지고 대기시간 단축, 장시간 대기호출 감소 등의 효과

Q1. 다음 중 엘리베이터 속도제어에서 3상 유도전동기의 입력전압과 주파수를 동시에 변환시켜 속도제어하는 방식은?

① 교류 2단 속도제어　② **교류 VVVF 제어**
③ 교류귀환 전압제어　④ 직류 워드-레오나드 제어

해설　교류 VVVF(가변전압 가변주파수) 제어는 인버터 제어라고도 하며 직류 전동기를 사용하고 있던 고속 엘리베이터에도 유도전동기를 적용하여 보수가 용이하고, 에너지 소비가 적어지는 효과를 얻을 수 있다.

Q2. 직류 엘리베이터에 관한 설명으로 옳은 것은?

① 속도 선택과 속도제어가 불가능하다.
② 기동 토크가 작다.
③ 착상오차는 수 mm 정도이다.
④ **승차감이 교류식에 비해 양호하다.**

해설　①, ②, ③항은 교류 엘리베이터의 특징이다.

Q3. 다음 설명에 알맞은 엘리베이터 기계실 내에 설치되는 안전장치는?

> 엘리베이터가 층에 도착 시 도어가 닫히기 전까지 정지시키는 장치를 말하며, 승객용 엘리베이터는 125% 부하, 화물용은 120% 부하에 전속도로 하강중인 카를 안전하게 감속, 정지시킬 수 있어야 한다.

① 조속기　② **제동기**
③ 권상기　④ 리미트 스위치

해설
① 조속기: 카가 정격속도의 115%를 초과 시 동작하여 전원 차단
③ 권상기: 엘리베이터 기계실에 설치되어 전동기 회전력을 로프에 전달하는 기기
④ 리미트 스위치: 카가 최상층이나 최하층에서 정상운행위치를 벗어나 그 이상으로 운행하는 것을 방지하는 스위치

Q4. 비상용 승강기를 설치해야 하는 대상 건축물 기준으로 옳은 것은?　　　　[산12]

① 높이 6 m를 초과하는 건축물
② 높이 16 m를 초과하는 건축물
③ **높이 31 m를 초과하는 건축물**
④ 높이 41 m를 초과하는 건축물

해설　건축법 시행령 제90조(비상용 승강기의 설치)에 따라 높이 31 m를 넘는 건축물에는 비상용 승강기를 설치하여야 한다.

CHAPTER 01 필수 확인 문제

01 직류 엘리베이터의 종류 중 권상기 자체가 전동기만으로 되어있는 방식으로 고속, 초고속 엘리베이터에 이용되는 것은? [기11, 12]

① 기어드 엘리베이터
② 기어레스 엘리베이터
③ 유압식 엘리베이터
④ 로프식 엘리베이터

◎ 엘리베이터의 속도에 따른 분류는 아래와 같다.
1) 저속: 45 m/min(교류1단, 교류2단)
2) 중속: 60~105 m/min(교류2단, 직류기어)
3) 고속: 120 m/min 이상(직류 기어레스)

정답 ②

02 엘리베이터의 안전장치에 속하지 않는 것은? [기14, 21]

① 균형추
② 완충기
③ 조속기
④ 전자 브레이크

◎ 1) 균형추: 권상기의 부하를 줄이고 전기절약을 목적으로 카의 반대측에 설치하는 것을 말한다.
2) 완충기: 카가 최하층을 지나 피트로 미끄러질 때 충격을 완화시켜 주는 장치
3) 조속기: 카가 정격속도의 115%를 초과 시 동작하여 전원 차단
4) 전자 브레이크: 전동기의 토크 손실 시 엘리베이터를 정지시키는 장치

정답 ①

03 카(car)가 최상층이나 최하층에서 정상운행위치를 벗어나 그 이상으로 운행하는 것을 방지하는 엘리베이터 안전장치는? [기11, 14, 17, 20, 21]

① 완충기(Buffer)
② 가이드레일(Guide rail)
③ 리미트 스위치(Limit switch)
④ 카운터웨이트(Counter weight)

◎ 1) 완충기: 카가 최하층을 지나 피트로 미끄러질 때 충격을 완화시켜 주는 장치
2) 가이드레일: 비상정지 장치 작동 시 반력을 공급하기 위해 승강로 내 수직으로 설치된 레일
3) 리미트 스위치: 최상층이나 최하층에서 정상운행 위치를 벗어나 그 이상으로 운행하는 것 방지
4) 카운터웨이트: 균형추를 말하며, 권상기의 부하를 줄이고 전기절약을 목적으로 카의 반대측에 설치하는 것을 말한다.

정답 ③

04 로프식 엘리베이터와 유압식 엘리베이터를 비교할 경우, 유압식 엘리베이터의 장점으로 옳은 것은? [기12]

① 전동기의 출력이 작다.
② 기계실의 위치가 자유롭다.
③ 기계실의 발열량이 작다.
④ 속도의 범위가 자유롭다.

◎ 로프식 엘리베이터의 경우, 승강로 직상부에 기계실을 설치해야 하나, 유압식의 경우는 승강로 직상부에 기계실 설치가 필요 없어 배치가 자유롭다.

정답 ②

05 전기식 엘리베이터의 정원 산정식으로 옳은 것은? [기13]

① 정격하중 [kg]/60 [kg]
② 정격하중 [kg]/65 [kg]
③ 정격하중 [kg]/70 [kg]
④ 정격하중 [kg]/75 [kg]

> 승용 엘리베이터에서 적재하중이 정해지면 1인당 하중을 75 kgf로 하여 최대정원을 구하며, 엘리베이터 바닥면적은 1인당 0.2~0.23 m^2 정도 소요된다.
> 정답 ④

06 엘리베이터의 주요기기의 설치위치는 기계실, 승강로, 승강장으로 나눌 수 있다. 다음 중 기계실에 설치하는 것은? [기13]

① 가이드레일
② 완충기
③ 균형추
④ 권상기

> 권상기(Traction machine)는 엘리베이터 기계실에 설치되어 전동기 회전력을 로프에 전달하는 기기이며, 가이드레일, 완충기, 균형추는 승강로에 설치되는 기기이다.
> 정답 ④

07 엘리베이터 조작방식 중 무운전원방식으로 다음과 같은 특징을 갖는 것은? [기15, 16, 19, 22]

> 승객 스스로 운전하는 전자동 엘리베이터로 승강장으로부터의 호출 신호로 기동, 정지를 이루는 조작방식이며, 누른 순서에 상관없이 각 호출에 응하여 자동적으로 정지한다.

① 단식 자동방식
② 카 스위치 방식
③ 승합전자동방식
④ 시그널 컨트롤 방식

> ① 단식 자동방식: 승강장으로부터의 호출신호에 의해 자동적으로 기동/정지하며 운전 중 다른 신호가 있어도 운전종료까지 그 호출에 응하지 않는 방식
> ② 카 스위치 방식: 운전원이 기동과 정지 버튼을 조작
> ④ 시그널 컨트롤 방식: 기동은 운전원이 조작, 정지는 승강장 호출 신호로 자동 정지
> 정답 ③

08 높이가 31 m를 넘는 각 층의 바닥면적 중 최대 바닥면적이 4,500 m^2인 건축물에 원칙적으로 설치하여야 하는 비상용 승강기의 최소 대수는? [산10, 기11, 13, 18, 21, 22]

① 1대
② 2대
③ 3대
④ 5대

> 건축법 시행령 제90조(비상용 승강기의 설치)에 따라 높이 31 m를 넘는 각 층의 바닥면적 중 최대 바닥면적이 1,500 m^2를 넘는 건축물의 경우, 1대에 1,500 m^2를 넘는 3,000 m^2 이내마다 1대씩 더한 대수 이상을 설치해야 한다.
> 정답 ②

09 6층 이상의 거실면적의 합계가 8,000 m²인 15층의 사무소 건축물에 설치해야 할 승용 승강기의 최소 대수는? (단, 8인승 승강기인 경우) [산12]

① 2대
② 3대
③ 4대
④ 5대

건축법 제64조 제1항에 따른 건축물에 설치하는 승용승강기의 설치기준 별표 1의 2에 따라 승용승강기의 대수 산정은 6층 이상 거실바닥면적의 합계가 기준이다.
업무시설용 건축물이며, 층수는 15층으로 6층 이상의 거실면적의 합계가 8,000 m²이므로

$$1 + \left[\frac{(8,000 - 3,000)}{2,000}\right] = 3.5대$$

가 되며, 8인승 이상 15인승 이하 승강기는 1대의 엘리베이터로 산정되므로 이 건물에 설치해야 하는 승용 승강기의 최소 대수는 4대가 된다.

정답 ③

10 다음은 비상용 승강기 승강장의 구조에 관한 기준 내용이다. ( ) 안에 알맞은 것은? [산11, 16, 17]

> 피난층이 있는 승강장의 출입구로부터 도로 또는 공지에 이르는 거리가 (   ) 이하일 것

① 15 m
② 20 m
③ 25 m
④ 30 m

비상용 승강기 승강장의 구조
1) 내화구조의 바닥과 벽으로 구획
2) 출입구는 갑종방화문 설치(피난층에는 갑종 방화문을 설치하지 아니할 수 있음)
3) 외부를 향해 열수 있는 창문이나 배연설비를 설치할 것
4) 마감재료는 불연재로 할 것
5) 예비전원에 의한 조명설비를 갖출 것
6) 승강장의 바닥면적은 비상용 승강기 1대에 대해 6 m² 이상으로 할 것
7) 피난층이 있는 승강장의 출입구로부터 도로 또는 공지에 이르는 거리가 30 m 이하일 것

정답 ④

CHAPTER 02 에스컬레이터(Escalator)

빈출 KEYWORD # 에스컬레이터 구조와 안전장치 # 에스컬레이터 수송 능력과 배열방식

에스컬레이터(Escalator)는 건물, 지하도 등에서 층과 층 사이에 사람을 태우고 움직이는 계단 형태의 수직이동 수단이다. 대량의 승객을 이동시킬 수 있고 경제적인 이점이 있어 주로 백화점, 공항, 지하철역 등 다수의 승객이 있는 건축물의 교통수단으로 이용되고 있다.

01 에스컬레이터 분류

1. 구조 및 용도에 따른 분류

항목	에스컬레이터(Escalator)	무빙워크(Moving walks)
형태	계단형	평면형
경사도	30° 이하(최대 35°)	12° 이하(최대 15°)
속도	30° 이하(0.75 m/s 이하) 30° 초과(0.75 m/s 이하)	0.75 m/s 이하 (0.9 m/s 허용)

※ 경사도는 30°를 초과하지 않아야 하며, 단, 높이가 6 m 이하이고 공칭속도가 0.5 m/s 이하인 경우 경사도는 35°까지 증가 가능

2. 수송능력(난간 폭)에 따른 분류

항목	800형	1200형
난간 폭	800 mm	1,200 mm
Step 폭	600 mm	1,004 mm
1 step 사용인원	1.5명	2명
시간당 최대 수용인원	6,000명	9,000명

> **에스컬레이터**
> 구동기에 의해 계단형의 발판이 경사로를 따라 운행되는 구조

> **무빙워크**
> 구동기에 의해 평면형의 발판이 경사로 또는 수평로를 따라 운행되는 구조

> **에스컬레이터 특징**
> ① 수송능력은 엘리베이터의 약 10배 정도로 단거리 대량 수속에 적합
> ② 기다리는 시간이 없고 연속적으로 수송 가능
> ③ 기계실이 필요 없고 파트가 간단하여 점유면적이 작음
> ④ 건축적으로 하중이 각 층에 분담된다.
> ⑤ 탑승 중에 매장 주위를 볼 수 있어 백화점, 대형마트 등에 적용
> ⑥ 전동기 기동회수가 적어 소비되는 전력량이 적다.

02 에스컬레이터 구조

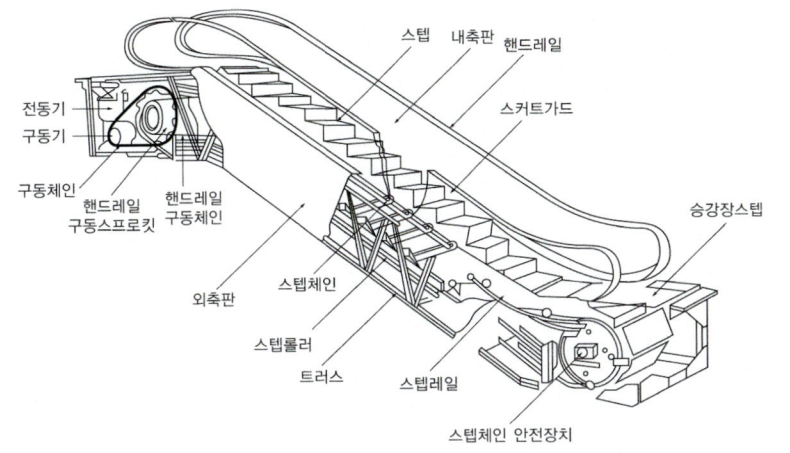

※ 한국승강기안전공단

1. 구동기
(1) 스텝 또는 팔레트를 구동시키는 장치로 핸드레일 구동장치와 연동
(2) 전동기, 전자 브레이크, 감속기, 스프라켓 등으로 구성

2. 스텝과 스텝체인
(1) 스텝은 탑승하기 위해 발을 딛는 부분(끼임 주의 황색선 표시)
(2) 스텝체인은 에스컬레이터 좌우에 설치되어 전체 스텝과 연결돼 스텝을 주행시키는 역할

3. 내부패널
스커트 또는 하부 내측 데크와 핸드레일 가이드 측면 또는 난간 데크 사이에 위치한 패널

4. 스커트
스텝, 팔레트 또는 벨트와 연결되는 난간의 수직 부준

5. 스커트 디플렉터
스텝과 스커트 사이에 끼임의 위험을 최소화하기 위한 장치

6. 외부패널
에스컬레이터 또는 수평 보행기를 둘러싸고 있는 외부 측부분

> **기타 에스컬레이터 용어**
> 1) 스커트 가드
>   에스컬레이터 내측판의 디딤판
> 2) 핸드레일
>   에스컬레이터를 이용하는 동안 잡고 타는 움직이는 레일
> 3) 난간데크
>   핸드레일 가이드 측면과 만나고 난간의 상부 커버를 형성하는 난간의 가로 요소

03 에스컬레이터의 안전장치

(1) 구동체인 안전장치

구동체인이 파손될 때 즉시 모터의 작동을 정지시켜 주는 장치

(2) 스텝체인 안전장치

스텝체인 장력에 이상 발생 시 전동기를 정지시키고 브레이크 동작

(3) 핸드레일 인입구 안전장치

손잡이 인입구에 손이나 물건의 끼임을 방지하는 장치

(4) 스커트 가드 안전 스위치

내측판과 디딤판 사이 이물질 끼임 발생 시 운행정지

04 에스컬레이터 대수산정

(1) 일반적으로 에스컬레이터 대수산정에는 밀도율이 사용된다.

$$밀도율 = \frac{11 \times 2층이상바닥면적합계[m^2]}{1시간 수송능력}$$

밀도율이 20~25 정도이면 양호하고 25 이상은 수송설비가 불량으로 판단한다.

Q1. 난간폭 800 mm형 에스컬레이터의 공칭수송 능력은?

① 4,800 인/h ② 6,000 인/h
③ 7,200 인/h ④ 9,000 인/h

해설 난간폭 1,200 mm형 에스컬레이터의 공칭수송 능력 9,000 인/h 이다.
에스컬레이터 수송능력에 따른 분류
• 난간폭 800 mm: 6,000 인/h
• 난간폭 1,200 mm: 9,000 인/h

Q2. 에스컬레이터의 안전장치가 아닌 것은?

① 구동체인 안전장치
② 조속기
③ 스텝체인 안전장치
④ 스커트 가드 안전 스위치

해설 **에스컬레이터의 안전장치**
1) 구동체인 안전장치: 구동체인이 파손될 때 즉시 모터의 작동을 정지시켜 주는 장치
2) 스텝체인 안전장치: 스텝체인 장력에 이상 발생 시 전동기를 정지시키고 브레이크 동작
3) 핸드레일 인입구 안전장치: 손잡이 인입구에 손이나 물건의 끼임을 방지하는 장치
4) 스커트 가드 안전 스위치: 내측판과 디딤판 사이 이물질 끼임 발생 시 운행정지
조속기는 엘리베이터의 안전장치로 카가 정격속도의 115%를 초과 시 동작하여 전원 차단

(2) 에스컬레이터의 수량은 공칭 수송 능력의 80% 정도를 설계 수송능력으로 하여 계산한다.

05 에스컬레이터 배열방식

방식	장 점	단 점
직렬식	• 승객의 시야가 가장 넓다.	• 점유면적이 크다.
병렬 단속식	• 에스컬레이터의 인식 용이 • 양단부의 전망 확보	• 교통이 연속되지 않는다(혼란감이 있음). • 고객의 시야가 좁고 승각객이 혼잡 • 점유면적이 크다.
병렬 연속식	• 교통이 연속 된다. • 타고 내리는 교통이 확실	• 점유면적이 크다. • 고객의 시야 확보는 보통
교차식 (X자 형태로 교차)	• 점유면적이 가장 작다. • 교통이 연속 된다.	• 승객의 시야가 좁다. • 양측 단부에서 시야가 마주친다.

※ 대형백화점 적용: 주로 교차식이 적용

【에스컬레이터 배열 방식별 개념도】

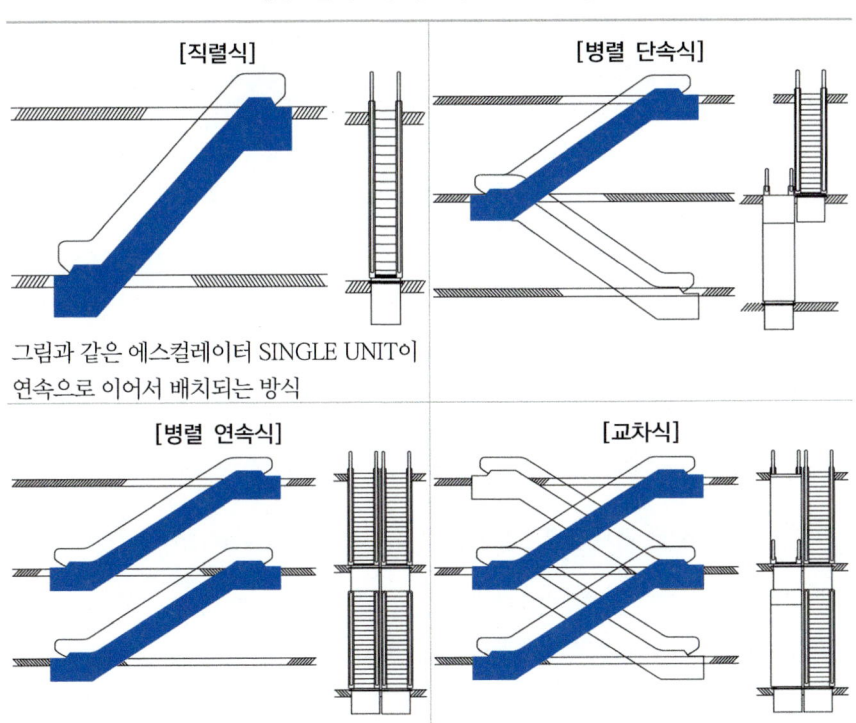

[직렬식]
그림과 같은 에스컬레이터 SINGLE UNIT이 연속으로 이어서 배치되는 방식

[병렬 단속식]

[병렬 연속식]

[교차식]

※ [출처] KOHLER ELEVATOR & ESCALATOR

CHAPTER 02 필수 확인 문제

01 에스컬레이터에 관한 설명으로 옳은 것은? [기12]

① 수송능력은 엘리베이터와 비슷하다.
② 일반적으로 에스컬레이터의 경사도는 30° 이하로 한다.
③ 구동장치, 제어장치 등을 격납하는 기계실은 되도록 크게 한다.
④ 정격속도는 하강방향의 안전을 고려하여 45 m/min 이하로 하는 것이 원칙이다.

> ① 수송능력은 엘리베이터의 약 10배 정도이다.
> ③ 점유면적이 작고, 기계실이 필요 없다.
> ④ 정격속도는 하강방향의 안전을 고려하여 30 m/min 이하로 하는 것이 원칙이다.
>
> **정답** ②

02 에스컬레이터의 구성요소에 관한 설명으로 옳지 않은 것은? [기13]

① 외부패널은 에스컬레이터를 둘러싸고 있는 외부측 부분이다.
② 스커트는 스텝, 팔레트 또는 벨트와 연결되는 난간의 수직부분이다.
③ 스커트 디플렉터는 스텝과 스커트 사이에 끼임의 위험을 최소화하기 위한 장치이다.
④ 내부패널은 핸드레일 가이드측면과 만나고 난간의 상부커버를 형성하는 난간의 가로요소이다.

> 핸드레일 가이드측면과 만나고 난간의 상부커버를 형성하는 난간의 가로요소는 난간데크이다.
>
> **정답** ④

03 1,200형 에스컬레이터의 공칭수송 능력은? [기15, 16]

① 4,800인/h
② 6,000인/h
③ 7,200인/h
④ 9,000인/h

> 에스컬레이터 수송 능력에 따른 분류
>
> | 항목 | 800형 | 1200형 |
> |---|---|---|
> | Step 폭 | 600 mm | 1,004 mm |
> | 시간당 최대 수용인원 | 6,000명 | 9,000명 |
>
> **정답** ④

04 수송설비에 사용되는 밀도율에 관한 설명으로 옳지 않은 것은? [기14]

① 건물 내 수송설비에 의한 서비스등급을 판정하는 데 사용된다.
② 밀도율이 높을수록 서비스 수준이 양호하다는 것을 나타낸다.
③ 백화점과 같이 승객의 서비스를 주목적으로 하는 건축물에 사용된다.
④ 1시간의 수송능력에 대한 2층 이상의 유효바닥면적의 비율로 산정한다.

> 밀도율이 20~25 정도이면 양호하고 25 이상은 수송설비가 불량으로 판단한다.
>
> **정답** ②

PART 5 핵심 기출 문제

01. 엘리베이터

001 직류 엘리베이터에 관한 설명으로 옳지 않은 것은?
[기11]

① 기동 토크를 쉽게 얻을 수 있다.
② 승강기분이 좋고 착상오차가 적다.
③ 속도를 선택할 수 있으며 속도제어가 가능하다.
④ 기어드식은 120 m/min 이상의 속도를 요구하는 경우에 사용된다.

해설
엘리베이터의 속도에 따른 분류는 아래와 같으며, 속도 120 m/min 이상은 기어레스식에 사용된다.
1) 저속: 45 m/min(교류1단, 교류2단)
2) 중속: 60~105 m/min(교류2단, 직류기어)
3) 고속: 120 m/min 이상(직류 기어레스)

002 직류 엘리베이터에 관한 설명으로 옳지 않은 것은?
[기18]

① 임의의 기동토크를 얻을 수 있다.
② 고속 엘리베이터용으로 사용이 가능하다.
③ 원활한 가감속이 가능하여 승차감이 좋다.
④ 교류 엘리베이터에 비하여 가격이 저렴하다.

해설
직류 엘리베이터는 기동토크를 쉽게 얻을 수 있고 속도 선택과 속도제어가 가능하여 승차감이 좋아 주로 고가의 고속 엘리베이터용으로 적용된다.

003 로프식 엘리베이터와 비교한 유압식 엘리베이터의 특징 설명으로 옳은 것은?
[기15]

① 전동기의 출력이 작다.
② 속도의 범위가 자유롭다.
③ 기계실의 발열량이 작다.
④ 기계실의 위치가 자유롭다.

해설
로프식 엘리베이터의 경우, 승강로 직상부에 기계실을 설치해야 하나, 유압식의 경우는, 승강로 직상부에 기계실 설치가 필요 없어 배치가 자유롭다.

004 유압식 엘리베이터에 대한 설명 중 옳지 않은 것은?
[기15, 21]

① 오버헤드가 작다.
② 기계실의 위치가 자유롭다.
③ 큰 적재량으로 승강 행정이 짧은 경우에는 적용할 수 없다.
④ 지하 주차장 엘리베이터와 같이 지하층에만 운전하는 경우 적용할 수 있다.

해설
유압식 엘리베이터는 유압잭 사용과 큰 적재량으로 정격속도와 정지층 수에 제한을 받는다.

005 다음 중 엘리베이터의 안전장치와 가장 관계가 먼 것은?
[기11, 19]

① 조속기   ② 전자 브레이크
③ 종점스위치 ④ 핸드레일

해설
1) 조속기: 카가 정격속도의 115%를 초과 시 동작하여 전원 차단
2) 전자 브레이크: 전동기의 토크 손실 시 엘리베이터를 정지시키는 장치
3) 종점스위치: 최상, 최하층에서 카 정지 스위치를 잊은 경우 자동 정지시키는 장치
4) 핸드레일: 에스컬레이터 또는 이동보도의 손잡이

006 엘리베이터 카(Car)가 최상층이나 최하층에서 정상 운행위치를 벗어나 그 이상으로 운행하는 것을 방지하기 위해 설치하는 전기적 안전장치는?
[기16]

① 조속기   ② 가이드 레일
③ 전자브레이크 ④ 파이널 리미트 스위치

해설
파이널 리미트 스위치: 승강기가 리미트 스위치를 지나쳐 그 이상으로 초과 운행하는 경우, 전력을 차단하여 정지시키는 스위치로 파이널 리미트 스위치 동작 후 정상 운행을 위한 복귀는 자동으로 이루어지지 않아야 한다.

정답 001. ④ 002. ④ 003. ④ 004. ③ 005. ④ 006. ④

007 승객 스스로 운전하는 전자동 엘리베이터로 카 버튼이나 승강장의 호출신호로 기동, 정지를 이루는 엘리베이터 조작 방식은? [기15, 16, 19, 22]

① 승합전자동식   ② 카 스위치 방식
③ 시그널 컨트롤 방식   ④ 레코드 컨트롤 방식

해설
엘리베이터 요운전원 방식 종류
① 카 스위치 방식: 운전원이 기동과 정지 버튼을 조작
② 시스털 컨트롤 방식: 기동은 운전원이 조작, 정지는 승강장 호출 신호로 자동 정지
③ 레코드 컨트롤 방식: 운전원이 목적층과 승강장의 호출 신호를 보고 제어(정지는 자동)

008 엘리베이터의 안정장치 중 일정 이상의 속도가 되었을 때 브레이크 등을 작동시키는 기능을 하는 것은? [기 17, 20]

① 조속기   ② 권상기
③ 완충기   ④ 가이드 슈

해설
① 조속기: 카가 정격속도의 115%를 초과 시 동작하여 전원 차단
② 권상기: 엘리베이터 기계실에 설치되어 전동기 회전력을 로프에 전달하는 기기
③ 완충기: 카가 최하층을 지나 피트로 미끄러질 때 충격을 완화시켜주는 장치
④ 가이드 슈: 카, 균형추의 수직운동을 위해 가이드 레일을 잡아주는 장치

009 다음은 비상용 승강기 승강장의 구조에 관한 기준 내용이다. ( )안에 알맞은 것은? [산11, 17]

피난층이 있는 승강장의 출입구로 부터 도로 또는 공지에 이르는 거리가 ( )m 이하일 것

① 15 m   ② 20 m
③ 25 m   ④ 30 m

해설
비상용 승강기 승강장의 구조 요건에서 피난층이 있는 승강장의 출입구로부터 도로 또는 공지에 이르는 거리는 30 m 이하로 하여야 한다.

010 다음 설명에 알맞은 요운전원 엘리베이터 조작 방식은? [기22]

기동은 운전원의 버튼 조작으로 하며, 정지는 목적층 단추를 누르는 것과 승강장의 호출신호로 층의 순서로 자동 정지한다.

① 카 스위치 방식
② 전자동군관리 방식
③ 레코드 컨트롤 방식
④ 시그널 컨트롤 방식

해설
1) 카 스위치 방식: 운전원이 기동과 정지 버튼을 조작
2) 전자동군관리 방식: 평상 시 교통수요 변동에 대응 가능하도록 3~5대의 엘리베이터에 적용하는 경제적인 운전조작 방식
3) 레코드 컨트롤 방식: 운전원이 목적층과 승강장의 호출 신호를 보고 제어(정지는 자동)

011 비상용 승강기 설치대상건축물에서 비상용 승강기의 승강장의 바닥면적은 비상용 승강기 1대에 대하여 최소 얼마 이상으로 하여야 하는가? (단, 옥내에 승강장을 설치하는 경우) [산10, 12, 기11, 12, 13, 14, 19, 20]

① 5 m²   ② 6 m²
③ 7 m²   ④ 8 m²

해설
비상용 승강기 승강장의 구조
1) 내화구조의 바닥과 벽으로 구획
2) 출입구는 갑종방화문 설치(피난층에는 갑종 방화문을 설치하지 아니할 수 있음)
3) 외부를 향해 열 수 있는 창문이나 배연설비를 설치할 것
4) 마감재료는 불연재로로 할 것
5) 예비전원에 의한 조명설비를 갖출 것
6) 승강장의 바닥면적은 비상용 승강기 1대에 대해 6 m² 이상으로 할 것
7) 피난층이 있는 승강장의 출입구로부터 도로 또는 공지에 이르는 거리가 30 m 이하일 것

정답 007. ① 008. ① 009. ④ 010. ④ 011. ②

012 피난용승강기의 설치에 관한 기준 내용으로 옳지 않은 것은? [산19, 기15, 19, 21]

① 예비전원으로 작동하는 조명설비를 설치할 것
② 승강장의 바닥면적은 승강기 1대당 5 m² 이상으로 할 것
③ 각 층으로부터 피난층까지 이르는 승강로를 단일구조로 연결하여 설치할 것
④ 승강장의 출입구 부근의 잘 보이는 곳에 해당 승강기가 피난용승강기임을 알리는 표지를 설치할 것

해설
비상용 승강기 승강장의 바닥면적은 비상용 승강기 1대에 대하여 6 m² 이상으로 할 것

013 비상용 승강기의 승강장 및 승강로 구조에 관한 기준 내용으로 옳지 않은 것은? [산17, 기14, 16, 20]

① 옥내 승강장의 바닥면적은 비상용승강기 1대에 대하여 6 m² 이상으로 한다.
② 각 층으로부터 피난층까지 이르는 승강로를 단일구조로 연결하여 설치하여야 한다.
③ 피난층이 있는 승강장의 출입구로부터 도로 또는 공지에 이르는 거리가 30 m 이하로 한다.
④ 승강장에는 배연설비를 설치하여야 하며, 외부를 향하여 열 수 있는 창문 등을 설치하여서는 안된다.

해설
비상용 승강기의 승강장은 노대 또는 외부를 향하여 열 수 있는 창문이나 배연설비를 설치할 것

014 특별피난계단 및 비상용승강기의 승강장에 설치하는 배연설비에 관한 기준 내용으로 옳지 않은 것은? [기12, 13, 18, 20, 22]

① 배연기에는 예비전원을 설치할 것
② 배연구가 외기에 접하지 아니하는 경우에는 배연기를 설치할 것
③ 배연기는 배연구 열림에 따라 자동으로 작동하고 충분한 공기배출 또는 가압능력이 있을 것
④ 배연구는 평상시에 열린 상태를 유지하고, 닫힌 경우에는 매연에 의한 기류로 인하여 열리지 아니 하도록 할 것

해설
비상용 승강기 승강장에 설치하는 배연설비 구조
1) 배연구 및 배연풍도는 불연재료일 것
2) 배연구에 설치하는 수동 또는 자동개방장치는 손으로도 열고 닫을 수 있을 것
3) 배연구는 평상시 닫힌 상태를 유지하고, 연 경우에는 배연에 의한 기류로 인해 닫히지 않을 것
4) 배연구가 외기에 접하지 아니하는 경우, 배연기를 설치할 것
5) 배연기는 배연구의 열림에 따라 자동적으로 작동할 것
6) 배연기에는 예비전원을 설치할 것

015 다음은 승용 승강기의 설치에 관한 기준 내용이다. 밑줄 친 '대통령령으로 정하는 건축물'에 대한 기준 내용으로 옳은 것은? [기17, 223]

> 건축주는 6층 이상으로서 연면적이 2,000 m² 이상인 건축물(<u>대통령령으로 정하는 건축물은 제외한다</u>)를 건축하려면 승강기를 설치하여야 한다.

① 층수가 6층인 건축물로서 각 층 거실의 바닥면적 300 m² 이내마다 1개소 이상의 직통계단을 설치한 건축물
② 층수가 6층인 건축물로서 각 층 거실의 바닥면적 500 m² 이내마다 1개소 이상의 직통계단을 설치한 건축물
③ 층수가 10층인 건축물로서 각 층 거실의 바닥면적 300 m² 이내마다 1개소 이상의 직통계단을 설치한 건축물
④ 층수가 10층인 건축물로서 각 층 거실의 바닥면적 500 m² 이내마다 1개소 이상의 직통계단을 설치한 건축물

해설
건축법 시행령 제89조(승용승강기의 설치) 법 제64조 제1항 전단에서 '대통령령으로 정하는 건축물'이란 층수가 6층인 건축물로서 각 층 거실의 바닥면적 300 제곱미터 이내마다 1개소 이상의 직통계단을 설치한 건축물을 말한다.

정답 012. ② 013. ④ 014. ④ 015. ①

016
7층 이상의 공동주택에 설치하는 화물용승강기에 관한 설명으로 옳지 않은 것은? [기14]

① 적재하중이 0.9톤 이상이어야 한다.
② 계단실형인 공동주택의 경우에는 계단실마다 설치한다.
③ 승강기의 폭 또는 너비 중 한 변은 1.35 m 이상, 다른 한 변은 1.6 m 이상으로 한다.
④ 복도형인 공동주택의 경우에는 300세대까지 1대를 설치하되, 300세대를 넘는 경우에는 100세대마다 1대를 추가로 설치한다.

해설
10층 이상인 공동주택에는 이삿짐 등을 운반할 수 있는 적합한 화물용 승강기를 설치해야 한다.
1) 적재하중이 0.9톤 이상일 것
2) 승강기의 폭 또는 너비 중 한 변은 1.35 m 이상, 다른 한 변은 1.6 m 이상일 것
3) 계단실형인 공동주택의 경우에는 계단실마다 설치할 것
4) 복도형인 공동주택의 경우에는 100세대까지 1대를 설치하되, 100세대를 넘는 경우에는 100세대마다 1대를 추가로 설치할 것

017
승용 승강기를 설치하여야 하는 대상 건축물은? [산10]

① 6층 아파트로서 연면적이 1,500 m²인 것
② 5층 호텔로서 연면적이 2,500 m²인 것
③ 6층 백화점으로서 연면적이 3,000 m²인 것
④ 3층 병원으로서 연면적이 3,000 m²인 것

해설
승용 승강기 설치 대상은 6층 이상으로 연면적이 2,000 m² 이상인 건축물 단, 6층인 건축물로서 각 층 거실의 바닥 면적이 300 m² 이내마다 1개소 이상의 직통계단을 설치한 건축물에는 엘리베이터를 설치하지 않아도 됨

018
승용승강기 설치 대상 건축물에서 승용승강기 설치 대수 산정에 직접적으로 이용되는 것은? [산16]

① 5층 이상의 바닥면적의 합계
② 6층 이상의 바닥면적의 합계
③ 5층 이상의 거실면적의 합계
④ 6층 이상의 거실면적의 합계

해설
「건축법 제64조 제1항에 따른 건축물에 설치하는 승용승강기의 설치 기준 별표 1의 2」에 따라 승용 승강기 설치 대수 산정에 이용되는 요소는 '6층 이상의 바닥면적의 합계'이다.

019
엘리베이터의 일주시간 구성요소에 속하지 않는 것은? [기14]

① 주행시간   ② 도어 개폐시간
③ 승객 출입시간   ④ 승객 대기시간

해설
엘리베이터의 일주시간: 승강기가 출발 층에 되돌아온 시점부터 출발 층에서 승객을 태우고 상부 층을 운행하고 다시 출발 층에 되돌아오기까지의 시간을 말하며 아래와 같이 구한다.
일주시간 = 주행시간 + 도어 개폐시간 + 승객출입시간 + 손실시간

020
판매시설 용도이며 지상 각 층의 거실면적이 2,000 m²인 15층의 건축물에 설치하여야 하는 승용승강기의 최소 대수는? (단, 16인승 승강기이다.) [산11, 기22]

① 2대   ② 4대
③ 6대   ④ 8대

해설
건축법 제64조 제1항에 따른 건축물에 설치하는 승용승강기의 설치기준 별표 1의 2에 따라 승용승강기의 대수 산정은 6층 이상 거실바닥면적의 합계가 기준이다.
15층이므로 6층 이상의 층은 10개 층이므로 10개 층의 거실 바닥면적의 합을 기준으로 산정하면, 2+[(2,000 × 10)−3,000]/2,000=10.5대가 되며, 16인승 이상의 승강기는 2대의 엘리베이터로 산정되므로 10.5/2=5.25로 이 건물에 설치해야 하는 승용 승강기의 최소 대수는 6대가 된다.

021
6층 이상의 거실면적의 합계가 12,000 m²인 12층의 공동주택에 설치하여야하는 8인승 승용승강기의 최소 대수는? [산10, 11, 기11]

① 2대   ② 3대
③ 4대   ④ 5대

정답 016. ④ 017. ③ 018. ④ 019. ④ 020. ③ 021. ③

해설
공동주택 건축물로, 6층 이상의 거실면적의 합계가 12,000 m²이므로 1+[(12,000−3,000)/3,000]=4대가 되며, 8인승 이상 15인승 이하 승강기는 1대의 엘리베이터로 산정되므로 이 건물에 설치해야 하는 승용 승강기의 최소 대수는 4대가 된다.

022 각 층의 거실면적이 2,000 m²인 10층 호텔을 건축하고자 할 때 설치하여야 하는 승용승강기의 최소 대수는? (단, 8인승 승강기를 설치하는 경우)
[산11, 17, 기12, 15]

① 3대 ② 4대
③ 5대 ④ 6대

해설
숙박시설용 건축물로, 층수는 10층이므로 6층 이상의 층은 5개 층이므로 5개 층의 거실 바닥면적의 합을 기준으로 산정하면, 1+[(2,000×5)−3,000]/2,000=4.5대가 되며, 18인승 이상 15인승 이하 승강기는 1대의 승강기로 산정되므로 이 건물에 설치해야 하는 승용 승강기의 최소 대수는 5대가 된다.

023 층수가 15층이고, 6층 이상의 거실면적의 합계가 10,000 m²인 업무시설에 설치하여야 하는 승용승강기의 최소 대수는? (단, 8인승 승강기의 경우) [산16, 17]

① 4대 ② 5대
③ 6대 ④ 7대

해설
업무시설용 건축물로, 6층 이상의 거실면적의 합계가 10,000 m²이므로 1+[(10,000−3,000)/2,000]=4.5대가 되며, 8인승 이상 15인승 이하 승강기는 1대의 엘리베이터로 산정되므로 이 건물에 설치해야 하는 승용 승강기의 최소 대수는 5대가 된다.

024 층수가 15층이며, 6층 이상의 거실면적의 합계가 15,000 m²인 종합병원에 설치하여야 하는 승용 승강기의 최소 대수는?(단, 8인승 승용승강기의 경우) [기19]

① 6대 ② 7대
③ 8대 ④ 9대

해설
병원으로 6층 이상의 거실면적의 합계가 15,000 m²이므로 2+[(15,000−3,000)/2,000]=8대가 되며, 8인승 이상 15인승 이하 승강기는 1대의 엘리베이터로 산정되므로 이 건물에 설치해야 하는 승용 승강기의 최소대수는 8대가 된다.

025 다음 중 승용 승강기의 최소 설치대수가 가장 많은 건축물의 용도는? (단, 6층 이상의 거실면적의 합계가 3,000 m²며 8인승 승강기를 설치하는 경우)
[산12, 13, 18]

① 업무시설
② 위락시설
③ 문화 및 집회시설 중 집회장
④ 문화 및 집회시설 중 전시장

해설
승용 승강기의 최소설치 대수는 건축법 제64조 제1항에 따른 건축물에 설치하는 승용승강기의 설치기준 별표 1의 2 참조
1) 업무시설/ 위락시설/ 숙박시설/ 교육연구시설/ 노유자 시설/ 전시장: 1대
2) 문화 및 집회시설 중 집회장의 승용 승강기의 최소설치 대수는 2대

026 다음 중 6층 이상의 거실면적의 합계가 3,000 m²인 경우, 설치하여야 하는 승용승강기의 최소 대수가 다른 것은? (단, 8인승 승용승강기의 경우)
[산13, 15, 16, 18, 19, 20]

① 업무시설 ② 의료시설
③ 숙박시설 ④ 교육연구시설

해설
의료시설, 판매시설, 문화집회시설(공연장, 집회/관람장)의 승용 승강기 최소설치 대수는 2대이다.

정답 022. ③ 023. ② 024. ③ 025. ③ 026. ②

027 엘리베이터 설계 시 고려사항으로 옳지 않은 것은?
[기14, 20]

① 군 관리운전의 경우 동일 군 내의 서비스층은 같게 한다.
② 승객의 층별 대기시간은 평균 운전간격 이하가 되게 한다.
③ 건축물의 출입층이 2개층이 되는 경우는 각각의 교통 수요량 이상이 되도록 한다.
④ 백화점과 같은 대규모 매장에서는 일반적으로 승객 수송의 70~80%를 분담하도록 계획한다.

[해설]
백화점의 경우 엘리베이터가 10%, 에스컬레이터 이용이 80% 정도 되도록 계획한다.

02. 에스컬레이터

028 에스컬레이터에 관한 설명으로 옳지 않은 것은?
[기12, 16, 기16]

① 기계실이 필요하지 않으며 피트가 간단하다.
② 수송능력이 엘리베이터의 약 10배 정도이다.
③ 기다리는 시간 없이 연속적으로 승객을 수송할 수 있다.
④ 정격속도는 하강방향을 고려하여 60 m/min 정도가 가장 바람직하다.

[해설]
에스컬레이터는 30도 이하의 기울기로 하강방향을 고려하여 30 m/min 정도의 정격속도가 좋다.

029 에스컬레이터에 관한 설명으로 옳지 않은 것은?
[기14, 15]

① 장거리 대량수송을 할 때 효과적이다.
② 800형 에스컬레이터의 공칭 수송능력은 6000인/h이다.
③ 경사도가 30° 이하인 에스컬레이터의 공칭속도는 0.75 m/s 이하이어야 한다.
④ 수송량에 비해 점유면적이 적으며, 연속 운전되므로 전원 설비에 부담이 적다.

[해설]
에스컬레이터는 시간당 4,000~8,000명의 단거리 대량 수송용이고, 엘리베이터는 시간당 400~500명의 장거리 고속 수송용 승강설비이다.

030 다음의 에스컬레이터의 경사도에 관한 설명 중 ( )안에 알맞은 것은?
[기13, 18, 19]

> 에스컬레이터의 경사도는 (가)를 초과하지 않아야 한다. 다만, 높이가 6 m 이하이고 공칭속도가 0.5 m/s 이하인 경우에는 경사도를 (나)까지 증가시킬 수 있다.

① 가. 25°, 나. 30°   ② 가. 25°, 나. 35°
③ 가. 30°, 나. 35°   ④ 가. 30°, 나. 40°

[해설]
에스컬레이터의 경사도 및 속도
1) 에스컬레이터는 하강방향의 안전을 고려하여 경사도 30°를 초과하지 않아야 한다.
2) 높이가 6 m 이하이고 공칭속도가 0.5 m/s 이하인 경우에는 경사도를 35까지 증가시킬 수 있다.
3) 에스컬레이터의 공칭속도는 경사도가 30° 이하인 경우에는 0.75 m/s 이하이어야 하며, 경사도가 30°를 초과하고 35° 이하인 경우에는 0.5 m/s 이하이어야 한다.

031 에스컬레이터의 좌우에 설치되어 있으며, 스텝을 주행시키는 역할을 하는 것은?
[기17]

① 스텝체인   ② 핸드레일
③ 스커트 가드   ④ 가이드레일

[해설]
1) 스텝체인: 에스컬레이터 좌우에 설치되어 전체 스텝과 연결돼 스텝을 주행시키는 역할
2) 핸드레일: 에스컬레이터를 이용하는 동안 잡고 타기 위해 움직이는 레일
3) 스커트 가드: 에스컬레이터 내측판의 디딤판
4) 가이드레일: 엘리베이터 카 및 균형추를 안내하는 레일

정답 027. ④   028. ④   029. ①   030. ③   031. ①

032 백화점의 에스컬레이터 배치에 관한 설명으로 옳지 않은 것은? [기11, 14, 19, 20]

① 교차식 배치는 점유면적이 작다.
② 직렬식 배치는 점유면적이 크나 승객의 시야가 좋다.
③ 병렬식 배치는 백화점 매장 내부에 대한 시계가 양호하다.
④ 병렬 연속식 배치는 연속적으로 승강할 수 없다는 단점이 있다.

> 해설
1) 교차식 배치: 점유면적이 작으며 연속승강이 가능
2) 직렬식 배치: 점유면적이 크며, 승객의 시야가 좋아 승객의 시선이 고정됨
3) 병렬 단속식 배치: 점유면적이 크며 승객의 시야는 양호하나 교통이 연속되지 않아 혼란감을 줌
4) 병렬 연속식 배치: 교통이 연속되나 승객의 시야는 보통
5) 교차식 배치: 점유면적이 가장 작으며 연속승강이 가능하나, 승객의 시야는 나쁨

033 백화점 매장에 에스컬레이터를 설치할 경우, 설치 위치로 가장 알맞은 곳은? [기12]

① 매장의 한쪽 측면
② 매장의 가장 깊은 곳
③ 백화점의 주출입구 근처
④ 백화점의 주출입구와 엘리베이터존의 중간

> 해설
백화점 에스컬레이터의 경우, 승강 시 매장이 잘 보이는 곳에 설치한다.

034 수평보행기에 관한 설명으로 옳지 않은 것은? [기12, 18]

① 경사각이 6° 이하인 수평 보행기의 경우 광폭형을 설치할 수 없다.
② 수평보행기 디딤판(팰릿)의 디딤면의 주행방향 길이는 제한하지 않는다.
③ 수평보행기 디딤판의 속도는 경사도가 8° 이하인 것은 50 m/min 이하로 하여야 한다.
④ 수평보행기의 디딤면이 고무제품 등 미끄러지기 어려운 구조일 경우 경사도를 15° 이하로 할 수 있다.

> 해설
수평보행기 안전기준
1) 경사도: 12° 이하가 원칙이지만, 디딤면이 고무제품 등 미끄러지기 어려운 구조일 때는 15° 가능
2) 속도
   경사도 8° 이하: 50 m/min 이하
   경사도 8° 초과: 40 m/min 이하
3) 디딤판(팰릿)
   디딤면의 주행방향 길이는 제한하지 않는다.
   디딤면의 폭은 560 mm 이상, 1,020 mm 이하 6° 이하의 경사각일 경우 광폭형 설치 가능

정답 032. ④ 033. ④ 034. ①

부 록

최근 과년도 기출 문제

2024년도	제1회 건축기사	2021년도	제1회 건축기사
	제2회 건축기사		제2회 건축기사
	제3회 건축기사		제4회 건축기사
2023년도	제1회 건축기사	2020년도	제1·2회 건축기사
	제2회 건축기사		제3회 건축기사
	제4회 건축기사		제4회 건축기사
2022년도	제1회 건축기사		제1·2회 건축산업기사
	제2회 건축기사		제3회 건축산업기사
	제4회 건축기사		

2024 제1회 건축기사

※ 본 문제는 수험자의 기억을 바탕으로 하여 복원한 문제이므로 실제와 다를 수 있음을 미리 알려드립니다.

001 배수트랩의 봉수파괴 원인 중 통기관을 설치함으로써 봉수파괴를 방지할 수 있는 것이 아닌 것은?

① 분출 작용
② 모세관 작용
③ 자기사이펀 작용
④ 유도사이펀 작용

[해설]
트랩의 출구에 머리카락, 실, 헝겊 등이 걸렸을 때 모세관 현상에 의해 봉수가 파괴된다. 방지대책으로는 청소나 미끄러운 재질을 사용하는 방법이 있다.

002 어떤 상태의 습공기를 가열했을 때 다음 중에서 변화하지 않는 것은?

① 건구온도
③ 절대습도
② 습구온도
④ 상대습도

[해설]
공기를 가열하면 건구온도, 습구온도는 증가하고, 절대습도는 변화가 없이 건구온도가 증가하므로 상대습도는 감소한다.

003 다음 그림과 같은 형태를 갖는 간선의 배선 방식은?

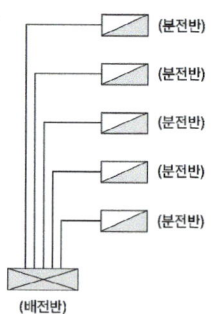

① 개별 방식
② 루프 방식
③ 병용 방식
④ 나뭇가지 방식

[해설]
전력 배선 방식은 전력 시스템의 성능과 안전성 및 경제성에 큰 영향을 미치며, 전력간선 하나당 전력 분전반 수량은 부하 용도별, 중요도별, 용량별로 구분·설계될 수 있다.

배선 방식	개념
개별 방식	각 분전반마다 각각의 전용/단독 간선을 설치하는 방식
병용 방식	몇 개의 분전반을 몇 개의 간선으로 공급하는 방식
루프 방식	전력 간선을 루프 형태로 구성하고 분전반을 연결하는 방식
나뭇가지 방식	한 개의 주 간선에서 각각의 분전반으로 배선하는 방식

004 LPG에 관한 설명으로 옳지 않은 것은?

① 비중이 공기보다 작다.
② 액화석유가스를 말한다.
③ LNG에 비해 발열량이 크다.
④ 상압에서는 기체이지만 압력을 가하면 액화된다.

[해설]
LPG(Liquefied Petroleum Gas, 액화석유가스)
프로판, 프로필렌, 부탄 부틸렌을 주성분으로 하는 탄화수소계 연료이다.
비교적 낮은 압력에서 액화되어 저장과 운송이 편리하며, 가정용 취사, 난방, 운송연료로 쓰인다.
공기보다 무겁기 때문에 누설 시 위험이 크며, 누설 시 무색무취하므로 감지를 위해 부취제를 첨가한다.

정답 001 ② 002 ③ 003 ① 004 ①

005 다음 설명에 알맞은 요운전원 엘리베이터 조작 방식은?

> 가동은 운전원의 버튼 조작으로 하며, 정지는 목적층 단추를 누르는 것과 승강장의 호출 신호로 층의 순서대로 자동 정지한다.

① 카 스위치 방식
② 전자동군관리 방식
③ 레코드 컨트롤 방식
④ 시그널 컨트롤 방식

해설

조작 방식	개념
카 스위치 방식	시동/정지를 운전원이 조작반의 스타트 버튼으로 조작하는 방식
전자동군관리 방식	여러 대의 엘리베이터를 통합 관리/제어하고 교통량 분석으로 신속하게 목적층까지 이동할 수 있는 제어 방식
레코드 컨트롤 방식	운전원은 승객이 내리고자 하는 목적층과 승강장으로부터의 호출 신호를 보고 조작반의 목적층 단추를 누르면 목적층 순서로 자동으로 정지하는 방식

006 오수의 BOD 제거율이 95%인 정화조에서 정화조로 유입되는 오수의 BOD농도가 300ppm일 경우, 방류수의 BOD 농도는?

① 15ppm
② 85ppm
③ 150ppm
④ 285ppm

해설

BOD 제거율[%] = $\frac{유입수\ BOD - 유출수 BOD}{유입수\ BOD}$ 로 정의된다.

$95[\%] = \frac{300[ppm] - 유출수BOD[ppm]}{300[ppm]}$ 에서

유출수 BOD [ppm] = 15[ppm]

007 펌프의 양수량 10m³/min, 전양정 10m, 효율 80%일 때, 이 펌프의 소요동력은? (단, 여유율은 10%로 한다.)

① 22.5kW
② 26.5kW
③ 30.6kW
④ 32.4kW

해설

소요동력(모터동력)$[kW]$

$= \frac{0.163 \times Q[m^3/min] \times H[m]}{E} \times (1+\alpha)$

$= \frac{0.163 \times 10 \times 10}{0.8} \times (1+0.1) = 22.4 ≒ 22.5[kW]$

여기서 $Q[m^3/min]$는 양수량, $H[m]$는 전양정, E는 효율, α는 여유율이다.

008 흡음 및 차음에 관한 설명으로 옳지 않은 것은?

① 벽의 차음성능은 투과손실이 클수록 높다.
② 차음성능이 높은 재료는 흡음성능도 높다.
③ 벽의 차음성능은 사용재료의 면밀도에 크게 영향을 받는다.
④ 벽의 차음성능은 동일 재료에서도 두께와 시공법에 따라 다르다.

해설

차음은 공기 중으로 전해져 오는 소리를 차단하여 밖으로 소리가 투과되지 않게 하며, 흡음은 소리를 흡수함으로써 소리의 반사를 막아 소리가 실외로 투과되는 것을 막게 된다.
차음성능이 높은 재료는 밀도가 높으며, 흡음 성능이 높은 재료는 다공성으로 밀도가 낮다.
따라서 차음성능과 투과성능이 꼭 비례한다고 할 수 없다.

정답 005 ④ 006 ① 007 ① 008 ②

009 변압기 1차측 코일의 권수가 6,000, 2차측 코일의 권수가 200일 때 1차측 코일에 교류전압 3,000[V]인가 시 2차측 코일에 발생하는 교류전압[V]은?

① 50　　② 100
③ 200　　④ 500

해설
변압기란 유도성 전기 전도체를 통해 두 개 이상의 회로 사이에서 전기에너지를 전달하는 정지형 장치를 말하며, 1차, 2차 권수비에 따라 교류전압/전류를 변경할 수 있다.

변압기 등가 회로도

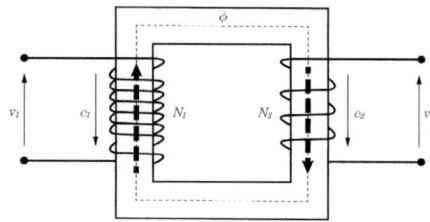

V_1, V_2: 1, 2차 전압
e_1, e_2: 1, 2차 유기 전압
N_1, N_2: 1, 2차 코일의 감은 횟수 (권선 수)
φ: 쇄교자속

$$권수비(a) = \frac{N_1}{N_2} = \frac{E_1}{E_2} = \frac{V_1}{V_2} = \frac{6000}{200} = \frac{3000}{V_2}$$

$\therefore V_2 = 100[V]$

010 주위 온도가 일정온도 이상으로 되면 동작하는 자동화재탐지설비의 감지기는?

① 이온화식 감지기　　② 차동식 스폿형 감지기
③ 정온식 스폿형 감지기　　④ 광전식 스폿형 감지기

해설

감지기 종류	동작 원리
이온화식 감지기	주위가 일정 농도 이상의 연기를 포함 시 발생하는 이온전류의 변화로 동작
차동식 스폿형 감지기	주위 온도가 "일정 온도 상승률" 이상 시 동작
정온식 스폿형 감지기	한 지점의 주위 온도가 "일정 온도" 이상이 되었을 때 동작
광전식 스폿형 감지기	한 지점의 연기에 의한 광전소자의 수광량 변화로 동작

011 팬코일유닛(FCU) 방식의 특징이 아닌 것은?

① 각 유닛의 개별제어가 가능하다.
② 부하 증가 시 유닛 증설만으로 대처할 수 있다.
③ 외기의 도입, 습도의 조절에 어려움이 있다.
④ 고도의 실내청정도를 높일 수 있다.

해설
팬코일이 유닛은 중앙기계실의 냉·열원기기 등으로 냉수 또는 온수나 증기를 각실에 있는 팬코일 유닛에 공급하여 팬을 이용하여 실내공기와 열교환시키는 전수방식이다.
따라서 별도의 공기 정화를 위한 별도의 환기장치가 필요하다.

012 압축식 냉동기의 냉동사이클로 옳은 것은?

① 압축 ⇨ 응축 ⇨ 팽창 ⇨ 증발
② 압축 ⇨ 팽창 ⇨ 응축 ⇨ 증발
③ 팽창 ⇨ 증발 ⇨ 응축 ⇨ 압축
④ 응축 ⇨ 증발 ⇨ 팽창 ⇨ 압축

해설
압축식 냉동기는 전기에너지를 압축기에서 기계적에너지 전환하여 냉동효과를 얻는 방식이다.
압축기 ⇨ 응축기 ⇨ 팽창밸브 ⇨ 증발기 ⇨ 다시 압축기
순으로 냉동사이클이 이루어진다.

013 냉방부하 계산 결과 현열부하가 620W, 잠열부하가 155W일 경우, 현열비는?

① 0.2
② 0.25
③ 0.4
④ 0.8

해설
현열비(Sensinle Heat Factor)
$$= \frac{현열}{전열} = \frac{현열}{현열+잠열} = \frac{620[W]}{620[W]+155[W]} = 0.8$$

014 배수트랩에서 봉수깊이에 관한 설명으로 옳지 않은 것은?

① 봉수깊이는 일반적으로 50mm 이상, 100mm 이하이다.
② 봉수깊이가 너무 낮으면 봉수를 손실하기 쉽다.
③ 봉수깊이를 너무 깊게 하면 통수능력이 감소된다.
④ 봉수깊이가 너무 깊게 하면 유수의 저항이 감소된다.

해설

일반적으로 봉수의 유효깊이는 50~100mm이다.
봉수의 깊이가 50mm 이하이면 봉수가 파괴되기 쉽고, 100mm 이상이면 배수저항이 증가하게 된다.

015 설명에 알맞은 화재의 종류는?

> 인화성 액체, 가연성 액체, 타르, 오일, 유성도료, 솔벤트, 래커, 알코올 및 인화성 가스와 같이 타고 나서 재가 남지 않는 화재

① A급 화재
② B급 화재
③ C급 화재
④ K급 화재

해설

분류	색상	원인물질
일반화재 (A급)	백색	나무, 섬유, 종이, 고무, 플라스틱류와 같은 일반 가연물이 타고 나서 재가 남는 화재
유류가스화재 (B급)	황색	가스에 의한 화재, 가스가 누설되어 연소 및 폭발하여 발생한다.
전기화재 (C급)	청색	전기스파크, 단락, 과부하 등으로 전기에너지가 불로 전이되는 화재
금속화재 (D급)	은색	금속물질에 의한 화재로 금속가루의 경우 폭발을 동반하기도 한다.

016 다음 중 증기 압축식 냉동기에 속하지 않는 것은?

① 터보식 냉동기
② 왕복동식 냉동기
③ 스크류식 냉동기
④ 흡수식 냉동기

해설

냉동방식에 따라 크게 압축식 냉동기(터보식, 왕복동식, 스크류식)와 흡수식냉동기로 분류된다.

017 전기샤프트(ES)의 계획 시 고려사항으로 옳지 않은 것은?

① 층마다 같은 위치에 설치한다.
② 기기의 배치와 유지보수에 충분한 공간으로 하고, 건축적인 마감을 실시한다.
③ 점검구는 유지보수 시 기기의 반출입이 가능하도록 하여야 하며, 점검구 문의 폭은 최소 300mm 이상으로 한다.
④ 공급대상 범위의 배선거리, 전압강하 등을 고려하여 가능한 한 공급 대상설비 시설 위치의 중심부에 위치하도록 한다.

해설

전기 샤프트(ES) 계획 시 고려사항
1) 층마다 같은 위치에 설치한다.
2) 면적은 보, 기둥 부분을 제외하고 산정한다.
3) 점검구는 유지보수 시 기기 반출입이 가능하도록 하여야 하며, 문의 폭은 90cm 이상으로 한다.

정답 014 ④ 015 ② 016 ④ 017 ③

018 증기난방에 관한 설명으로 옳지 않은 것은?

① 예열시간이 온수난방에 비해 짧다.
② 증발 잠열을 이용하기 때문에 열의 운반 능력이 크다.
③ 운전 시 증기해머로 인한 소음을 일으키기 쉽다.
④ 온수난방에 비해 부하변동에 따른 실내방열량의 제어가 용이하다.

해설
증기난방은 보일러로 물을 가열하여 증기를 발생시키고 증기를 공급관(증기관)을 통해 방열기로 보내면 방열기에서 증기의 증발잠열로 주위의 공기를 가열하는 방식이다.
증발잠열을 이용하므로 부하변동에 따른 방열기의 발열량 제어가 힘들다.

019 사무실의 평균조도를 800[lx]로 설계하고자 한다. 다음과 같은 조건에서 소요램프수로 가장 적당한 것은?

- 광원 1개의 광속 : 2,000 [lm]
- 실의 면적 : 10 [㎡]
- 감광 보상률 : 1.5
- 조명률 : 0.6

① 3개　　　　② 5개
③ 8개　　　　④ 10개

해설
광원의 필요 수량은 광속법으로부터 구할 수 있다.
$N = \dfrac{E \times A \times D}{F \times U} = \dfrac{800 \times 10 \times 1.5}{2,000 \times 0.6} = 10\,[EA]$
※ 문제에서 감광 보상률이 아닌 보수율로 주어질 수 있음에 유의하자. (보수율 M=1/D)

020 다음과 같은 조건에 있는 실의 틈새바람에 따른 현열부하량은?

- 실의 체적: 400m³
- 환기회수 0.5회/h
- 실내공기 건구온도: 20°C, 외기 건구온도: 0°C
- 공기의 밀도 1.2kg/m³, 비열 1.01kJ/kg·K

① 986W　　　　② 1,124W
③ 1,360W　　　④ 1,542W

해설
현열부하[W]
$= 0.34 \times Q[m^3/h] \times (t_r - t_a) = 0.34 \times 200 \times (20-0) = 1,360\,[W]$
여기서 $Q = n \cdot V = 0.5[1/h] \times 400[m^3] = 200[m^3/h]$,
t_r는 실내 건구온도(20°C), t_a 실외 외기온도(0°C) 이다.

2024 제2회 건축기사

※ 본 문제는 수험자의 기억을 바탕으로 하여 복원한 문제이므로 실제와 다를 수 있음을 미리 알려드립니다.

001 양수 펌프의 회전수를 원래보다 15% 증가시켰을 경우 양수량의 변화로 옳은 것은?

① 15% 증가
② 32% 증가
③ 52% 증가
④ 100% 증가

[해설]
동일한 펌프에서 펌프의 회전수, 양정, 축동력간에 상사법칙이 적용된다.
이 관계는 회전수의 변화가 ±20% 이내일 때 적용 가능하다.
유량은 펌프의 회전수에 비례, 양정은 회전수의 제곱, 축동력은 회전수의 세제곱에 비례한다.

002 다음의 냉방부하 발생요인 중 현열부하만 발생시키는 것은?

① 인체의 발생열량
② 일사로부터의 취득열량
③ 극간풍에 따른 취득열량
④ 외기의 도입으로 인한 취득열량

[해설]
냉방부하는 실내의 온습도를 일정하게 유지하기 위하여 획득열량을 제거하는 데 필요한 열량이다.
획득열량은 온도가 높아지는 현열과 습도가 높아지는 잠열로 나뉜다.
현열부하와 잠열부하가 모두 발생하는 요소는 인체의 발생열량, 극간풍, 외기도입에 의한 취득열량이 있다.
일사로부터의 취득열량은 현열부하만 발생시킨다.

003 실내공기오염의 종합적 지표로서 사용되는 오염물질은?

① 미세먼지
② 이산화탄소
③ 포름알데히드
④ 휘발성 유기화합물

[해설]
실내오염물질의 종류는 많으며, 실내환기량의 기준은 이산화탄소(CO_2)를 환기상태의 척도로 사용된다.
(유지기준 1000ppm 이하)

004 다음과 같은 특징을 갖는 배선공사 방식은?

- 열적 영향이나 기계적 외상을 받기 쉬운 곳이 아니면 금속배관과 같이 광범위하게 사용한다.
- 관 자체가 절연체이므로 감전의 우려가 없으며 시공이 용이하다.

① 금속덕트 배선
② 버스덕트 배선
③ 플로어덕트 배선
④ 합성수지관 배선

[해설]
1) 금속덕트 공사: 금속본체와 커버 구분 없이 하나로 구성된 금속덕트 공사(기계설비의 덕트공사 형태)
2) 버스덕트 공사: 적정 간격으로 절연물에 의해 지지된 나도체를 수납하는 구조의 덕트 공사(대전류 전송에 적합하며 일반적으로 1,000A 이상일 경우 경제성 있음)
3) 플로어덕트 공사: 옥내 건조한 콘크리트 바닥면에 매입 사용 (전력/통신 동시 배선 가능)
4) 합성수지관(경질 비닐관) 공사는 열적 영향, 기계적 외상을 받기 쉬운 곳에는 적용하지 않으며, 중량이 가볍고 시공이 간편하며 화학적으로도 안전해 부식에 강하다.

정답 001 ① 002 ② 003 ② 004 ④

005 통기관의 설치목적으로 옳지 않은 것은?

① 트랩의 봉수를 보호한다.
② 사이폰 작용을 촉진한다.
③ 배수계통 내의 배수 및 공기의 흐름을 원활히 한다.
④ 배수관 내에 환기를 도모하여 관 내를 청결하게 유지한다.

[해설]
통기관은 배수관 내 공기의 유출입 통로로 관내를 대기압과 같은 조건으로 유지하여
① 배수관 내 압력변동을 완화하여 트랩의 봉수 보호
② 배수흐름을 원활하게 하고
③ 환기를 도모하여 배수관내 악취 배출 및 청결을 유지한다.

006 압력에 따른 도시가스의 분류에서 고압의 기준으로 옳은 것은? (단, 게이지압력 기준)

① 0.1MPa 이상
② 1MPa 이상
③ 10MPa 이상
④ 100MPa 이상

[해설]
가스가 정상적인 연소를 하기 위해서는 가스 기구 입구의 압력이 일정해야 하며 이를 공급압력이라고 한다.
일반적으로 냉방기기는 중압 또는 저압, 주방기기에서는 저압 공급이 필요하다.

구분	공급압력
저압	0.1MPa 미만
중압	0.1MPa 이상 1MPa 미만
고압	1MPa 이상

007 전압이 1[V]일 때, 1[A]의 전류가 1[s] 동안 하는 일을 나타내는 것은?

① 1 [Ω]　　② 1 [J]
③ 1 [dB]　　④ 1 [W]

[해설]
전력(Power)이란, 단위 시간당(t) 에너지(W)를 흡수하거나 사용하는 양을 말하며, 전기적으로는 전압이 1[V]일 때, 1[A]의 전류가 1[s] 동안 하는 일의 양을 말한다. 단위는 Watt이며, kW, MW 등이 사용됨.

$$P = \frac{W}{t}[J/S] = \frac{W}{Q} \times \frac{Q}{t} = V \times I[VA] \quad \text{---> Q: 전하}$$

008 어떤 상태의 습공기를 절대습도의 변화 없이 건구온도만 상승시킬 때, 습공기의 상태변화로 옳은 것은?

① 엔탈피는 증가한다.
② 비체적은 감소한다.
③ 절대습도는 낮아진다.
④ 상대습도는 증가한다.

[해설]
절대습도의 변화없이 건구온도만 상승하면 부피가 증가하여 비체적은 증가하고, 절대습도의 변화는 없으며, 상대습도는 감소한다.

009 덕트의 분기부에 설치하여 풍량조절용으로 사용되는 댐퍼는?

① 스플릿 댐퍼
② 평행익형 댐퍼
③ 대향익형 댐퍼
④ 버터플라이 댐퍼

[해설]
덕트 분기점에서 풍량조절용으로 사용되는 댐퍼는 스플릿 댐퍼(Split Damper)이다.
(split: 나누다. 분할)

정답 005 ② 006 ② 007 ④ 008 ① 009 ①

010 압력탱크 급수방식에 관한 설명으로 옳지 않은 것은?

① 정전 시 급수가 곤란하다.
② 급수압력을 일정하게 유지할 수 있다.
③ 단수 시 저수조의 물을 사용할 수 있다.
④ 고가탱크방식을 적용하기 어려운 경우에 사용된다.

해설
압력탱크 급수방식은 고가수조 대신 압력수조를 두어 급수하는 방식으로 고가수조를 설치할 수 없거나 고압급수가 필요한 경우에 사용된다. 수압변동이 심하여 기구에 미치는 영향이 좋지 않다.
정전 시 즉시 급수가 중단되며, 단수시에는 저수조 수량으로 일정 시간 급수가 가능하다.

011 건축물 실내공간의 잔향시간에 가장 큰 영향을 주는 것은?

① 실의 용적
② 음원의 위치
③ 벽체의 두께
④ 음원의 음압

해설
잔향시간(Reverberation time, RT)은
실내음의 에너지가 처음의 100만분의 1(60dB)로 감쇠하는 데 걸리는 시간을 말한다. $RT = 0.163 \times \dfrac{V}{A}$ 로 계산되며(V: 실의 용적, A: 실내의 총 흡음력) 실의 형태와는 무관하며 실의 용적이 클수록 크다.

012 간선 배전방식 중 분전반에서 사고가 발생했을 때 그 파급범위가 가장 좁은 것은?

① 평행식
② 방사선식
③ 나뭇가지식
④ 나뭇가지 평행식

해설
전력 배선 방식은 전력 시스템의 성능과 안전성 및 경제성에 큰 영향을 미치며, 전력간선 하나당 전력 분전반 수량은 부하 용도별, 중요도별, 용량별로 구분·설계될 수 있다.

배선 방식	개 념	사고파급	경제성
평행식	배전반 - 각 분전반 간 단독 회선으로 배선하는 방식	소	대
나뭇가지식	한 개의 주 간선에서 각각의 분전반으로 배선하는 방식	대	소
나뭇가지 평행식	집중부하 중심에 분전반을 설치하고 분전반에서 각각의 부하에 배선하는 방식	중	중

013 다음과 같은 조건에서 실의 현열부하가 7,000W인 경우 실내 취출풍량은?

- 실내온도: 22°C
- 취출공기온도: 12°C
- 공기의 비열: 1.01kJ/kg·K
- 공기의 밀도: 1.2kg/m³

① 1,042m³/h
② 2,058m³/h
③ 3,472m³/h
④ 6,944m³/h

해설
현열부하$[W] = 0.34 \times Q[m^3/h] \times \Delta t$ 에서
풍량$[m^3/h] = \dfrac{\text{현열부하}}{0.34 \times \text{온도차}} = \dfrac{7,000}{0.34 \times (22-12)} = 2,058[m^3/h]$

014 조명기구를 사용하는 도중에 광원의 능률저하나 기구의 오염, 손상 등으로 조도가 점차 저하되는데, 인공조명 설계 시 이를 고려하여 반영하는 계수는?

① 광도
② 조명률
③ 실지수
④ 감광 보상률

해설
1) 광도: 단위 입체각에 포함되는 광속 수 (빛의 세기)
2) 조명률: 광원의 전광속과 작업면에 입사하는 광속의 비
3) 실지수: 조명률을 구하기 위한 지표로 방 크기와 형태, 등기구 설치 높이에 따라 달라짐
4) 감광 보상률: 램프의 노화로 성능이 저하된 조도와 광원의 초기 조도에 대한 비율로 설계 시 광속감소를 예상하여 소요광속의 여유를 두는 계수 (항상 1보다 큼)

정답 010 ② 011 ① 012 ① 013 ② 014 ④

015 다음 중 트랩의 봉수 파괴 원인이 아닌 것은?

① 자기 사이펀 작용
② 유도 사이펀 작용
③ 증발현상
④ 수격작용

[해설]
트랩의 봉수 파괴 원인은 자기 사이펀 작용, 유도 사이펀 작용, 분출작용, 모세관적용, 증발현상 등이 있다.
자기 사이펀 작용, 유도 사이펀 작용, 분출 작용을 통한 봉수 파괴를 막기 위해서는 통기관을 설치하고 모세관 작용에 의한 봉수 파괴를 막기 위해서는 천 조각, 머리카락 등을 제거하며 증발현상에 의한 봉수 파괴를 막기 위해서는 트랩 봉수 보급수 장치를 설치한다.

016 엘리베이터의 조작 방식 중 무운전원 방식으로 다음과 같은 특징을 갖는 것은?

> 승객이 스스로 운전하는 전자동 엘리베이터로, 승강장으로부터의 호출 신호로 기동, 정지를 이루는 조작 방식이며, 누른 순서에 상관없이 각 호출에 응하여 자동적으로 정지한다.

① 단식자동방식
② 카 스위치 방식
③ 승합전자동방식
④ 시그널 컨트롤 방식

[해설]

조작 방식	운전 방식 개념
단식자동방식	승객 자신이 자동적으로 시동, 정지를 조작하는 방식
카 스위치 방식	시동/정지를 운전원이 조작반의 스타트 버튼으로 조작하는 방식
시그널 컨트롤 방식	가동은 운전원의 버튼 조작으로 하며, 정지는 목적층 단추를 누르는 것과 승강장의 호출 신호로 층의 순서대로 자동 정지하는 방식

017 간접가열식 급탕방식에 관한 설명으로 옳지 않은 것은?

① 저압보일러를 사용할 수 없으며 중압 또는 고압보일러를 사용하여야 한다.
② 직접가열식에 비해 대규모 급탕설비에 적합하다.
③ 급탕용 보일러는 난방용 보일러와 겸용할 수 있다.
④ 직접가열식에 비해 보일러 내면에 스케일이 발생할 염려가 적다.

[해설]
간접가열식 보일러는
저탕조 내에 가열코일을 설치하고 코일에 증기 또는 온수를 통과시켜 저장조의 물을 가열하는 방식으로
- 난방용 보일러에 증기를 사용할 경우 별도의 급탕용 보일러가 불필요
- 보일러 내면에 스케일이 거의 생기지 않음
- 고압용 보일러가 불필요함
- 열효율이 직접가열식에 비해 나쁨
- 대규모 급탕설비에 적합

018 다음과 같은 공식을 통해 산출되는 값으로 전기설비가 어느 정도 유효하게 사용되는가를 나타내는 것은?

$$\frac{부하의 평균전력}{최대수용전력} \times 100 [\%]$$

① 부하율
② 보상률
③ 부등률
④ 수용률

[해설]
1) 부하율이 작을수록 설비 가동률이 낮음을 의미한다.
2) 부등률 = [각 부하의 최대수용전력의 합계/부하의 최대수용전력] × 100
3) 수용율 = [최대수용전력 / 부하설비용량] × 100

정답 015 ④ 016 ③ 017 ① 018 ①

019 900명을 수용하고 있는 극장에서 실내 CO_2 농도를 0.1%로 유지하기 위해 필요한 환기량은? (단, 외기의 CO_2 농도는 0.04%, 1인당 CO_2 배출량은 18l/hr이다.)

① 27,000m³/h
② 30,000m³/h
③ 60,000m³/h
④ 66,000m³/h

해설

$$Q = \frac{k}{C-C_o} = \frac{900 \times 18[l/hr]}{(0.001 - 0.0004)}$$
$$= 27,000,000[l/hr] = 27,000[m^3/h]$$

020 연결송수관설비의 방수구에 관한 설명으로 옳지 않은 것은?

① 송수구의 위치는 소방펌프 자동차가 용이하게 접근할 수 있는 곳으로 한다.
② 호스접결구는 바닥으로부터 0.5m 이상 1m 이하의 위치에 설치한다.
③ 개폐기능을 가진 것으로 설치하여야 하며, 평상 시 닫힌 상태를 유지하도록 한다.
④ 연결송수관설비의 전용방수구 또는 옥내소화전 방수구로서 구경 50mm의 것으로 설치한다.

해설

연결송수관 설비는 규정된 장소에 방수구 및 호스를 설치하여 화재현장에 도착한 소방관이 화점에 가장 근접하여 소화활동을 할 수 있도록 시설해 두는 설비이다.
송수구 및 방수구의 구경은 65mm의 것으로 설치한다.

2024 제3회 건축기사

※ 본 문제는 수험자의 기억을 바탕으로 하여 복원한 문제이므로 실제와 다를 수 있음을 미리 알려드립니다.

001 터보식 냉동기에 관한 설명으로 옳지 않은 것은?

① 흡수식에 비해 소음과 진동이 심하다.
② 기계적 에너지가 아닌 열에너지에 의해 냉동효과를 얻는다.
③ 임펠러의 원심력에 따라 냉매가스를 압축한다.
④ 대용량에서는 압축효율이 좋고 비례 제어가 가능하다.

[해설]
터보식(원심식)냉동기는 대규모 공조 및 냉동에 사용되며 효율이 좋고 가격이 싸다.
냉매는 고압가스가 아니므로 취급이 용이하고
비례제어가 가능하나 부하가 30% 이하일 때는 운전이 불가능하다.
기계적 에너지가 아닌 열에너지에 의해 냉동효과를 얻는 냉동기는 흡수식 냉동기이다.

002 다음과 같은 특징을 갖는 전동기는?

• 구조와 취급이 간단하고 기계적으로 견고하다.
• 가격이 비교적 싸고 운전이 대체로 쉽다.
• 건축설비에서 가장 널리 사용되고 있다.

① 정류자 전동기
② 동기 전동기
③ 유도 전동기
④ 직류 전동기

[해설]
3상 유도 전동기는 구조와 취급이 간단하고 기계적으로 견고하며 가격이 저렴해 건축 설비는 물론 대부분의 산업 현장에 가장 널리 적용된다.

003 다음과 같이 정의되는 통기관의 종류는?

오배수 수직관 내의 압력변동을 방지하기 위하여 오배수 수직관 상향으로 통기수직관에 연결하는 통기관

① 각개통기관
② 공용통기관
③ 결합통기관
④ 반송통기관

[해설]
고층건물에서 배수입관의 길이가 긴 경우, 배수수직관으로부터 분기입상하여 통기수직관에 접속하는 도피통기관이다.
관경은 50A 이상, 통기수직관과 배수수직관 중 작은 쪽 관경 이상으로 한다.

004 급수설비에서 펌프의 실양정이 의미하는 것은? (단, 물을 높은 곳으로 보내는 경우)

① 배관계의 마찰손실에 해당하는 높이
② 흡수면에서 토출수면까지의 수직거리
③ 흡수면에서 펌프축 중심까지의 수직거리
④ 펌프축 중심에서 토출수면까지의 수직거리

[해설]
배관계의 마찰손실에 해당하는 높이를 손실수두, 흡수면에서 토출수면까지의 수직거리를 실양정, 흡수면에서 펌프축 중심까지의 수직거리를 흡입실양정, 펌프축 중심에서 토출수면까지의 수직거리를 토출실양정이라고 한다.

정답 001 ② 002 ③ 003 ③ 004 ②

005 다음의 에스컬레이터의 경사도에 관한 설명 중 ( ) 안에 알맞은 것은?

> 에스컬레이터의 경사도는 (①)를 초과하지 않아야 한다. 다만, 높이가 6m 이하이고 공칭속도가 0.5m/s 이하인 경우에는 경사도를 (②)까지 증가시킬 수 있다.

① ① 25°, ② 30°
② ① 25°, ② 35°
③ ① 30°, ② 35°
④ ① 30°, ② 40°

해설

에스컬레이터의 경사도 및 속도
1) 에스컬레이터는 하강방향의 안전을 고려하여 경사도 30°를 초과하지 않아야 한다.
2) 높이가 6m 이하이고 공칭속도가 0.5m/s 이하인 경우에는 경사도를 35°까지 증가시킬 수 있다.
3) 에스컬레이터의 공칭속도는 경사도가 30° 이하인 경우에는 0.75m/s 이하이어야 하며, 경사도가 30°를 초과하고 35° 이하인 경우에는 0.5m/s 이하이여야 한다.

006 다음의 냉방부하 발생요인 중 현열부하만 발생시키는 것은?

① 인체의 발생열량
② 벽체로부터의 취득열량
③ 극간풍에 따른 취득열량
④ 외기의 도입으로 인한 취득열량

해설

냉방부하는 실내의 온습도를 일정하게 유지하기 위하여 획득열량을 제거하는 데 필요한 열량이다.
획득열량은 온도가 높아지는 현열과 습도가 높아지는 잠열로 나뉜다. 현열부하와 잠열부하가 모두 발생하는 요소는 인체의 발생열량, 극간풍, 외기도입에 의한 취득열량이 있다.
벽체로부터의 취득열량은 현열부하만 발생시킨다.

007 도시가스 설비에서 도시가스 압력을 사용처에 맞게 낮추는 감압 기능을 갖는 기기는?

① 기화기
② 정압기
③ 압송기
④ 가스홀더

해설

각 건물에서 사용되는 가스기기에 필요한 가스압력이 서로 다른 경우에는 높은 압력을 공급받아서 그대로 사용하거나 기기에 따라서 필요한 압력으로 낮추어서 사용하기도 하는 데 이 때 압력을 조정하는 기기를 정압기(Governor)라고 한다.

008 구조체를 가열하는 복사난방에 관한 설명으로 옳지 않은 것은?

① 복사열에 의하므로 쾌적성이 좋다.
② 바닥, 벽체, 천장 등을 방열면으로 할 수 있다.
③ 방을 개방상태로 하여도 난방효과가 있다.
④ 방열기의 설치로 인해 실의 바닥면적의 이용도가 낮다.

해설

복사난방은 구조체(바닥, 벽체, 천장)에 열원을 매립하여 별도의 외부의 방열기를 설치하지 않아도 되어서 실의 바닥면적 이용도가 높다.

009 한시간당 급탕량이 5m³ 일 때 급탕부하는 얼마인가? (단, 물의 비열 4.2kJ/kg·K 급탕온도 70℃ 급수온도 10℃)

① 35kW
② 126kW
③ 350kW
④ 1,260kW

해설

급탕부하[kW]
= 급탕량[kg/s] × 물의 비열[4.2kJ/kg·K] × 온도차[℃]
= (5×1000/3600) × 4.2 × (70−10) = 350[kW]
(5[m³/h] = 5×1000/3600[kg/s])

정답 005 ③ 006 ② 007 ② 008 ④ 009 ③

010 공기조화방식 중 단일덕트 변풍량방식에 관한 설명으로 옳지 않은 것은?

① 전공기방식의 특성이 있다.
② 각 실이나 존의 온도를 개별제어할 수 있다.
③ 단일덕트 정풍량방식보다 설비비가 낮아지나 운전비가 증가한다.
④ 실내부하가 적어지면 송풍량을 줄일 수 있으므로 에너지 절감효과가 크다.

[해설]
단일덕트 변풍량방식은 전공기 방식의 일종으로 송풍온도를 일정하게 하고 실내부하의 변동에 따라 송풍량을 변화하는 방식이다.
각 실별 또는 존별 개별 제어가 가능하며 부분 부하시 송풍기의 동력절감이 가능하나 설비비가 비싸며 송풍량이 감소하면 실내공기의 오염의 가능성이 높아진다.

011 다음 중 급수 계통의 오염 원인과 가장 거리가 먼 것은?

① 급수로의 배수 역류
② 수격작용(Water Hammering)
③ 저수탱크에 유해물질 침입
④ 크로스 커넥션(Cross Connection)

[해설]
배관 내에서 유속이 급격하게 변할 때 운동에너지가 압력에너지로 변환되어 배관에 충격을 가하는 현상을 수격작용이라고 한다.
크로스 커넥션은 급수계통의 배관과 그 외의 배관계통이 직접 접속되어 수돗물과 수돗물 이외의 물질이 혼합되어 급수가 오염되는 현상을 말한다.

012 어느 점광원에서 1[m] 떨어진 곳의 직각면 조도가 200[lx]일 때, 이 광원에서 2[m] 떨어진 곳의 직각면 조도는?

① 25 [lx]
② 50 [lx]
③ 100 [lx]
④ 200 [lx]

[해설]
거리 역제곱 법칙 활용하여 광도(I)를 먼저 구하고 조도(E)를 구한다.
$E = \dfrac{I}{R^2}[\text{lx}]$ 에서, $I = E \times R^2 = 200 \times 1 = 200 [cd]$
$\therefore E = \dfrac{I}{R^2}[\text{lx}] = \dfrac{200}{2^2} = 50 [\text{lx}]$

013 다음 중 방송공동수신 설비의 구성 기기에 속하지 않는 것은?

① 혼합기
② 모시계
③ 컨버터
④ 증폭기

[해설]
방송공동수신설비는 안테나, 혼합기(Mixer), 컨버터, 증폭기(Booster), 분기기/분배기, 전송선 등으로 구성된다.
(※ 모시계는 전기시계 설비의 종류임.)

014 다음 중 수변전실 계획에 관한 설명으로 옳지 않은 것은?

① 발전기실, 축전지실과 가능한 인접 장소에 설치한다.
② 사용 부하의 중심에 가깝고 간선의 배선이 용이한 곳으로 한다.
③ 외부로부터 전원을 공급하기 위한 전선로 등의 인입이 편리한 위치로 한다.
④ 빌딩의 변전실은 지하 최저층에 위치시키고 천장 높이는 2.7m 이상으로 한다.

[해설]
빌딩 변전실 층고는 수배전반 함체 높이, 함 상부 케이블 트레이 설치공간 등을 고려해 건축 보 아래 유효 높이를 충분히 확보해야 한다.
폐쇄형 큐비클식 변전설비가 설치된 경우, 154kV 수전 시 10m 이상, 특고압 수전 시 4.5m(5m) 이상, 고압 수전 시 3m 이상을 유효 높이 기준으로 현장 여건을 고려해 계획한다.

정답 010 ③ 011 ② 012 ② 013 ② 014 ④

015 다음은 옥내소화전설비에서 전동기에 따른 펌프를 이용하는 기압송수장치에 관한 설명이다. ( ) 안에 알맞은 것은?

> 특정소방대상물의 어느 층에 있어서도 해당 층의 옥내 소화전(5개 이상 설치된 경우에는 5개의 옥내소화전)을 동시에 사용할 경우 각 소화전의 노즐선단에서의 방수입력이 0.17MPa 이상이고 방수량이 ( ) 이상이 되는 성능의 것으로 할 것

① 70 l/min
② 130 l/min
③ 260 l/min
④ 350 l/min

해설
옥내소화전은 표준방수량 130L/min으로 20분 이상(2.6m³ /N, N은 최대 2개) 방수할 수 있어야 한다.

016 가로, 세로, 높이가 각각 4.5 × 4.5 × 3m인 실의 각 벽면 표면온도가 18°C, 천장면 20°C, 바닥면 30°C 일 때 평균복사온도(MRT)는?

① 15.2°C
② 18.0°C
③ 21.0°C
④ 27.2°C

해설
실내의 각 벽면의 면적과 표면온도를 알고 있을 때, 표면온도를 면적을 이용한 가중평균하면 대략적인 MRT값을 구할 수 있다.

$$MRT = \frac{t_1 \cdot s_1 + t_2 \cdot s_2 + \cdots + t_n \cdot s_n}{s_1 + s_2 + \cdots + s_n} [°C]$$

$$= \frac{18[°C] \times (4.5[m] \times 3[m]) \times 4 + 20[°C] \times (4.5[m] \times 4.5[m]) + 30 \times (4.5[m] \times 4.5[m])}{(4.5[m] \times 3[m]) \times 4 + (4.5[m] \times 4.5[m]) + (4.5[m] \times 4.5[m])} = 21.0[°C]$$

017 세기가 10^{-6} W/m²일 때 음의 세기 레벨은? (단, 기준 음의 세기 $I_0 = 10^{-12}$ W/m²이다.)

① 30dB
② 40dB
③ 50dB
④ 60dB

해설
음의 세기 레벨은 음의 세기 정도를 상용대수로서 표시한 것이다.

$$SIL = 10\log\frac{I}{I_0} = 10\log\frac{10^{-6}}{10^{-12}} = 10\log 10^6 = 60[dB]$$

018 220[V], 200[W]의 전열기를 110[V]에서 사용할 경우 소비 전력은?

① 50 [W]
② 100 [W]
③ 200 [W]
④ 400 [W]

해설
옴의 법칙과 전력과의 관계식으로부터 아래와 같이 구할 수 있다.

$$P = \frac{V^2}{R} = 200[W] \rightarrow P' = \frac{(0.5V)^2}{R} = 0.25 \times \frac{V^2}{R} = 0.25 \times 200 = 50[W]$$

정답 015 ② 016 ③ 017 ④ 018 ①

019 자연환기에 관한 설명으로 옳은 것은?

① 실외의 풍속이 적을수록 환기량이 많아진다.
② 풍력환기에 의한 환기량은 유량계수에 비례한다.
③ 중력환기에 의한 환기량은 공기의 입구와 출구가 되는 두 개구부의 수직거리에 반비례한다.
④ 일반적으로 목조주택이 콘크리트조 주택보다 환기량이 적다.

해설

풍력 환기는 식 $Q = \alpha A v \sqrt{C_f - C_b}$ 과 같이 정리되며 환기량은 유량계수(α), 풍속(v), 개구부의 면적(A)에 비례한다.

중력 환기는 식 $Q = \alpha A \sqrt{\dfrac{2g}{\rho_o} h(\rho_o - \rho_i)}$ 과 같이 정리되며 두 개구부의 수직거리(h)의 제곱근에 비례한다.

020 건구온도 25°C인 실내공기 8,000m³/h와 건구온도 31°C인 외부공기 2,000m³/h를 단열혼합 하였을 때 혼합공기의 건구온도는?

① 24.8°C ② 26.2°C
③ 27.5°C ④ 29.8°C

해설

혼합공기의 온도는 온도를 풍량으로 가중평균해서 구한다.

$$t_3 = \dfrac{m_1 \times t_1 + m_2 \times t_2}{m_1 + m_2}$$

$$= \dfrac{8,000[m^3/h] \times 25[°C] + 2,000[m^3/h] \times 31[°C]}{8,000[m^3/h] + 2,000[m^3/h]} = 26.2[°C]$$

정답 019 ② 020 ②

2023 제1회 건축기사

※ 본 문제는 수험자의 기억을 바탕으로 하여 복원한 문제이므로 실제와 다를 수 있음을 미리 알려드립니다.

001 대변기에 설치한 플러시밸브(세정밸브)의 최저 필요 압력은?

① 10kPa 이상
② 30kPa 이상
③ 50kPa 이상
④ 70kPa 이상

[해설]
대변기에 설치한 세정밸브 급수관의 관지름은 25mm 이상으로 하고, 급수 압력은 최저 70kPa(표준 100kPa)이 필요하다.

002 건물 내의 배수계통에 통기관의 설치 목적으로 옳지 않은 것은?

① 배수관 내의 환기를 위하여
② 배수관이 막혔을 때 예비로 사용하기 위하여
③ 트랩의 봉수를 보호하기 위하여
④ 배수관 내의 물의 흐름을 원활하게 하기 위하여

[해설]
통기관은 배수관내 공기의 유출입 통로로 관내를 대기압과 같은 조건으로 유지하여
① 환기를 도모하여 배수관내 악취 배출 및 청결을 유지하고
③ 배수관내 압력변동을 완화하여 트랩의 봉수를 보호
④ 배수흐름을 원활하게 하기 위한 목적으로 한다.

003 수도직결방식의 급수에서 수압이 0.24MPa일 때 급수압에 의한 물의 상승높이는?

① 2.4m
② 4.8m
③ 12m
④ 24m

[해설]
1[mAq] = 9.8[kPa]
1[kPa] = (1/9.8)[mAq] ≒ 0.1[mAq]
0.24[MPa] = 240[kPa] ≒ 24[mAq]

004 압축식 냉동기의 냉동사이클로 옳은 것은?

① 압축 → 응축 → 팽창 → 증발
② 압축 → 팽창 → 응축 → 증발
③ 응축 → 증발 → 팽창 → 압축
④ 팽창 → 증발 → 응축 → 압축

[해설]
압축식 냉동기는 압축기-응축기-팽창밸브-증발기로 구성되고
압축 → 응축 → 팽창 → 증발 → 압축 순으로 냉동사이클이 이루어진다.

005 다음 중 증기난방에 대한 설명으로 옳지 않은 것은?

① 응축수 환수관 내에 부식이 발생하기 쉽다.
② 온수난방에 비해 방열기 크기나 배관의 크기가 작아도 된다.
③ 방열기를 바닥에 설치하므로 복사난방에 비해 실내바닥의 유효면적이 줄어든다.
④ 온수난방에 비해 예열시간이 짧아서 충분히 난방감을 느끼는데 시간이 걸린다.

[해설]
증기난방은 예열시간이 짧으며 난방온도 도달시간이 짧다.

006 급수방식 중 고가수조 방식에 대한 설명으로 옳지 않은 것은?

① 저수 시간이 길어지면 수질이 나빠지기 쉽다.
② 대규모의 급수 수요에 쉽게 대응할 수 있다.
③ 단수시에도 일정량의 급수를 계속할 수 있다.
④ 급수 공급압력의 변화가 심하고 취급이 까다롭다.

[해설]
④ 번은 압력탱크방식에 대한 설명이다.

정답 001 ④ 002 ② 003 ④ 004 ① 005 ④ 006 ④

007 다음 중 약전설비에 속하는 것은?

① 변전설비
② 전화설비
③ 축전지설비
④ 자가발전설비

해설
변전설비와 축전지 및 자가발전설비는 전기설비(강전)에 속하며, 전화설비는 약전설비에 속한다.

008 급탕설비 중 개별식 급탕법의 설명으로 옳지 않은 것은?

① 용도에 따라 필요한 개소에서 필요한 온도의 탕을 비교적 간단하게 얻을 수 있다.
② 건물 완공 후에도 급탕 개소의 증설이 어렵다.
③ 급탕개소마다 가열기의 설치 스페이스가 필요하다.
④ 배관길이가 짧아서 열손실이 작다.

해설
② 건물 완공 후에도 급탕 개소의 증설이 비교적 쉽다.

009 작업면의 필요 조도가 400[lx], 면적이 10[m²], 전등 1개의 광속이 2000[lm], 감광 보상률이 1.5, 조명률이 0.6일 때 전등의 소요 수량은?

① 3등
② 5등
③ 8등
④ 10등

해설
광원의 필요 수량은 광속법으로 부터 구할 수 있다.
$N = \dfrac{E \times A \times D}{F \times U} = \dfrac{400 \times 10 \times 1.5}{2,000 \times 0.6} = 5\,[EA]$
문제에서 감광 보상률이 아닌 보수율로 주어질 수 있음에 유의하자. (보수율 M=1/D)

010 청소구(Clean Out)의 설치 위치로 적당하지 않은 곳은?

① 배수 수평주관 및 배수 수평지관의 기점
② 배수 수평주관과 옥외배수관의 접속장소와 가까운 곳
③ 배수 수직관의 최하부
④ 배수관이 30° 이상의 각도로 방향을 바꾸는 곳

해설
④ 배수관이 45°를 넘는 각도에서 방향을 바꾸는 곳에 설치한다.

011 변전실의 위치에 대한 설명 중 옳지 않은 것은?

① 가능한 한 부하의 중심에서 먼 장소일 것
② 외부로부터 전선의 인입이 쉬운 곳일 것
③ 습기와 먼지가 적은 곳일 것
④ 전기 기기의 반출입이 용이할 것

해설
변전실의 위치는 침수 관련, 가능한 건축물의 최하층은 피하고, 외부로부터 전력 수전이 용이해야 하며, 발전기실과 가능한 인접 거리에 설치되어야 한다. 또한 가능한 부하의 중심에서 가까운 곳이어야 한다. 건축물에서 전력부하가 가장 밀집되어 있는 곳이 기계실로 볼 수 있으며, 기계실이 전기실과 인접한 곳에 위치하는 이유이기도 하다.

012 덕트의 치수 결정 방법에 속하지 않는 것은?

① 균등법
② 등속법
③ 등마찰법
④ 정압재취득법

해설
덕트 치수결정방법에는 등속법, 등마찰법, 정압재취법이 있다.
배관의 관경결정에 균등표를 사용한 약산법이 있다.

정답 007 ② 008 ② 009 ② 010 ④ 011 ① 012 ①

013 보일러 하부의 물드럼과 상부의 기수드럼을 연결하는 다수의 관을 연소실 주위에 배치한 구조로 상부 기수드럼 내의 증기를 사용하는 보일러는?

① 주철제 보일러 ② 관류 보일러
③ 수관 보일러 ④ 노통연관 보일러

해설
수관보일러는 일반적으로 기수(Steam) 드럼과 물(Water) 드럼을 상하로 배치하고, 그 사이를 다수의 수관에 의해서 연결한 보일러를 말한다.

014 다음 중 온수난방에서 복관식 배관에 리버스리턴방식(역환수 방식)을 채택하는 가장 주된 이유는?

① 공사비를 절약할 목적으로
② 순환펌프를 설치하기 위하여
③ 온수의 순환을 평균화시킬 목적으로
④ 중력식으로 온수를 순환하기 위하여

해설
리버스리턴배관은 온수 순환을 평균화하고 온수온도 균형을 기대할 수 있다.

015 양수량 10m³/min, 전양정 10m, 펌프의 효율은 80%일 때 펌프의 소요 동력은 얼마인가? (단, 물의 밀도는 1,000kg/m³, 여유율은 10%로 한다.)

① 22.5kW ② 26.5kW
③ 30.6kW ④ 32.4kW

해설
$$모터소유동력(L_m) = L_p \times (1+\alpha)$$
$$= \frac{0.163QH}{E} \times (1+\alpha)$$
$$= \frac{0.163 \times 10 \times 10}{0.8} \times (1+0.1)$$
$$= 22.5[kW]$$

016 자동화재탐지설비의 열감지기 중 주위 온도가 일정한 온도 이상이 되면 작동하도록 된 열감지기는?

① 차동식 ② 정온식
③ 광전식 ④ 이온화식

해설
1) 차동식: 한 지점의 주위온도가 일정 온도 상승율 이상이 되었을 때 동작
2) 정온식: 주위온도가 일정 온도 이상일 때 동작하는 감지기로 보일러실, 주방과 같이 급격한 온도 변화가 발생되는 장소 또는 가연물 취급 장소에 적용한다.
3) 광전식: 한 지점의 연기에 의한 광전소자의 수광량 변화로 동작
4) 이온화식: 주위가 일정 농도 이상의 연기를 포함 시 발생하는 이온전류의 변화로 동작

017 공기조화 방식 중 이중덕트 방식에 대한 설명으로 옳은 것은?

① 냉·온풍의 혼합손실이 없다.
② 단일덕트 방식에 비해 덕트 스페이스가 적게 든다.
③ 각 실이나 존의 부하변동에 즉시 대응할 수 있다.
④ 부하특성이 다른 여러 개의 실이나 존이 있는 건물에 적용하기가 곤란하다.

해설
이중덕트 방식은 각실이나 존의 부하 변동에 즉시 대응할 수 있으나, 냉온풍의 혼합손실이 있다.

018 습공기가 냉각되어 포함되어 있던 수증기가 응축되기 시작하는 온도를 의미하는 것은?

① 노점온도 ② 습구온도
③ 건구온도 ④ 절대온도

해설
노점온도에 대한 설명이다.
절대습도의 변화없이 건구온도만 상승시키면 절대습도의 변화가 없으므로 노점온도의 변화는 없다.

정답 013 ③ 014 ③ 015 ① 016 ② 017 ③ 018 ①

019 LPG에 관한 설명으로 옳지 않은 것은?

① 비중이 공기보다 크다.
② 액화천연가스를 말한다.
③ 액화하면 그 체적은 약 1/250로 된다.
④ 상압에서는 기체이지만 압력을 가하면 액화된다.

해설
② 액화천연가스는 LNG를 말하며, LPG는 액화석유가스를 말한다.

020 급기온도를 일정하게 하고 송풍량을 변화시켜서 실내온도를 조절하는 공기조화방식은?

① FCU 방식
② 이중덕트방식
③ 정풍량 단일덕트방식
④ 변풍량 단일덕트방식

해설
④ 변풍량 단일덕트방식의 설명이다.
③ 정풍량 단일덕트방식은 송풍량을 일정하게 하고 급기온도를 변화시켜서 실내온도를 조절하는 방식이다.

2023 제2회 건축기사

※ 본 문제는 수험자의 기억을 바탕으로 하여 복원한 문제이므로 실제와 다를 수 있음을 미리 알려드립니다.

001 압축식 냉동기의 냉동사이클로 옳은 것은?

① 증발 → 압축 → 응축 → 팽창
② 압축 → 팽창 → 응축 → 증발
③ 응축 → 증발 → 팽창 → 압축
④ 팽창 → 증발 → 응축 → 압축

[해설]
압축식 냉동기를 증발기-압축기-응축기-팽창밸브로 구성되고 증발 → 압축 → 응축 → 팽창 → 증발 순으로 냉동사이클이 이루어진다.

002 급수방식 중 고가수조방식에 관한 설명으로 옳은 것은?

① 상향급수 배관방식이 주로 사용된다.
② 3층 이상의 고층으로의 급수가 어렵다.
③ 압력수조방식에 비해 급수압 변동이 크다.
④ 펌프직송방식에 비해 수질오염 가능성이 크다.

[해설]
고가수조방식은
① 하향급수 배관방식이 주로 사용된다.
② 3층이상의 고층으로의 급수가 어려운 방식은 수도직결방식이다.
③ 고가수조방식은 급수방식 중 가장 급수압 변동이 작다.

003 보일러 하부의 물드럼과 상부의 기수드럼을 연결하는 다수의 관을 연소실 주위에 배치한 구조로 상부 기수 드럼 내의 증기를 사용하는 보일러는?

① 수관 보일러   ② 관류 보일러
③ 주철제 보일러 ④ 노통연관 보일러

[해설]
수관보일러에 대한 설명이며, 다량의 고압증기를 필요로 하는 병원이나 호텔, 지역난방의 대형 원심냉동기 구동을 위한 증기터빈용으로 사용된다.

004 덕트의 치수 결정방법에 속하지 않는 것은?

① 마찰저항선도법
② 등속법
③ 등마찰법
④ 정압재취득법

[해설]
덕트 치수결정방법에는 등속법, 등마찰법, 정압재취득법이 있다.
① 마찰저항선도법은 배관의 관경 결정방법이다.

005 증기난방과 비교한 온수난방의 설명으로 틀린 것은?

① 예열시간이 길다.
② 한랭지에서 동결의 우려가 있다.
③ 부하변동에 따른 방열량 제어가 용이하다.
④ 열매온도가 높으므로 방열기의 방열면적이 작아진다.

[해설]
온수난방은 증기난방에 비교하여
④ 열매온도가 낮으므로 방열기의 방열면적이 커진다.

006 다음 중 약전설비에 속하는 것은?

① 변전설비
② 전화설비
③ 축전지설비
④ 자가발전설비

[해설]
변전설비와 축전지 및 자가발전설비는 전기설비(강전)에 속하며, 전화설비는 약전 설비에 속한다.

[정답] 001 ① 002 ④ 003 ① 004 ① 005 ④ 006 ②

007 대변기에 설치한 세정밸브(Flush Valve)의 최저 필요 압력은?

① 10kPa 이상　　② 30kPa 이상
③ 50kPa 이상　　④ 70kPa 이상

해설
대변기에 설치한 세정밸브의 급수관은 최소 25mm 급수압력은 최저 70kPa(표준 100kPa)이 필요하다.

008 배수트랩의 구비조건으로 옳지 않은 것은?

① 가동부분이 있을 것
② 자기세정 기능을 가지고 있을 것
③ 봉수깊이는 50mm 이상 100mm 이하일 것
④ 오수에 포함된 오물 등의 부착 또는 침전하기 어려운 구조일 것

해설
기계식 트랩은 가동부분이 있으며 현재 사용되지 않는다.

009 자연환기에 관한 설명으로 옳은 것은?

① 풍력환기에 의한 환기량은 풍속에 반비례한다.
② 풍력환기에 의한 환기량은 유량계수에 비례한다.
③ 중력환기에 의한 환기량은 공기의 입구와 출구가 되는 두 개구부의 수직거리에 반비례한다.
④ 중력환기에서는 실내온도가 외기온도보다 높을 경우 공기는 건물 상부의 개구부에서 들어와서 하부의 개구부로 나간다.

해설
풍력환기에 의한 환기량은 ①풍속과 ②유량계수에 비례한다.
③중력환기에 의한 환기량은 공기의 입구와 출구가 되는 두 개구부의 수직거리의 제곱근에 비례한다.
④중력환기에서 실내온도가 외기온도보다 높을 경우 공기는 건물 하부의 개구부에서 들어와서 상부의 개구부로 나간다.

010 절대습도 변화없이 건구온도만 상승시킬 때 변화가 없는 온도는?

① 건구온도　　② 습구온도
③ 노점온도　　④ 절대온도

해설
③ 노점온도에 대한 설명이다.
절대습도의 변화없이 건구온도만 상승시키면 절대습도의 변화가 없으므로 노점온도의 변화는 없다.

011 실내부하 변동에 대하여 공급온도를 일정하게 하고 송풍량을 변화시켜서 실내온도를 일정하게 유지하는 공기조화 방식은?

① FCU 방식
② 이중덕트방식
③ 정풍량 단일덕트 방식
④ 변풍량 단일덕트방식

해설
④ 변풍량 단일덕트방식의 설명이다.
③ 정풍량 단일덕트방식은 송풍량을 일정하게 하고 급기온도를 변화시켜서 실내온도를 조절하는 방식이다.

012 자동화재탐지설비의 열감지기 중 주위온도가 일정온도 이상일 때 작동하는 것은?

① 차동식　　② 정온식
③ 광전식　　④ 이온화식

해설
1) 차동식: 한 지점의 주위온도가 일정 온도 상승율 이상이 되었을 때 동작
2) 정온식: 주위온도가 일정 온도 이상일 때 동작하는 감지기로 보일러실, 주방과 같이 급격한 온도 변화가 발생되는 장소 또는 가연물 취급 장소에 적용한다.
3) 광전식: 한 지점의 연기에 의한 광전소자의 수광량 변화로 동작
4) 이온화식: 주위가 일정 농도 이상의 연기를 포함 시 발생하는 이온전류의 변화로 동작

정답 007 ④　008 ①　009 ②　010 ③　011 ④　012 ②

013 LPG에 관한 설명으로 옳지 않은 것은?

① 가스누설경보기는 천장에서 30cm 이내로 설치해야 한다.
② 액화석유가스를 말한다.
③ 액화하면 그 체적은 약 1/250로 된다.
④ 상압에서는 기체이지만 압력을 가하면 액화된다.

해설
LPG는 비중이 공기보다 커서 인화폭발의 염려가 있으며 가스누출검지기는 반드시 바닥면에서 낮은 위치에 설치해야 한다.

014 엘리베이터 안전장치 중 일정 이상의 속도가 되었을 때 브레이크 등을 작동시키는 기능을 하는 것은?

① 조속기　　② 권상기
③ 완충기　　④ 가이드레일

해설
1) 조속기 : 카가 정격속도의 115%를 초과 시 동작하여 전원 차단
2) 권상기 : 엘리베이터 기계실에 설치되어 전동기 회전력을 로프에 전달하는 기기
3) 완충기 : 카가 최하층을 지나 피트로 미끄러질 때 충격을 완화시켜 주는 장치
4) 가이드 레일 : 카, 균형추의 수직운동을 위해 가이드 레일을 잡아주는 장치

015 급탕배관에 관한 설명으로 옳지 않은 것은?

① 관의 신축을 고려하여 굽힘 부분에는 스위블이음 등으로 접합한다.
② 관의 신축을 고려하여 건물의 벽 관통 부분의 배관에는 슬리브를 사용한다.
③ 역구배나 공기 정체가 일어나기 쉬운 배관 등 온수의 순환을 방해하는 것은 피한다.
④ 배관재로 동관을 사용하는 경우 관내유속을 느리게 하면 부식되기 쉬우므로 1.5m/s 이상으로 하는 것이 바람직하다.

해설
동관을 사용하는 경우 유속이 빠르면 부식되기 쉬우므로 1.5m/s 이하로 한다.

016 다음 설명에 알맞은 접지의 종류는?

> 기능상 목적이 서로 다르거나 동일한 목적의 개별 접지들을 전기적으로 서로 연결하여 구현한 접지시스템

① 단독접지
② 공통접지
③ 통합접지
④ 종별접지

해설
통합 접지는 계통접지, 통신접지, 피뢰 접지극을 통합하여 등전위를 형성하는 접지로, 기능상 목적이 서로 다르거나 동일 목적의 개별 접지들을 전기적으로 서로 연결하는 방식이다.

017 옥내소화전설비에 관한 설명으로 옳지 않은 것은?

① 옥내소화전방수구는 바닥으로부터 높이가 1.5m 이하가 되도록 설치한다.
② 옥내소화전설비의 송수구는 구경 65mm의 쌍구형 또는 단구형으로 한다.
③ 전동기에 따른 펌프를 이용하는 가압송수 장치를 설치하는 경우, 펌프는 전용으로 하는 것이 원칙이다.
④ 어느 한 층의 옥내소화전을 동시에 사용할 경우 각 소화전의 노즐선단에서의 방수압력은 최소 0.7MPa 이상이 되어야 한다.

해설
④ 옥내소화전의 표준방수압력은 0.17MPa이상이어야 한다.

정답 013 ① 014 ① 015 ④ 016 ③ 017 ④

018 어떤 실의 취득열량이 현열 35,000W, 잠열 15,000W이었을 때, 현열비는?

① 0.3 ② 0.4
③ 0.7 ④ 2.3

[해설]

$$SHF(현열비) = \frac{현열}{현열+잠열} = \frac{35,000}{35,000+15,000} = 0.7$$

019 다음 설명에 알맞은 통기방식은?

- 회로통기방식이라고도 한다.
- 2~8개의 기구트랩에 공통으로 하나의 통기관을 설치하는 방식이다.

① 공용통기방식
② 루프통기방식
③ 신정통기방식
④ 결합통기방식

[해설]
회로통기관은 2~8개의 기구트랩에 공통으로 설치하여 통기수직관에 접속한다.

020 변전실에 관한 설명으로 옳지 않은 것은?

① 부하의 중심에 설치한다.
② 외부로부터 전력의 수전이 용이해야 한다.
③ 발전기실과 가능한 한 거리를 두고 설치한다.
④ 간선의 배선과 점검 유지보수가 용이한 장소에 설치한다.

[해설]
변전실의 위치는 침수 관련, 가능한 건축물의 최하층은 피하고, 외부로부터 전력 수전이 용이해야하며, 발전기실과 가능한 인접 거리에 설치되어야 한다. 또한 가능한 부하의 중심에서 가까운 곳이어야 한다. 건축물에서 전력부하가 가장 밀집되어 있는 곳이 기계실로 볼 수 있으며, 기계실이 전기실과 인접한 곳에 위치하는 이유이기도 하다.

2023 제4회 건축기사

※ 본 문제는 수험자의 기억을 바탕으로 하여 복원한 문제이므로 실제와 다를 수 있음을 미리 알려드립니다.

001 다음 중 상대습도(Relative Humidity) 100%에서 그 값이 같지 않은 온도는?

① 건구온도
② 효과온도
③ 습구온도
④ 노점온도

[해설]
상대습도 100%에서는 건구온도, 습구온도, 노점온도값이 동일하다. 효과온도는 기온, 습도, 기류 등의 요소가 조합되어 실내에서 느끼는 온열감각을 기온으로 나타낸 값이다.

002 일사에 관한 설명으로 옳지 않은 것은?

① 일사에 의한 건물의 수열은 방위에 따라 차이가 있다.
② 추녀와 차양은 창면에서의 일사조절 방법으로 사용된다.
③ 블라인드, 루버, 롤스크린은 계절이나 시간, 실내의 사용상황에 따라 일사를 조절할 수 있다.
④ 일사조절의 목적은 일사에 의한 건물의 수열이나 흡열을 작게 하여 동계의 실내기후의 악화를 방지하는데 있다.

[해설]
④ 일사조절의 목적은 하계의 실내기후의 악화를 방지하는 데 있다.

003 실내에 4,500W를 발열하고 있는 기기가 있다. 이 기기의 발열로 인해 실내 온도상승이 생기지 않도록 환기를 하려고 할 때, 필요한 최소 환기량은? (단, 공기의 밀도 1.2kg/㎡, 비열 1.01kJ/kg·K, 실내온도 20°C, 외기온도 0°C이다.)

① 약 452 m^3/h
② 약 668 m^3/h
③ 약 856 m^3/h
④ 약 928 m^3/h

[해설]
단위환산계수는 0.34[W·h/m^3·K]를 이용한다.
$Q = \dfrac{4,500}{0.34 \times (20-0)} = 662 ≒ 668[m^3/h]$

004 냉각탑에 대한 설명으로 옳은 것은?

① 고압의 액체냉매를 증발시켜 냉동효과를 얻게 하는 설비이다.
② 증발기에서 나온 수증기를 냉각시켜 물이 되도록 하는 설비이다.
③ 냉매를 응축시키는데 사용된 냉각수를 재사용하기 위하여 냉각시키는 설비이다.
④ 대기 중에서 기체냉매를 냉각시켜 액체냉매로 응축하기 위한 설비이다.

[해설]
각각 ① 증발기 ②, ④ 응축기 ③ 냉각탑에 대한 설명이다.

005 전기설비가 어느 정도 유효하게 사용되는가를 나타내며, 다음과 같은 식으로 산정되는 것은?

$$\dfrac{\text{부하의 평균전력}}{\text{최대 수용전력}} \times 100\%$$

① 역률
② 부등률
③ 부하율
④ 수용률

[해설]
1) 역률은 피상전력에 대한 유효전력의 비를 말한다.
2) 부등률 = [각 부하의 최대수용전력의 합계/부하의 최대수용전력] × 100
3) 수용율 = [최대수용전력 / 부하설비용량] × 100

[정답] 001 ② 002 ④ 003 ② 004 ③ 005 ③

006 카(Car)가 최상층이나 최하층에서 정상 운행 위치를 벗어나 그 이상으로 운행하는 것을 방지하는 엘리베이터 안전 장치는?

① 완충기
② 가이드 레일
③ 리미트 스위치
④ 카운터 웨이트

[해설]
1) 완충기: 카가 최하층을 지나 피트로 미끄러질 때 충격을 완화시켜 주는 장치
2) 가이드레일: 비상정지 장치 작동 시 반력을 공급하기 위해 승강로 내 수직으로 설치된 레일
3) 리미트 스위치: 최상층이나 최하층에서 정상 운행 위치를 벗어나 그 이상으로 운행하는 것 방지
4) 카운터웨이트: 균형추를 말하며, 권상기의 부하를 줄이고 전기절약을 목적으로 카의 반대측에 설치하는 것을 말한다.

007 증기난방에 관한 설명으로 옳지 않은 것은?

① 온수난방에 비해 예열시간이 짧다.
② 온수난방에 비해 한랭지에서 동결의 우려가 작다.
③ 운전 시 증기해머로 인한 소음을 일으키기 쉽다.
④ 온수난방에 비해 부하변동에 따른 실내방열량의 제어가 용이하다.

[해설]
증기난방은 온수난방에 비해 부하변동에 따른 실내방열량의 제어가 불리하다.

008 냉방부하 중 현열부하로만 작용하는 것은?

① 인체부하
② 일사부하
③ 틈새바람에 의한 부하
④ 환기부하

[해설]
①인체부하 ③틈새바람에 의한 부하 ④환기부하는 현열부하와 잠열부하에 모두 영향을 미친다.

009 자동화재탐지설비의 감지기 중 주위의 온도상승률이 일정한 값을 초과하는 경우 동작하는 것은?

① 차동식
② 정온식
③ 광전식
④ 이온화식

[해설]
1) 차동식: 한 지점의 주위온도가 일정 온도 상승율 이상이 되었을 때 동작
2) 정온식: 주위온도가 일정 온도 이상일 때 동작하는 감지기로 보일러실, 주방과 같이 급격한 온도 변화가 발생되는 장소 또는 가연물 취급 장소에 적용
3) 광전식: 한 지점의 연기에 의한 광전소자의 수광량 변화로 동작
4) 이온화식: 주위가 일정 농도 이상의 연기를 포함 시 발생하는 이온전류의 변화로 동작

010 통기관의 관경에 관한 설명으로 옳지 않은 것은?

① 신정통기관의 관경은 배수수직관의 관경보다 작게 해서는 안 된다.
② 각개통기관의 관경은 그것이 접속되는 배수관 관경의 1/2 이상으로 한다.
③ 결합통기관의 관경은 통기수직관과 배수수직관 중 큰 쪽 관경 이상으로 한다.
④ 회로통기관의 관경은 배수수평지관과 통기수직관 중 작은 쪽 관경의 1/2 이상으로 한다.

[해설]
③결합통기관의 관경은 통기수직관과 배수수직관 중 작은 쪽 관경 이상으로 한다.

정답 006 ③ 007 ④ 008 ② 009 ① 010 ③

011 다음의 각종 보일러에 대한 설명 중 옳은 것은?

① 노통연관보일러는 부하변동에 잘 적응되며, 보유 수면이 넓어서 급수용량 제어가 쉽다.
② 관류보일러는 보유 수량이 많아 예열시간이 길다.
③ 주철제 보일러는 사용 내압이 높아 고압용으로 주로 사용되며 용량변경이 쉽다.
④ 수관보일러는 소용량으로 소규모 건물에 적합하며 지역난방으로는 사용이 불가능하다.

해설
② 관류보일러는 보유수량이 적어 예열시간이 짧다.
③ 주철제 보일러는 증기압 0.1MPa 이하의 저압용 보일러이다.
④ 수관 보일러는 다량의 고압증기를 필요로 하는 병원이나 호텔, 지역난방의 대형 원심냉동기 구동을 위한 증기터빈용으로 사용된다.

012 배수배관에 관한 설명으로 옳지 않은 것은?

① 배수계통은 원칙적으로 중력에 의해 옥외로 배출하도록 한다.
② 고온의 배수는 원칙적으로 45°C 미만으로 냉각한 후 배수한다.
③ 건물 내에서 샤프트 내 또는 가공배관은 피하고 지중배관을 한다.
④ 엘리베이터 샤프트, 수변전실에는 배수배관을 설치하지 않는다.

해설
건물내 배수 수직주관은 샤프트, 피트 내에 배관한다.

013 다음과 같은 조건에서 사무실의 평균 조도를 800lx로 설계하고자 할 경우, 광원의 필요수량은?

[조건]
• 광원 1개의 광속: 2,000lm
• 실의 면적: 10m²
• 감광 보상률: 1.5
• 조명률: 0.6

① 3개   ② 5개
③ 8개   ④ 10개

해설
광원의 필요 수량은 광속법으로 부터 구할 수 있다.
$$N = \frac{E \times A \times D}{F \times U} = \frac{800 \times 10 \times 1.5}{2,000 \times 0.6} = 10 \, [EA]$$
문제에서 감광 보상률이 아닌 보수율로 주어질 수 있음에 유의하자. (보수율 M=1/D)

014 슬루스 밸브라고도 하며 유체의 흐름을 단속하는 대표적인 밸브로서 밸브를 완전히 열면 유체 흐름의 단면적 변화가 없어서 마찰저항이 거의 발생하지 않는 것은?

① 게이트 밸브
② 글로브 밸브
③ 체크 밸브
④ 볼 밸브

해설
① 슬루스(게이트) 밸브에 대한 설명이다.

015 환기에 관한 설명으로 옳지 않은 것은?

① 화장실은 급기팬(송풍기)과 배기팬(배풍기)을 설치하는 것이 일반적이다.
② 기밀성이 높은 주택의 경우 잦은 기계환기를 통해 실내공기의 오염을 낮추는 것이 바람직하다.
③ 병원의 수술실은 오염공기가 실내로 들어오는 것을 방지하기 위해 실내압력을 주변공간보다 높게 설정한다.
④ 공기의 오염농도가 높은 도로에 면해 있는 건물의 경우, 공기조화설비 계통의 외기도입구를 가급적 높은 위치에 설치한다.

해설
① 화장실은 제3종 기계환기법을 적용하여 배기팬만 설치한다.

016 다음 설명에 알맞은 전동기의 종류는?

> 나무, 섬유, 종이, 고무, 플라스틱류와 같은 일반 가연물이 타고 나서 재가 남는 화재

① A급 화재
② B급 화재
③ C급 화재
④ K급 화재

해설
A급 화재에 대한 설명이다. B급화재는 유류가스화재, C급화재는 전기화재, D급화재는 금속화재, K급화재는 조리기구에서 일어나는 화재이다.

017 가스의 연소성을 나타내는 것은?

① 비열비
② 가버너
③ 웨버지수
④ 단열지수

해설
① 비열비는 정적비열(C_v)에 대한 정압비열(C_p)비이다.
② 가버너는 가스공급회사로부터 공급받은 가스를 건물에서 사용하기 적합한 압력으로 조정하는 장치이다.
③ 웨버지수는 가스기구에 대한 가스의 입열량을 표시하는 지수이다.
④ 단열지수는 비열비가 같은 값, 온도에 따른 변화가 거의 없다.

018 다음 설명에 알맞은 전동기의 종류는?

> • 회전자계를 만드는 여자전류가 전원 측으로부터 흐르는 관계로 역률이 나쁘다는 결점이 있다.
> • 구조와 취급이 간단하여 건축설비에서 가장 널리 사용된다.

① 직권전동기
② 분권전동기
③ 유도전동기
④ 동기전동기

해설
유도전동기 여자전류는 전동기의 주자계(회전자계)를 만들어 주고 전원 측으로 되돌아가는 전류를 말하며, 지속적으로 이 무효전류 공급이 필요하므로 역률이 나빠지게 된다.

019 다음 중 최근 저압선로의 배선보호용 차단기로 가장 많이 사용되는 것은?

① ACB
② GCB
③ MCCB
④ ABCB

해설
배선용 차단기(MCCB : Molded Case Circuit Breaker)는 개폐기구, 트립장치 등을 하나의 절연물 용기 내에 조립한 것으로 과부하 및 단락 사고 시 자동으로 전로를 차단하여 저압 옥내전로를 보호하는 차단기로 일반적으로 저압선로의 배선 보호용 차단기로 사용된다.

020 소방시설은 소화설비, 경보설비, 피난설비, 소화활동설비 등으로 구분할 수 있다. 다음 중 소화활동설비에 속하지 않는 것은?

① 제연설비
② 연결살수설비
③ 비상방송설비
④ 연소방지설비

해설
비상방송설비는 경보설비에 속한다.

2022 제1회 건축기사

001 실내에 4,500 W를 발열하고 있는 기기가 있다. 이 기기의 발열로 인해 실내 온도상승이 생기지 않도록 환기를 하려고 할 때, 필요한 최소 환기량은? (단, 공기의 밀도 1.2 kg/m³, 비열 1.01 kJ/kg·K, 실내온도 20℃, 외기온도 0℃이다.)

① 약 452 m³/h   ② 약 668 m³/h
③ 약 856 m³/h   ④ 약 928 m³/h

해설
$q = 0.34 \times Q \times \Delta t$
$Q = \dfrac{q}{0.34 \times \Delta t} = \dfrac{4500}{0.34 \times (20-0)} = 662 [m^3/h] \fallingdotseq 668[m^3/h]$

002 주위 온도가 일정 온도 이상으로 되면 동작하는 자동화재탐지설비의 감지기는?

① 이온화식 감지기
② 차동식 스포트형 감지기
③ 정온식 스포트형 감지기
④ 광전식 스포트형 감지기

해설
정온식 감지기에 대한 설명이다.
① 이온화식 감지기: 주위가 일정 농도 이상의 연기를 포함 시 발생하는 이온전류의 변화로 동작
② 차동식 스포트형 감지기: 한 지점의 주위온도가 일정 온도 상승률 이상이 되었을 때 동작
④ 광전식 스포트형 감지기: 한 지점의 연기에 의한 광전소자의 수광량 변화로 동작

003 습공기의 엔탈피에 관한 설명으로 옳은 것은?

① 건구온도가 높을수록 커진다.
② 절대습도가 높을수록 작아진다.
③ 수증기의 엔탈피에서 건공기의 엔탈피를 뺀 값이다.
④ 습공기를 냉각·가습할 경우 엔탈피는 항상 감소한다.

해설
② 절대습도가 높을수록 커진다.
③ 습공기의 엔탈피는 수증기의 엔탈피와 건공기의 엔탈피를 더한 값이다.
④ 습공기를 가습할 경우 엔탈피가 증가하기 때문에, 습공기를 냉각·가습할 경우 엔탈피는 증가할 수도 있다.

004 조명기구의 배광에 따른 분류 중 직접조명형에 관한 설명으로 옳은 것은?

① 상향광속과 하향광속이 거의 동일하다.
② 천장을 주광원으로 이용하므로 천장의 색에 대한 고려가 필요하다.
③ 매우 넓은 면적이 광원으로서의 역할을 하기 때문에 직사 눈부심이 없다.
④ 작업면에 고조도를 얻을 수 있으나 심한 휘도차 및 짙은 그림자가 생긴다.

해설
① 전반확산조명에 관한 특징이다.
   (상향광속 비율: 40~60%, 하향광속 비율: 60~40%)
②, ③항은 간접조명에 관한 특징이다.

005 다음 중 건축물 실내공간의 잔향시간에 가장 큰 영향을 주는 것은?

① 실의 용적   ② 음원의 위치
③ 벽체의 두께 ④ 음원의 음압

해설
잔향시간: 실내음의 에너지가 처음의 100만분의 1(69 dB)로 감쇠하는 데 걸리는 시간
$RT = 0.163 \times \dfrac{V}{A} = 0.163 \times \dfrac{V}{\sum S_i \alpha_i}$
여기서 RT: 잔향시간[s]
V: 실의 용적[m³]
A: 실내의 총 흡음력 $\overline{\alpha} \cdot S \left(\overline{\alpha} = \dfrac{\sum \alpha_i S_i}{S} \right.$ (실내의 평균흡음률))

정답 001 ② 002 ③ 003 ① 004 ④ 005 ①

006 다음 설명에 알맞은 통기관의 종류는?

> 기구가 반대방향(좌우분기) 또는 병렬로 설치된 기구배수관의 교점에 접속하여 입상 하며, 그 양 기구의 트랩 봉수를 보호하기 위한 1개의 통기관을 말한다.

① 공용통기관
② 결합통기관
③ 각개통기관
④ 신정통기관

해설
공용통기관에 대한 설명이다.

007 습공기가 냉각되어 포함되어 있던 수증기가 응축되기 시작하는 온도를 의미하는 것은?

① 노점온도 ② 습구온도
③ 건구온도 ④ 절대온도

해설
노점온도에 대한 설명이다.
건구온도 ≥ 습구온도 ≥ 노점온도 순이다.

008 변전실에 관한 설명으로 옳지 않은 것은?

① 건축물의 최하층에 설치하는 것이 원칙이다.
② 용량의 증설에 대비한 면적을 확보할 수 있는 장소로 한다.
③ 사용부하의 중심에 가깝고, 간선의 배선이 용이한 곳으로 한다.
④ 변전실의 높이는 바닥의 케이블트렌치 및 무슨 콘크리트 설치 여부 등을 고려한 유효 높이로 한다.

해설
전기설비용 시설공간의 경우, 침수 관련하여 원칙적으로 건축물의 최하층은 피한다.

009 10Ω의 저항 10개를 직렬로 접속할 때의 합성저항은 병렬로 접속할 때의 합성저항의 몇 배가 되는가?

① 5배 ② 10배
③ 50배 ④ 100배

해설
1) 직렬저항의 합성:
$R_{EQ} = R_1 + R_2 + R_3 + \cdots + R_n = 10 \times 10 = 100[\Omega]$
2) 병렬저항의 합성:
$R_{EQ} = 1/R_1 + 1/R_2 + 1/R_3 + \cdots + 1/R_n = 1/10 \times 10 = 1[\Omega]$

010 증기난방에 관한 설명으로 옳지 않은 것은?

① 응축수 환수관 내에 부식이 발생하기 쉽다.
② 동일 방열량인 경우 온수난방에 비해 방열기의 방열면적이 작아도 된다.
③ 방열기를 바닥에 설치하므로 복사난방에 비해 실내바닥의 유효면적이 줄어든다.
④ 온수난방에 비해 예열시간이 길어서 충분한 난방감을 느끼는 데 시간이 걸린다.

해설
증기난방은 온수난방에 비해 예열시간이 짧아서 충분한 난방감을 느끼는 데 시간이 짧다.

011 건구온도 26℃인 실내공기 8,000 m³/h와 건구온도 32℃인 외부공기 2,000 m³/h를 단열혼합하였을 때 혼합공기의 건구온도는?

① 27.2℃ ② 27.6℃
③ 28.0℃ ④ 29.0℃

해설
혼합공기의 온도는 실내공기의 온도와 실외공기의 온도를 각각의 풍량으로 가중평균해서 구한다.
$t_c = \dfrac{t_a \times m_a + t_b \times m_b}{m_a + m_b} = \dfrac{26 \times 8000 + 32 \times 2000}{8000 + 2000} = 27.2[℃]$

정답 006 ① 007 ① 008 ① 009 ④ 010 ④ 011 ①

012 다음의 스프링클러설비의 화재안전기준 내용 중 (　) 안에 알맞은 것은?

전동기에 따른 펌프를 이용하는 가압송수 장치의 송수량은 0.1 MPa의 방수압력 기준으로 (　) 이상의 방수성능을 가진 기준 개수의 모든 헤드로부터의 방수량을 충족시킬 수 있는 양 이상으로 할 것

① 80 L/min 　② 90 L/min
③ 110 L/min ④ 130 L/min

해설

표준방수압력	0.1 MPa 이상
표준방수량	80 L/min(20분 이상)
설치간격	1.7~3.2 m
수원의 저수량	1.6 m³ × N

표준방수량 80[L/min]의 20분 이상 방수하는 유량이 1600[L] = 1.6[㎥]이다.

013 다음 설명에 알맞은 요운전원 엘리베이터 조작 방식은?

기동은 운전원의 버튼 조작으로 하며, 정지는 목적층 단추를 누르는 것과 승강장의 호출 신호로 등의 순서대로 자동 정지한다.

① 카 스위치 방식　　② 전자동군관리 방식
③ 레코드 컨트롤 방식　④ 시그널 컨트롤 방식

해설
① 카 스위치 방식: 운전원이 기동과 정지 버튼을 조작
② 전자동군관리 방식: 평상 시 교통수요 변동에 대응 가능하도록 3~5대의 엘리베이터에 적용하는 경제적인 운전조작 방식
③ 레코드 컨트롤 방식: 운전원이 목적층과 승강장의 호출 신호를 보고 제어(정지는 자동)

014 가스설비에서 LPG에 관한 설명으로 옳지 않은 것은?

① 공기보다 무겁다.
② LNG에 비해 발열량이 작다.
③ 순수한 LPG는 무색, 무취이다.
④ 액화하면 체적이 1/250 정도가 된다.

해설
LPG는 LNG에 비하여 발열량이 크다.

015 각종 급수방식에 관한 설명으로 옳지 않은 것은?

① 수도직결방식은 정전으로 인한 단수의 염려가 없다.
② 압력수조방식은 단수 시에 일정량의 급수가 가능하다.
③ 수도직결방식은 위생 및 유지·관리 측면에서 가장 바람직한 방식이다.
④ 고가수조방식은 수도 본관의 영향에 따라 급수압력의 변화가 심하다.

해설
고가수조방식은 고가수조를 통하여 급수하기 때문에 수도본관의 압력에 영향을 받지 않으며, 압력의 변화가 적다. 수도직결방식은 수도 본관의 영향에 따라 급수압력의 변화가 심하다.

016 길이 20 m, 지름 400 mm의 덕트에 평균속도 12 m/s로 공기가 흐를 때 발생하는 마찰저항은? (단, 덕트의 마찰저항계수는 0.02, 공기의 밀도는 1.2 kg/m³이다.)

① 7.3 Pa　　② 8.6 Pa
③ 73.2 Pa　④ 86.4 Pa

해설
$$\Delta P_f = \lambda \cdot \frac{l}{d} \cdot \frac{v^2}{2} \cdot \rho = 0.02 \times \frac{20}{0.4} \times \frac{12^2}{2} \times 1.2 = 86.4 [Pa]$$

017 압축식 냉동기의 냉동사이클을 옳게 나타낸 것은?

① 압축 → 응축 → 팽창 → 증발
② 압축 → 팽창 → 응축 → 증발
③ 응축 → 증발 → 팽창 → 압축
④ 팽창 → 증발 → 응축 → 압축

해설
압축식 냉동기의 냉동사이클은
압축기 → 응축기 → 팽창밸브 → 증발기 순으로 구성된다.

018 다음 중 급수배관계통에서 공기빼기 밸브를 설치하는 가장 주된 이유는?

① 수격작용을 방지하기 위하여
② 배관 내면의 부식을 방지하기 위하여
③ 배관 내 유체의 흐름을 원활하게 하기 위하여
④ 배관 표면에 생기는 결로를 방지하기 위하여

> **해설**
> 급수배관계통에서 공기빼기 밸브를 설치하는 가장 주된 이유는 배관 내 유체의 흐름을 원활하게 하기 위해서이다.

019 배수트랩의 봉수파괴 원인 중 통기관을 설치함으로써 봉수파괴를 방지할 수 있는 것이 아닌 것은?

① 분출작용
② 모세관작용
③ 자기사이펀작용
④ 유도사이펀작용

> **해설**
> 모세관 작용: 트랩의 출구에 머리카락, 실, 헝겊 등이 걸렸을 경우 모세관 현상에 의해 봉수가 파괴된다.

020 저압옥내 배선공사 중 직접 콘크리트에 매설할 수 있는 공사는?

① 금속관 공사   ② 금속덕트 공사
③ 버스덕트 공사   ④ 금속몰드 공사

> **해설**
> 금속관 공사는 콘크리트 매입공사에 적합하고 전선의 교체가 용이하며 전선의 기계적 손상에 대해 안전한 방법이다.

정답 018 ③ 019 ② 020 ①

2022 제2회 건축기사

001 배수관의 관경과 구배에 관한 설명으로 옳지 않은 것은?

① 배관구배를 완만하게 하면 세정력이 저하된다.
② 배수관경을 크게 하면 할수록 배수능력은 향상된다.
③ 배관구배를 너무 급하게 하면 흐름이 빨라 고형물이 남는다.
④ 배관구배를 너무 급하게 하면 관로의 수류에 의한 파손 우려가 높아진다.

[해설]
배수관경을 필요 이상으로 크게 하면 배수능력은 저하된다.

002 한 시간당 급탕량이 5 m³일 때 급탕부하는 얼마인가? (단, 물의 비열은 4.2 kJ/kg · K, 급탕온도는 70℃, 급수온도는 10℃이다.)

① 35 kW   ② 126 kW
③ 350 kW ④ 1,260 kW

[해설]
5[m³/h] = 5,000 × (1/3,600) [kg/s]
$Q[kW] = M[kg/s] \cdot C[kJ/kg \cdot K] \cdot \Delta t [℃]$
= 5,000 × (1/3600) × 4.2 × (70 − 10) = 350[kW]

003 엘리베이터의 조작 방식 중 무운전원 방식으로 다음과 같은 특징을 갖는 것은?

> 승객 스스로 운전하는 전자동 엘리베이터로, 승강장으로부터의 호출 신호로 기동, 정지를 이루는 조작 방식이며, 누른 순서에 상관없이 각 호출에 응하여 자동적으로 정지한다.

① 단식자동 방식   ② 카 스위치 방식
③ 승합전자동 방식 ④ 시그널 콘트롤 방식

[해설]
① 단식자동방식: 승강장으로부터의 호출신호에 의해 자동적으로 기동, 정지하며 운전 중 다른 신호가 있어도 운전종료까지 그 호출에 응하지 않는 방식임
② 카 스위치 방식: 운전원이 기동과 정지 버튼을 조작
④ 시그널 콘트롤 방식: 기동은 운전원이 조작, 정지는 승강장 호출 신호로 자동 정지

004 전기샤프트(ES)의 계획 시 고려사항으로 옳지 않은 것은?

① 각 층마다 같은 위치에 설치한다.
② 기기의 배치와 유지보수에 충분한 공간으로 하고, 건축적인 마감을 실시한다.
③ 점검구는 유지보수 시 기기의 반출입이 가능하도록 하여야 하며, 점검구 문의 폭은 최소 300 mm 이상으로 한다.
④ 공급대상 범위의 배선거리, 전압강하 등을 고려하여 가능한 한 공급 대상설비 시설 위치의 중심부에 위치하도록 한다.

[해설]
ES의 점검구는 기기 반출입이 가능한 크기여야 하며, 문의 폭은 90 cm 이상으로 한다.

005 다음 중 변전실 면적에 영향을 주는 요소와 가장 거리가 먼 것은?

① 발전기실의 면적
② 변전설비 변압방식
③ 수전전압 및 수전방식
④ 설치 기기와 큐비클의 종류

정답 001 ② 002 ③ 003 ③ 004 ③ 005 ①

해설
변전실 면적에 영향을 주는 요소
1) 수전전압 및 수전방식
2) 변전설비 강압방식, 변압기용량, 수량 및 형식
3) 설치 기기와 큐비클의 종류
4) 기기의 배치방법 및 유지보수 필요면적
5) 건축물의 구조적 여건

006 배수트랩의 봉수가 파손되는 것을 방지하기 위한 방법으로 옳지 않은 것은?

① 자기사이펀 작용에 의한 봉수파괴를 방지하기 위하여 S트랩을 설치한다.
② 유도사이펀 작용에 의한 봉수파괴를 방지하기 위하여 도피통기관을 설치한다.
③ 증발현상에 의한 봉수파괴를 방지하기 위하여 트랩 봉수 보급수 장치를 설치한다.
④ 역압에 의한 분출작용을 방지하기 위하여 배수 수직관의 하단부에 통기관을 설치한다.

해설
자기사이펀 작용에 의한 봉수파괴를 방지하기 위하여 S트랩보다는 P트랩을 설치한다. 미국에서 새로운 설치나 개조 작업에서는 S트랩 사용이 법적으로 금지된 경우가 많다.

007 다음의 간선 배전방식 중 분전반에서 사고가 발생했을 때 그 파급 범위가 가장 좁은 것은?

① 평행식
② 방사선식
③ 나뭇가지식
④ 나뭇가지 평행식

해설
평행식은 배전반에서 각 분전반까지 단독으로 배선되어 경제적이지 못하나, 배선이 단순하고, 사고 시 고장 파급범위가 작아, 주로 중요부하에 적용된다.

008 스프링클러설비를 설치하여야 하는 특정소방대상물의 최대 방수구역에 설치된 개방형 스프링클러헤드의 개수가 30개일 경우, 스프링클러 설비의 수원의 저수량은 최소 얼마 이상으로 하여야 하는가?

① 16 m³
② 32 m³
③ 48 m³
④ 56 m³

해설

표준방수압력	0.1 MPa 이상
표준방수량	80 L/min(20분 이상)
설치간격	1.7~3.2 m
수원의 저수량	1.6 m³ × N

수원의 저수량 = 1.6 m³ × 30 = 48 m³

009 열관류율 K = 2.5 W/m² · K인 벽체의 양쪽 공기 온도가 각각 20℃와 0℃일 때, 이 벽체 1 m²당 이동열량은?

① 25 W
② 50 W
③ 100 W
④ 200 W

해설
열의 이동열량은 열관류율, 벽체면적, 온도차에 비례한다.
$q = K \times A \times \Delta t = 2.5 \times 1 \times (20-0) = 50[W]$

010 어느 점광원과 1 m 떨어진 곳의 직각면 조도가 800 lx일 때, 이 광원과 4 m 떨어진 곳의 직각면 조도는?

① 50 lx
② 100 lx
③ 150 lx
④ 200 lx

해설
거리 역제곱 법칙 활용하여 광도를 먼저 구하고 조도를 구한다.
$E = \dfrac{I}{R^2}[lx]$ 에서, $I = E \times R^2 = 800 \times 1 = 800[cd]$
$\therefore E = \dfrac{I}{R^2}[lx] = \dfrac{800}{4^2} = 50[lx]$

정답 006 ① 007 ① 008 ③ 009 ② 010 ①

011 습공기를 가열했을 때 상태값이 변화하지 않는 것은?

① 엔탈피
② 습구온도
③ 절대습도
④ 상대습도

해설
습공기를 가열하면 ① 엔탈피 ② 습구온도는 증가하고 ④ 상대습도는 감소한다. ③ 절대습도는 변화지 않는다.

012 증기난방에 관한 설명으로 옳지 않은 것은?

① 온수난방에 비해 예열시간이 짧다.
② 온수난방에 비해 한랭지에서 동결의 우려가 작다.
③ 운전 시 증기해머로 인한 소음을 일으키기 쉽다.
④ 온수난방에 비해 부하변동에 따른 실내방열량의 제어가 용이하다.

해설
증기난방은 온수난방에 비하여 방열량이 커서 부하변동에 따른 실내방열량의 제어가 어렵다.

013 공기조화방식 중 이중덕트 방식에 관한 설명으로 옳지 않은 것은?

① 전공기 방식에 속한다.
② 덕트가 2개의 계통이므로 설비비가 많이 든다.
③ 부하특성이 다른 다수의 실이나 존에도 적용할 수 있다.
④ 냉풍과 온풍을 혼합하는 혼합상자가 필요 없으므로 소음과 진동도 적다.

해설
냉풍과 온풍을 혼합하는 혼합상자가 필요하며 냉·온풍의 혼합으로 인한 혼합손실이 있어서 에너지 소비량이 많다.

014 다음과 가장 관계가 깊은 것은?

> 에너지보존의 법칙을 유체의 흐름에 적용한 것으로서 유체가 갖고 있는 운동에너지, 중력에 의한 위치에너지 및 압력에너지의 총합은 흐름 내 어디에서나 일정하다.

① 뉴턴의 점성법칙
② 베르누이의 정리
③ 보일-샤를의 법칙
④ 오일러의 상태방정식

해설
① 뉴턴의 점성법칙: 전단응력이 유체의 속도의 수직 방향 높이에 대한 변화량에 비례한다.
③ 보일-샤를의 법칙: 보일의 법칙(온도가 일정할 때 기체의 압력은 부피에 반비례)과 샤를의 법칙(압력이 일정할 때 기체의 부피는 온도의 증가에 비례)을 조합하여 만든 법칙

015 자연환기에 관한 설명으로 옳은 것은?

① 풍력환기에 의한 환기량은 풍속에 반비례한다.
② 풍력환기에 의한 환기량은 유량계수에 비례한다.
③ 중력환기에 의한 환기량은 공기의 입구와 출구가 되는 두 개구부의 수직거리에 반비례한다.
④ 중력환기에서 실내온도가 외기온도보다 높을 경우 공기는 건물 상부의 개구부에서 실내로 들어와서 하부의 개구부로 나간다.

해설
① 풍력환기에 의한 환기량은 풍속에 비례한다.
③ 중력환기에 의한 환기량은 공기의 입구와 출구가 되는 두 개구부의 수직거리의 제곱근에 비례한다.
④ 중력환기에서 실내온도가 외기온도보다 높을 경우 공기는 건물 하부의 개구부에서 실내로 들어와 상부의 개구부로 나간다.

정답 011 ③ 012 ④ 013 ④ 014 ② 015 ②

016 실내 음환경의 잔향시간에 관한 설명으로 옳은 것은?

① 실의 흡음력이 높을수록 잔향시간은 길어진다.
② 잔향시간을 길게 하기 위해서는 실내공간의 용적을 작게 하여야 한다.
③ 잔향시간은 음향청취를 목적으로 하는 공간이 음성전달을 목적으로 하는 공간보다 짧아야 한다.
④ 잔향시간은 실내가 확장음장이라고 가정하여 구해진 개념으로 원리적으로는 음원이나 수음점의 위치에 상관없이 일정하다.

[해설]
① 실의 흡음력이 높을수록 잔향시간이 짧아진다.
② 잔향시간을 길게 하기 위해서는 실내공간의 용적을 크게 하여야 한다.
③ 잔향시간은 음향청취를 목적으로 하는 공간이 음성전달을 목적으로 하는 공간보다 길어야 한다.

017 발전기에 적용되는 법칙으로 유도기전력의 방향을 알기 위하여 사용되는 법칙은?

① 오옴의 법칙
② 키르히호프의 법칙
③ 플레밍의 왼손의 법칙
④ 플레밍의 오른손의 법칙

[해설]
③ 플레밍 왼손법칙: 자계에 의해 전류 도체가 받는 회전력의 방향(자기력 방향)을 결정하는 법칙
④ 플레밍의 오른손법칙: 자계 내 도체 운동에 의한 유도 기전력의 방향을 결정하는 법칙

018 압력에 따른 도시가스의 분류에서 고압의 기준으로 옳은 것은? (단, 게이지압력 기준)

① 0.1 MPa 이상
② 1 MPa 이상
③ 10 MPa 이상
④ 100 MPa 이상

[해설]

고압[MPa]	중압[MPa]	저압[MPa]
1 이상	0.1~1.0	0.1 미만

019 냉방부하 계산 결과 현열부하가 620 W, 잠열 부하가 155 W일 경우, 현열비는?

① 0.2
② 0.25
③ 0.4
④ 0.8

[해설]
현열비(SHF) = 현열부하 / (현열+잠열)부하 = 620 / (620+155) = 0.8

020 다음의 냉동기 중 기계적 에너지가 아닌 열에너지에 의해 냉동효과를 얻는 것은?

① 원심식 냉동기
② 흡수식 냉동기
③ 스크류식 냉동기
④ 왕복동식 냉동기

[해설]
열에너지에 의해 냉동효과를 얻는 것은 흡수식 냉동기이다.
①, ③, ④는 압축식 냉동기의 일종이다.

2022 제4회 건축기사

※ 본 문제는 수험자의 기억을 바탕으로 하여 복원한 문제이므로 실제와 다를 수 있음을 미리 알려드립니다.

001 사무소 건물에서 다음과 같이 위생기구를 배치하였을 때 위생기구 전체로부터 배수를 받아들이는 배수 수평지관의 관경으로 가장 알맞은 것은?

기구종류	바닥배수	소변기	대변기
배수부하단위	2	4	8
기구수	2	8	2

관경(mm)	배수수평지관의 배수부하단위
75	14
100	96
125	216
150	372

① 75mm ② 100mm
③ 125mm ④ 150mm

[해설]
배수부하단위는 = 2×2 + 4×8 + 8×2 = 52 이므로 관경은 100mm를 적용한다.

002 실내 열환경 평가지표에 관한 설명 중 옳지 않은 것은?

① 평균복사온도는 편의상 주벽 각부의 효과를 평균화한 값을 사용한다.
② 수정유효온도는 유효온도에 복사의 영향을 고려한 것으로 건구온도 대신 습구온도를 사용한다.
③ 카타한계는 기온, 기류, 주변면온도(복사열)의 조합이 체감에 미치는 효과를 측정하는 계기이다.
④ 작용온도는 기온, 기류 및 주벽면온도(복사열)의 2요소의 조합과 체감과의 관계를 나타내는 것이다.

[해설]
유효온도는 복사열의 영향을 고려하지 않았다.
복사열의 영향을 고려하기 위하여 수정유효온도에서는 건구온도 대신 흑구온도를 사용한다.

003 다음 중 약전설비(소세력 전기설비)에 속하지 않는 것은?

① 조명설비
② 전기음향설비
③ 감시제어설비
④ 주차관제설비

[해설]
소세력 회로란, 건축물에 설치되는 60 [V] 이하의 전압을 사용하는 회로를 말한다.

004 다음 중 고가수조의 설치 높이를 정하는 데 필요한 요소와 가장 관계가 먼 것은?

① 고가수조의 저수량
② 급수기구의 소요압력
③ 최고높이에 있는 급수기구의 높이
④ 배관의 손실압력

[해설]
고가탱크의 설치 높이
$H \geq H_1 + H_2$
여기서 H : 필요 최저수두(최고층의 수전과 고가수조의 저수면까지의 높이)
H_1 : 급수기구의 소요압력[mAq]
H_2 : 배관의 손실압력[mAq]

[정답] 001 ② 002 ② 003 ① 004 ①

005 다음의 직류 엘리베이터에 대한 설명 중 옳지 않은 것은?

① 속도조정이 자유롭다.
② 부하에 의한 속도변동이 없다.
③ 교류 엘리베이터에 비해 착상오차가 적다.
④ 속도 60m/min, 하중 1,000kg 이하에 적당하다.

해설
직류 엘리베이터는 기동토크를 쉽게 얻을 수 있고 속도 선택과 속도제어가 가능하여 승차감이 좋아 주로 고가의 고속 엘리베이터용으로 적용된다.
(※ 직류 엘리베이터 운행속도 : 90 m/min 이상)

006 실내공기 중에 부유하는 직경 2.5㎛ 이하의 초미세먼지를 의미하는 것은?

① VOC10   ② PMV
③ PM2.5   ④ SS10

해설
① VOC(Volatile Organic Compound) 휘발성 유기화합물
② PMV(Predicted Mean Vote) 예상평균온열감
③ PM10(Particulate Matter) 10㎛ 이하의 미세먼지
④ SS(Suspended Solids) 부유물질량

007 급탕방식 중 간접가열식에 관한 설명으로 옳지 않은 것은?

① 저압보일러를 써도 되는 경우가 많다.
② 직접가열식에 비해 소규모 급탕설비에 적합하다.
③ 급탕용 보일러는 난방용 보일러와 겸용할 수 있다.
④ 직접가열식에 비해 보일러 내면에 스케일이 발생할 염려가 적다.

해설
간접가열식은 대규모 건물, 직접가열식은 중소규모 건물에 적합하다.

008 수량 20 m³/h를 양수하는데 필요한 펌프의 구경은? (단, 양수펌프 내 유속은 2 m/s로 한다.)

① 30 mm   ② 40 mm
③ 50 mm   ④ 60 mm

해설
$Q = A \times V$
$(20/3600)[m^3/s] = (D[m]/2)^2 \times 3.14 \times 2[m/s]$
$D = 0.0594[m] ≒ 60[mm]$

009 건구온도 t_1 = 30℃, 상대습도 20%의 습공기 3,000[m³/h]를 공기냉각기에서 냉각시켜 건구온도 t_2 = 14℃의 공기를 만들 때 제거되는 현열량은? (단, 공기의 비열은 1.01 kJ/kgK, 밀도는 1.2 kg/m³이다.)

① 16.16 W   ② 24.12 W
③ 16.16 kW   ④ 24.12 kW

해설
$Q = 3000[m^3/h] = (3000/3600)[m^3/s]$
$q = \dot{m}C\Delta t = Q\rho C\Delta t$
$= (3000/3600) \times 1.2 \times 1.01 \times (30-14) = 16.16[kW]$

010 금속관 공사에 대한 설명 중 옳지 않은 것은?

① 외부적 응력에 대한 전선보호에 신뢰성이 높다.
② 콘크리트 슬래브 속의 금속관은 철근콘크리트조의 철근 역할을 하여 콘크리트를 구조적으로 안정화시킨다.
③ 옥내의 점검 불가능한 은폐장소로서 습기가 많은 장소에 사용이 가능하다.
④ 금속관 배선은 절연전선을 사용하여야 한다.

해설
금속관 공사는 노출 장소, 옥외, 은폐 장소 등 광범위하게 사용되며, 외부 응력에 대해 전선보호에 신뢰성이 높고 사용목적에 따라 접지가 필요하다.

정답 005 ④ 006 ③ 007 ② 008 ④ 009 ③ 010 ②

011 복사난방방식에 관한 설명으로 옳지 않은 것은?

① 다른 난방방식에 비하여 쾌적감이 낮다.
② 실내 상하의 온도차가 비교적 균등하다.
③ 외기침입이 있는 곳에서도 난방감을 얻을 수 있다.
④ 열용량이 크기 때문에 간헐난방에는 그다지 적합하지 않다.

[해설]
① 복사난방은 다른 난방에 비하여 쾌적감이 높다.

012 남향의 외벽 면적 100m²에 대한 난방시 관류에 의한 손실열량은? (단, 벽체의 열관류율은 0.5W/m² · K, 실내외온도는 각각 26℃, 0℃이며, 복사에 대한 외기의 온도보정은 없다.)

① 960W
② 1,300W
③ 1,820W
④ 2,380W

[해설]
$Q = K \cdot A \cdot \Delta t \cdot C = 0.5 \times 100 \times (26-0) \times 1.0 = 1,300[W]$

013 공기조화방식 중 FCU(Fan Coil Unit)방식에 관한 설명으로 옳지 않은 것은?

① 각 실에 수배관으로 인한 누수의 우려가 있다.
② 덕트 샤프트나 스페이스가 필요 없거나 작아도 된다.
③ 각 실의 유닛은 수동으로도 제어할 수 있고, 개별제어가 쉽다.
④ 유닛을 창문 밑에 설치하면 콜드 드래프트(cold draft)가 발생할 우려가 높다.

[해설]
④ 유닛을 창문 밑에 설치하면 콜드 드래프트를 줄일 수 있다.

014 다음의 간선 배전방식 중 분전반에서 사고가 발생했을 때 그 파급 범위가 가장 좁은 것은?

① 평행식   ② 방사선식
③ 나뭇가지식   ④ 나뭇가지 평행식

[해설]
평행식은 배전반에서 각 분전반까지 단독으로 배선되어 경제적이지 못하나, 배선이 단순하고, 사고 시 파급되는 범위가 작아, 주로 중요부하에 적용된다.

015 도시가스사용시설의 시설기준에 관한 설명으로 옳지 않은 것은?

① 가스계량기와 전기계량기의 거리는 60cm 이상 유지하여야 한다.
② 건축물 안의 배관은 매설하여 시공하는 것을 원칙으로 한다.
③ 지상배관은 부식방지도장 후 표면색상을 황색으로 도색하는 것이 원칙이다.
④ 가스계량기는 보호상자 안에 설치할 경우 직사광선이나 빗물을 받을 우려가 있는 곳에 설치할 수 있다.

[해설]
가스배관은 가스누출시 환기를 위하여 노출배관을 원칙으로 한다.

016 합성최대수요전력을 구하는 계수로서 각 부하의 최대수요전력 합계와 합성최대수요전력과의 비율로 나타내는 것은?

① 수용률   ② 유효율
③ 부하율   ④ 부등률

[해설]
1) 수용률 = [최대수용전력 / 부하설비용량] × 100
2) 유효율(역률)은 피상전력에 대한 유효전력의 비를 말한다.
3) 부하율은 전기설비가 어느 정도 유효하게 사용되는가를 나타내며, 최대수용전력에 대한 부하의 평균전력의 비로 표현된다.
4) 부등률 = [각 부하의 최대수용전력의 합계/부하의 최대수용전력] × 100

[정답] 011 ① 012 ② 013 ④ 014 ① 015 ② 016 ④

017 500명을 수용하는 극장에서 1인당 이산화탄소 배출량이 20L/h일 때, 이산화탄소 농도가 0.05%인 외기를 도입하여 실내의 이산화탄소 농도를 0.1%로 유지하는데 필요한 환기량은?

① 15,000[m³/h]
② 20,000[m³/h]
③ 25,000[m³/h]
④ 30,000[m³/h]

[해설]

$$Q = \frac{k}{C - C_0} = \frac{500 \times 20}{0.001 - 0.0005} = 20,000,000[L/h] = 20,000[m^3/h]$$

018 다음 중 현열만을 취득하게 되는 냉방부하는?

① 인체의 발생열량
② 조명으로부터의 취득열량
③ 외기로부터의 취득열량
④ 틈새바람에 의한 취득열량

[해설]
① 인체의 발생열량, ③ 외기로부터의 취득열량 ④ 틈새바람에 의한 취득열량은 현열과 잠열을 모두 취득하게 된다.

019 사무실의 평균조도를 300[lx]로 설계하고자 한다. 다음과 같은 조건에서의 조명률을 0.6에서 0.7로 개선할 경우 광원의 개수는 얼마만큼 줄일 수 있는가?

[조건]
• 광원의 광속: 3,000[lm]
• 개실의 면적: 600[m²]
• 보수율(유지율): 0.5

① 15개　　② 18개
③ 25개　　④ 28개

[해설]
광원의 필요 수량은 광속법으로 부터 구할 수 있다.
▶ 조명률 0.6 일 경우,
$$N = \frac{E \times A}{F \times U \times M} = \frac{300 \times 600}{3,000 \times 0.6 \times 0.5} = 200[EA]$$
▶ 조명률 0.7 일 경우,
$$N = \frac{E \times A}{F \times U \times M} = \frac{300 \times 600}{3,000 \times 0.7 \times 0.5} = 171.43 \approx 172[EA] \rightarrow$$
∴ 200 − 172 = 28 개

020 옥내소화전설비에 관한 설명으로 옳지 않은 것은?

① 영하 10℃ 이하의 추운 곳에서의 배관은 습식으로 한다.
② 주배관 중 수직배관의 구경은 50mm 이상의 것으로 한다.
③ 방수구의 바닥으로부터 높이가 1.5m 이하가 되도록 한다.
④ 건물의 각 부분으로부터 하나의 옥내소화전 방수구까지의 수평거리가 25m 이하가 되도록 한다.

[해설]
① 영하 10℃이하의 추운 곳에서의 배관은 동결될 수 있으므로 건식으로 한다.

2021 제1회 건축기사

001 다음과 같은 조건에서 2,000명을 수용하는 극장의 실온을 20°C로 유지하기 위한 필요 환기량은?

[조건]
- 외기온도: 10°C
- 1인당 발열량(현열): 60 W
- 공기의 정압비열: 1.01 kJ/kg
- 공기의 밀도: 1.2 kg/m³
- 전등 및 기타 부하는 무시한다.

① 11,110 m³/h ② 21,222 m³/h
③ 30,444 m³/h ④ 35,644 m³/h

[해설]
$Q = \dfrac{q}{0.34 \times \Delta t} = \dfrac{120,000}{0.34 \times (20-10)} = 35,294 ≒ 35,644 \, [m^3/h]$

002 광원으로부터 일정거리 떨어진 수조면의 조도에 관한 설명으로 옳지 않은 것은?

① 광원의 광도에 비례한다.
② cosθ(입사각)에 비례한다.
③ 거리의 제곱에 반비례한다.
④ 측정점의 반사율에 반비례한다.

[해설]
반사율은 조명률에 영향을 미치는 요소이다.

003 화재안전기준에 따라 소화기구를 설치하여야 하는 특정소방대상물의 연면적 기준은?

① 10 m² 이상 ② 25 m² 이상
③ 33 m² 이상 ④ 50 m² 이상

[해설]
소화기구 설치기준은
① 연면적 33 m² 이상일 것
② ①에 해당하지 않는 시설로서 지정문화재 및 가스시설
③ 터널

004 다음과 같은 공식을 통해 산출되는 값으로 전기 설비가 어느 정도 유효하게 사용되는가를 나타내는 것은?

$$\dfrac{부하의 평균전력}{최대수용전력} \times 100 [\%]$$

① 부하율 ② 보상률
③ 부등률 ④ 수용률

[해설]
① 부하율은 전기설비가 어느 정도 유효하게 사용되는가를 나타내며, 최대수용전력에 대한 부하의 평균전력의 비로 표현된다.
③ 부등률 = $\left[\dfrac{각 \, 부하의 \, 최대수용전력의 \, 합계}{부하의 \, 최대수용전력}\right] \times 100$
④ 수용률 = $\left[\dfrac{최대수용전력}{부하설비용량}\right] \times 100$

005 음의 세기가 10⁻⁹ W/m²일 때 음의 세기 레벨은? (단, 기준음의 세기 $I_0 = 10^{-12}$ W/m²이다.)

① 3 dB ② 30 dB
③ 0.3 dB ④ 0.03 dB

[해설]
$SIL = 10\log\dfrac{I}{I_0} = 10\log\dfrac{10^{-9}}{10^{-12}} = 30 \, [dB]$

006 급탕설비 중 개별식 급탕방식에 관한 설명으로 옳지 않은 것은?

① 배관길이가 길어 배관 중의 열손실이 크다.
② 건물 완공 후에도 급탕 개소의 증설이 비교적 쉽다.
③ 급탕개소마다 가열기의 설치 스페이스가 필요하다.
④ 용도에 따라 필요한 개소에서 필요한 온도의 탕을 비교적 간단하게 얻을 수 있다.

[해설]
개별식 급탕방식은 급탕개소마다 가열기를 설치하여 배관길이가 짧아 배관 중의 열손실이 적다.

정답 001 ④ 002 ④ 003 ③ 004 ① 005 ② 006 ①

007 플러시 밸브식 대변기에 관한 설명으로 옳은 것은?

① 대변기의 연속사용이 가능하다.
② 급수관경과 급수압력에 제한이 없다.
③ 우리나라에서는 일반 주택을 중심으로 널리 채용되고 있다.
④ 탱크에 저장된 물의 낙차에 의한 수압으로 대변기를 세척하는 방식이다.

[해설]
② 급수관경은 최소 25 mm, 급수압력은 최저 0.07 MPa을 필요로 한다.
③ 소음이 있어 일반주택에서는 사용이 곤란하다.
④ 하이탱크(High Tank System)에 대한 설명이다.

008 공기조화방식 중 이중덕트방식에 관한 설명으로 옳지 않은 것은?

① 전공기방식에 속한다.
② 냉·온풍의 혼합으로 인한 혼합손실이 있어 에너지 소비량이 많다.
③ 단일덕트방식에 비해 덕트 샤프트 및 덕트 스페이스를 크게 차지한다.
④ 부하특성이 다른 여러 개의 실이나 존이 있는 건물에는 적용할 수 없다.

[해설]
④ 이중덕트방식은 부하특성이 다른 여러 개의 실이나 존이 있는 건물에 적용이 가능하다.

009 다음과 같은 특징을 갖는 간선 배선 방식은?

- 사고 발생 때 타부하에 파급효과를 최소한으로 억제할 수 있어 다른 부하에 영향을 미치지 않는다.
- 경제적이지 못하다.

① 평행식
② 나뭇가지식
③ 네트워크식
④ 나뭇가지 평행 병용식

[해설]
평행식은 배전반에서 각 분전반까지 단독으로 배선되어 경제적이지 못하나, 배선이 단순하고, 사고 시 고장이 파급되는 범위가 작아, 주로 중요부하에 적용된다.

010 압축식 냉동기의 냉동사이클로 옳은 것은?

① 압축 → 응축 → 팽창 → 증발
② 압축 → 팽창 → 응축 → 증발
③ 응축 → 증발 → 팽창 → 압축
④ 팽창 → 증발 → 응축 → 압축

[해설]
압축식 냉동기의 냉동사이클
압축기 → 응축기 → 팽창밸브 → 증발기 순으로 구성된다.

011 온수난방과 비교한 증기난방의 설명으로 옳은 것은?

① 예열시간이 길다.
② 한랭지에서 동결의 우려가 있다.
③ 부하변동에 따른 방열량 제어가 용이하다.
④ 열매온도가 높으므로 방열기의 방열면적이 작아진다.

[해설]
온순난방에 비해 증기난방은
① 예열시간이 짧다.
② 한랭지에서 동력의 우려가 적다.
③ 부하변동에 따른 방열량 제어가 곤란하다.

012 바닥면적이 50 m²인 사무실이 있다. 32 W 형광등 20개를 균등하게 배치할 때 사무실의 평균 조도는? (단, 형광등 1개의 광속은 3,300 lm, 조명률은 0.5, 보수율은 0.76이다.)

① 약 350 lx
② 약 400 lx
③ 약 450 lx
④ 약 500 lx

[해설]
광원의 수량을 알면 조도는 광속법으로 부터 구할 수 있다

$$E = \frac{N \times F \times U}{A \times D} = \frac{N \times F \times M}{A}$$
$$= \frac{20 \times 3,300 \times 0.5 \times 0.76}{50} = 501.6 \,[\text{lx}]$$

문제에서 감광 보상률이 아닌 보수율로 주어졌음에 유의하자. (보수율 M=1/D)

013 배수트랩에서 봉수깊이에 관한 설명으로 옳지 않은 것은?

① 봉수깊이는 50~100 mm로 하는 것이 보통이다.
② 봉수깊이가 너무 낮으면 봉수를 손실하기 쉽다.
③ 봉수깊이를 너무 깊게 하면 통수능력이 감소된다.
④ 봉수깊이를 너무 깊게 하면 유수의 저항이 감소된다.

해설
봉수깊이를 너무 깊게 하면 유수의 저항이 증가되어 트랩의 봉수깊이는 50~100 mm 정도를 유지한다.

014 카(Car)가 최상층이나 최하층에서 정상 운행 위치를 벗어나 그 이상으로 운행하는 것을 방지하는 엘리베이터 안전장치는?

① 완충기
② 가이드 레일
③ 리미트 스위치
④ 카운터 웨이트

해설
① 완충기: 카가 최하층을 지나 피트로 미끄러질 때 충격을 완화시켜 주는 장치
② 가이드 레일: 비상정지 장치 작동 시 반력을 공급하기 위해 승강로 내 수직으로 설치된 레일
③ 리미트 스위치: 최상층이나 최하층에서 정상 운행 위치를 벗어나 그 이상으로 운행하는 것 방지
④ 카운터 웨이트: 균형추를 말하며, 권상기의 부하를 줄이고 전기절약을 목적으로 카의 반대측에 설치하는 것을 말한다.

015 전기설비에서 경질 비닐관 공사에 관한 설명으로 옳은 것은?

① 절연성과 내식성이 강하다.
② 자성체이며 금속관보다 시공이 어렵다.
③ 온도 변화에 따라 기계적 강도가 변하지 않는다.
④ 부식성 가스가 발생하는 곳에는 사용할 수 없다.

해설
합성수지관(경질 비닐관) 공사
1) 열적 영향, 기계적 외상을 받기 쉬운 곳에는 적용하지 않는다.
2) 이중천장(반자속 포함) 내에는 시설할 수 없다.
3) 절연성과 내식성이 강함
4) 관 자체가 절연체이므로 감전의 우려가 없다.

016 변전실에 관한 설명으로 옳지 않은 것은?

① 부하의 중심에 설치한다.
② 외부로부터 전력의 수전이 용이해야 한다.
③ 발전기실과 가능한 한 거리를 두고 설치한다.
④ 간선의 배선과 점검·유지보수가 용이한 장소에 설치한다.

해설
변전실 위치는 발전기실, 기계실 등과 인접한 위치로 선정한다.

017 환기에 관한 설명으로 옳지 않은 것은?

① 화장실은 송풍기(급기팬)와 배풍기(배기팬)를 설치하는 것이 일반적이다.
② 기밀성이 높은 주택의 경우 잦은 기계환기를 통해 실내공기의 오염을 낮추는 것이 바람직하다.
③ 병원의 수술실은 오염공기가 실내로 들어오는 것을 방지하기 위해 실내압력을 주변공간보다 높게 설정한다.
④ 공기의 오염농도가 높은 도로에 면해 있는 건물의 경우, 공기조화설비 계통의 외기도입구를 가급적 높은 위치에 설치한다.

해설
① 화장실은 3종 기계환기(자연급기, 강제배기)로 하여 실내를 유지하여 냄새가 다른 실로 흘러가지 않도록 한다.
③ 병원의 수술실은 제2종 기계환기를 적용한다.

018 액화천연가스(LNG)에 관한 설명으로 옳지 않은 것은?

① 메탄이 주성분이다.
② 무공해, 무독성이다.
③ 비중이 공기보다 크다.
④ 일반적으로 배관을 통해 공급한다.

해설
LNG의 비중은 공기보다 적으므로 누설감지기를 상부에 설치한다.

정답 013 ④ 014 ③ 015 ① 016 ③ 017 ① 018 ③

019 다음 중 지역난방에 적용하기에 가장 적합한 보일러는?

① 수관보일러 ② 관류보일러
③ 입형보일러 ④ 주철제보일러

해설
수관보일러는 다량의 고압증기를 필요로 하는 병원이나 호텔, 지역난방에 사용된다.

020 다음 중 급탕설비에서 온수순환펌프로 주로 이용되는 것은?

① 사류 펌프 ② 원심식 펌프
③ 왕복식 펌프 ④ 회전식 펌프

해설
온수순환펌프는 양정이 낮으므로 순환펌프는 원심식 펌프가 사용된다.

2021 제2회 건축기사

001 다음 설명에 알맞은 통기방식은?

- 회로통기방식이라고도 한다.
- 2개 이상의 기구트랩에 공통으로 하나의 통기관을 설치하는 방식이다.

① 공용통기방식 ② 루프통기방식
③ 신정통기방식 ④ 결합통기방식

해설
루프통기관에 관련된 설명이며, 통기수직관 또는 신정통기관으로 연결하는 통기관이다.

002 어떤 실의 취득열량이 현열 35,000 W, 잠열 15,000 W이었을 때, 현열비는?

① 0.3 ② 0.4
③ 0.7 ④ 2.3

해설
현열비(SHF) = 현열/(현열+잠열) = 35,000 / (35,000+15,000) = 0.7

003 다음과 같은 조건에 있는 실의 틈새바람에 의한 현열부하는?

- 실의 체적: 400 m³
- 환기 횟수: 0.5회/h
- 실내온도: 20°C, 외기온도: 0°C
- 공기의 밀도: 1.2 kg/m³
- 공기의 정압비열: 1.01 kJ/kg·K

① 약 654 W ② 약 972 W
③ 약 1,347 W ④ 약 1,654 W

해설
$Q = V \times n = 400[m^3] \times 0.5[회/h] = 200[m^3/h]$
$q_I = 0.34 \times Q \times \Delta t = 0.34 \times 200 \times (20-0) = 1,360[W]$

004 다음 중 건축물 실내공간의 잔향시간에 가장 큰 영향을 주는 것은?

① 실의 용적 ② 음원의 위치
③ 벽체의 두께 ④ 음원의 음압

해설
잔향시간: 실내음의 에너지가 처음의 100만분의 1(69 dB)로 감쇠하는데 걸리는 시간

$$RT = 0.163 \times \frac{V}{A} = 0.163 \times \frac{V}{\sum S_i \alpha_i}$$

여기서 RT: 잔향시간[s]
V: 실의 용적[m³]
A: 실내의 총 흡음력 $\bar{\alpha} \cdot S$ ($\bar{\alpha} = \frac{\sum \alpha_i S_i}{S}$ (실내의 평균흡음률))

005 자연환기에 관한 설명으로 옳지 않은 것은?

① 풍력환기량은 풍속이 높을수록 증가한다.
② 중력환기량은 개구부 면적이 클수록 증가한다.
③ 중력환기량은 실내외 온도차가 클수록 감소한다.
④ 중력환기는 실내외의 온도차에 의한 공기의 밀도차가 원동력이 된다.

해설
자연환기
바람 및 실내외 온도차에 의한 압력차로 환기하는 방식으로 실내외 온도차, 압력차에 비례한다.

006 단일덕트 변풍량 방식에 관한 설명으로 옳지 않은 것은?

① 전공기방식의 특성이 있다.
② 각 실이나 존의 온도를 개별제어할 수 있다.
③ 일사량 변화가 심한 페리미터 존에 적합하다.
④ 정풍량 방식에 비해 설비비는 낮아지나 운전비가 증가한다.

정답 001 ② 002 ③ 003 ③ 004 ① 005 ③ 006 ④

해설
④ 변풍량 방식은 정풍량 방식에 비해 운전기는 감소하나 설비비는 증가한다.

007 다음 중 조명률에 영향을 끼치는 요소와 가장 거리가 먼 것은?

① 광원의 높이
② 마감재의 반사율
③ 조명기구의 배광방식
④ 글레어(glare)의 크기

해설
조명률은 방의 크기, 모양, 실내 마감면의 반사율 및 광원의 높이와 배광에 따라 달라진다.

008 간접가열식 급탕방식에 관한 설명으로 옳지 않은 것은?

① 저압보일러를 써도 되는 경우가 많다.
② 직접가열식에 비해 소규모 급탕설비에 적합하다.
③ 급탕용 보일러는 난방용 보일러와 겸용할 수 있다.
④ 직접가열식에 비해 보일러 내면에 스케일이 발생할 염려가 적다.

해설

	직접가열식	간접가열식
가열장소	보일러	저탕조
보일러	급탕용, 난방용 분리	③ 급탕 난방 겸용 가능
스케일	발생	④ 미발생
보일러 압력	고압	① 저압
적용 건물	중소규모 건물	② 대규모 건물
가열코일	불필요	저탕조에 필요
열효율	유리	불리

009 자동화재탐지설비의 열감지기 중 주위온도가 일정 온도 이상일 때 작동하는 것은?

① 차동식
② 정온식
③ 광전식
④ 이온화식

해설
① 차동식 감지기: 주위온도가 일정 온도 상승률 이상 시 동작
② 정온식 감지기: 한 지점의 주위온도가 일정 온도 이상이 되었을 때 동작
③ 광전식 감지기: 한 지점의 연기에 의한 광전소자의 수광량 변화로 동작
④ 이온화식 감지기: 주위가 일정 농도 이상의 연기를 포함 시 발생하는 이온전류의 변화로 동작

010 온열 감각에 영향을 미치는 물리적 온열 4요소에 속하지 않는 것은??

① 기온
② 습도
③ 일사량
④ 복사열

해설
온열감각의 물리적 변수: 기온, 습도, 기류, 평균복사온도

011 옥내소화전설비에 관한 설명으로 옳지 않은 것은?

① 옥내소화전방수구는 바닥으로부터의 높이가 1.5 m 이하가 되도록 설치한다.
② 옥내소화전설비의 송수구는 구경 65 mm의 쌍구형 또는 단구형으로 한다.
③ 전동기에 따른 펌프를 이용하는 가압송수 장치를 설치하는 경우, 펌프는 전용으로 하는 것이 원칙이다.
④ 어느 한 층의 옥내소화전을 동시에 사용할 경우 각 소화전의 노즐선단에서의 방수압력은 최소 0.7 MPa 이상이 되어야 한다.

해설

표준방수압력	0.17 MPa
표준방수량	130 L/min
설치간격	건물의 각부분에서 수평거리 25 m 이하
소화수량	$2.6 \cdot N \text{m}^3$ (최대 5개)

012 다음 설명에 알맞은 접지의 종류는?

기능상 목적이 서로 다르거나 동일한 목적의 개별접지들을 전기적으로 서로 연결하여 구현한 접지

① 단독접지
② 공통접지
③ 통합접지
④ 종별접지

해설
통합접지는 계통접지, 통신접지, 피뢰 접지극을 통합하여 등전위를 형성하는 접지로, 기능상 목적이 서로 다르거나 동일 목적의 개별 접지들을 전기적으로 서로 연결하는 방식이다.

정답 007 ④ 008 ② 009 ② 010 ③ 011 ④ 012 ③

013 온수난방방식에 관한 설명으로 옳지 않은 것은?

① 예열시간이 짧아 간헐운전에 주로 이용된다.
② 한랭지에서 운전 정지 중에 동결의 위험이 있다.
③ 증기난방방식에 의해 난방부하 변동에 따른 온도조절이 용이하다.
④ 보일러 정지 후에도 여열이 남아 있어 실내 난방이 어느 정도 지속된다.

해설
① 온수난방은 증기난방에 비해 예열시간이 길고 예열부하가 커서 간헐운전에 부적합하다.

014 흡수식 냉동기의 주요 구성부분에 속하지 않는 것은?

① 응축기   ② 압축기
③ 증발기   ④ 재생기

해설
흡수식 냉동기: 응축기 – 증발기 – 흡수기 – 재생기(발생기)
압축식 냉동기: 압축기 – 응축기 – 팽창밸브 – 증발기

015 다음 설명에 알맞은 급수 방식은?

- 위생성 측면에서 가장 바람직한 방식이다.
- 정전으로 인한 단수의 염려가 없다.

① 수도직결방식   ② 고가수조방식
③ 압력수조방식   ④ 펌프직송방식

해설
① 수도직결방식에 대한 설명이다.

016 가스설비에 사용되는 거버너(govermor)에 관한 설명으로 옳은 것은?

① 실내에서 발생되는 배기가스를 외부로 배출시키는 장치
② 연소가 원활히 이루어지도록 외부로부터 공기를 받아들이는 장치
③ 가스가 누설되거나 지진이 발생했을 때 가스공급을 긴급히 차단하는 장치
④ 가스공급회사로부터 공급받은 가스를 건물에서 사용하기에 적합한 압력으로 조정하는 장치

해설
④ 정압기(거버터, governor)에 관한 설명이다.

017 엘리베이터의 안전장치에 속하지 않는 것은?

① 균형추   ② 완충기
③ 조속기   ④ 전자 브레이크

해설
① 균형추: 권상기의 부하를 줄이고 전기절약을 목적으로 카의 반대측에 설치하는 것
② 완충기: 카가 최하층을 지나 피트로 미끄러질 때 충격을 완화시켜 주는 장치
③ 조속기: 카가 정격속도의 115%를 초과 시 동작하여 전원 차단
④ 전자 브레이크: 전동기의 토크 손실 시 엘리베이터를 정지시키는 장치

018 어느 점광원에서 1m 떨어진 곳의 직각면 조도가 200 lx일 때, 이 광원에서 2m 떨어진 곳의 직각면 조도는?

① 25 lx   ② 50 lx
③ 100 lx   ④ 200 lx

해설
거리 역제곱 법칙 활용하여 광도를 먼저 구하고 조도를 구한다.

$E = \dfrac{I}{R^2} [\text{lx}]$ 에서, $I = E \times R^2 = 200 \times 1 = 200 [\text{cd}]$

$\therefore E = \dfrac{I}{R^2} [\text{lx}] = \dfrac{200}{2^2} = 50 [\text{lx}]$

정답 013 ① 014 ② 015 ① 016 ④ 017 ① 018 ②

019 전기설비의 배선공사에 관한 설명으로 옳지 않은 것은?

① 금속관 공사는 외부적 응력에 대해 전선보호의 신뢰성이 높다.
② 합성수지관 공사는 열적 영향이나 기계적 외상을 받기 쉬운 곳에서는 사용이 곤란하다.
③ 금속 덕트 공사는 다수회선의 절연전선이 동일 경로에 부설되는 간선 부분에 사용된다.
④ 플로어 덕트 공사는 옥내의 건조한 콘크리트 바닥면에 매입 사용되나 강·약전을 동시에 배선할 수 없다.

[해설]
플로어 덕트 배선공사는 주로 사무용 빌딩에 적용되면 전력/통신 동시 배선이 가능하다.

020 급수설비에서 역류를 방지하여 오염으로부터 상수계통을 보호하기 위한 방법으로 옳지 않은 것은?

① 토수구 공간을 둔다.
② 각개통기관을 설치한다.
③ 역류방지밸브를 설치한다.
④ 가압식 진공브레이커를 설치한다.

[해설]
배수의 역류방지대책은
• 토수구공간(간접배수)을 둔다.
• 역류방지밸브(체크밸브)를 설치한다.
• 수세식 양변기는 진공 브레이크를 설치한다.
• 봉수를 보호하기 위하여 각개 통기관을 설치한다.

정답 019 ④ 020 ②

2021 제4회 건축기사

001 유압식 엘리베이터에 관한 설명으로 옳지 않은 것은?

① 오버헤드가 작다.
② 기계실의 위치가 자유롭다.
③ 큰 적재량으로 승강행정이 짧은 경우에는 적용할 수 없다.
④ 지하주차장 엘리베이터와 같이 지하층에만 운전하는 경우 적용할 수 있다.

해설
유압식 엘리베이터는 유압잭 사용과 큰 적재량으로 정격속도와 정지층수에 제한을 받는다.

002 온수난방에 관한 설명으로 옳지 않은 것은?

① 증기난방에 비해 예열시간이 길다.
② 온수의 잠열을 이용하여 난방하는 방식이다.
③ 한랭지에서 운전정지 중에 동결의 우려가 있다.
④ 증기난방에 비해 난방부하 변동에 따른 온도 조절이 비교적 용이하다.

해설
온수의 잠열을 이용하는 난방방식은 증기난방이다.

003 중앙식 급탕방식에 관한 설명으로 옳지 않은 것은?

① 온수를 사용하는 개소마다 가열장치가 설치된다.
② 상향 또는 하향 순환식 배관에 의해 필요개소에 온수를 공급한다.
③ 국소식에 비해 기기가 집중되어 있으므로 설비의 유지관리가 용이하다.
④ 호텔이나 병원 등과 같이 급탕개소가 많고 사용량이 많은 건물 등에 채용된다.

해설
① 국소식 급탕방식에 대한 설명이다.

004 건구온도 30℃, 상대습도 60%인 공기를 냉수코일에 통과시켰을 때 공기의 상태변화로 옳은 것은? (단, 코일 입구수온 5℃, 코일 출구수온 10℃)

① 건구온도는 낮아지고 절대습도는 높아진다.
② 건구온도는 높아지고 절대습도는 낮아진다.
③ 건구온도는 높아지고 상대습도는 높아진다.
④ 건구온도는 낮아지고 상대습도는 높아진다.

해설
냉수코일을 통과하면 건구온도는 낮아지고, 절대습도는 낮아지고, 상대습도는 높아진다.

005 터보식 냉동기에 관한 설명으로 옳지 않은 것은?

① 임펠러의 원심력에 의해 냉매가스를 압축한다.
② 대용량에서는 압축효율이 좋고 비례 제어가 가능하다.
③ 대·중형 규모의 중앙식 공조에서 냉방용으로 사용된다.
④ 기계적 에너지가 아닌 열에너지에 의해 냉동 효과를 얻는다.

해설
흡수식 냉동기는 냉매의 증발에 따른 열에너지, 압축식냉동기(터보식 냉동기)는 기계적 에너지로 냉동효과를 얻는다.

정답 001 ③ 002 ② 003 ① 004 ④ 005 ④

006 연결송수관설비의 방수구에 관한 설명으로 옳지 않은 것은?

① 방수구의 위치표시는 표시등 또는 축광식 표지로 한다.
② 호스접결구는 바닥으로부터 0.5 m 이상 1 m 이하의 위치에 설치한다.
③ 개폐기능을 가진 것으로 설치하여야 하며, 평상시 닫힌 상태를 유지하도록 한다.
④ 연결송수관설비의 전용방수구 또는 옥내 소화전방수구로서 구경 50 mm의 것으로 설치한다.

[해설]
연결송수관설비의 전용방수구 또는 옥내 소화전방수구로서 구경 65 mm의 것으로 설치한다.

007 엔탈피 변화량에 대한 현열 변화량의 비를 의미하는 것은?

① 현열비   ② 잠열비
③ 유인비   ④ 열수분비

[해설]
현열비(SHF) = $\dfrac{\text{현열변화량}}{\text{엔탈피 변화량}} = \dfrac{\text{현열변화량}}{(\text{현열}+\text{잠열})\text{변화량}}$

008 의복의 단열성을 나타내는 단위로서, 그 값이 클수록 인체에서 발생되는 열이 주위 공기로 적게 발산되는 것을 의미하는 것은?

① clo   ② dB
③ NC   ④ MRT

[해설]
② dB: 소음의 측정단위
③ NC(Noise Criteria): 실내소음기준
④ MRT(Mean Radiant Temperature): 평균복사온도

009 양수 펌프의 회전수를 원래보다 20% 증가시켰을 경우 양수량의 변화로 옳은 것은?

① 20% 증가   ② 44% 증가
③ 73% 증가   ④ 100% 증가

[해설]
상사법칙에 의하여
① 양수량은 회전수에 비례, ② 양정은 회전수의 제곱에 비례
③ 축동력은 회전수의 세제곱에 비례한다.

010 다음과 같은 조건에서 사무실의 평균조도를 800[lx]로 설계하고자 할 경우, 광원의 필요 수량은?

- 광원 1개의 광속: 2,000 lm
- 실의 면적: 10 m²
- 감광 보상률: 1.5
- 조명률: 0.6

① 3개   ② 5개
③ 8개   ④ 10개

[해설]
광원의 필요 수량은 광속법으로부터 구할 수 있다.
$N = \dfrac{E \times A \times D}{F \times U} = \dfrac{800 \times 10 \times 1.5}{2,000 \times 0.6} = 10\,[\text{EA}]$
문제에서 감광 보상률이 아닌 보수율로 주어질 수 있음에 유의하자. (보수율 M=1/D)

011 공조부하 중 현열과 잠열이 동시에 발생하는 것은?

① 인체의 발생열량
② 벽체로부터의 취득열량
③ 유리로부터의 취득열량
④ 덕트로부터의 취득열량

[해설]

현열 + 잠열	인체, 기기, 침기(극간풍), 환기(외기)
현열만	전도(벽체, 창), 일사, 조명

012 다음과 같이 정의되는 통기관의 종류는?

> 오배수 수직관 내의 압력변동을 방지하기 위하여 오배수 수직관 상향으로 통기수직관에 연결하는 통기관

① 결합통기관 ② 공용통기관
③ 각개통기관 ④ 반송통기관

해설
결합통기관에 대한 설명이며, 고층건물에서 배수입관의 길이가 긴 경우에 사용된다.

013 공조방식 중 팬코일 유닛방식에 관한 설명으로 옳지 않은 것은?

① 유닛의 개별제어가 용이하다.
② 수배관이 없어 누수의 우려가 없다.
③ 덕트 샤프트나 스페이스가 필요 없다.
④ 덕트방식에 비해 유닛의 위치변경이 용이하다.

해설
팬코일 유닛방식은 전수방식으로 수배관으로 인한 누수의 우려가 있다.

014 다음 설명에 알맞은 전기설비 관련 용어는?

> 최대수요전력을 구하기 위한 것으로 최대수요전력의 총 부하설비용량에 대한 비율이다.

① 역률 ② 부등률
③ 부하율 ④ 수용률

해설
① 역률은 피상전력에 대한 유효전력의 비를 말한다.
② 부등률 = [각 부하의 최대수용전력의 합계/부하의 최대수용전력] × 100
③ 부하율은 전기설비가 어느 정도 유효하게 사용되는가를 나타내며, 최대수용전력에 대한 부하의 평균전력의 비로 표현된다.
④ 수용률 = [최대수용전력 / 부하설비용량] × 100

015 다음 중 급수 계통의 오염 원인과 가장 거리가 먼 것은?

① 급수로의 배수 역류
② 저수탱크에 유해물질 침입
③ 수격작용(water hammering)
④ 크로스 커넥션(cross connection)

해설
수격작용
관로 안의 물의 운동상태를 급격한 변화시킴으로써 일어나는 압력파 현상

016 220 V, 200 W 전열기를 110 V에서 사용하였을 경우 소비전력은?

① 50 W ② 100 W
③ 200 W ④ 400 W

해설
$$P = \frac{V^2}{R} = 200\,[W] \rightarrow P' = \frac{(0.5\,V)^2}{R} = 0.25 \times \frac{V^2}{R} = 0.25 \times 200 = 50\,[W]$$

017 덕트의 분기부에 설치하여 풍량조절용으로 사용되는 댐퍼는?

① 스플릿 댐퍼 ② 평행익형 댐퍼
③ 대향익형 댐퍼 ④ 버터플라이 댐퍼

해설
스플릿 댐퍼는 덕트분기점에서 풍량조절용으로 사용된다.

정답 012 ① 013 ② 014 ④ 015 ③ 016 ① 017 ①

018 다음 중 변전실 면적에 영향을 주는 요소와 가장 거리가 먼 것은?

① 출입문의 높이
② 건축물의 구조적 여건
③ 수전전압 및 수전방식
④ 설치 기기와 큐비클의 종류 및 시방

해설
변전실 면적에 영향을 주는 요소
1) 수전전압 및 수전방식
2) 변전설비 강압방식, 변압기용량, 수량 및 형식
3) 설치 기기와 큐비클의 종류
4) 기기의 배치방법 및 유지보수 필요면적
5) 건축물의 구조적 여건

019 3상 동력과 단상 전등 부하를 동시에 사용할 수 있는 방식으로 대형빌딩이나 공장 등에서 사용되는 것은?

① 단상 3선식 220/110 V
② 3상 2선식 220 V
③ 3상 3선식 220 V
④ 3상 4선식 380/220 V

해설
3상 4선식은 배선방식이 가장 적은 방식이며, 조명/전열을 위한 단상 220 V 전압과 동력부하를 위한 3상 380 V의 전압을 동시에 얻을 수 있어 중대규모 빌딩에 가장 많이 적용된다.

020 개방형 헤드를 사용하는 연결살수설비에 있어서 하나의 송수구역에 설치하는 살수헤드의 수는 최대 얼마 이하가 되도록 하여야 하는가?

① 10개   ② 20개
③ 30개   ④ 40개

해설
하나의 송수구역에 부착하는 살수헤드의 수가 10개 이하인 것은 단구형으로 설치할 수 있다.

2020 제1·2회 건축기사

001 다음 중 변전실 면적 결정 시 영향을 주는 요소와 가장 거리가 먼 것은?

① 수전전압
② 수전방식
③ 발전기 용량
④ 큐비클의 종류

[해설]
변전실 면적에 영향을 주는 요소
1) 수전전압 및 수전방식
2) 변전설비 강압방식, 변압기용량, 수량 및 형식
3) 설치 기기와 큐비클의 종류
4) 기기의 배치방법 및 유지보수 필요면적
5) 건축물의 구조적 여건

002 가스사용시설에서 가스계량기의 설치에 관한 설명으로 옳지 않은 것은?

① 전기접속기와의 거리가 최소 30 cm 이상이 되도록 한다.
② 전기점멸기와의 거리가 최소 60 cm 이상이 되도록 한다.
③ 전기개폐기와의 거리가 최소 60 cm 이상이 되도록 한다.
④ 전기계량기와의 거리가 최소 60 cm 이상이 되도록 한다.

[해설]

이격거리	배선의 종류
15 cm 이상	저압전선
30 cm 이상	전기점멸기, 전기콘센트(전기접속기), 굴뚝
60 cm 이상	전기계량기, 전기개폐기

003 엘리베이터의 안전장치 중 일정 이상의 속도가 되었을 때 브레이크 등을 작동시키는 기능을 하는 것은?

① 조속기
② 권상기
③ 완충기
④ 가이드 슈

[해설]
① 조속기: 카가 정격속도의 115% 초과 시 동작하여 전원 차단
② 권상기: 엘리베이터 기계실에 설치되어 전동기 회전력을 로프에 전달하는 기기
③ 완충기: 카가 최하층을 지나 피트로 미끄러질 때 충격을 완화시켜주는 장치
④ 가이드 슈: 카, 균형추의 수직운동을 위해 가이드 레일을 잡아주는 장치

004 흡음 및 차음에 관한 설명으로 옳지 않은 것은?

① 벽의 차음성능은 투과손실이 클수록 높다.
② 차음성능이 높은 재료는 흡음성능도 높다.
③ 벽의 차음성능은 사용재료의 면밀도에 크게 영향을 받는다.
④ 벽의 차음성능은 동일 재료에서도 두께와 시공법에 따라 다르다.

[해설]
흡음: 소리를 흡수함으로서 실외로 투과되는 것을 막음
차음: 공기중으로 소리가 전달되는 것을 차단
흡음 성능이 높은 재료 다공성으로 질량이 작고 차음 성능이 높은 재료는 질량이 큰 재료

005 다음 설명에 알맞은 화재의 종류는?

> 나무, 섬유, 종이, 고무, 플라스틱류와 같은 일반 가연물이 타고 나서 재가 남는 화재

① A급 화재
② B급 화재
③ C급 화재
④ K급 화재

[해설]
국내 화재의 구분 (소화기구 및 자동소화장치의 화재안전 기준)
① A급(일반) 화재: 나무, 종이, 고무 등 일반 가연 물질이 타고 나서 재가 남는 화재
② B급(유류) 화재: 가연성 액체 및 인화성 가스와 같은 유류가 타고 나서 재가 남지 않는 화재
③ C급(전기) 화재: 전류가 흐르고 있는 전기기, 배선과 관련된 화재
④ K급(주방) 화재: 가연성 요리재료를 포함한 조리기구의 화재

정답 001 ③ 002 ② 003 ① 004 ② 005 ①

006 전기설비에서 다음과 같이 정의되는 장치는?

> 지락전류를 영상전류기로 검출하는 전류 동작형으로 지락전류가 미리 정해 놓은 값을 초과할 경우, 설정된 시간 내에 회로나 회로 일부의 전원을 자동으로 차단하는 장치

① 퓨즈　　　　　② 누전 차단기
③ 단로 스위치　　④ 절환 스위치

[해설]
흡음: 소리를 흡수함으로서 실외로 투과되는 것을 막음
차음: 공기중으로 소리가 전달되는 것을 차단
흡음 성능이 높은 재료 다공성으로 질량이 작고 차음 성능이 높은 재료는 질량이 큰 재료

007 급수방식 중 고가수조방식에 관한 설명으로 옳은 것은?

① 급수압력이 일정하다.
② 2층 정도의 건물에만 적용이 가능하다.
③ 위생성 측면에서 가장 바람직한 방식이다.
④ 저수조가 없으므로 단수 시에 급수가 불가능하다.

[해설]
②, ③, ④는 수도직결방식에 관한 설명이다.

008 실내 CO_2발생량이 17 L/h, 실내 CO_2허용농도가 0.1%, 외기의 CO_2농도가 0.04%일 경우 필요환기량은?

① 약 28.3 m³/h　　② 약 35.0 m³/h
③ 약 40.3 m³/h　　④ 약 42.5 m³/h

[해설]
17[L/h] = 0.017[m³/h]
0.1[%] = 0.001　　　　0.04% = 0.0004
$Q = \dfrac{k}{C - C_0} = \dfrac{0.017}{0.001 - 0.0004} = 28.3[m^3/h]$

009 급수설비에서 펌프의 실양정이 의미하는 것은? (단, 물을 높은 곳으로 보내는 경우)

① 배관계의 마찰손실에 해당하는 높이
② 흡수면에서 토출수면까지의 수직거리
③ 흡수면에서 펌프축 중심까지의 수직거리
④ 펌프축 중심에서 토출수면까지의 수직거리

[해설]
① 배관마찰손수두 ③ 흡입실양정 ④ 토출실양정에 대한 설명이다.
전양정 = 실양정(흡입실양정 + 토출실양정) + 배관마찰손실수두 + 토출소독수두

010 다음과 같은 조건에 있는 양수펌프의 축동력은?

> 양수량: 490 L/min　　전양정: 30 m
> 펌프의 효율: 60%

① 약 3 kW　　② 약 4 kW
③ 약 5 kW　　④ 약 6 kW

[해설]
$L_p = \dfrac{0.163 \cdot Q_{pu} \cdot H \cdot (1+\alpha)}{\eta_p} = \dfrac{0.163 \times 490 \times 30}{0.6}$
$= 3,994[W] = 4[kW]$

011 다음 중 실내를 부압으로 유지하며 실내의 냄새나 유해물질을 다른 실로 흘려 보내지 않으므로 욕실, 화장실 등에 사용되는 환기 방식은?

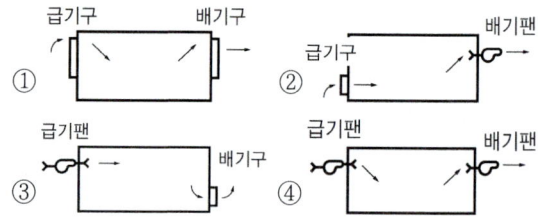

[해설]
환기방식

	제1종환기	제2종환기	제3종환기
급기	송풍기	송풍기	자연급기
배기	송풍기	자연배기	송풍기
실내압력	대기압	정압	부압
적용	기계실, 전기실	공기청정실 수술실	주방, 화장실 유해가스발생장소

정답　006 ②　007 ①　008 ①　009 ②　010 ②　011 ②

012 자연환기에 관한 설명으로 옳지 않은 것은?

① 외부 풍속이 커지면 환기량은 많아진다.
② 실내외의 온도차가 크면 환기량은 작아진다.
③ 중력환기는 실내외의 온도차에 의한 공기의 밀도차가 원동력이 된다.
④ 자연환기량은 중성대로부터 공기유입구 또는 유출구까지의 높이가 클수록 많아진다.

해설
중력환기는 실내외의 온도차에 의한 공기밀도차가 원동력이 되어서 실내외의 온도차가 커지면 환기량이 커진다.

013 고온수 난방방식에 관한 설명으로 옳지 않은 것은?

① 장치의 열용량이 크므로 예열시간이 길게 된다.
② 공급과 환수의 온도차를 크게 할 수 있으므로 열수송량이 크다.
③ 공업용과 같이 고압증기를 다량으로 필요로 할 경우에는 부적당하다.
④ 지역난방에는 이용할 수 없으며 높이가 높고 건축면적이 넓은 단일 건물에 주로 이용된다.

해설
고온수 난방방식은 적은 유량으로 많은 열량을 반송할 수 있어서 고층건물, 건축면적이 넓은 건물에 주로 이용되며, 지역난방에서 이용된다.

014 국소식 급탕방식에 관한 설명으로 옳지 않은 것은?

① 배관의 열손실이 적다.
② 급탕개소와 급탕량이 많은 경우에 유리하다.
③ 급탕개소마다 가열기의 설치 스페이스가 필요하다.
④ 건물 완공 후에도 급탕 개소의 증설이 비교적 쉽다.

해설
국소식 급탕방식은 급탕개소마다 가열기 설치 스페이스가 필요해서 급탕개소가 많은 경우에 불리하다. 급탕개소와 급탕량이 많은 경우에는 중앙식이 유리하다.

015 어떤 상태의 습공기를 절대습도의 변화 없이 건구온도만 상승시킬 때, 습공기의 상태변화로 옳은 것은?

① 엔탈피는 증가한다.
② 비체적은 감소한다.
③ 노점온도는 낮아진다.
④ 상대습도는 증가한다.

해설
② 건구온도가 상승하면 비체적은 증가한다.
③ 절대온도의 변화가 없으면 노점온도의 변화는 없다.
④ 건구온도가 상승하면 포화수증기압이 증가하여 상대습도는 감소한다.

016 다음 중 옥내의 노출된 건조한 장소에 시설할 수 없는 배선 방법은? (단, 사용전압이 400 V 미만인 경우)

① 금속관 배선
② 버스덕트 배선
③ 가요전선관 배선
④ 플로어덕트 배선

해설
플로어덕트 배선공사는 옥내의 건조한 콘크리트 또는 콘크리트 플로어 내 매입할 경우에 한하여 시설할 수 있다.

017 다음과 같은 조건에서 실내에 500 W의 열을 발산하는 기기가 있을 때, 이 열을 제거하기 위한 필요 환기량은?

| 실내온도: 20℃ | 공기의 정압비열: 1.01 kJ/kg·K |
| 환기온도: 10℃ | 공기의 밀도: 1.2 kg/m³ |

① 41.3 m³/h
② 148.5 m³/h
③ 413 m³/h
④ 1,485 m³/h

해설
$$Q = \frac{q}{0.34 \times \Delta t} = \frac{500}{0.34 \times (20-10)} = 147.1 [m^3/h] \fallingdotseq 148.5 [m^3/h]$$

정답 012 ② 013 ④ 014 ② 015 ① 016 ④ 017 ②

018 전기샤프트(ES)에 관한 설명으로 옳지 않은 것은?

① 각 층마다 같은 위치에 설치한다.
② 전력용과 정보통신용은 공용으로 사용해서는 안 된다.
③ 전기샤프트의 면적은 보, 기둥 부분을 제외하고 산정한다.
④ 현재 장비 이외에 장래의 배선 등에 대한 여유성을 고려한 크기로 한다.

해설
전기샤프트(ES)와 정보통신용 샤프트(TPS)는 통합설치가 가능하나, 정보통신용 기기가 다수 설치되는 빌딩은 전자기적 장애에 문제가 없도록 가능한 전력용 ES와는 별도로 정보통신 전용 TPS 를 설치하는 것이 바람직하다.

019 조명설비의 광원 중 할로겐 램프에 관한 설명으로 옳지 않은 것은?

① 휘도가 낮다.
② 백열전구에 비해 수명이 길다.
③ 연색성이 좋고 설치가 용이하다.
④ 흑화가 거의 일어나지 않고 광속이나 색온도의 저하가 극히 적다.

해설
할로겐 램프는 할로겐 재생 사이클 때문에 흑화가 거의 일어나지 않아 장수명이고, 광속, 색온도의 저하가 적으나, 휘도가 매우 높아 눈부심에 주의해야 한다.

020 다음 중 냉방부하 계산 시 현열만을 고려하는 것은?

① 인체의 발생열량
② 벽체로부터의 취득열량
③ 극간풍에 의한 취득열량
④ 외기의 도입으로 인한 취득열량

해설

현열 + 잠열	인체, 기기, 침기(극간풍), 환기(외기)
현열만	전도(벽체, 창), 일사, 조명

정답 018 ② 019 ① 020 ②

2020 제3회 건축기사

001 자동화재탐지설비 감지기 중 감지기 주위의 온도가 일정한 온도 이상이 되었을 때 작동하는 것은?

① 차동식 감지기
② 정온식 감지기
③ 광전식 감지기
④ 이온화식 감지기

[해설]
① 차동식 감지기: 주위온도가 일정 온도 상승률 이상 시 동작
② 정온식 감지기: 한 지점의 주위온도가 일정 온도 이상이 되었을 때 동작
③ 보상식 감지기: 정온식과 차동식의 성능을 겸하며 어느 한 기능이 작동되면 동작

002 급탕설비에 관한 설명으로 옳은 것은?

① 팽창탱크는 반드시 개방식으로 해야 한다.
② 리버스 리턴(reverse-return) 방식은 전 계통의 탕의 순환을 촉진하는 방식이다.
③ 직접가열식 중앙급탕법은 보일러 안에 스케일 부착이 없이 내부에 방식처리가 불필요하다.
④ 간접가열식 중앙급탕법은 저탕조와 보일러를 직결하여 순환가열하는 것으로 고압용 보일러가 주로 사용된다.

[해설]
① 팽창탱크에는 개방형 팽창탱크와 밀폐형 팽창탱크가 있다.
③ 간접가열식 중앙급탕법은 보일어 안에 스케일 부착이 없어 내부에 방식처리가 불필요하다.
④ 직접가열식 중앙급탕법은 저탕조와 보일러를 직결하여 순환가열하는 것으로 건물높이에 따라 고압용 보일러가 필요하다.

003 난방방식에 관한 설명으로 옳지 않은 것은?

① 증기난방은 잠열을 이용한 난방이다.
② 온수난방은 온수의 현열을 이용한 난방이다.
③ 온풍난방은 온습도 조절이 가능한 난방이다.
④ 복사난방은 열용량이 작으므로 간헐난방에 적합하다.

[해설]
복사난방은 열용량이 커서 예열시간이 길기 때문에 간헐난방에 부적합하다.

004 알칼리 축전지에 관한 설명으로 옳지 않은 것은?

① 고율방전특성이 좋다.
② 공칭전압은 2 V/셀이다.
③ 기대수명이 10년 이상이다.
④ 부식성의 가스가 발생하지 않는다.

[해설]
알칼리 축전지의 공칭전압은 1.2 V/셀이고 연 축전지는 공칭전압이 2.0 V/셀이다.

005 덕트 설비에 관한 설명으로 옳은 것은?

① 고속덕트에는 소음상자를 사용하지 않는 것이 원칙이다.
② 고속덕트는 관마찰저항을 줄이기 위하여 일반적으로 장방형 덕트를 사용한다.
③ 등마찰손실법은 덕트 내의 풍속을 일정하게 유지할 수 있도록 덕트 치수를 결정하는 방법이다.
④ 같은 양의 공기가 덕트를 통해 송풍될 때 풍속을 높게 하면 덕트의 단면치수를 작게 할 수 있다.

[해설]
① 고속덕트는 소음진동이 생겨나므로 이를 감소시키는 장치가 필요하다.
② 고속덕트는 관마찰저항을 줄이기 위하여 일반적으로 원형 덕트를 사용한다.
③ 덕트 치수결정 방법에 등속법에 대한 설명이다.

정답 001 ② 002 ② 003 ④ 004 ② 005 ④

006 사무소 건물에서 다음과 같이 위생기구를 배치하였을 때 이들 위생기구 전체로부터 배수를 받아들이는 배수수평지관의 관경으로 가장 알맞은 것은?

기구종류	바닥배수	소변기	대변기
배수부하단위	2	4	8
기구수	2	8	2

관경(mm)	배수수평지관의 배수부하단위
75	14
100	96
125	216
150	372

① 75 mm
② 100 mm
③ 125 mm
④ 150 mm

해설
배관관경
배수부하단위는 = 2×2 + 4×8 + 8×2 = 52 이므로 관경은 100 mm를 적용한다.

007 다음 중 건물 실내에 표면결로 현상이 발생하는 원인과 가장 거리가 먼 것은?

① 실내외 온도차
② 구조재의 열적 특성
③ 실내 수증기 발생량 억제
④ 생활 습관에 의한 환기 부족

해설
실내 수증기 발생량을 억제하면, 노점온도가 낮아져 표면 결로 발생가능성이 낮아진다.

008 양수량이 1 m³/min, 전양정이 50 m인 펌프에서 회전수를 1.2배 증가시켰을 때 양수량은?

① 1.2배 증가
② 1.44배 증가
③ 1.73배 증가
④ 2.4배 증가

해설
상사법칙에 의하여
① 양수량은 회전수에 비례, ② 양정은 회전수의 제곱에 비례
③ 축동력은 회전수의 세제곱에 비례한다.

009 높이 30 m의 고가수조에 매분 1 m³의 물을 보내려고 할 때 필요한 펌프의 축동력은? (단, 마찰손실수두 6 m, 흡입양정 1.5 m, 펌프효율 50%인 경우)

① 약 2.5 kW
② 약 9.8 kW
③ 약 12.3 kW
④ 약 16.7 kW

해설
$Q_{pu} = 1[\text{m}^3/\text{min}] = 1,000[\text{L/min}]$
전양정 = 1.5 + 30 + 6 = 37.5 [m]
$L_p = \dfrac{0.163 \cdot Q_{pu} \cdot H \cdot (1+\alpha)}{\eta_p} = \dfrac{0.163 \times 1000 \times 37.5}{0.5} = 12,225[\text{W}]$
$= 12.3[\text{kW}]$

010 전기설비가 어느 정도 유효하게 사용되는가를 나타내며, 최대수용전력에 대한 부하의 평균전력의 비로 표현되는 것은?

① 부하율
② 부등률
③ 수용률
④ 유효율

해설
② 부등률 = $\dfrac{\text{각 부하의 최대수용전력의 합계}}{\text{부하의 최대수용전력}} \times 100$
③ 수용률 = $\dfrac{\text{최대수용전력}}{\text{부하설비용량}} \times 100$

011 각 층마다 옥내소화전이 3개씩 설치되어 있는 건물에서 옥내소화전설비의 수원의 저수량은 최소 얼마 이상이 되도록 하여야 하는가?

① 6.9 m³
② 7.2 m³
③ 7.5 m³
④ 7.8 m³

해설
옥내소화전 = 2.6[m³/N] × 개수[N] (최대 5개) = 2.6 × 3 = 7.8[m³]

012 통기방식에 관한 설명으로 옳지 않은 것은?

① 신정통기방식에서는 통기수직관을 설치하지 않는다.
② 루프통기방식은 각 기구의 트랩마다 통기관을 설치하고 각각을 통기 수평지관에 연결하는 방식이다.
③ 신정통기방식은 배수수직관의 상부를 연장하여 신정통기관으로 사용하는 방식으로, 대기 중에 개구한다.
④ 각개통기방식은 트랩마다 통기되기 때문에 가장 안정도가 높은 방식으로, 자기사이펀 작용의 방지에도 효과가 있다.

해설
② 각개통기방식에 대한 설명이다.

013 습공기를 가열하였을 경우 상태량이 변하지 않는 것은?

① 엔탈피   ② 비체적
③ 절대습도 ④ 상대습도

해설
습공기를 가열하면 ① 엔탈피 ② 비체적은 증가하고 ④ 상대습도는 감소한다. ③ 절대습도는 변하지 않는다.

014 어느 점광원에서 1 m 떨어진 곳의 직각면 조도가 200 lx일 때, 이 광원에서 2 m 떨어진 곳의 직각면 조도는?

① 25 lx   ② 50 lx
③ 100 lx ④ 200 lx

해설
거리 역제곱 법칙 활용하여 광도를 먼저 구하고 조도를 구한다.
$E = \dfrac{I}{R^2}[\text{lx}]$에서, $I = E \times R^2 = 200 \times 1 = 200\,[\text{cd}]$
$\therefore E = \dfrac{I}{R^2}[\text{lx}] = \dfrac{200}{2^2} = 50\,[\text{lx}]$

015 공기조화방식 중 전수방식에 관한 설명으로 옳지 않은 것은?

① 각 실의 제어가 용이하다.
② 실내 배관에 의한 누수의 우려가 있다.
③ 극장의 관객석과 같이 많은 풍량을 필요로 하는 곳에 주로 사용된다.
④ 열매체가 증기 또는 냉·온수이므로 열의 운송동력이 공기에 비해 적게 소요된다.

해설
③ 극장과 같이 많은 풍량을 많이 필요로 하는 곳에는 주로 전공기방식을 사용한다.

016 터보 냉동기에 관한 설명으로 옳지 않은 것은?

① 왕복동식에 비하여 진동이 적다.
② 흡수식에 비해 소음 및 진동이 심하다.
③ 임펠러 회전에 의한 원심력으로 냉매가스를 압축한다.
④ 일반적으로 대용량에는 부적합하며 비례제어가 불가능하다.

해설
④ 왕복동식 냉동기의 특징이다.

017 가스배관 경로 선정 시 주의하여야 할 사항으로 옳지 않은 것은?

① 장래의 증설 및 이설 등을 고려한다.
② 주요구조부를 관통하지 않도록 한다.
③ 옥내배관은 매립하는 것을 원칙으로 한다.
④ 손상이나 부식 및 전식을 받지 않도록 한다.

해설
③ 가스배관은 가스누출 시의 환기를 위하여 매립하지 않고 노출배관을 원칙으로 한다.

정답 012 ② 013 ③ 014 ② 015 ③ 016 ④ 017 ③

018 다음과 같은 특징을 갖는 배선 방법은?

- 열적영향이나 기계적 외상을 받기 쉬운 곳이 아니면 금속관 배선과 같이 광범위하게 사용 가능하다.
- 관 자체가 절연체이므로 감전의 우려가 없으며, 시공이 용이하다.

① 금속덕트 배선 ② 버스덕트 배선
③ 플로어덕트 배선 ④ 합성수지관 배선

해설

① 금속덕트 배선: 금속본체와 커버 구분 없이 하나로 구성된 금속덕트 공사(기계덕트 형태)
② 버스덕트 배선: 적정 간격으로 절연물에 의해 지지된 나도체를 수납하는 구조의 덕트 공사(대전류 전송에 적합하며 일반적으로 1,000 A 이상일 경우 경제성 있음)
③ 플로어덕트 배선: 옥내 건조한 콘크리트 바닥면에 매입 사용(전력/통신 동시배선 가능)
④ 합성수지관 배선: 열적 영향이나 기계적 외상을 받기 쉬운 곳에는 적용하지 않으며, 관 자체가 절연체로 감전 우려가 없고, 이중천장(반자속 포함) 내에는 시설할 수 없다.

019 엘리베이터의 일주시간 구성 요소에 속하지 않는 것은?

① 주행시간 ② 도어개폐시간
③ 승객출입시간 ④ 승객대기시간

해설

엘리베이터 일주시간
승강기가 출발 층에 되돌아온 시점부터 출발 층에서 승객을 태우고 상부 층을 운행하고 다시 출발 층에 되돌아오기까지의 시간을 말하며 아래와 같이 구한다.
일주시간 = 주행시간 + 도어 개폐시간 + 승객출입시간 + 손실시간

020 다음과 같은 조건에 있는 실의 틈새바람에 의한 현열 부하량은?

- 실의 체적: 400 m³
- 실내공기 언구온도: 20℃
- 외기 건구온도: 0℃
- 공기의 비열: 1.01 kJ/kg·K
- 환기 횟수: 0.5회/h
- 외기 건구온도: 10℃
- 공기의 밀도: 1.2 kg/m³

① 986 W ② 1,124 W
③ 1,347 W ④ 1,542 W

해설

환기량[m³/h] = 실의 체적 × 환기횟수 = 400 × 0.5 = 200
$q_i = 0.34 \times Q \times \Delta t = 0.34 \times 200 \times (20-0) = 1,360 ≒ 1,347[W]$

2020 제4회 건축기사

001 다음 중 겨울철 실내 유리창 표면에 발생하기 쉬운 결로의 방지 방법과 가장 거리가 먼 것은?

① 실내공기의 움직임을 억제한다.
② 실내에서 발생하는 수증기를 억제한다.
③ 이중유리로 하여 유리창의 단열성능을 높인다.
④ 난방기기를 이용하여 유리창 표면온도를 높인다.

해설
① 실내공기의 움직임을 억제하면 표면온도가 올라가서 결로 발생 가능성이 높아진다.

002 엘리베이터의 안전장치 중에서 카가 최상층이나 최하층에서 정상 운행위치를 벗어나 그 이상으로 운행하는 것을 방지하는 것은?

① 완충기(buffer)
② 조속기(governor)
③ 리미트 스위치(limit switch)
④ 카운터 웨이트(counter weight)

해설
① 완충기: 카가 최하층을 지나 피트로 미끄러질 때 충격을 완화시켜 주는 장치
② 조속기: 카가 정격속도의 115%를 초과 시 동작하여 전원 차단
③ 리미트 스위치: 최상층이나 최하층에서 정상 운행 위치를 벗어나 그 이상으로 운행하는 것 방지
④ 카운터 웨이트: 균형추를 말하며, 권상기의 부하를 줄이고 전기절약을 목적으로 카의 반대측에 설치하는 것을 말한다.

003 도시가스 설비에서 도시가스 압력을 사용처에 맞게 낮추는 감압 기능을 갖는 기기는?

① 기화기
② 정압기
③ 압송기
④ 가스홀더

해설
① 기화기: 액화가스를 가열하여 기화시키는 기기
③ 압송기: 가스가 이송될 수 있도록 압력을 증가시키는 장치
④ 가스홀더: 제조공장에서 제조된 가스를 저장하여 가스의 질을 균일하게 유지하며 제조량과 수요량을 조절하는 장치

004 다음의 공기조화방식 중 전수방식에 속하는 것은?

① 단일덕트 방식
② 이중덕트 방식
③ 멀티존 유닛 방식
④ 팬코일 유닛 방식

해설

전공기방식	단일덕트 방식, 이중덕트 방식, 멀티존 유닛방식, 각층 유닛방식
전수방식	팬코일 유닛방식
공기-수방식	유인유닛방식, 덕트병용 팬코일 유닛방식,

005 몰드 변압기에 관한 설명으로 옳지 않은 것은?

① 내진성이 우수하다.
② 내습성이 우수하다.
③ 반입, 반출이 용이하다.
④ 옥외 설치 및 대용량 제작이 용이하다.

해설
몰드변압기는 대용량 변압기로 옥외에 설치되며 대규무 산업플랜트 주로 적용된다.

006 간선의 배선 방식 중 평행식에 관한 설명으로 옳은 것은?

① 설비비가 가장 저렴하다.
② 배선자재의 소요가 가장 적다.
③ 사고의 영향을 최소화할 수 있다.
④ 전압이 안정되나 부하의 증가에 적응할 수 없다.

정답 001 ① 002 ③ 003 ② 004 ④ 005 ④ 006 ③

해설
평행식은 배전반에서 각 분전반까지 단독으로 배선되어 경제적이지 못하나, 배선이 단순하고, 사고 시 고장 파급 범위가 작아, 주로 중요부하에 적용된다.

007 다음 설명에 알맞은 유체역학의 기본 원리는?

> 에너지 보존의 법칙을 유체의 흐름에 적용한 것으로 유체가 갖고 있는 운동에너지, 중력에 의한 위치에너지 및 압력에너지의 총합은 흐름 내 어디에서나 일정하다.

① 사이펀 작용
② 파스칼의 원리
③ 뉴턴의 점성법칙
④ 베르누이의 정리

해설
① 사이펀 원리에 의해 물이 빨려나가는 현상
② 밀폐된 용기 속에 담겨 있는 액체의 한쪽 부분에 주어진 압력을 그 세기에는 변함없이 같은 크기로 액체의 각 부분에 골고루 전달된다는 법칙
③ 전단응력이 유체의 속도의 수직 방향 높이에 대한 변화량에 비례한다는 법칙

008 전기설비용 시설공간(실)의 계획에 관한 설명으로 옳지 않은 것은?

① 변전실은 부하의 중심에 설치한다.
② 변전실은 외부로부터 전력의 수전이 용이해야 한다.
③ 중앙감시실은 일반적으로 방재센터와 겸하도록 한다.
④ 발전기실은 변전실에서 최소 10 m 이상 떨어진 위치에 배치한다.

해설
기계실, 발전기실, 축전지실은 전기실과 가능한 인접한 장소에 배치한다.

009 급수 및 급탕설비에 사용되는 슬리브(sleeve)에 관한 설명으로 옳은 것은?

① 사이펀 작용에 의한 트랩의 봉수 파괴 방지를 위해 사용한다.
② 스케일 부착 및 이물질 투입에 의한 관 폐쇄를 방지하기 위해 사용한다.
③ 가열장치 내의 압력이 설정압력을 넘는 경우에 압력을 도피시키기 위해 사용한다.
④ 배관 시 차후의 교체, 수리를 편리하게 하고 관의 신축에 무리가 생기지 않도록 하기 위해 사용한다.

해설
① 트랩, ② 청소구, ③ 도피관에 대한 설명이다.

010 아파트의 각 세대에 스프링클러헤드를 30개 설치한 경우, 스프링클러설비의 수원의 저수량은 최소 얼마 이상이 되도록 하여야 하는가? (단, 폐쇄형 스프링클러헤드를 사용한 경우)

① 12 m³
② 24 m³
③ 36 m³
④ 48 m³

해설
스프링클러 소화수량 $Q = 1.6N = 1.6 \times 30 = 48[\text{m}^3]$

011 평균 BOD 150 ppm인 가정오수 1,000 m³/d가 유입되는 오수정화조의 1일 유입 BOD량은?

① 150 kg/d
② 300 kg/d
③ 45,000 kg/d
④ 150,000 kg/d

해설
BOD 부하량 = 유입수 BOD 농도 × 오수량
$= 150[\text{g/m}^3] \times 1000[\text{m}^3/\text{d}]$
$= 150,000[\text{g/d}] = 150[\text{kg/d}]$

012 습공기를 가열할 경우 감소하는 상태값은?

① 엔탈피 ② 비체적
③ 상대습도 ④ 건구온도

해설
습공기를 가열하면 ① 엔탈피 ② 비체적 ④ 건구온도는 증가하고 포화수증기량이 증가하여 ③ 상대습도는 감소한다.

013 냉각탑에 관한 설명으로 옳은 것은?

① 고압의 액체냉매를 증발시켜 냉동효과를 얻게 하는 설비이다.
② 증발기에서 나온 수증기를 냉각시켜 물이 되도록 하는 설비이다.
③ 대기 중에서 기체냉매를 냉각시켜 액체냉매로 응축하기 위한 설비이다.
④ 냉매를 응축시키는데 사용된 냉각수를 재사용하기 위하여 냉각시키는 설비이다.

해설
① 증발기, ② 흡수식 냉동기의 응축기, ③ 압축식 냉동기의 응축기에 대한 설명이다.

014 온수난방의 일반적인 특징에 관한 설명으로 옳지 않은 것은?

① 한랭지에서는 운전정지 중에 동결의 위험이 있다.
② 난방을 정지하여도 난방 효과가 어느 정도 지속된다.
③ 증기난방에 비하여 난방부하 변동에 따른 온도조절이 용이하다.
④ 증기난방에 비하여 소요방열면적과 배관경이 작게 되므로 설비비가 적게 든다.

해설
④ 온수난방은 증기난방에 비하여 소요방열면적과 배관경이 크게 되므로 설비비가 많이 든다.

015 다음 중 냉방부하 계산 시 현열과 잠열 모두 고려하여야 하는 요소는?

① 덕트로부터의 취득열량
② 유리로부터의 취득열량
③ 벽체로부터의 취득열량
④ 극간풍에 의한 취득열량

해설

현열 + 잠열	인체, 기기, 침기(극간풍), 환기(외기)
현열만	전도(벽체, 창), 일사, 조명

016 면적이 100 m²인 어느 강당의 야간 소요 평균조도가 300 lx이다. 1개당 광속이 2,000 lm인 형광등을 사용할 경우 소요 형광등수는? (단, 조명률은 60%이고 감광보상률은 1.50이다.)

① 25개 ② 29개
③ 34개 ④ 38개

해설
광원의 필요 수량은 광속법으로 부터 구할 수 있다
$$N = \frac{E \times A \times D}{F \times U} = \frac{300 \times 100 \times 1.5}{2,000 \times 0.6} = 37.5 [EA]$$
문제에서 감광 보상률이 아닌 보수율로 주어질 수 있음에 유의하자. (보수율 M=1/D)

017 다음 중 방송공동수신 설비의 구성 기기에 속하지 않는 것은?

① 혼합기 ② 모시계
③ 컨버터 ④ 증폭기

해설
TV 공청방송설비 구성요소는 안테나, 혼합기(Mixer), 컨버터, 증폭기 및 선로기기(분기기, 분배기, 정합기) 등으로 구성된다.

018 급수방식 중 고가수조방식에 관한 설명으로 옳은 것은?

① 대규모의 급수 수요에 쉽게 대응할 수 있다.
② 저수조가 없으므로 단수 시에 급수할 수 없다.
③ 수도 본관의 영향을 그대로 받아 수압 변화가 심하다.
④ 위생 및 유지·관리 측면에서 가장 바람직한 방식이다.

[해설]
②, ③, ④는 수도직결방식에 대한 설명이다.

019 습공기의 건구온도와 습구온도를 알 때 습공기 선도에서 구할 수 있는 상태값이 아닌 것은?

① 엔탈피 ② 비체적
③ 기류속도 ④ 절대습도

[해설]
습공기선도에서 건구온도, 습구온도, 노점온도, 절대습도, 상대습도, 포화도, 수증기압, 엔탈피, 비체적, 현열비를 알 수 있다.

020 변풍량 단일덕트방식에서 송풍량 조절의 기준이 되는 것은?

① 실내 청정도 ② 실내 기류속도
③ 실내 현열부하 ④ 실내 잠열부하

[해설]
③ 변풍량 단일덕트 방식은 송풍온도는 일정하게 하고 실내현열부하에 따라서 송풍량만을 변화시키는 에너지 절약형 방식이다.

정답 018 ① 019 ③ 020 ③

2020 제1·2회 건축산업기사

001 열매가 온수인 경우, 표준상태(열매온도 80℃, 실온 18.5℃)에서 방열기 표면적 1 m²당 방열량은?

① 450 W ② 523 W
③ 650 W ④ 756 W

해설

	열매온도	실내온도	방열표준량
증기	102℃	18.5℃	756 W/m²
온수	80℃	18.5℃	523 W/m²

002 다음 중 통기관을 설치하여도 트랩의 봉수파괴를 막을 수 없는 것은?

① 분출작용에 의한 봉수파괴
② 자기 사이펀에 의한 봉수파괴
③ 유도 사이펀에 의한 봉수파괴
④ 모세관 현상에 의한 봉수파괴

해설

모세관현상
트랩의 출구에 머리카락, 실, 헝겊 등이 걸렸을 경우, 모세관 현상에 의해 봉수가 파괴된다.

003 다음 중 환기횟수에 관한 설명으로 가장 알맞은 것은?

① 한시간 동안에 창문을 여닫는 횟수를 의미한다.
② 하루 동안에 공조기를 작동하는 횟수를 의미한다.
③ 한시간 동안의 환기량을 실의 용적으로 나눈 값이다.
④ 하루 동안의 환기량을 실의 면적으로 나눈 값이다.

해설
환기횟수는(ACH)은 한시간 동안의 환기량[m³/h]을 실의 용적[m³]으로 나눈 값이다.

004 보일러의 상용출력을 가장 올바르게 표현한 것은?

① 급탕부하+난방부하+배관부하
② 급탕부하+배관부하+예열부하
③ 난방부하+배관부하+예열부하
④ 급탕부하+난방부하+배관부하+예열부하

해설
정미출력 = 난방부하 + 급탕부하
상용출력 = 정미출력 + 배관부하
정격출력 = 상용출력 + 예열부하
정격출력이 가장 큰 값을 가진다.

005 공기조화방식 중 이중덕트 방식에 관한 설명으로 옳지 않은 것은?

① 전공기방식의 특성이 있다.
② 혼합상자에서 소음과 진동이 발생할 수 있다.
③ 냉·온풍을 혼합 사용하므로 에너지 절감 효과가 크다.
④ 부하특성이 다른 다수의 실이나 존에도 적용할 수 있다.

해설
이중덕트 방식은 냉·온풍을 혼합사용하므로 혼합손실로 에너지 손실이 크다.

006 펌프의 전양정이 100 m, 양수량이 12 m³/h일 때, 펌프의 축동력은? (단, 펌프의 효율은 60%이다.)

① 약 3.52 kW ② 약 4.05 kW
③ 약 4.52 kW ④ 약 5.45 kW

해설

$Q_{pu} = 12[\text{m}^3/\text{h}] = 200[\text{L/min}]$

$L_p = \dfrac{0.163 \cdot Q_{pu} \cdot H}{\eta_p} = \dfrac{0.163 \times 200 \times 100}{0.6} = 5,433[\text{W}] = 5.45[\text{kW}]$

정답 001 ② 002 ④ 003 ③ 004 ① 005 ③ 006 ④

007 공기조화방식 중 전공기 방식의 일반적 특징으로 옳지 않은 것은?

① 중간기에 외기냉방이 가능하다.
② 실내에 배관으로 인한 누수의 염려가 없다.
③ 덕트 스페이스가 필요 없으며 공조실의 면적이 작다.
④ 팬코일 유닛과 같은 기구의 노출이 없어 실내 유효면적을 넓힐 수 있다.

해설
③ 전수방식의 특징이다.

008 정화조에서 호기성균에 의해 오물을 분해 처리 하는 곳은?

① 부패조   ② 여과기
③ 산화조   ④ 소독조

해설
① 부패조: 혐기성 처리
② 여과조: 부유물이 잡물 제거 및 산화조의 통기성향상
③ 산화조: 호기성 균에 의하여 오수 처리
④ 소독조: 500명 이상 처리대상에 의무적 설치

009 수동으로 회로를 개폐하고, 미리 설정된 전류의 과부하에서 자동적으로 회로를 개방하는 장치로 정격의 범위 내에서 적절히 사용하는 경우 자체에 어떠한 손상을 일으키지 않도록 설계된 장치는?

① 캐비닛   ② 차단기
③ 단로스위치   ④ 절환스위치

해설
차단기
부하 전류를 개폐함과 동시에 단락 및 지락사고 발생 시 각 종 계전기와의 조합으로 신속히 전로를 차단하여 기기 및 전선을 보호하는 장치를 말한다.

010 다음 설명에 알맞은 간선의 배선 방식은?

- 경제적이나 1개소의 사고가 전체에 영향을 미친다.
- 각 분전반별로 동일전압을 유지할 수 없다.

① 평행식   ② 루프식
③ 나무가지식   ④ 나뭇가지 평행식

해설
1) 간선의 배전방식: 평행식, 나뭇가지식, 나뭇가지평행식(병용식)
2) 나뭇가지식 배전방식: 한 개의 간선이 각각의 분전반을 거쳐 가는 형식으로 각 분전반별로 동일한 전압을 유지하기 어렵고, 1개소의 사고가 전체에 영향을 미치므로, 소규모 건물에 적합하다.

011 다음의 통기방식 중 트랩마다 통기되기 때문에 가장 안정도가 높은 방식은?

① 각개통기방식   ② 루프통기방식
③ 신정통기방식   ④ 결합통기방식

해설
각개통기방식
각각의 트랩마다 통기관을 설치하고 각각을 통기 수평지관에 연결하는 방식

012 다음 중 조명설계의 순서에서 가장 먼저 이루어져야 하는 사항은?

① 광원의 선정   ② 조명방식의 선정
③ 소요조도의 결정 ④ 조명기구의 결정

해설
조명설계 순서
소요조도 결정 → 광원 선정 → 조명방식 선정 → 조명기구 수량 산출 → 광원배치

013 난방방식에 관한 설명으로 옳은 것은?

① 증기난방은 온수난방에 비해 예열시간이 길다.
② 온수난방은 증기난방에 비해 방열온도가 높으며 장치의 열용량이 작다.
③ 복사난방은 실은 개방상태로 하였을 때 난방효과가 없다는 단점이 있다.
④ 온풍난방은 가열 공기를 보내어 난방 부하를 조달함과 동시에 습도의 제어도 가능하다.

[해설]
① 온수난방은 증기난방에 비해 예열시간이 짧다.
② 증기난방은 온수난방에 비해 방열온도가 높으며 장치의 열용량이 작다.
③ 복사난방은 실은 개방상태로 하였을 때도 난방효과가 있는 장점이 있다.

014 물의 경도는 물 속에 녹아있는 염류의 양을 무엇의 농도로 환산하여 나타낸 것인가?

① 탄산칼륨 ② 탄산칼슘
③ 탄산나트륨 ④ 탄산마그네슘

[해설]
경도: 물 속에 녹아 있는 칼슘, 마그네슘 등 염류의 양을 탄산칼슘 농도로 환산하여 나타내는 것

015 스프링클러설비의 배관에 관한 설명으로 옳지 않은 것은?

① 가지배관은 각 층을 수직으로 관통하는 수직배관이다.
② 교차배관이란 직접 또는 수직배관을 통하여 가지배관에 급수하는 배관이다.
③ 급수배관은 수원 및 옥외송수구로부터 스프링클러헤드에 급수하는 배관이다.
④ 신축배관은 가지배관과 스프링클러헤드를 연결하는 구부림이 용이하고 유연성을 가진 배관이다.

[해설]
① 가지배관은 각층을 수직으로 관통하는 수직배관에서 수평으로 배치된 배관에 연결된 배관이다.

016 LPG의 일반적 특성으로 옳지 않은 것은?

① 발열량이 크다.
② 순수한 LPG는 무색무취이다.
③ 연소 시 다량의 공기가 필요하다.
④ 공기보다 가볍기 때문에 안전성이 높다.

[해설]
LPG는 공기보다 무겁기 때문에 누설 시 위험성이 크다.

017 압축식 냉동기의 냉동사이클을 올바르게 표현한 것은?

① 압축 → 응축 → 팽창 → 증발
② 압축 → 팽창 → 응축 → 증발
③ 응축 → 증발 → 팽창 → 압축
④ 팽창 → 증발 → 응축 → 압축

[해설]
압축식 냉동기의 냉동사이클은
압축기 → 응축기 → 팽창밸브 → 증발기 순으로 구성된다.

018 옥내의 은폐장소로서 건조한 콘크리트 바닥면에 매입 사용되는 것으로, 사무용 건물 등에 채용되는 배선방법은?

① 버스덕트 배선 ② 금속몰드 배선
③ 금속덕트 배선 ④ 플로어덕트 배선

[해설]
① 버스덕트: 적정 간격으로 절연물에 의해 지지된 나도체를 수납하는 구조의 덕트 공사 (대전류 전송에 적합하며 일반적으로 1,000 A 이상일 경우 경제성 있음)
② 금속몰드: 콘크리트 건물 등의 노출 공사용 (400 V 미만, 전선은 절연전선 사용)
③ 금속덕트: 금속본체와 커버 구분 없이 하나로 구성된 금속덕트 공사 (기계덕트 형태)

정답 013 ④ 014 ② 015 ① 016 ④ 017 ① 018 ④

019 습공기를 가열하였을 경우, 상태값이 감소하는 것은?

① 비체적
② 상대습도
③ 습구온도
④ 절대습도

해설
습공기를 가열하였을 경우 ① 비체적, ③ 습구온도는 증가하고, ④ 절대습도는 변화가 없으며, ② 상대습도는 감소한다.

020 양수량이 1.0 m³/mim인 펌프에서 회전수를 원래보다 10% 증가시켰을 경우의 양수량은?

① 1.0 m³/min
② 1.1 m³/min
③ 1.2 m³/min
④ 1.3 m³/min

해설
펌프의 상사법칙에 의하여
① 양수량은 회전수에 비례, ② 양정은 회전수의 제곱에 비례
③ 축동력은 회전수의 세제곱에 비례한다.

정답 019 ② 020 ②

2020 제3회 건축산업기사

001 급기와 배기측에 팬을 부착하여 정확한 환기량과 급기량 변화에 의해 실내압을 정압(+) 또는 부압(-)으로 유지할 수 있는 환기방법은?

① 자연환기   ② 제1종 환기
③ 제2종 환기   ④ 제3종 환기

해설

환기방식

	제1종 환기	제2종 환기	제3종 환기
급기	송풍기	송풍기	자연급기
배기	송풍기	자연배기	송풍기
실내압력	대기압	정압	부압
적용	기계실, 전기실	공기청정실 수술실	주방, 화장실 유해가스 발생장소

002 다음과 같은 식으로 산출되는 것은?

[최대수요전력/총 부하설비용량]×100(%)

① 수용률   ② 부등률
③ 부하율   ④ 역률

해설
② 부등률 = [각 부하의 최대수용전력의 합계/부하의 최대수용전력] × 100
③ 부하율 = [부하의 평균전력 / 최대수용 전력] × 100
④ 역률은 피상전력에 대한 유효전력의 비를 말한다.

003 고가수조식 급수설비에서 양수펌프의 흡입양정이 5 m, 토출양정이 45 m, 관내마찰손실이 30 kPa라면 펌프의 전양정은?

① 약 40 m   ② 약 45 m
③ 약 53 m   ④ 약 80 m

해설
관내마찰손실 = 30[kPa] = 0.3[mAq]
양수펌프의 전양정 = 흡입양정 + 토출양정 + 관마찰손실 = 5 + 45 + 3 = 53[mAq]

004 보일러의 출력 중 상용출력의 구성에 속하지 않는 것은?

① 난방부하   ② 급탕부하
③ 예열부하   ④ 배관부하

해설
정미출력 = 난방부하 + 급탕부하
상용출력 = 정미출력 + 배관부하
정격출력 = 상용출력 + 예열부하
정격출력이 가장 큰 값을 가진다.

005 LPG에 관한 설명으로 옳지 않은 것은?

① 공기보다 무겁다.
② 액화석유가스를 말한다.
③ LNG에 비해 발열량이 크다.
④ 메탄(CH_4)을 주성분으로 하는 천연가스를 냉각하여 액화시킨 것이다.

해설
④ LNG에 관한 설명이다.

006 난방부하 계산에 일반적으로 고려하지 않는 사항은?

① 환기에 의한 손실 열량
② 구조체를 통한 손실 열량
③ 재실 인원에 따른 손실 열량
④ 틈새 바람에 의한 손실 열량

해설
난방부하 계산 시 열획득 요소인 일사, 인체, 기구, 조명 발열량은 난방부하 계산에 고려하지 않는다.

정답 001 ② 002 ① 003 ③ 004 ③ 005 ④ 006 ③

007 압력에 따른 도시가스의 분류에서 중압의 압력 범위로 옳은 것은?

① 0.1 MPa 이상 1 MPa 미만
② 0.1 MPa 이상 10 MPa 미만
③ 0.5 MPa 이상 5 MPa 미만
④ 0.5 MPa 이상 10 MPa 미만

해설

고압[MPa]	중압[MPa]	저압[MPa]
1 이상	0.1 이상~1.0 미만	0.1 미만

008 온수난방방식에 관한 설명으로 옳지 않은 것은?

① 온수의 현열을 이용하여 난방하는 방식이다.
② 한랭지에서 운전 정지 중에 동결의 위험이 있다.
③ 열용량이 작아 증기난방에 비해 예열시간이 짧게 소요된다.
④ 증기난방에 비해 난방부하 변동에 따른 온도 조절이 비교적 용이하다.

해설
온수난방방식은 열용량이 커서 증기난방에 비해 예열시간이 길게 소요된다.

009 형광램프에 관한 설명으로 옳지 않은 것은?

① 점등까지 시간이 걸린다.
② 백열전구에 비해 효율이 높다.
③ 백열전구에 비해 수명이 길다.
④ 역률이 높으며 백열전구에 비해 열을 많이 발산한다.

해설
형광등은 백열전구에 비해 효율이 좋고, 장수명이며, 발열이 거의 없다.

010 다음 설명에 알맞은 자동화재탐지설비의 감지기는?

> 주위 온도가 일정 온도 이상이 되면 작동하는 것으로 보일러실, 주방과 같이 다량의 열을 취급하는 곳에 설치한다.

① 정온식 ② 차동식
③ 광전식 ④ 이온화식

해설
② 차동식: 한 지점의 주위온도가 일정 온도 상승률 이상이 되었을 때 동작
③ 광전식: 한 지점의 연기에 의한 광전소자의 수광량 변화로 동작
④ 이온화식: 주위가 일정 농도 이상의 연기를 포함 시 발생하는 이온전류의 변화로 동작

011 실내기온 26℃(절대습도=0.0107 kg/kg'), 외기온 33℃(절대습도=0.0184 kg/kg'), 1시간당 침입 공기량이 500 m³일 때 침입외기에 의한 잠열 부하는? (단, 공기의 밀도 1.2 kg/m³, 0℃에서 물의 증발 잠열 2,501 kJ/kg)

① 약 1,192 W   ② 약 3,210 W
③ 약 3,576 W   ④ 약 4,768 W

해설
$Q = 500[\text{m}^3/\text{h}]$
$q = 834 \times Q \times \Delta x = 834 \times 500 \times (0.0184 - 0.0107) = 3,210[\text{W}]$

012 면적 100 m², 천장높이 3.5 m인 교실의 평균조도를 100 lx로 하고자 한다. 다음과 같은 조건에서 필요한 광원의 개수는?

> [조건]
> • 광원 1개의 광속: 2,000 lm
> • 조명률: 50%
> • 감광 보상률: 1.5

① 8개   ② 15개
③ 19개 ④ 23개

해설
광원의 필요 수량은 광속법으로부터 구할 수 있다
$N = \dfrac{E \times A \times D}{F \times U} = \dfrac{100 \times 100 \times 1.5}{2,000 \times 0.5} = 15 [\text{EA}]$

013 급탕배관 설계 및 시공 시 주의해야 할 사항으로 옳지 않은 것은?

① 건물의 벽관통부분의 배관에는 슬리브를 설치한다.
② 중앙식 급탕설비는 원칙적으로 강제순환방식으로 한다.
③ 상향배관인 경우 급탕관과 환탕관 모두 상향 구배로 한다.
④ 이종금속 배관재의 접속 시에는 전식(電蝕) 방지 이음쇠를 사용한다.

해설
상향배관관인 경우 급탕관의 구배는 상향, 환탕관의 구배는 하향구배로 배관한다.

014 통기관의 기능과 가장 거리가 먼 것은?

① 배수계통 내의 배수 및 공기의 흐름을 원활히 한다.
② 배수관의 수명을 연장시키며 오수의 역류를 방지한다.
③ 배수관 계통의 환기를 도모하여 관내를 청결하게 유지한다.
④ 사이펀 작용 및 배압에 의해서 트랩봉수가 파괴되는 것을 방지한다.

해설
통기관의 설치 목적은
① 배수의 흐름을 원활, ③ 환기를 도모하여 관내 청결 유지, ④ 트랩의 봉수 보호

015 다음의 공기조화방식 중 전공기방식에 속하는 것은?

① 유인 유닛방식
② 멀티존 유닛방식
③ 팬코일 유닛방식
④ 패키지 유닛방식

해설
① 유인유닛방식은 수-공기 방식
③ 팬코일유닛방식은 전공기 방식
④ 패키지 유닛방식은 냉매 방식이다.

016 다음 중 펌프에서 공동현상(cavitation)의 방지 방법으로 가장 알맞은 것은?

① 흡입양정을 낮춘다.
② 토출양정을 낮춘다.
③ 마찰손실수두를 크게 한다.
④ 토출관의 직경을 굵게 한다.

해설
펌프의 공동현상을 방지하기 위해서는
① 흡입양정을 낮추고, ② 토출양정을 높이고, ③ 마찰손실수두를 작게 하고, ④ 토출관의 직경을 가늘게 한다.

017 배수트랩을 설치하는 가장 주된 목적은?

① 배수의 역류 방지
② 배수의 유속 조정
③ 배수관의 신축 흡수
④ 하수가스 및 취기의 역류 방지

해설
배수트랩
배수관에서 올라오는 하수가스 및 취기의 역류를 방지하기 위하여 일정량의 봉수를 채운다.

018 증기난방에 사용되는 방열기의 표준 방열량은?

① 0.523 kW/m²
② 0.650 kW/m²
③ 0.756 kW/m²
④ 0.924 kW/m²

해설

	열매온도	실내온도	방열표준량
증기	102℃	18.5℃	756 W/m²
온수	80℃	18.5℃	523 W/m²

정답 013 ③ 014 ② 015 ② 016 ① 017 ④ 018 ③

019 다음 중 옥내배선에서 간선의 굵기 결정요소와 가장 관계가 먼 것은?

① 허용전류 ② 전압강하
③ 배선방식 ④ 기계적 강도

해설
전선 굵기 결정은 전선의 허용전류, 전압강하 및 기계적 강도를 고려하여 필요 값 이상의 단면적을 갖도록 적용한다.

020 압축식 냉동기의 냉동사이클에서, 냉매가 압축기에서 응축기로 들어갈 때의 상태는?

① 저온고압의 액체 ② 저온저압의 액체
③ 고온고압의 기체 ④ 고온저압의 기체

해설
- 압축기: 저압저온기체 → 고압고온기체
- 응축기: 고압고온기체 → 고압저온액체
- 팽창밸브: 고압저온액체 → 저압저온 액체
- 증발기: 저압저온 액체 → 저압저온 기체